水溶性天然ガス
生産システムの挙動解析

秋林 智 著

技報堂出版

書籍のコピー，スキャン，デジタル化等による複製は，
著作権法上での例外を除き禁じられています。

はしがき

 日本の水溶性天然ガスは年間生産量が約 5 億 m^3/year（2011 年）と量的に少ないが，古くから国産エネルギ資源として千葉，新潟，宮崎の各地域において開発が進められ，わが国独自の生産技術を確立してきた。また，附随水から抽出されるヨウ素は年間生産量が約 9.5 千 ton/year（2011 年）で海外にも輸出されている貴重な資源である。

 水溶性天然ガス田の生産挙動は，ガス鉱床の地質および地質構造，かん水の賦存状態，生産量および還元量，生産方式（自噴採収，人工採収）など相互に関係しあった現象である。上記の 3 地域における生産挙動については，これまで専門的に関係するそれぞれの分野で，個々に，優れた知見が個別に蓄積されている。しかしながら，生産システムを設計および診断しようとするとき，生産システム全体を見据えて，これを構成する貯留層，坑井，地表配管，地上設備等の各要素について流体の運動に的を絞ってわかりやすく解説した図書がどうしても必要であろう。

 本書は，こうした観点から，主に新潟および千葉地域の水溶性天然ガス田における生産システム，生産特性，関連する諸現象等の問題を体系的に整理し，生産システムの各構成要素における流動挙動の解析原理と解析方法について，資源開発工学を学んでいる学生や現場で水溶性天然ガス生産に係わっている技術者に理解できるように，優しくかみ砕いて解説することを意図して執筆したものである。

 全体は 9 章からなり，第 1 章では生産システムの概要，第 2 章では貯留層内の流動原理，第 3 章では坑井を中心とした放射状流の解析，第 4 章では圧力遷移試験の解析，第 5 章ではインフロー挙動の解析，第 6 章では坑内の流動解析，第 7 章では地表パイプライン内の流動解析，第 8 章では人工採収井の流動解析そして最後の第 9 章では生産システムの最適設計や診断の基礎であるシステム解析について記述した。特に，第 6 章では将来海底メタンハイドレート層からのメタンガス生産が可能になった場合を想定し，生産井に対する水溶性天然ガス井の流動解析原理の応用可能性について触れている。各章ごとに例題や演習問題をあげ，理論式の誘導はできるだけ例題や演習問題にとり入れ，読者の理解を深め，応用力を培っ

てもらうことに意を用いた。また，実際問題の解決に容易に適用できるように，著者の作成した計算プログラムをダウンロード形式で提供している。付録にはその計算プログラムにおける入力データと計算結果の出力の関係を示し，利用に便宜を図っている。

　本書の特色は以上のようであるが，著者の浅学非才のため本書の内容のほとんどすべてを多くの内外の文献によっており，著者の考えで「水溶性天然ガス生産システムの挙動解析」としてまとめたものである。繰り返し通読し誤りのないことを期したが，なお誤りのあることを恐れている。読者諸賢から問題点のご指摘を是非お願いしたい。

　本書は水溶性天然ガス生産システムを対象とした流動挙動の解析原理および解析方法を示したものであるが，地下資源開発を目指す学生および石油・天然ガスなどの流体エネルギ資源の生産現場で働く技術者にとっても基礎知識となりうる内容である。本書を基礎として水溶性天然ガスのみならず流体エネルギ資源に関する新しい生産技術の習得に努められることを望む。

　最後に，本書の執筆にあたり引用させていただいた参考文献の著者に深く感謝の意を表する。また，出版にあたり，貴重な御意見と御尽力を賜った技報堂出版　星憲一氏と，原稿の完成途上にいろいろお骨折りいただいた秋田大学国際資源学部　小助川洋幸氏に心からお礼申し上げたい。

2015年1月

秋　林　　智

目　　次

第1章　緒　　論 ——————————————————— 1

1.1　水溶性天然ガス生産システムの概要 …………………………………… 1
1.2　生産システムの基本的構成要素 ………………………………………… 4
　　1.2.1　貯留層 ……………………………………………………………… 4
　　1.2.2　坑　井 ……………………………………………………………… 8
　　1.2.3　セパレータ ………………………………………………………… 13
　　1.2.4　沈砂槽 ……………………………………………………………… 15
1.3　還元ライン，送水ラインおよび送ガスライン ………………………… 16
　　1.3.1　還元ライン ………………………………………………………… 16
　　1.3.2　送水ライン ………………………………………………………… 16
　　1.3.3　送ガスライン ……………………………………………………… 17
1.4　生産システムに関連する諸問題 ………………………………………… 17
　　1.4.1　スキン効果の問題 ………………………………………………… 18
　　1.4.2　環境問題 …………………………………………………………… 20
1.5　単位と換算 ………………………………………………………………… 22
演習問題 …………………………………………………………………………… 23

第2章　貯留層内流動の基本的原理 ————————————— 25

2.1　貯留層流体の物理的性質と評価式 ……………………………………… 25
　　2.1.1　ガ　ス ……………………………………………………………… 25
　　2.1.2　かん水 ……………………………………………………………… 42
2.2　貯留層の物理的性質と流れの原理 ……………………………………… 56
　　2.2.1　貯留層の物理的性質 ……………………………………………… 56
　　2.2.2　流れの原理 ………………………………………………………… 61

演習問題 ·· 71

第3章　貯留層内の放射状流の解析 ——————————————75

3.1　放射状流の基礎方程式と解法 ·· 75
　3.1.1　連続の式 ·· 75
　3.1.2　非線形放射状流方程式 ·· 77
　3.1.3　非線形放射状流方程式の線形化 ··· 78
　3.1.4　線形放射状流方程式の解法 ·· 79
　3.1.5　スキン効果を考慮した実坑井の流動坑底圧力の式 ····································· 80
3.2　有限な広がりの水平貯留層における流れの状態と流動坑底圧力の式 ··················· 81
　3.2.1　過渡流とレートトランジェント流 ·· 83
　3.2.2　擬定常流 ·· 83
　3.2.3　定常流 ··· 89
3.3　重ね合わせの原理 ·· 91
　3.3.1　単一坑井で生産量を時間毎に段階的に変えた場合 ····································· 92
　3.3.2　複数の隣接坑井が同時生産した場合 ·· 93
演習問題 ·· 96

第4章　圧力遷移試験の解析 ————————————————99

4.1　坑井貯留 ·· 100
　4.1.1　坑内の水面が変動する場合 ·· 100
　4.1.2　坑内が単相流体で満たされている場合 ··· 102
　4.1.3　みかけの坑井貯留係数の推定法 ·· 103
4.2　圧力ドローダウン試験の解析法 ··· 105
　4.2.1　解析原理 ··· 105
　4.2.2　諸元の推定法 ··· 107
4.3　圧力ビルドアップ試験の解析法 ··· 111
　4.3.1　解析原理 ··· 111
　4.3.2　諸元の推定法 ··· 113

4.4	圧入性試験の解析法	117
	4.4.1 解析原理	118
	4.4.2 諸元の推定法	119
4.5	圧力降下試験の解析法	121
	4.5.1 解析原理	121
	4.5.2 諸元の推定法	121
4.6	多段流量試験の解析法	124
演習問題		126

第5章　インフロー挙動の解析 ── 127

5.1	インフロー挙動の式	128
	5.1.1 定常流	128
	5.1.2 擬定常流	130
	5.1.3 非定常流	131
5.2	産出指数	131
	5.2.1 定常流	132
	5.2.2 擬定常流	132
	5.2.3 非定常流	133
	5.2.4 産出指数に影響する諸因子	134
	5.2.5 インフロー挙動に影響する主な因子	136
5.3	IPR	138
	5.3.1 定常流	139
	5.3.2 擬定常流	140
	5.3.3 非定常流	141
	5.3.4 現在の IPR 予測法	141
	5.3.5 将来の IPR 予測法	152
	5.3.6 坑井試験による FE の求め方	155
5.4	スキン効果の定式化	157
	5.4.1 Hawkins の式	157
	5.4.2 坑井の有効半径	159

  5.4.3　スキンの要素 ………………………………………………… 160
  5.4.4　地層障害スキン係数と乱流係数の決定 …………………… 161
 5.5　坑井仕上げの影響 ……………………………………………………… 161
  5.5.1　部分貫入仕上げ ……………………………………………… 162
  5.5.2　孔明管仕上げ ………………………………………………… 165
  5.5.3　ガンパー仕上げ ……………………………………………… 175
  5.5.4　グラベルパック仕上げ ……………………………………… 178
 演習問題 ……………………………………………………………………… 180

第6章　坑内の流動解析 ───────────────── 185

 6.1　坑内流動の基礎方程式 ………………………………………………… 185
 6.2　坑内圧力損失の計算 …………………………………………………… 188
  6.2.1　水単相流の全圧力損失 ……………………………………… 189
  6.2.2　気液二相流の全圧力損失 …………………………………… 191
  6.2.3　全圧力損失の計算式のまとめ ……………………………… 201
  6.2.4　全圧力損失の計算手順 ……………………………………… 201
 6.3　Orkiszewski法の応用 ………………………………………………… 205
  6.3.1　水溶性天然ガス生産井への応用 …………………………… 205
  6.3.2　将来のメタンハイドレート生産井への応用の可能性 …… 206
 演習問題 ……………………………………………………………………… 208

第7章　地表パイプライン内の流動解析 ──────────── 211

 7.1　傾斜パイプライン内の気液二相流の基礎方程式 …………………… 211
  7.1.1　全圧力損失の式 ……………………………………………… 211
 7.2　全圧力損失の計算 ……………………………………………………… 216
  7.2.1　流れの型の分類と判別式 …………………………………… 216
  7.2.2　液相ホールドアップおよび二相摩擦係数の計算式 ……… 219
 7.3　水平パイプ内の全圧力損失の計算方法 ……………………………… 224
  7.3.1　ガス水二相流 ………………………………………………… 224

	7.3.2 単相流 ···	230
7.4	管付属部品内の圧力損失 ··	236
演習問題	···	236

第8章　人工採収井内の流動解析 — 239

8.1	ガスリフト ···	239
	8.1.1 連続ガスリフト ···	240
	8.1.2 間欠ガスリフト法 ··	240
	8.1.3 ガスリフトの理論 ··	241
	8.1.4 ガスリフト井内の圧力損失の計算 ···	245
8.2	ポンプ採収 ···	250
	8.2.1 水中電動ポンプ採収井の構造および圧力勾配の概要 ···························	251
	8.2.2 水中ポンプ採収の原理 ···	252
	8.2.3 ポンプ圧力増加の求め方 ···	255
	8.2.4 ポンプ設置深度に関する設計手順 ···	256
	8.2.5 計算プログラムを用いた坑内圧力の計算手順 ·································	259
8.3	ガスリフトとポンプ採収の選択 ···	260
演習問題	···	260

第9章　システム解析 — 263

9.1	システム解析の原理 ···	263
	9.1.1 生産システムの構成要素，節点位置および圧力損失 ···························	263
	9.1.2 システム解析法 ···	266
	9.1.3 最適化の計算手順 ···	267
9.2	応　用 ···	270
	9.2.1 最適流量に及ぼすパイプサイズの影響 ·······································	270
	9.2.2 スキン係数の影響 ···	272
	9.2.3 ケーシングフロー方式のガスリフト井における 　　　チュービングサイズの選択 ···	274

9.2.4	水中電動ポンプの圧力増加の推定 ……………………………………	276
9.2.5	ポンプ設置深度のインフローおよびアウトフローに及ぼす影響 ……	278
9.2.6	セパレータ圧力のアウトフローに及ぼす影響 …………………………	279
9.2.7	還元システムにおける最適還元量と流動坑底圧力の決定 …………	279
9.2.8	生産集積システムにおける流量と圧力損失の推定 …………………	285

演習問題……………………………………………………………………………… 287

演習問題解答………………………………………………………………………… 289

付録 A………………………………………………………………………………… 331
付録 B………………………………………………………………………………… 335

索　引………………………………………………………………………………… 385

第1章 緒　　論

　本章では水溶性天然ガスとはどんなものか，それはどのような仕組みで生産されるのか，また生産に伴ってどんな問題が起こるのか，そして単位の換算など第2章以降の生産システムにおける流動挙動の解析原理と解析方法を説明する上で必要な事項について学ぶ。

1.1　水溶性天然ガス生産システムの概要

　水溶性天然ガス（natural gas dissolved in brine）とは，可燃性天然ガスの一種であり，ガスの全部またはほとんど大部分が地層水に溶解した状態で鉱床を形成しているもので，メタンガス（methane gas）を主成分とする乾性ガス[*1]（dry gas）である[7]。また，地層水（formation water）は，イオン化したヨウ素（iodine）を含有し，塩分（salinity）が降水や河川水のような天然の淡水（fresh water）よりも高く，pH値がおよそ6～8程度で，地温（geothermal temperature）またはそれより若干低い温度を有する。

　水溶性天然ガスの主体は地層水に溶解しているガスであるが，ガスの生産に随伴して大量の地層水が産出される。これを付随水（associated water）という。その生産の仕組みは，貯留層に掘削した坑井（well）によって汲み上げられた地層水が地表配管（surface pipe line）（以後フローラインと呼ぶ）を経由してセパレータへ送られ，地層水からガスを分離し生産するものである。その仕組みを生産システム（production system）という。

　生産システムは基本的に開発対象地域の立地条件とガス鉱床の存在状態に基づい

---

*1　乾性ガスとはメタン（CH_4）を主成分とし，プロパン以上の高級炭化水素をほとんど含まない可燃性天然ガスである[9]。

て設計された坑井仕上げ，生産量，生産方法，坑井配置，地上設備を有する生産基地や配管経路などから構成されるため，その構成は地域によって異なる。しかしながら，いずれの地域においても生産システムは，図-1.1に示すように貯留層（reservoir），坑井（well），フローライン（flow line），セパレータ（seperator）などの基本的要素から構成された生産ライン（production pipeline）に還元ライン，送水ライン，送ガスラインが接続している。セパレータと還元ライン（reinjection pipeline）および送水ライン（water transportation pipeline）とはそれぞれポンプ（pump）およびコンプレッサー（compressor）を介して接続している。一方，送ガスライン（gas transportation pipeline）はセパレータからコンプレッサーを介して接続している。

　生産システムにおける貯留層はその形状や広がり，地層を構成する岩石や流体の存在状態および性状を詳細に把握することが難しく，不確定な要因が多い。それに対して坑井，坑口装置，フローライン，セパレータなどの要素から構成される設備は人間によって構築された人工構造物であるため，確定的なものである。このように水溶性天然ガスの生産システムは，天然の地層（natural formation）と人工構造物（artificial structure）の結合した点に特徴がある。

　図-1.1(a)はガスリフトによる配管系統（pipeline system）を，(b)はポンプ採収による配管系統を示す。図-1.1(a)において，ガスリフト井の圧入ガスには現地で回収したメタンガスの一部がコンプレッサーIによってリフト管（lift tube）を経由して坑内の湛水面（water level）以下の深度に圧入される。このように生産を目的として圧入するガスをリフトガス（lift gas）という。坑内における地層水とガスの混合流体は，流体の密度差とガスの膨張エネルギによって坑口へ上昇し，坑口からフローラインを経由してセパレータに入る。セパレータ（separater）では圧力を調節することによってガスと地層水に分離される。前者を分離ガス（separated gas）といい，後者を分離水（separated water）という。分離ガスは通常コンプレッサーIIを介して需要先へ送られるが，ガスリフト井を用いた生産システムの場合にはその一部がコンプレッサーIによってリフトガスとして再び生産井に圧入される。一方，分離水は自然流下または送水ポンプによって送水ラインを経由してヨード工場（factory for exacting iodine）へ送られ，ヨウ素を抽出した後にポンプ圧入または自然流下により還元ラインを経由して還元井（reinjection well）から地下還元層へ戻されるか，または河川や海へ放流される。

1.1 水溶性天然ガス生産システムの概要

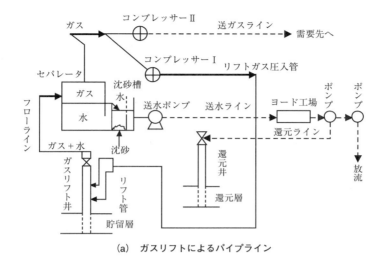

(a) ガスリフトによるパイプライン

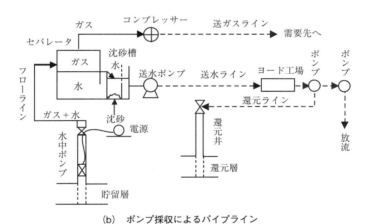

(b) ポンプ採収によるパイプライン

図-1.1 典型的な水溶性天然ガス生産システムにおける配管系統の概念

図-1.1(b)に示すように水中電動ポンプ (electrical submersible pump) を用いた生産システムでは，汲み上げられた地層水とガスの混合流体はフローライン (flow line) を経由して直接セパレータへ送られ，ガスと水に分離される。分離ガスはリフトガスとして利用せずに，すべてコンプレッサーを介して送ガスラインを経由し需要先へ送られる。一方，分離水はガスリフトを用いた生産システムの場合と同様

3

に送水ラインを経由しヨード工場へ送られ，ヨウ素抽出後に地下還元または放流される。

図-1.1において貯留層からセパレータまでのパイプライン（リフトガス圧入管を含む）内の流体の流れは，それらの間のどの要素の圧力が変化しても影響を受け，流体力学的に連続している。このパイプラインを生産ライン（production pipeline）という。それに対して，還元ラインの流体輸送は標高差を利用した自然流下（後述の1.3.1項参照）またはポンプにより行い，また送水ラインおよび送ガスラインの流体輸送はポンプまたはコンプレッサーにより行うので，それらのパイプライン内の流れはセパレータの圧力が変化してもその影響を直接受けることがない。そのため，後述の流動解析では還元ライン，送水ライン，送ガスラインは生産ラインに対して流体力学的に独立しているものとして扱われる。

1.2 生産システムの基本的構成要素

本節では，図-1.1に示す生産システムを構成する基本的要素である貯留層，坑井，フローライン，セパレータについて概要を説明する。

1.2.1 貯留層

貯留層（reservoir）とは，一般に多孔質岩の孔隙中に地層水やガスなどの流体が連続相として存在する地層をいう。多孔質岩を貯留岩（reservoir rock）といい，地層水やガスを貯留層流体（reservoir fluids）と呼ぶ。典型的な水溶性天然ガス貯留層（reservoir dissolved natural gas in brine）は，後述の図-1.2に示すように不透水層（impermeable formation）に挟まれ，被圧された状態で存在する。一般に貯留層流体はその深度における貯留層圧力（reservoir pressure）と地温（geothermal temperature）に相当する溶解度（solubility）のガスを溶解し，塩分（salinity）を含んだ地層水である。この地層水は塩分を含んでいるためかん水（brine）という。

以下では，日本の水溶性天然ガス鉱床の典型的な地質構造（geological structure）および挙動（behavior）と圧力勾配（pressure gradient）について述べる。

(1)　新潟地域水溶性天然ガス鉱床

新潟地域（Niigata region）の水溶性天然ガス鉱床（reservoir of natural gas dissolved in brine）は，新第三紀[*2]（Neogene）層の上部および第四紀[*3]（Quatanary）層中に発達し，砂礫帯水層の被圧地下水中にメタン（CH_4）を主成分とした天然ガスが溶解している。それは，図-1.2(a)に示すように深度約1000m間に層厚30〜60mの砂礫層が，およそ8層程度発達分布（上位からG_1, G_2,…, G_8と呼称）し，それらの砂礫層の間はそれぞれ厚さ数十mの泥岩層によって明確に区分されている[3)]。

本ガス田の鉱床形態は，通常型ガス鉱床（conventional reservoir of natural gas dissolved in brine）と呼ばれ，貯留層の産出ガス水比（producing gas water ratio）がその深度での静水圧（hydrostatic pressure），貯留層温度（reservoir temperature）および塩分（salinity）に対する理論溶解度（solubility）に近い値（1〜2.6程度）を示す。また貯留層は，粒径の大きい砂礫層のため浸透性が高い[11)]。

(2) 南関東地域水溶性天然ガス鉱床

南関東地域（Minamikanto region）の水溶性天然ガス鉱床は，堆積時代が新潟地域と同じ第三紀層から第四紀層にかけて堆積した上総層群中に分布している。図-1.2(b)に示すように上総層群のガス層は一般に泥岩層と細粒砂層がそれぞれ厚さ約1m程度で連続的な互層となっている。

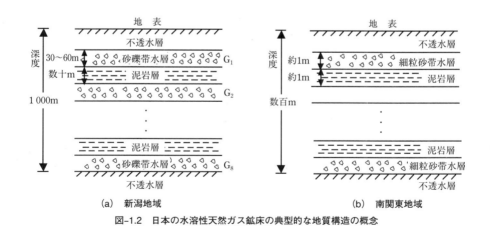

(a) 新潟地域　　　　　　　　(b) 南関東地域

図-1.2　日本の水溶性天然ガス鉱床の典型的な地質構造の概念

---

*2　新第三紀とは地質年代区分の一つで，第三紀を2分した場合の後半部，中新世と鮮新世を併せた時代[9)]。
*3　第四紀とは地質年代区分の一つで，新生代を2分した後半部で，第三期に続く時代である[9)]。

この地域における鉱床挙動には2つのタイプがある。1つは新潟地域と同じ産出ガス水比の挙動を示す通常型ガス鉱床であり,もう1つは約300 mの浅い深度の産出ガス水比(producing gas water ratio)が10～15にも達する鉱床である。これは,通称茂原型ガス鉱床(mobara type reservoir of natural gas dissolved in brine)と呼ばれる。このような高ガス水比の要因とメカニズムは未だ解明されていないが,1つの要因として泥岩層の発生ガス(gas occurred from mudstone)が根源であるという考え方がある[15]。

図-1.2に示すように水溶性天然ガス鉱床は,ガスを溶解したかん水を貯留した帯水層*4(aquifer)が上位と下位の難透水層*4(aquiclude)または半透水層*4(aquitard)に挟まれた被圧帯水層*4(confined aquifer)である。したがって,本書では水溶性天然ガス鉱床は前述した水溶性天然ガス貯留層(reservoir of natural gas dissolved in brine)と同義に用いられる。

(3) 上載圧と流体圧

図-1.3は水溶性天然ガス田の典型的な貯留層とその圧力勾配の概念を示す。この図に示すように自然状態で地下水面が丁度地表面にあることを想定したときの任意深度 z 点にかかる荷重は,その深度より浅い部分における不透水層および貯留層を構成する岩石粒子の荷重とかん水の静止荷重を加え合わせた垂直方向の荷重である。これをを全上載荷重(total overburden load)という。この全上載加重は任意深度における単位面積当たりの垂直圧力すなわち全上載圧(total overburden pressure)または上載圧(overburden pressure)として,次式で定義される。

$$p_t = p_e + p_w \tag{1.1}$$

ここで,p_t は全上載圧,p_e は不透水層および貯留層を構成する岩石粒子の受けもつ圧力で有効上載圧(effective overburden pressure)といい,p_w は静止流体の圧

---

*4 帯水層(aquifer)は地下水で飽和した透水性の良い地層,地層群または地層の一部を指す[21]。
被圧帯水層(confined aquifer)は上位と下位が難透水層や半透水性地層によって加圧された地下水で飽和した透水性のよい地層である。水頭勾配により坑井へ大量の水を供給することができる[21]。
難透水層(aquiclude)は不透水層ともいい,地下水を貯留しているが,通常の動水勾配(hydraulic gradient)では十分な量の水を移動できない地層である。シルトや粘土層のような地層がこれに該当する[21]。
半透水層(aquitard)は難透水層より若干透水性のよい地層で,通常の動水勾配で坑井へ十分な量の水を供給できない飽和された地層である。これに該当する地層として,シルト層,砂質粘土層,微砂層がある[21]。

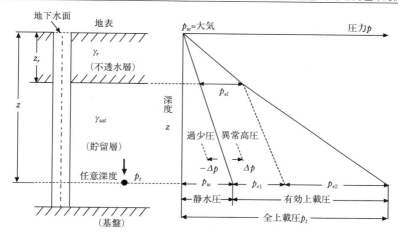

図-1.3 水平貯留層の任意深度での典型的な圧力勾配

力で静水圧(hydrostatic pressure)という.

式(1.1)の右辺項の p_e は,図-1.3において深度 z_r における有効上載圧 p_{e1} と深度 z における貯留層の層厚部分 $(z - z_r)$ のみの有効上載圧 p_{e2} の和として次式で表される.

$$p_e = p_{e1} + p_{e2} = \gamma_r z_r + \gamma_{sat}(z - z_r) \tag{1.2a}$$

一方,p_w はかん水の比重量と深度から次式で表される.

$$p_w = \gamma_w z \tag{1.2b}$$

式(1.2a, b)を式(1.1)に代入すると,任意深度 z における全上載圧 p_t は

$$p_t = \gamma_r z_r + \gamma_{sat}(z - z_r) + \gamma_w z \tag{1.3}$$

ここで,z_r は不透水層の厚さ,γ_w はかん水の比重量,γ_r は不透水層の比重量,γ_{sat} は水で飽和された貯留層の比重量である.

全上載圧 p_t は一定であるから,式(1.1)を深度 z で微分すると

$$dp_w = -dp_e \tag{1.4}$$

式(1.4)の負の記号は,流体圧 p_w が dp_w だけ減少すると,それに相当する浮力分の有効上載圧が dp_e だけ増加することを意味する.逆に流体圧が dp_w だけ増加すると有効上載圧が dp_e だけ減少することを意味する.

図-1.3のように地下水面(water table)が地表面にあるときの深度 z における静水圧 p_w は次のように表される.

$$p_w = \left(\frac{dp}{dz}\right)_w z + p_{sc} \tag{1.5}$$

ここで，p_w は静水圧（hydrostatic pressure），dp/dz は静水圧勾配（hydrostatic pressure gradient），p_{sc} は大気圧（atmospheric pressure）（0.1013MPa）である。

一般に任意深度での流体圧（fluid pressure）は次式で表される。

$$p = p_w \pm \Delta p \tag{1.6}$$

ここで，p は流体圧，Δp は p と p_w との差圧である。

図-1.3において Δp が正のときは異常高圧[*5]（orver pressure）となり自噴する。それに対して負のときは過少圧（under pressure）で自噴しない。

通常，圧力ゲージを用いて測定した圧力は地表の大気圧を基準（ゼロ）にして測定した値でゲージ圧（gauge pressure）といい，絶対真空圧（absolute vacuum pressure）を基準（ゼロ）にして測定した圧力を絶対圧（absolute pressure）という。両者の間には次の関係が成り立つ。

$$p_a = p_{sc} + p_g \tag{1.7}$$

ここで，p_a は絶対圧，p_g はゲージ圧である。

したがって，絶対圧は負の値をとらないが，ゲージ圧は大気圧以下のとき負の値となり真空圧（vacuum pressure）という。大気圧は気象状態によって変化するので，ゲージ圧（＝絶対圧－大気圧）は大気圧によって変わる。

1.2.2 坑井

水溶性天然ガス生産システムにおける坑井には，基本的にかん水を汲み上げるための生産井（production well）とガス分離後のかん水またはヨウ素抽出後のかん水を地下へ還元するための還元井（reinjection well）がある。生産井には自噴井（flowing well）と人工採収井（artificial lift well）の2種類がある。それらの坑井の主な仕上げと構造について概要を説明しよう。ここでは，主に天然ガス鉱業会（1980），金原・本島・石和田（1958），Economides.M.J, et al（1994）の記述に基づいて述べる。

[*5] 異常高圧とは，堆積物の圧密過程において堆積速度が大きい場合，または間隙水圧や地層水の移動が非浸透層に妨げられて間隙水圧は静水圧より高くなる[9]。

(1) 仕上げ

　一般に水溶性天然ガス田で採用されている主な坑井仕上げ（well completion）にはアンカー仕上げ，ガンパー仕上げおよびグラベルパック仕上げがある。

a. アンカー仕上げ

　坑井掘削後，あらかじめ生産層深度区間に当たる部分だけ穴の開いたアンカーパイプ（perforated-pipe）を設置し仕上げるものでアンカー仕上げ（perforated-pipe completion）という。セメンチングはアンカーパイプの上端から上方のアニュラス部にのみ施工される。そのため生産層と穴の開いたアンカーパイプ間は裸坑（open hole）の状態である。この利点はセメントによる生産障害がないことである。欠点は将来貯留層に何らかの問題が発生したときに改修が難しいことである。

　アンカーパイプには，丸穴孔明管（perforated liner）と縦溝孔明管（slotted liner）がある。縦溝のものは比較的軟弱な地層に対して用いられるが，一般に丸穴のものが多く用いられている。新潟ガス田のようにガス層が砂礫層であると3/8"（9.53 mm）径の丸穴が多く使用されているが，南関東ガス田のように比較的細粒の砂層であると1/8～2/8"（3.18～6.35mm）径の丸穴が多く使用され，また細孔を多数穿孔する時間と費用を節約するため2～3 mm幅の縦溝を使用することがある。

　孔径および溝幅を決定するのに，丸穴では有効粒径（effective particle diameter）（累積粒度分布曲線の10％点に対応する粒径）の3倍の直径，縦溝では2倍の幅までなら出砂がないとされている。生産初期の段階では大なり小なり出砂するものであって，長期にわたり埋没を繰り返さない限り，大きな害がない。孔明管の開口率（open fraction）（第5章の式（5.70）と式（5.84）参照）は1～4％のことが多い。

　アンカーパイプのみで仕上げた場合，ガス鉱床は未固結の堆積層であるためかん水の生産にともなって坑内に砂が流入することがある。この砂の流入によって坑内の埋没，水中電動ポンプの摩耗，沈砂槽の砂だまりなどの障害が発生し，それが操業上大きな問題となる。そこで砂の流入を防ぐためステンレス・スクリーンを巻いたアンカーパイプが用いられる。さらに，アンカーパイプの設置には次のような施工法がある。まず，貯留層の直上まで掘削した後に一端掘削を停止し，そこに中間ケーシングを設置してセメントで遮水する。その後に貯留層部分を掘削して，その部分の層厚に相当する長さのアンカーパイプを，掘り管などを利用して設置する方法である。これをアンカー投込仕上げ（slotted liner completion）という。

b. ガンパー仕上げ

ガンパー仕上げ（gun perforated completion）は次のように行われる。掘削後あらかじめケーシングパイプを生産層の深度に挿入し，ケーシングと地層間のアニュラス部分をセメンチングする。その後にワイヤーラインまたはコイルチューブのいずれかに取り付けたガンパー（弾丸穿孔器；gun perforator）を用いてケーシング内の計画穿孔位置の部分を爆破し，その後には直径 0.25～0.4 in.（0.635～1.02 cm）の穿孔および 6～12 in.（15.24～30.48 cm）のトンネルが地層へ向かって作られる。通常，穿孔はアンダーバランス（underbalance）で実施される。すなわち，坑内の圧力が地層の圧力よりも低い状態で行う。これは爆破後坑井および坑井近傍貯留層内の流体をすぐに逆流させ，岩屑を運び，穿孔トンネルを洗浄するためである。

ガンパー仕上げは前述したアンカー仕上げに比較して産出効率（flow efficiency）（第5章の式（5.35）と式（5.36）参照）が悪く，1坑あたりの穿孔費が高いという欠点がある。ケーシングパイプの径はガス層の性質，深度，ガスリフト効率などの種々の条件によって決定されるが，地層の浸透率が大きく，水量の豊富な貯留層では大きい口径のケーシングパイプが有利である。逆に浸透率が小さく，流量の少ない場合には小さな口径のケーシングパイプが有利である。

c. グラベルパック仕上げ

水溶性天然ガス鉱床のような未固結の砂層からなる貯留層は，流量が増加すると流体と一緒に砂が産出される。この砂の産出は出砂（sand production）と呼ばれ，大きな生産問題である。この出砂を制御するためにグラベルパック仕上げ（gravel pack completion）が用いられる。

この仕上げでは，地層の平均粒子サイズよりも大きい砂が地層と孔明管またはスクリーンの間に置かれる。グラベルパック砂（gravel pack sand）（実際の小砂利や大粒の砂をグラベルという）は地層砂の大部分を堰き止めるが，非常に細かい砂はグラベルパックを通過して生産されることがある。ただし，グラベルパック仕上げは単一仕上げゾーンに限られる。

(2) 人工採収井と自噴井の構造

人工採収井（artificial lift well）はまったく自噴しない坑井または自噴力の弱い坑井に対して人工的にエネルギを供給することによって汲み上げる方法で，それにはガスリフト方式とポンプ採収方式がある。

a. ガスリフト井

ガスリフト（gas lift）には，図-1.4に示すように外吹込管，ケーシングフロー，チュービングフローの3つの方式がある。それらの坑井の構造と特徴について概要を述べる。

ⅰ）外吹込管方式

この方式は，図-1.4(a)のようにケーシングの外側に設置したガスリフトバルブ（gas lift valve）からガスを圧入し，ケーシングを通じてガスと水を汲み上げるもので，外吹込管（tubing flow fixed gas lift valve）方式という。このガスリフトバルブは深部から一定間隔で複数取り付けられ，生産状況に応じてそれぞれのバルブから適量のリフトガス（lift gas）を圧入する。この方式は，図-1.4における(b)ケーシングフロー方式および(c)チュービングフロー方式のようにケーシング中にチュービングを挿入する必要がないので，ケーシングの直径は計画生産量に適するものでよい。

以下に，外吹込管方式の特徴（characteristics of tubing flow fixed gas lift valve）をあげる。

① 水位降下に伴うガスの圧入深度の変更は，一定間隔で設置されたガスリフトバルブ（gas lift valve）を地上から操作する。

② ガスリフトを起動させるときに，深度の浅いガスリフトバルブから深いガス

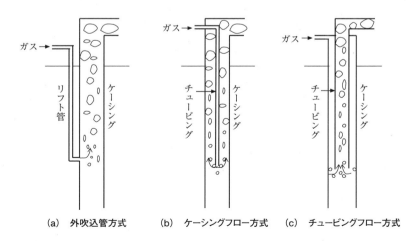

(a) 外吹込管方式　　(b) ケーシングフロー方式　　(c) チュービングフロー方式

図-1.4　ガスリフト井の構造の概念

リフトバルブへ順次切り替えながら所定の深度に設定できる。
　③　ガスリフトを起動させるために高い圧力を必要としない。
　④　ただし，短所としてはケーシング作業が若干複雑になり，裸坑径をガスリフトバルブの最深度まで大きくする点である。

ii）ケーシングフロー方式

　この方式は，図-1.4(b)のようにケーシング中に挿入されたチュービングからガスを坑内に圧入し，チュービングとケーシング間の環状部からガスと水を汲み上げる方式で，ケーシングフロー（casing flow）方式という。この環状部をアニュラス（annulus）という。

　以下に，ケーシングフロー方式の特徴（characteristics of casing flow）をあげる。
　①　ガスリフトの起動時の圧力が低い。
　②　特に水位が低い場合，常時運転圧力と起動圧力の差を小さくする効果がある。
　③　チュービングの直径を小さくできるため，その設置深度までのケーシングの径を特に大きくしなくてよい。

iii）チュービングフロー方式

　この方式は，図-1.4(c)のようにケーシングフローとは逆にケーシングとチュービングのアニュラス（annulus）からガスを坑内に圧入し，ガスと水はチュービングから汲み上げる方式で，チュービングフロー（tubing flow）方式という。以下に，チュービングフロー方式の特徴（characteristics of tubing flow）をあげる。
　①　スケールの付着面がチュービング内部に限られるため，スケールの除去はチュービングを取り替えるだけでよい。
　②　ガス水二相流体の流れによって起こる振動がケーシングフロー方式の場合より少ない。
　③　この振動によるチュービング脱落，チュービングがケーシングへ接触することによるケーシングの破損などの事故を避けることができる。

b. ポンプ採収井

　ポンプ採収井（puming well）は，第8章の図-8.7に示すように坑内にダウンホールポンプ（down-hole pump）を挿入し，流動坑底圧力を低下させることによって生産する方式である。ガスリフトでは流動坑底圧力を減少さ，チュービング内の圧力勾配を低下させるのに対して，ダウンホールポンプはむしろチュービング底部の圧力を増大し，十分な量の液体（水）を地表へ押し上げるというものである。ダウ

ンホールポンプにはいろいろな種類のものがあるが，本節では水溶性天然ガスの生産に広く使用されている水中電動ポンプ（electrical submersible pump）を用いたポンプ採収の特徴（characteristics of pump assisted lift）について述べる。

［長所］
① ガスリフト採収に比較して産出効率（第5章式（5.35）と式（5.36）参照）が優れている。
② 大容量生産に適する。
③ 産出状態に間欠現象がない。
④ 騒音，振動がないので環境問題に対する対策が不要である。

［短所］
① 水中電動ポンプの性能は，設計揚程と実際の操業揚程（実揚程）との適用範囲が狭い。
② 設計揚程に対して実揚程が小さい場合過剰生産となり，モーターに過剰な負荷がかかる。
③ 設計揚程に対して実揚程が大きい場合，生産不能となる。
④ ガス水比が高い場合，ポンプ効率（pump efficiency）（第8章の式（8.25）参照）が悪くなる。従来，水中電動ポンプの実用的な使用制限は産出ガス水比が3以下とされてきたが，現在は坑底に設置できるポンプが開発され，産出ガス水比が6程度まで使用可能である。

c. 自噴井

一般に自噴井（flowing well）は，掘削後ケーシングを挿入し，セメンチング，坑口装置の取り付けなどを行い，仕上げは前述したアンカー仕上げ，グラベルパック仕上げ，裸坑仕上げと同じである。前述した人工採収井に比較して経済的である。

1.2.3 セパレータ

(1) セパレータの構造

セパレータ（separator）は圧力を調節してガス水混合流体をガスと水に分離する装置である。この構造と形態はガス田ごとに特色があるが，大別して開放型と密閉型の2種類について概要を説明する。

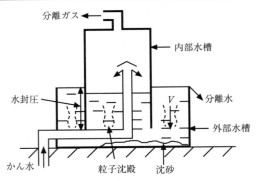

図-1.5 典型的な開放型セパレータの概念

a. 開放型

図-1.5は開放型セパレータ（open type separator）の典型的な釣り鐘型構造の概念を示す。釣り鐘型の内部水槽中の下部にガスを溶解しているかん水が入ると，ガスと水を分離し，上部からガスを取り出し，水は下部から流出させる。水に混入している砂は外部水槽内に沈殿し，除去される。セパレータの下半分は腐食を防止するためにヒューム管になっている。上部の釣り鐘型の容器は鉄製である。特徴は外部水槽内の水位（水封圧（water sealing pressure））とセパレータ内の水位とがセパレータ内圧に従って平衡状態になる。

b. 密閉型

図-1.6は密閉型セパレータ（closed type separator）の概念を示す。図に示すよ

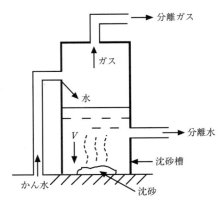

図-1.6 典型的な密閉型セパレータの概念

うに坑井からのかん水はセパレータに入ると槽内の壁に沿って回転しながらガスと水に分離する。密度の軽いガスは上方出口からコンプレッサー室へ送られる。一方，分離水は密度が重いため槽内の下方出口から流れ出る前に水に含まれた砂が最下部の沈砂槽で除去される。それからヨード工場へ送られる。

(2) フラッシュガス分離の概念

水溶性天然ガス田で用いられているセパレータは，ガスと水の二相セパレータ（two-phase separator）である。**図-1.7**は二相分離過程の概念を示す。図においてフローラインからセパレータに入った坑内流体はセパレータの温度と圧力の下でガスと水に分離し，平衡状態になる。この状態の流体をセパレータ供給流体（separator feed fluids）という。セパレータの圧力は圧力調節装置で調節されるが，セパレータの温度は供給流体の温度と大気温度によって左右される。このように限られた容積のセパレータ容器内で供給流体がセパレータの温度および圧力になるまでの間に水から遊離したすべてのガスを逃がさずに分離水と接触させておく分離過程をフラッシュガス分離（flash gas liberation）という。

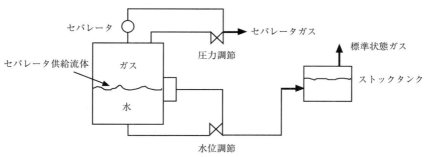

図-1.7 ガス水二相セパレータの概念[24]

1.2.4 沈砂槽

沈砂槽（sand setting pit）（**図-1.5**と**図-1.6**参照）は坑井によって汲み上げられたかん水に混入した砂を沈殿させるものである。混入砂の沈降速度（dropping velocity）は，自由沈下の場合次のストークスの式（stokes' equation）[13]により計算される。

$$v = \frac{g(\rho_s - \rho_w)D_p^2}{18\mu_w} \tag{1.8}$$

ここで，v は混入砂の沈降速度（cm/s），g は重力加速度（cm/s^2），ρ_s は混入砂の密度（g/cm^3），ρ_w は水の密度（g/cm^3），D_p は混入砂の平均粒径（cm），μ_w は水の粘度（Pa·s）である。

沈砂槽は槽内の滞留時間（retention time）が長くなるように設計される。実際の設計条件については天然ガス鉱業会（1980）を参照されたい。

1.3　還元ライン，送水ラインおよび送ガスライン

本節では，セパレータから分離された水とガスを輸送するための還元ライン，送水ラインおよび送ガスラインの輸送方式について述べる。

1.3.1　還元ライン
（1）　自然流下方式
沈砂槽の流出口から分離水を還元井の口元にある槽内に入れ，その水位と還元井の動湛水面との水位差（hydraulic head difference）によって，または沈砂槽出口と還元井内の動湛水面との落差（elevation difference）により坑井を通じて地中へ自然に流下させるもので，自然流下方式（injection method due to elevation difference）という。

（2）　ポンプ圧入方式
一般に還元井の水位が上昇すると圧入能力が低下し還元量の減少を引き起こすため，地上に設置したポンプを用いて圧入する。これをポンプ圧入方式（injection method by pump）という。

1.3.2　送水ライン
セパレータからの分離水は，図-1.1に示すように送水ラインを経由して還元井へ，またはヨウ素抽出後還元ラインを経由して地層へ還元されるか，または海や河川へ放流される。その送水方法には次の2つの方式がある。

(1) 自然流下方式

前述した還元の場合と同様に送水元と送水先の標高差により生じる動水勾配を利用して送水するもので，これを自然流下方式 (method due to elevation difference) という。自然の落差 (elevation difference) を利用するため他の付帯設備が不要で維持・管理が容易である。しかしながら，標高差が小さくて十分な動水勾配が得られない場合には沈砂槽で除去できなかった砂や，かん水中に含まれる有機物の酸化生成物が送水管内に沈殿するため送水容量を減少させるなどの問題が発生することがある。

(2) ポンプアップ方式

分離水をポンプで圧送するもので，ポンプアップ方式 (pump-up method) という。これは送水管内の流速が比較的速いため分離水中に除去されずに残っていた砂や酸化生成物の沈殿などの問題が少ない。しかしながら，大容量の送水ポンプや生産量との調整装置などの付帯設備を設置しなければならず，これらの維持・管理や運転などに費用を要する。

水溶性天然ガスの生産では，送水管に要する費用がコストに大きく影響するので，上記の送水方式については送水量，立地条件，維持管理，経済性を考慮して選定するが，ほとんど自然流下方式を採用している。送水管には，主にヒューム管や塩化ビニール管が使用されている。

1.3.3 送ガスライン

ガスはセパレータからコンプレッサーまでセパレータの水封圧 (water sealing pressure)（図-1.5 参照）によって，またはコンプレッサー (compressor) の吸引負圧によって送られ，その後昇圧して需要先へ送る。その際，ガスは輸送距離，輸送量，必要とする着圧などによって輸送料金を計算し，計量して輸送される。

1.4 生産システムに関連する諸問題

水溶性天然ガス生産システムにおける生産に関連する主な問題として，坑井近傍に発生するスキン効果の問題や環境問題がある。

1.4.1 スキン効果の問題

 貯留層生産障害の基本的原因には，主に坑井掘削による障害，坑井仕上げによる障害，生産による障害，圧入による障害，流体の相変化による障害などがある。それらの障害を総称してスキン効果（skin effect）という。

(1) 掘削による障害

 坑井における地層障害の主な原因は掘削にある。掘削障害（drilling damage）は掘削流体（drilling fluids）（ベントナイトなどを用いた泥水）の粒子および掘削流体の濾過水が地層へ侵入することによって生じるもので，特に掘削流体粒子による障害は大きい。

 坑井掘削時における掘削流体粒子の沈殿は，特に坑井近傍の限られた地層領域の浸透率を減少させる。しかしながら，粒子の侵入深度すなわち侵入した地層の奥行き長さは通常短く，数 cm から最大約 30 cm 以下である。その障害を削減するためには泥水粒子径を孔隙径よりも小さくする必要がある。一方，掘削泥水の濾過水は，掘削泥水粒子よりも地層奥深く侵入し，その侵入深度はおよそ 30～180 cm 程度である。もし，掘削泥水粒子や濾過水の障害を受けた場合には，酸処理[*6]（acid treatment）などによってそれを克服できる。

(2) 仕上げによる障害

 坑井仕上げ作業中に生じる地層障害の主なものは，地層中への仕上げ流体（completion liquid）の侵入，セメンチング，穿孔，坑井刺激などによって生じる。仕上げ流体の第一の目的はオーバーバランス（overbalance）すなわち地層よりも坑内圧力を高く維持し，仕上げ流体を地層中へ強制的に侵入させることにある。したがって，仕上げ流体が固体微粒子を含んでいれば，または地層と化学的に共存できなければ，掘削泥水によって生じる障害と同じように障害が発生する。仕上げ流体による地層への固体微粒子の侵入を防ぐためには濾過することが特に重要である。仕上げ流体は $2\,\mu m$ 以下のサイズの固体微粒子を $2\,ppm$ 以上含まないことが推奨されている。

---

*6 酸処理とは，坑井から塩酸やフッ化水素などを圧入し，孔隙中の障害物を洗浄し，貯留岩を溶かし，孔隙を大きくし，流れやすくする[7]。

セメント濾過水が地層に入ると，もう一つの障害の原因となる。セメント濾過水は高濃度のカルシュウムイオンを含んでいるので，沈殿障害を起こす原因となる。

ガンパー仕上げはその近くの地層を必然的に破砕し岩屑による障害を起こすため，アンダーバランス（underbalance）すなわち坑内圧力を地層圧力よりも低くすることで岩屑を除去し，その障害を小さくできる。

さらに，坑井の生産性を向上させるための坑井刺激流体は，地層への固体の侵入または沈殿によって地層障害を起こす。

(3) 生産による障害

生産中における地層障害は地層における微細粒子の移動または沈殿によって生じる。坑井近傍の流速は大きいため，狭い孔隙流路を閉塞していた微細粒子が流れの剪断応力（shearing stress）によって移動させられる。流体圧入のときには固体微粒子は地層奥へ移動し，または生産のときは坑井中に流入する。後者の現象を出砂障害（sand trouble）という。このように坑井近傍の流速には地層障害が生じるという限界流速（critical velocity）があることが多くの研究により分かってきた。この限界流速は特殊な岩石や流体に複雑に依存する。限界流速を決定する唯一の方法は室内実験である。

微細粒子は，かん水の生産が始まると生産井の近傍に移動してくる。濡れ性の微細粒子はかん水の流れとともに移動する。多くの地層微細粒子は水に濡れやすいから，水が存在すると微細粒子の移動が生じ，後で地層障害を起こす。

かん水からの無機物の沈殿は坑井近傍領域の圧力低下のため生産井の近傍に起こる。このような地層障害の原因は坑井刺激[*7]（well stimulation）（例えば，前述した酸処理で炭酸塩を除去するなど）により克服される。

(4) 還元による障害

還元井は，泥水のような固体微細粒子を含む流体の還元や還元された流体と地層水との非共存性などによって，またはバクテリアの成長によって生じる地層障害の影響を受けやすい。これを圧入による障害（damage due to injection）という。固

[*7] 坑井刺激とは，坑井の生産能力，場合によっては，圧入能力を向上させるために，人為的に貯留層の坑井近傍の流体の有効浸透率を増大させるもので，水圧破砕や酸処理がある[7]。

体微細粒子の還元は，還元水の濾過を行わなければ常に地層障害の原因となる。$2\mu m$ 以上のサイズの粒子を除去するような濾過法が推奨されている。特にバクテリアによる地層障害を防止するためには，還元水について事前にバクテリアが存在するかどうかを確認するために試験する必要がある。

なお，スキン効果に直接関係する問題ではないが，地盤沈下防止のために還元している通常型貯留層では将来的に還元水によるかん水中のメタンガス溶解度の稀釈[6]およびヨウ素イオン濃度の稀釈が懸念される。

(5) 流体の相変化による障害

地層中のガス水二相流は相対浸透率によって大きく影響される。ガスを溶解しているかん水は，生産によって貯留層圧力が低下するとガスを遊離し，ガスの飽和率が高くなってかん水の相対浸透率が低下する。このように相変化によって特にガス飽和率が高くなる坑井近傍ではかん水は流れ難くなる。それを流体の相変化による障害（damage due to phase change）という。

1.4.2 環境問題

主な環境問題としては，生産設備に関連する問題と地盤沈下現象がある。

(1) 生産設備に関連する問題

水溶性天然ガス生産に関連する環境問題（environmental problem）としては，主に送ガス機器，ガスリフト用コンプレッサーによる騒音（noise）および振動（vibration）の問題，高塩分のかん水の排出による汚染（pollution）の問題がある。前者は一般的な防音，防振技術により相当程度改善されている。後者は放流地点を海域等の適所に選べば弊害を回避できる。

(2) 地盤沈下現象

地盤沈下（land subsidence）は，過剰な地下水の汲み上げにより地盤が沈下する現象である。ほとんどの地盤沈下地域は軟弱な沖積粘土層が発達する沖積低地であるが，水溶性天然ガス田におけるように第三紀層からなる地層においてもガスの採取により地盤沈下が発生している。

水溶性天然ガス田の地盤沈下現象は生産によるガス層の水圧低下によって起こる

ものであるが，この現象のメカニズムは土質工学における地盤の圧密メカニズムと同じである．したがって，地盤沈下現象を理解するためには地質，地下水そして土質工学の基礎知識が必要である．地盤の圧密については，これまで土質工学の分野において理論的にも実験的にも詳しく研究され，特にTerzaghiの一次元圧密理論（theory of one dimensional compaction）[20]が有名である．

地盤沈下は地下水を揚水することによって地表面が鉛直方向に沈下する現象であるが，この現象のメカニズムについて次のように考えられている．

地下水の汲み上げに起因する地盤沈下サイトには，地層の堆積環境に一つの特徴がある．それは帯水層と半透水層の互層が幾重にも形成された未固結（unconsolidated）または半固結（poorly consolidated）の厚い堆積層（sediment）である．砂礫または細粒砂からなる帯水層から揚水を行うと，まず帯水層の圧力が低下し，帯水層中の水が坑井によって排出されるため水圧が低下し帯水層の圧密が生じる．続いて隣接する上位と下位の半透水層中の水が帯水層へ浸出し，半透水層の水圧が低下するため半透水層の圧密がおこる．しかしながら，主にシルトや粘土からなる半透水層と砂礫からなる帯水層の圧密には次の2つの違いがある．

① シルトや粘土の圧縮率（compressibility）は砂礫の圧縮率よりも数倍大きい（**表-1.1**参照）ため，同じ上載圧に対して半透水層の圧密量は帯水層よりも大きくなる．

② シルトや粘土の水理伝導率（hydraulic conductivity）または透水係数（coefficient of permeability）は砂礫層よりも数千分の一以下と小さい（**表-1.1**参照）ため，水の排出中における圧密過程は帯水層の場合より遅くなる．

表-1.1 種々の岩石の圧縮率，浸透率，水理伝導率の範囲

(Freeze and Cherry, 1979)

岩石の種類	圧縮率（Pa^{-1}）	浸透率（cm^2）	水理伝導率（cm/s）
粘土	$10^{-6} \sim 10^{-8}$	$10^{-8} \sim 10^{-12}$	$10^{-3} \sim 10^{-7}$
砂	$10^{-7} \sim 10^{-9}$	$10^{-5} \sim 10^{-8}$	$1 \sim 10^{-3}$
れき	$10^{-8} \sim 10^{-10}$	$10^{-6} \sim 10^{-3}$	$10^{-1} \sim 10^{2}$
亀裂岩	$10^{-8} \sim 10^{-10}$	—	—
堅固な岩石	$10^{-9} \sim 10^{-11}$	—	—
水	4.4×10^{-10}	—	—

1.5 単位と換算

本書で使用する単位は SI 単位(International System of Units)と従来の単位が混在しているため,必要最小限の単位換算ができるように石油技術協会編集委員会 SI 単位小委員会(1980)による国際単位系(SI)の概要を参考に**表-1.2**にまとめて示す.SI 単位における大きさ,接頭語および記号は**表-1.3**に示す.

[摂氏温度と華氏温度との変換式]

華氏[°F]から摂氏[℃]へ: $t(℃) = \dfrac{5}{9}(t(°F) - 32)$ (1.9)

表-1.2 本書で使用した主な単位の換算

長さ	1 in. = 2.54 cm
	1 ft. = 3.048 m
体積	1 bbl. = 1.5899 m^3
平面角度	1 deg(˚) = 1.7453 × 10^{-2} rad
質量	1 lbm = 4.5359 × 10^{-1} kg
運動量	1 lbm·ft/s = 1.38255 × 10^{-1} kg·m/s
力	1 kgf = 9.80665 N
	1 dyne = 1.0 × 10^{-2} mN
圧力	1 kgf/cm^2 = 9.80665 × 10^4 Pa
	1 bar = 1.0 × 10^{-1} MPa
	1 atm = 1.01325 bar
	1 atm = 1.01325 × 10^{-1} MPa
	1 lbf/in^2(psi) = 6.894757 × 10^{-3} MPa
	1 dyne/cm^2 = 1.0 × 10^{-1} Pa
浸透率	1 darcy = 9.869233 × 10^{-1} μm^2
表面張力	1 dyne/cm = 1 mN/m
粘度	1 cp. = 1 Pa·s
動粘度	1 in^2/s = 6.4516 × 10^2 mm^2/s

表-1.3 SI 単位における大きさ,接頭語および記号

大きさ	接頭語	記号
10^6	メガ	M
10^3	キロ	k
10^{-3}	ミリ	m
10^{-6}	マイクロ	μ

摂氏［℃］から華氏［°F］へ： $t(°F) = \dfrac{9}{5}t(°C) + 32$ (1.10)

［絶対温度］

摂氏温度の場合： $T(K) = t(°C) + 273.15$ (1.11)

華氏温度の場合： $T(°R) = t(°F) + 460$ (1.12)

ここで，単位°R はランキン度（degrees Rankin）という。

［絶対圧力］

$p(\text{psia}) = p(\text{psi}) + 14.7$ (1.13)

第1章　演習問題

【問題 1.1】　水溶性天然ガス生産システムの基本的な構成要素をあげ，その特徴を述べよ。

【問題 1.2】　日本における水溶性天然ガス鉱床は産出特性により2つに大別される。それらの名称をあげよ。

【問題 1.3】　水溶性天然ガス生産井の代表的な仕上げ方式をあげよ。

【問題 1.4】　水溶性天然ガスの採収法にはどんなものがあるかあげよ。

【問題 1.5】　水溶性天然ガス生産システムに用いられる代表的なセパレータの種類をあげよ。

【問題 1.6】　セパレータから分離された脱気附随水はどのように処理されるかを説明せよ。

【問題 1.7】　生産システムの操業時に発生する主な環境問題をあげよ。

【問題 1.8】　圧力が 5 kgf/cm² である。これを SI 単位 Pa に換算せよ。

【問題 1.9】　圧力が 50 psi である。これを絶対圧力で表せ。

【問題 1.10】　圧力が 5 psi である。これを SI 単位 kPa に換算せよ。

【問題 1.11】　圧力が 5 bar である。これを SI 単位 MPa に換算せよ。

【問題 1.12】　圧力が 5 atm である。これを SI 単位 MPa に換算せよ。

【問題 1.13】　体積流量が 1 000 bbl/d である。これを SI 単位 m³/h に換算せよ。

【問題 1.14】　温度 212°F を単位℃に換算せよ。

【問題 1.15】　温度 212°F を絶対温度で表せ。

◎引用および参考文献

1) 秋林　智，周　萍，滝沢桂一（1985）：茂原型水溶性ガス田の産出挙動シミュレーション，石油技術協会誌，第50巻，第3号，pp.202-207．
2) 秋林　智，周　萍（1986）：茂原型水溶性ガス田における産出挙動の予測モデル，石油技術協会誌，第51巻，第6号，pp.486-491．
3) 池田一夫（1989）：新潟地域における水溶性天然ガス開発の実際，天然ガス，No.4．
4) 沖野文吉（1986）：ボーリング用泥水，技報堂出版社．
5) 金原金二，本島公司，石和田靖章（1958）：天然ガス―調査と資源―，朝倉書店．
6) 周　萍，秋林　智，湯原浩三（1989）：還元を伴う通常型水溶性ガス貯留層の産出挙動の予測モデル，石油技術協会誌，第54巻，第5号，pp.1-7．
7) 生産技術委員会・生産技術用語分科会編（1994）：石油生産技術用語集，石油技術協会．
8) 石油技術協会（1983）：石油鉱業便覧，石油技術協会．
9) 石油技術協会編（1994）：石油地質・探鉱用語集，石油技術協会．
10) 石油技術協会編集委員会SI単位小委員会（1980）：国際単位系（SI）の概要，石油技術協会．
11) 天然ガス鉱業会（1980）：水溶性天然ガス総覧，天然ガス鉱業会．
12) 天然ガス鉱業会（1998）：日本の石油と天然ガス，天然ガス鉱業会．
13) 高桑　健（1956）：選鉱工学（上），共立出版．
14) 田崎義行（1988）：水溶性天然ガス鉱床とsand/silt system，石油技述協会誌，第53巻，第4号，pp.256-264．
15) 田中彰一，マースデンＳＳ（1980）：日本の水溶性天然ガス，天然ガス，第23巻，7号，pp.3-10．
16) 地学団体研究会編（1997）：新版地学事典，平凡社．
17) 東京通商産業局・天然ガス技術委員会還元圧入専門部会（1975）：千葉県下における還元圧入について（中間報告）．
18) 本間敏夫，山上英夫（1968）：千葉県下のガス田開発に関する一般的諸問題について，石油技術協会誌，第33巻，第2号，pp.97-101．
19) 牧山鶴彦（1963）：新潟ガス田の天然ガス鉱床，石油技術協会誌，第6号，第9号，pp.24-30．
20) 松岡　元（2009）：土質力学，基礎土木工シリーズ15，赤井浩一監修，森北出版．
21) 山本荘毅（1966）：地下水探査法，地球出版．
22) Dake, L.P.（1978）：Fundamentals of Rservoir Engineering, Elsevior.
23) Economides, M.J. Hill, A.D. and Ehlig-Economides, C.（1994）：Petroleum Production Systems, Prentice Hall Petroleum Engineering Series, PTR Prentice Hall.
24) McCain, W.D., Jr.（1990）：The Properties of Petroleum Fluids, secod edition, PennWell.
25) Krueger, R.F.（1986）：An Overview of Formation Damage and Well Productivity in Oilfield Operations, JPT, February 1986, pp.131-152.
26) Marsden, S.（2000）：A Survey of Natural Gas Dissolved in Brine, The Future of Energy Gases, U.S.Geological Survey Professional Paper 1570.

第2章　貯留層内流動の基本的原理

　第1章で述べたように被圧された貯留層に掘削した坑井を用いて貯留層流体を汲み上げると坑井近傍の貯留層圧力が低下し，貯留層流体であるかん水からガスが遊離しはじめる。この相変化（phase change）によって貯留層内の流れが水単相流からガス水二相流へと変わるため，貯留層流体の物理的性質や貯留岩の流体力学的性質がその影響を受ける。しかしながら，貯留層内の流れは水単相またはガス水二相のいずれの場合にもダルシーの法則に支配される。

　本章では，貯留層流体の物理的性質，貯留岩の流体力学的性質，ダルシーの法則など多孔質媒体[*1]（porous medium）内の流れの基本的原理について学ぶ。

2.1　貯留層流体の物理的性質と評価式

　水溶性天然ガスの主体はかん水に溶解しているメタンガスであるが，ガスの生産に随伴して大量の付随水（associated water）が産出されるため，流体流動解析にはガスとかん水の物理的性質を定量的に評価することが必要である。

2.1.1　ガス

　水溶性天然ガスのような実在気体の状態方程式や物理的性質を説明する前に，理想気体について述べよう。

(1)　理想気体

　理想気体（ideal gas）は次の3つの性質をもつ。

---

*1　多孔質媒体とは，表面または内部に数多くの孔隙を有し，その孔隙構造によって決まる固有の浸透率を有する固体[1]。

① 分子によって占められる体積は気体の占める体積に比較して無視される。
② 分子間または分子と容器壁間の引力や斥力はない。
③ 分子の衝突は完全に弾性的で，衝突による慣性エネルギはない。

a. 状態方程式

上記の3つの性質をもつ理想気体1モルが体積 V_1，圧力 p_1，絶対温度 T_1 から体積 V_2，圧力 p_2，絶対温度 T_2 へ変化した場合に次の関係が成り立つ。

$$\frac{p_1 V_1}{T_1} = \frac{p_2 V_2}{T_2} = R \tag{2.1}$$

ここで，R は一般気体定数（universal gas constant）または気体定数（gas constant）である。

式（2.1）の関係を Boyle–Charles の法則（law of Boyle–Charles）という。式（2.1）は1モルの場合であるが，n モルの理想気体の状態方程式（equation of state of ideal gas）は，気体定数 R を用いて次のように表される。

$$pV = nRT \tag{2.2}$$

ここで，p は圧力，V は気体の体積，T は絶対温度，n は分子モル数である。

b. 気体分子のモル数

気体分子のモル数（mole number）は，気体の質量（mass）を分子量（molecular weight）で割った次式で与えられる。

$$n = m/M \tag{2.3}$$

ここで，n はモル数，m は質量，M は分子量である。

式（2.2）は式（2.3）の関係を用いて表すと

$$pV = \frac{m}{M} RT \tag{2.4a}$$

式（2.4a）は後述の式（2.8a）の比容積（specific volume）v を用いて表すと

$$pv = RT/M \tag{2.4b}$$

1モル（$n=1$）分子の理想気体の状態方程式（equation of state of ideal gas）は

$$pV_M = RT \tag{2.5}$$

ここで，V_M は理想気体1モルの体積（volume of one molecular weight of ideal gas）である。

理想気体1モル（mole）の体積は，それがどんな種類の分子であっても，同温同圧では同じ体積になり，0℃（273.151 K），11 atm（101.31 kPa）の下では，その

体積は22.4 l になる。例えば，メタンガス 1 mole の分子量を 16.04 g とすると，0℃（273.151 K），1 atm（101.31 kPa）の下では 1 mole の体積は 22.4 l，千倍の 1 kmole の分子量と体積はそれぞれ 16.04 kg と 22 400 l（22.41 kl）と表される。

c. 気体定数

式（2.5）より，R は1モルあたりの気体定数（gas costant）として次式で定義される。

$$R = pV_M / T \tag{2.6}$$

式（2.6）における R は圧力，体積，温度の関数であり，それらのいろいろな単位に対して R の値がきまる。それを以下の例題で説明する。

▶ 例題 2.1

単位に関して次の4つの条件における気体定数 R の値を求めよ。

① 1 mole のとき，T の単位が K，V_M の単位が l，p の単位が atm
② 1 mole のとき，T の単位が K，V_M の単位が m³，p の単位が Pa
③ 1 kmole のとき，T の単位が K，V_M の単位が m³，p の単位が Pa
④ 1 kmole のとき，T の単位が K，V_M の単位が m³，p の単位が MPa

[解答]

式（2.6）より，①〜④はそれぞれ

① $R = \dfrac{1(\text{atm}) \times 22.414(l/\text{mole})}{273.15(\text{K})} = 0.082 \left[\dfrac{\text{atm} \cdot l}{\text{mole} \cdot \text{K}}\right]$

② $R = \dfrac{1.013 \times 10^5(\text{Pa}) \times 0.022414(\text{m}^3/\text{mole})}{273.15(\text{K})} = 8.31 \left[\dfrac{\text{Pa} \cdot \text{m}^3}{\text{mole} \cdot \text{K}}\right]$

③ $R = \dfrac{1.013 \times 10^5(\text{Pa}) \times 22.414(\text{m}^3/\text{kmole})}{273.15(\text{K})} = 8310.0 \left[\dfrac{\text{Pa} \cdot \text{m}^3}{\text{kmole} \cdot \text{K}}\right]$

④ $R = \dfrac{0.1013(\text{MPa}) \times 22.414(\text{m}^3/\text{kmole})}{273.15(\text{K})} = 8.31 \times 10^{-3} \left[\dfrac{\text{MPa} \cdot \text{m}^3}{\text{kmole} \cdot \text{K}}\right]$

▶ 例題 2.2

体積 0.09 m³ のシリンダーに温度 $t = 20$ ℃，圧力 $p = 6.9$ MPa で封じ込められているメタンの質量 m を計算せよ。ただし，メタンは理想気体で1モルの分子量を 16.04 g/mole とする。

第2章　貯留層内流動の基本的原理

[解答]

式（2.4a）より，例題 2.1 の解答④の R の値を用いて

$$m = \frac{pMV}{RT} = \frac{6.9(\text{MPa}) \times 16.04(\text{kg/kmole}) \times 0.09(\text{m}^3)}{0.00831(\text{MPa} \cdot \text{m}^3/\text{kmole} \cdot \text{K}) \times (273.2+20)(\text{K})} \fallingdotseq 4.09(\text{kg})$$

d. 気体の密度

理想気体の密度（density of ideal gas）は，気体の単位体積当たりの質量（mass）として次式で定義される。

$$\rho_g = m/V \tag{2.7a}$$

ここで，ρ_g は気体の密度である。

理想気体の体積（volume of ideal gas）は温度および圧力によって変化するため，ρ_g に関する式（2.7a）は式（2.4a）より次式で表される。

$$\rho_g = \frac{pM}{RT} \tag{2.7b}$$

▶ **例題 2.3**

例題 2.2 と同じ体積，温度，圧力条件の下でメタンの密度 ρ_g を計算せよ。

[解答]

式（2.7b）より

$$\rho_g = \frac{6.9(\text{MPa}) \times 16.04(\text{k/kmole})}{0.00831(\text{MPa} \cdot \text{m}^3/\text{kmole} \cdot \text{K}) \times 293.2(\text{K})} \fallingdotseq 45.4(\text{kg/m}^3)$$

または，例題 2.3 の解答より $m = 4.09(\text{kg})$ であるから，

$$\rho_g = 4.09(\text{kg})/0.09(\text{m}^3) \fallingdotseq 45.4(\text{kg/m}^3)$$

e. 気体の比容積

式（2.4b）における理想気体の比容積（specific volume of ideal gas）は，気体の単位質量当たりの体積として次式で定義される。

$$v = V/m \tag{2.8a}$$

または，式（2.4b）より

$$v = \frac{RT}{pM} \tag{2.8b}$$

ここで，v は理想気体の比容積である。

f. 分圧の法則

複数の理想気体が混合している状態のガスを理想混合気体（ideal gas mixture）という。この混合気体の全圧力は各成分気体のもつ分圧の総和に等しい。これをDaltonの分圧の法則（Dalton's law of partial pressures）という。したがって，混合気体における成分気体の分圧（partial pressure of each gas component）は，一般に次のように定義される。

m 成分からなる混合気体を考えると，式（2.2）より

$$p_1 = n_1 \frac{RT}{V}, p_2 = n_2 \frac{RT}{V}, \cdots\cdots, p_m = n_m \frac{RT}{V} \tag{2.9}$$

ここで，$p_1, p_2, \cdots\cdots, p_m$ は各気体成分の分圧，$n_1, n_2, \cdots\cdots, n_m$ は各気体成分のモル数である。

理想混合気体の全圧力（total pressure exerted by ideal gas mixture）は，上記のDaltonの分圧の法則より各分圧の総和であるから

$$p = p_1 + p_2 + \cdots + p_m = n_1 \frac{RT}{V} + n_2 \frac{RT}{V} + \cdots + n_m \frac{RT}{V}$$

これを一般式で表すと

$$p = \sum_{i=1}^{m} p_i = \frac{RT}{V} \sum_{i=1}^{m} n_i = \frac{RT}{V} n \tag{2.10a}$$

ただし，$n = \sum_{i=1}^{m} n_i \tag{2.10b}$

ここで，p は全圧力，p_i は i 成分気体の分圧，n は全モル数，n_i は i 成分気体のモル数である。

混合気体の全圧力 p に対する i 成分気体の分圧 p_i の比または全モル数 n に対する i 成分気体のモル数 n_i の比は i 成分気体のモル分率（mole fraction）y_i といい，次式で定義される。

$$y_i = p_i / p = n_i / n \tag{2.11}$$

よって，式（2.11）より，i 成分気体の分圧（partial pressure）p_i は

$$p_i = y_i p \tag{2.12}$$

g. 部分体積の法則

理想混合気体の全体積は同温同圧の下では各成分気体の占める体積に等しい。それをAmagatの部分体積の法則（Amagat's law of partial volumes）という。この法

則は前述した分圧の法則と相似であり，各成分気体の占める体積を部分体積（partial volumes）という。

混合気体および各成分気体が理想気体の状態方程式に従うとすれば，式（2.10a）より混合気体の体積 V は次式で定義される。

$$V = \sum_{i=1}^{m} V_i = \frac{RT}{p} \sum_{i=1}^{m} n_i = \frac{RT}{p} n \tag{2.13}$$

ここで，V_i は i 成分気体の体積である。

またモル分率 y_i は，式（2.13）より体積 V を用いて次のように表すことができる。

$$y_i = V_i / V \tag{2.14}$$

h. 理想混合気体のみかけの分子量

理想混合気体（ideal gas mixture）はいろいろなサイズや分子量の分子からなり，あたかも1つの分子のように振る舞う。理想混合気体のみかけの分子量（apparent molecular weight of ideal gas mixture）は，i 成分気体の分子量 M_i とモル分率 y_i を用いて次式で定義される。

$$M_a = \sum_i y_i M_i \tag{2.15}$$

ここで，M_a は理想混合気体のみかけの分子量である。

▶ 例題2.4

空気は基本的に窒素，酸素，その他微量の気体からなる。次の組成からなる空気の見かけの分子量を求めよ。ただし，各成分気体は理想気体であると仮定する。

成分	組成	分子量
窒素	0.78	28.01
酸素	0.21	32.08
アルゴン	0.01	39.94

［解答］

空気のみかけの分子量は，式（2.15）より

$$M_a = 0.78 \times 28.01 + 0.21 \times 32.08 + 0.01 \times 39.94 = 28.98$$

i. 気体の比重

理想気体の比重（specific gravity of ideal gas）は，同温同圧の下で測定された空気の密度に対する気体の密度の比として，次式で定義される。

$$\gamma_g = \rho_g / \rho_{air} \tag{2.16}$$

ここで，γ_g は理想気体の比重，ρ_{air} は空気の密度，ρ_g は理想気体の密度である。
混合気体が理想気体のように振る舞うものと仮定すれば，混合気体の比重は，式（2.16）に式（2.7b）を代入し，前述のみかけの分子量 M_a を用いて表すと

$$\gamma_g = \frac{\dfrac{pM_a}{RT}}{\dfrac{pM_{air}}{RT}} = \frac{M_a}{M_{air}} = \frac{M_a}{28.98} \tag{2.17}$$

▶ 例題 2.5

次の組成のガスの比重を計算せよ。

成分	組成	分子量
メタン	0.85	16.043
エタン	0.09	30.069
窒素	0.04	28.013
酸素	0.02	32.000

[解答]

みかけの分子量は，式（2.15）より

$M_a = 0.85 \times 16.043 + 0.09 \times 30.069 + 0.04 \times 28.013 + 0.02 \times 32.0 = 18.10$

式（2.17）より，ガスの比重は

$$\gamma_g = \frac{18.1}{28.98} = 0.62$$

j. 等温圧縮率

理想気体の等温圧縮率（isothermal compressibility of ideal gas）は一定温度（$T = \text{const.}$）の下での圧力の変化に対する体積の変化率として次式で定義される。

$$c_g = -\frac{1}{V}\left(\frac{\partial V}{\partial p}\right)_T \tag{2.18a}$$

式（2.18a）と状態方程式（2.2）より

$$c_g = 1/p \tag{2.18b}$$

ここで，c_g は理想気体の等温圧縮率である。なお，式（2.18b）の誘導は演習問題 2.1 に取り上げている。

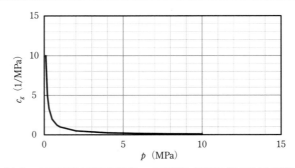

図-2.1 理想気体の等温圧縮率 c_g の計算値（付録 B 第 2 章 (1) 参照）

式 (2.18b) より理想気体の c_g は圧力 p の逆数で，単位は 1/MPa となる。したがって，図-2.1 に示すように c_g は p の増加とともに急速に減少する。

(2) 実在気体
a. 状態方程式

気体の運動理論（kinematic theory of gas）から理想気体の状態方程式は正しいことが知られている。しかし，実在気体（real gas）は実際に存在する気体で理想気体のように分子間力や分子サイズの影響が無視できない。そのため，実在気体の挙動は理想気体の状態方程式から予測された挙動とずれが生じる。そこで，このずれを補正するために前述の理想気体の状態方程式（式 (2.2)）に補正係数 z を導入すると，実在気体の状態方程式（equation of state of real gas）は次のようにいろいろな形の式で表すことができる。

$$pV = znRT \tag{2.19a}$$

$$pV = \frac{zmRT}{M} \tag{2.19b}$$

$$pv = zRT/M \tag{2.19c}$$

ここで，z を圧縮係数（compressibiliy factor）という。

b. モル分率

水溶性天然ガスは，表-2.1 に示すように物理的性質の異なるメタン，エタン，二酸化炭素，窒素，酸素などの典型的な成分からなる実在混合気体（real gas mixture）である。そこで実在混合気体のモル分率（mole fraction of real gas mixture）について説明しよう。

2.1 貯留層流体の物理的性質と評価式

表-2.1 水溶性天然ガスの典型的な成分および空気の物理的性質

(日本機械学会：流体の熱物性値集, 1997を参考に作成)

成分	記号	分子量 M	比重 γ_g	臨界圧力 p_c (MPa)	臨界温度 T_c (K)	臨界体積 V_c (cm^3/mol)	臨界密度 ρ_{gc} (kg/m^3)
メタン	CH_4	16.043	0.55359	4.595	190.55	98.9	162.2
エタン	C_2H_6	30.069	1.03758	4.871	305.30	147.0	204.5
二酸化炭素	CO_2	44.010	1.56863	7.380	304.20	94.4	466.0
窒素	N_2	28.013	0.96663	3.400	126.20	89.2	314.0
酸素	O_2	31.999	1.10386	5.043	154.58	73.4	436.0
空気	air	28.980	1.00000	3.766	132.5	72.6	313.0

水溶性天然ガスがメタン n_{CH_4} モル, エタン $n_{C_2H_6}$ モル, 二酸化炭素 n_{CO_2} モル, 窒素 n_{N_2} モル, 酸素 n_{O_2} の混合物であるとしたとき, 実在混合気体のモル分率は, 前述した式（2.11）よりそれぞれ次のように表される。

$$\left. \begin{aligned} y_{CH_4} &= \frac{n_{CH_4}}{n_{CH_4} + n_{C_2H_6} + n_{CO_2} + n_{N_2} + n_{O_2}} \\ y_{C_2H_6} &= \frac{n_{C_2H_6}}{n_{CH_4} + n_{C_2H_6} + n_{CO_2} + n_{N_2} + n_{O_2}} \\ y_{CO_2} &= \frac{n_{CO_2}}{n_{CH_4} + n_{C_2H_6} + n_{CO_2} + n_{N_2} + n_{O_2}} \\ y_{N_2} &= \frac{n_{N_2}}{n_{CH_4} + n_{C_2H_6} + n_{CO_2} + n_{N_2} + n_{O_2}} \\ y_{O_2} &= \frac{n_{O_2}}{n_{CH_4} + n_{C_2H_6} + n_{CO_2} + n_{N_2} + n_{O_2}} \end{aligned} \right\} \quad (2.20)$$

ここで, y_{CH_4}, $y_{C_2H_6}$, y_{CO_2}, y_{N_2}, y_{O_2} はそれぞれメタン, エタン, 二酸化炭素, 窒素, 酸素のモル分率である。

表-2.1は水溶性天然ガスの典型的な成分および空気の分子量（molecular weight）M, 比重（specific gravity）γ_g, 臨界圧力（critical pressure）p_c, 臨界温度（critical temperature）T_c, 臨界体積（critical volume）V_c, 臨界密度（critical density）ρ_{gc} を示す。

c. 圧縮係数

通常, 圧縮係数（compressibility factor）は同温同圧下での理想気体の体積に対する実在気体の体積の比として次式で定義される。

$$z = V / V_{ideal} \tag{2.21a}$$

ここで，z は圧縮係数，V は実在気体の体積（volume of real gas），V_{ideal} は理想気体の体積（volume of ideal gas）である。

式（2.19a）より，z は次のように表される。

$$z = \frac{pV}{nRT} \tag{2.21b}$$

式（2.21b）より，z は圧力と温度によって変化し，実験的に決定される。理想気体では $z=1$ であるが，実在気体では z は温度，圧力，組成によって異なる。そこですべての気体の z を総括的に1つの式で表すために，以下に定義する対臨界変数（reduced variable）すなわち対臨界圧力（reduced pressure）および対臨界温度（reduced temperature）を導入する。ここで，図-2.2 に示す PVT[*2] 線図（Pressure–Volume–Temprature diagram）を用いて，単一成分気体と混合気体の対臨界温度および対臨界圧力の定義について説明しよう。

ⅰ）単一成分気体の対臨界圧力と対臨界温度

図-2.2 に示すように単一成分気体には気相と液相のどちらにも転移しないで一相となる圧力および温度の点 C が存在する。これを臨界点（critical point）という。この C 点における圧力 p_c，温度 T_c および V_c をそれぞれ臨界圧力（critical pressure），臨界温度（critical temperature）および臨界体積（critical volume）という。

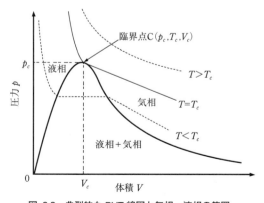

図-2.2　典型的な PVT 線図と気相・液相の範囲

＊2　PVT とは Pressure–Volume–Temperature の頭文字で表したもので，貯留層中に賦存している流体（かん水やガス）の圧力－体積－温度の関係をいい，一般にこの関係は実験室で測定される。この試験を PVT 試験（PVT test）という。

2.1 貯留層流体の物理的性質と評価式

単一成分気体の圧力 p を臨界圧力 p_c で割った値は対臨界圧力（reduced pressure）といい，次式で定義される。

$$p_r = p / p_c \tag{2.22a}$$

ここで，p_r は対臨界圧力である。

同様に対臨界温度（reduced temperature）は，単一成分気体の温度 T を臨界温度 T_c で割った値として次式で定義される。

$$T_r = T / T_c \tag{2.22b}$$

ここで，T_r は対臨界温度である。

ii）混合気体の擬対臨界圧力と擬対臨界温度

水溶性天然ガスのような実在混合気体（real gas mixture）は，前述の**表-2.1**に示すように臨界点の異なる種々の気体が混合しているため，単一成分気体のように一定の臨界点が存在しない。しかし，以下に定義する擬臨界圧力（pseudo critical pressure）および擬臨界温度（pseudo critical temperature）を導入することによって混合気体をあたかも単一成分気体であるかのような臨界点を擬似的に表すことができる。

$$p_{pc} = \sum_i y_i p_{ci} \tag{2.23a}$$

$$T_{pc} = \sum_i y_i T_{ci} \tag{2.23b}$$

ここで，p_{pc} は擬臨界圧力，p_{ci} は i 成分気体の臨界圧力（critical pressure），T_{pc} は擬臨界温度，T_{ci} は i 成分気体の臨界温度（critical temperature）である。

混合気体の擬対臨界圧力（pseudo reduced pressure）および擬対臨界温度（pseudo reduced temperature）は，それぞれ次式で定義される。

$$p_{pr} = p / p_{pc} \tag{2.24a}$$

$$T_{pr} = T / T_{pc} \tag{2.24b}$$

ここで，p_{pr} は擬対臨界圧力，T_{pr} は擬対臨界温度，p は混合気体の圧力，T は混合気体の温度である。

iii）圧縮係数の評価式

実在気体の圧縮係数（compressibility factor）z は，対応状態の原理[*3]（principle

[*3] 対応状態の原理とは，通常の圧力ではすべての気体の状態は対臨界変数（p_r, T_r, V_r）を用いた同一の方程式で表される[4]。$p_rV_r = znRT_r$。

of corresponding states）より，一般に対臨界圧力 p_r と対臨界温度 T_r の関数として表される．

$$z = f(p_r, T_r) \tag{2.25a}$$

この原理より，擬対臨界圧力 p_{pr} と擬対臨界温度 T_{pr} を用いた天然ガスの z に関する評価式に Standing の式（Standing's equation）[10] がある．

$$z = A + \frac{1-A}{\exp B} + C p_{pr}^{D} \tag{2.25b}$$

ただし，

$$A = 1.39(T_{pr} - 0.92)^{0.5} - 0.36 T_{pr} - 0.101$$

$$B = (0.62 - 0.23 T_{pr}) p_{pr} + \left[\frac{0.066}{T_{pr} - 0.86} - 0.037\right] p_{pr}^{2} + \frac{0.32}{anti\log[9(T_{pr}-1)]} p_{pr}^{6}$$

$$C = (0.132 - 0.32 \log T_{pr})$$

$$D = anti\log(0.3106 - 0.49 T_{pr} + 0.1824 T_{pr}^{2})$$

石油開発工学の分野では気体の特性を記述するときに，標準温度（standard temperature）と標準圧力（standard pressure）にそれぞれ $T_{sc} = 15\,°C$ と $p_{sc} = 0.1013\,MPa$ が用いられる．これらの温度と圧力の状態を標準状態（standard condition）という．

▶ 例題2.6

標準状態におけるメタンの圧縮係数を求めよ．

[解答]

標準温度の対臨界圧力 p_r および対臨界温度 T_r は，それぞれ前述の式（2.22a, b）および表-2.1のメタンの臨界値より

$$p_r = \frac{0.1013}{4.595} = 0.022, \quad T_r = \frac{15.0 + 273.15}{190.55} = 1.51$$

これらの値を式（2.25b）に代入し，z を計算すると

$$A = 1.39 \times (1.51 - 0.92)^{0.5} - 0.36 \times 1.51 - 0.101 = 0.429$$

$$B = (0.62 - 0.23 \times 1.51) \times 0.022 + \left[\frac{0.066}{1.51 - 0.86} - 0.037\right] \times 0.022^{2} + \frac{0.32}{10^{9 \times (1.51-1)}} \times 0.022^{6}$$

$$= 0.42584 + 0.57408 + 0.0000494 \approx 0.99997$$

故に $z = 0.99997 \fallingdotseq 1$

d. 密　度

ⅰ）単一成分気体の密度

単一成分実在気体の密度（density of a real gas）は，前述の式（2.7b）に圧縮係数 z を導入することにより

$$\rho_g = \frac{pM}{zRT} \tag{2.26a}$$

または，後述の h. 項のガス容積係数 B_g を用いると

$$\rho_g = \rho_{g,sc} / B_g \tag{2.26b}$$

ここで，ρ_g は実在気体の密度，$\rho_{g,sc}$ は標準状態における実在気体の密度である。

ⅱ）混合気体の密度

実在混合気体の密度（density of real gas mixtures）は，i 成分のモル分率 y_i と密度 $\rho_{g,i}$ より

$$\rho_g = \sum_i y_i \rho_{g,i} \tag{2.27a}$$

ここで，ρ_g は実在混合気体の密度である。

式（2.26a）と式（2.27a）より

$$\rho_g = \frac{p}{zRT} \sum_i y_i M_i \tag{2.27b}$$

▶ **例題 2.7**

圧力 $p = 0.1013$ MPa，温度 $t = 15$ ℃におけるメタンの密度 ρ_g（g/cm³）を求めよ。ただし，メタン分子量は $M = 16.04$ である。

［解答］

標準状態の z 係数は，例題 2.6 より $z = 1$ と近似できる。メタンの分子量 M の単位を g/mole，圧力の単位を MPa，温度の単位を K，体積の単位を cm³ としたとき，前述の例題 2.1 より R は

$$R = \frac{0.1013(\text{MPa}) \times 22\,414(\text{cm}^3/\text{mole})}{273.15(\text{K})} = 8.31 \left[\frac{\text{MPa} \cdot \text{cm}^3}{\text{mole} \cdot \text{K}}\right]$$

この R の値を用いて，式（2.26a）より

$$\rho_g = \frac{0.1013(\text{MPa}) \times 16.04(\text{g/mole})}{1.0 \times 8.31(\text{MPa} \cdot \text{cm}^3/\text{mole} \cdot \text{K}) \times (273.15+15)(\text{K})} = 6.77 \times 10^{-4}(\text{g/cm}^3)$$

e. 比　重

ⅰ）単一成分気体

単一成分実在気体の比重（specific gravity of a real gas）は，空気の分子量 M_{air} に対する実在気体の分子量 M_g の比として次式で表される。

$$\gamma_g = M_g / M_{air} = M_g / 28.98 \tag{2.28}$$

ここで，γ_g は単一成分実在気体の比重である。

ⅱ）混合気体

実在混合気体の比重（specific gravity of real gas mixtures）は，単一成分気体の場合と同様に空気の分子量 M_{air} に対する実在混合気体のみかけの分子量（apparent molecular weight of real gas mixtures）の比として次式で表される。

$$\gamma_g = M_a / M_{air} = \sum_i y_i M_i / M_{air} = \sum_i y_i M_i / 28.98 \tag{2.29}$$

ここで，γ_g は実在混合気体の比重，M_a は実在混合気体のみかけの分子量（式（2.15）参照）である。

f. 比容積

実在気体の比容積（specific volume of real gas）は，式（2.19c）より次式で定義される。

$$v = \frac{zRT}{pM} \tag{2.30}$$

ここで，v は実在気体の比容積である。

g. 粘　度

粘度（viscosity）は層流状態の流れに及ぼす抵抗の測度であり，一般に温度および圧力によって異なる。そこで水溶性天然ガスの粘度 μ_g の計算に用いる評価式について説明しよう。

ⅰ）天然ガスの粘度の式

Lee, Gonzales and Eakin（1966）が提唱した天然ガスの粘度の式（equation of the viscosity of natural gases）は，単一成分の実在気体および実在混合気体に適用できるもので，この式における圧力，温度，粘度の単位を SI 単位に変換した式を以下に示す[10]。

$$\mu_g = K \exp\left[X \left(\frac{\rho_g}{1\,000}\right)^Y \right] 10^{-4} \tag{2.31a}$$

$$X = 3.5 + \frac{547.8}{T} + 0.01M \tag{2.31b}$$

$$Y = 2.4 - 0.2X \tag{2.31c}$$

$$K = \frac{(12.61 + 0.027M)T^{1.5}}{116.11 + 10.56M + T} \tag{2.31d}$$

ただし，式（2.31a）中の ρ_g は前述の式（2.26a, b）により求められる。式中の粘度 μ_g の単位は［mPa・s］，温度 T の単位は［K］，密度 ρ_g の単位は［g/cm³］である。

ii) 混合気体

実在混合気体（real gas mixtures）の組成と各成分の粘度が任意の圧力および温度の下で既知であるとき，実在混合気体の粘度（viscosity of real gas mixtures）は次式により計算される。

$$\mu_g = \frac{\sum_i \mu_{gi} y_i M_i^{1/2}}{\sum_i y_i M_i^{1/2}} \tag{2.32}$$

ここで，μ_g は実在混合気体の粘度，μ_{gi} は i 成分気体の粘度である。

h. 容積係数

水溶性天然ガス貯留層の温度および圧力の下にあったガス体積は，後述の**図-2.5**に示すように地表に採取されると膨張し増大する。このガス体積の変化を定量的に表すために標準状態（standard condition）のガス体積に対する貯留層状態（reservoir condition）のガス体積の比をとる。これを容積係数（formation volume factor）といい，次式で定義される。

$$B_g = V_g / V_{g,sc} \tag{2.33}$$

ここで，B_g は容積係数，$V_{g,sc}$ は標準状態のガス体積，V_g は貯留層状態のガス体積である。言い換えると，B_g は標準状態の気体 1 m³ の体積が，貯留層状態における圧力および温度の下で占める体積であるといえる。SI 単位では m³/sc–m³ が用いられる。

もう一つのガス容積係数 B_g の表し方として次の方法がある。温度 T_{sc} および圧力 p_{sc} における n モルのガス体積 $V_{g,sc}$ は，前述した実在気体の状態方程式（式（2.19a））

より

$$V_{g,sc} = z_{sc} nRT_{sc} / p_{sc} \tag{2.34}$$

ここで，z_{sc} は標準状態の圧縮係数（compressibility factor at standard condition）である．

一方，貯留層状態の T および p におけるガス体積 V_g は

$$V_g = znRT / p \tag{2.35}$$

したがって，式（2.34）および（2.35）を式（2.33）に代入すると

$$B_g = \frac{zp_{sc}T}{z_{sc}pT_{sc}} \tag{2.36a}$$

実際の水溶性天然ガス生産の計算では，式（2.36a）における圧縮係数を $z_{sc} \fallingdotseq 1$ とする．

よって，式（2.36a）は

$$B_g = \frac{zp_{sc}T}{pT_{sc}} \tag{2.36b}$$

i. 等温圧縮率

以下に，単一成分実在気体と実在混合気体それぞれの等温圧縮率の式について述べよう．

i） 単一成分実在気体の等温圧縮率

実在気体の状態方程式（2.19a）より，気体の体積は $V = znRT/p$ である．この式を前述した圧縮率 c_g に関する式（2.18a）の右辺の偏微分項 $\partial V/\partial p$ に代入すると

$$c_g = \frac{1}{p} - \frac{1}{z}\left(\frac{\partial z}{\partial p}\right)_T \tag{2.37}$$

式（2.37）が単一成分実在気体等温圧縮率（isothermal compressibility of a real gas）の式である．c_g は圧縮係数 z と圧力 p の関数である．

図-2.3 は温度一定の下での実験から得られた z-p 曲線の典型的形状の概念を示す．低圧範囲では，$z < 1$ となり，前述した式（2.21a, b）より実在気体の体積 V は理想気体の体積 V_{ideal} より小さくなるが，圧力が $p = 0$ に近づくと実在気体は理想気体のように振舞うため $z \fallingdotseq 1$ となる．$p < p_A$ のとき勾配 $(\partial z/\partial p)_T$ が負となり，z の値は p の増大とともに減少し，$p = p_A$ で最小となる．$p > p_A$ では勾配 $(\partial z/\partial p)_T$ が正となり，z の値は p の増大とともに大きくなる．一方，高圧範囲では $z > 1$ となり V は V_{ideal} より大きくなる．

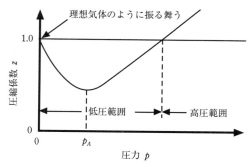

図-2.3 温度一定で圧力の関数としての z 係数の典型的形状 [21]

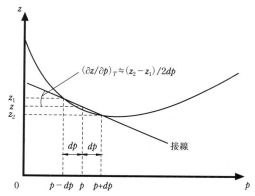

図-2.4 温度 T における z-p 曲線の圧力 p 点の接線の勾配
$(\partial z/\partial p)_T$ の求め方と記号

c_g は式（2.37）により求められるが，上記のような挙動を示す勾配 $(\partial z/\partial p)_T$ を求めなければならない。その近似的求め方について**図-2.4** を用いて説明しよう。

$(\partial z/\partial p)_T$ は，**図-2.4** に示すように温度 T における z–p_{pr} 曲線（付録 A 付図-A.1 参照）上の点 (p, z) の接線の勾配であり，次のように近似的に表される。

$$\left(\frac{\partial z}{\partial p}\right)_T \approx \frac{z_2 - z_1}{(p+dp)-(p-dp)} = \frac{z_2 - z_1}{2dp} \tag{2.38}$$

ここで，dp は p の増分，z_1 は $p-dp$ における z の値（付録 A 付図-A.1 より読み取る），z_2 は $p+dp$ における z の値（付録 A 付図-A.1 より読み取る）である。式（2.38）からわかるように dp の値をできるだけ小さくすれば，精度の高い勾配 $\partial z/\partial p$ の値が求められる。

ii) 混合気体の等温圧縮率

単一成分実在気体の等温圧縮率に関する式（2.37）の右辺の p に，前述した式（2.24a）より $p=p_{pc}p_{pr}$ を代入し整理すると，実在混合気体の擬対臨界圧縮率（pseudo reduced compressibility of real gas mixtures）は次式で表される。

$$c_{pr} = c_g p_{pc} = \frac{1}{p_{pr}} - \frac{1}{z}\left[\frac{\partial z}{\partial p_{pr}}\right]_{T_{pr}} \tag{2.39}$$

ここで，c_{pr} は疑対臨界圧縮率（pseudo reduced compressibility）といい，圧縮係数 z と擬対臨界圧力 p_{pr} の関数である。なお，式（2.39）の誘導は演習問題 2.7 に取り上げている。

式（2.39）の左辺第 2 項の偏微分項 $(\partial z/\partial p_{pr})_{T_{pr}}$ は上記 i) の単一成分気体の場合と同様に z-p_{pr} 曲線上から次の計算手順により近似的に求められる。

① 混合ガスの組成から，式（2.23a, b）と式（2.24a, b）によりそれぞれ p_{pc}, T_{pc} の値と p_{pr}, T_{pr} の値を求める。

② p_{pr} と T_{pr} の値を用いて，z-p_{pr} 曲線から p_{pr} に対する z を求め，その点における $(\partial z/\partial p_{pr})_{T_{pr}}$ の値を図-2.4 に示す方法により求める。

③ ステップ②の $(\partial z/\partial p_{pr})_{T_{pr}}$, p_{pr}, z の値を用いて式（2.39）により c_{pr} の値を計算する。

④ ステップ③で求めた c_{pr} の値とステップ a で求めた p_{pc} の値を用いて式（2.39）の右辺第一式より c_g を求める。

2.1.2 かん水

(1) 圧力低下に伴う状態変化

一定温度の貯留層からガスを溶解しているかん水を汲み上げると，貯留層圧力が低下し，溶解ガスが遊離するようになる。この圧力の低下によるかん水およびガスの状態変化の過程すなわち相挙動（phase behavior）を図-2.5 のシリンダーにより説明しよう。この図に示すように，シリンダーの①初期状態（initial condition）はガスを溶解できる不飽和の状態にあり，これは不飽和貯留層（undersaturated reservoir）に相当する。この状態からシリンダー内の圧力が低下すると，水の体積が若干膨張した②の状態になり，やがてシリンダー③の状態になる。③の状態は飽和貯留層（saturated reservoir）に相当する。この状態になるとシリンダー内にわずかに発泡が起こりはじめる。このときの圧力を沸点圧力（bubble point pressure）

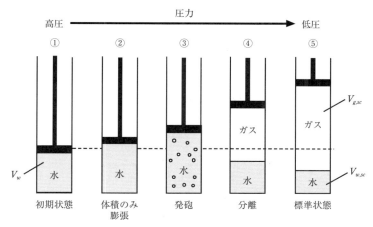

図-2.5 一定温度の下でのシリンダー内における圧力によるガスと水の状態変化

という。さらに，圧力が低下するとシリンダー内は，④遊離ガスと水が分離した二相状態になる。このときかん水の体積は遊離したガスの分だけ減少するが，逆に遊離ガスは膨張する。シリンダー内の圧力が⑤標準状態（standard condition）まで低下すると，水からガスの遊離が起こらなくなるためガスと水の体積は一定になる。この状態は極端に枯渇した貯留層を意味し，もはやかん水からガスの生産は不可能になる。

(2) 溶解ガス水比

ガスが水に溶解するということは，一定の圧力および温度の下で水中に入り込んだガス分子が水分子によって取り囲まれた状態になることである。このときガス分子は周りの水分子やガス分子から均一な相互作用（分子間力）を受けている状態にある。したがって，かん水に溶解したガスは液体と同じような挙動を示す。

貯留層状態（reservoir condition）でガスが水に溶解している量は，溶解ガス水比（solution gas-water ratio or dissolved gas-water ratio）またはガス溶解度（gas solubility）と呼ばれ，次式で定義される。

$$R_s = \frac{標準状態の産出ガス体積}{標準状態の産出かん水体積} = \frac{V_{g,sc}}{V_{w,sc}} \tag{2.40}$$

ここで，R_s は溶解ガス水比またはガス溶解度，$V_{w,sc}$ は標準状態の産出かん水体積，$V_{g,sc}$ は標準状態の産出ガス体積である。

図-2.6は，貯留層温度が一定の下で貯留層圧力と溶解ガス水比の典型的な形状を示す。圧力が上昇すると孔隙中の遊離ガスはかん水に溶解し，R_sを増大させ飽和状態（saturared condition）になる。この状態のガス水比の曲線を溶解度曲線（solubility curve）（図中の細い実線）という。圧力が沸点圧力（bubble point pressure）p_bに達するとガスは溶解しなくなる。それ以上の圧力になると孔隙中にはガ

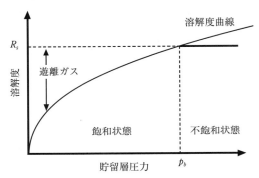

図-2.6　温度一定で貯留層圧力の関数としての溶解度の典型的形状

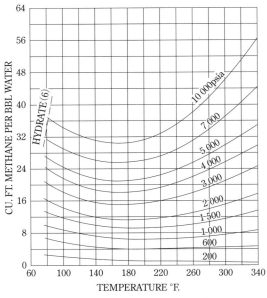

図-2.7　純水のメタン体積溶解度[14]

スはまったく存在しないため，一定のR_sのまま推移する（図中の太い実線）。これを不飽和状態（undersaturated condition）という。

図-2.7 は Culberson and Mcketta（1951）による温度および圧力に対する純水のメタン溶解度を示す。この図に示すようにガスの溶解度は圧力と温度の関数であり，この関係を計算プログラム上で再現するためには溶解度と圧力および温度の関係を評価する式が必要である。

以下にかん水のメタン溶解度に関する評価式について説明しよう。

a. McCain によって公表された式

ⅰ) 純水のメタン溶解度の評価式

純水のメタン溶解度（solubility of methane in pure water）の式は，温度 T と圧力 p の関数として次式で表される[21]。

$$R_s = A + Bp + Cp^2 \tag{2.41}$$

ここで

$A = A_0 + A_1 T + A_2 T^2 + A_3 T^3$

$A_0 = 8.15839$,

$A_1 = -6.12265 \times 10^{-2}$, $A_2 = 1.91663 \times 10^{-4}$, $A_3 = -2.1654 \times 10^{-7}$

$B = B_0 + B_1 T + B_2 T^2 + B_3 T^3$

$B_0 = 1.01021 \times 10^{-2}$,

$B_1 = -7.44241 \times 10^{-5}$, $B_2 = 3.05553 \times 10^{-7}$, $B_3 = -2.94883 \times 10^{-10}$

$C = (C_0 + C_1 T + C_2 T^2 + C_3 T^3 + C_4 T^4) \times 10^{-7}$

$C_0 = -9.02505$,

$C_1 = 0.130237$, $C_2 = -8.53425 \times 10^{-4}$, $C_3 = 2.34122 \times 10^{-6}$,

$C_4 = -2.37049 \times 10^{-9}$

ただし，R_s の単位は [ft^3/bbl]，T の単位は [°F]，p の単位は [psia] である。

図-2.7 に示すメタン溶解度曲線に対する式（2.41）の計算誤差は圧力 $p = 1\,000$ 〜 10 000 psia，温度 $T = 70$ 〜 340 °F の範囲では 5 % 内である。

ⅱ) かん水のメタン溶解度の塩分による補正式

S（wt%）の塩分を含むかん水のメタン溶解度（solubility of methane in brine）は，純水のメタン溶解度に関する式（2.41）により計算した R_s の値を次式で補正することによって求められる[21]。

$$\ln\left(\frac{R_{swb}}{R_s}\right) = -0.0840655 ST^X \tag{2.42a}$$

ここで，$X = -0.285855$ である。

故に

$$R_{swb} = e^{-0.0840655 ST^X} R_s \tag{2.42b}$$

ここで，R_{swb} はかん水のメタン溶解度である。

よって，かん水の溶解度 R_{swb} は前述の式（2.41）を用いて計算した R_s の値を式（2.42a, b）に代入することによって決定される。ただし，式（2.41）〜（2.42a, b）の適用範囲は，圧力が 1 000 〜 10 000 psia である。したがって，式（2.41）と（2.42a, b）は 1 000 psia 以下では使用できない。

そこで，圧力が 1 000 psia 以下における溶解度の評価式として**図-2.7** における圧力 $p = 200$, 600, 1 000 psia の曲線に基づいて，温度範囲が 60 〜 180 °F（水溶性天然ガス田で想定される温度）で内挿法（interpolation method）により次のような近似式を作成した。

b. 圧力 1 000 psia 以下の溶解度の近似式

ⅰ）純水のメタン溶解度

$p = 200$ psia のとき

$\quad 60 \leq T < 100$ では，$R_{200}(T) = 4.9091 - 0.02727T$ \hfill (2.43a)

$\quad 100 \leq T < 140$ では，$R_{200}(T) = 4.0 - 0.01818T$ \hfill (2.43b)

$\quad 140 \leq T < 180$ では，$R_{200}(T) = 2.0908 - 0.004545T$ \hfill (2.43c)

$p = 600$ psia のとき

$\quad 60 \leq T < 100$ では，$R_{600}(T) = 10.5454 - 0.04545T$ \hfill (2.43d)

$\quad 100 \leq T < 140$ では，$R_{600}(T) = 8.9089 - 0.02909T$ \hfill (2.43e)

$\quad 140 \leq T < 180$ では，$R_{600}(T) = 6.1089 - 0.00909T$ \hfill (2.43f)

$p = 1\,000$ psia のとき

$\quad 60 \leq T < 100$ では，$R_{1\,000}(T) = 14.999 - 0.05909T$ \hfill (2.43g)

$\quad 100 \leq T < 140$ では，$R_{1\,000}(T) = 12.7274 - 0.03636T$ \hfill (2.43h)

$\quad 140 \leq T < 180$ では，$R_{1\,000}(T) = 9.7997 - 0.01545T$ \hfill (2.43i)

圧力範囲 $0 \leq p < 200$ psia，$200 \leq p < 600$ psia，$600 \leq p < 1\,000$ psia における純水のメタン溶解度の近似式は次のように表される。

$0 \leqq p < 200$ psia では

$$R_s(T,p) = \frac{R_{200}(T)}{200}p \tag{2.44a}$$

$200 \leqq p < 600$ psia では

$$R_s(T,p) = R_{200}(T) + \frac{R_{600}(T) - R_{200}(T)}{400}(p-200) \tag{2.44b}$$

$600 \leqq p < 1\,000$ psia では

$$R_s(T,p) = R_{600} + \frac{R_{1\,000} - R_{600}}{400}(p-600) \tag{2.44c}$$

式（2.44a, b, c）の R_s の計算値と図-2.7 から読み取った値の比較を図-2.8 に示す。

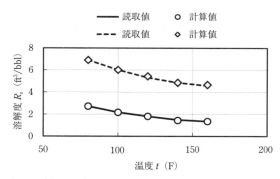

図-2.8 溶解度の読取値と計算値の比較（付録 B 第 2 章 (2) 参照）

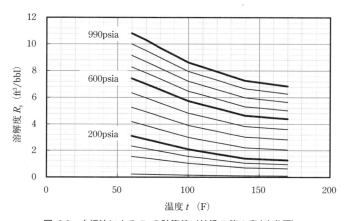

図-2.9 内挿法による R_s の計算値（付録 B 第 2 章 (3) 参照）

図-2.9 は式（2.43）と式（2.44）を用いて温度 $T = 60 \sim 170\,°F$ の範囲における圧力 p をパラメータとした R_s–t 関係のプロットを示す。

ii）かん水のメタン溶解度

かん水は塩分を含むため，前述した式（2.43）と式（2.44）により計算した純水の $R_s(T, p)$ の値を式（2.42b）に代入し補正しなければならない。

(3) 容積係数

かん水の容積係数（formation volume factor of brine）B_w は，標準状態における単位体積のかん水が貯留層条件下でどれだけの体積になるかを示す。一般に，次式で定義される。

$$B_w = \frac{\text{貯留層状態の（かん水の体積＋溶解ガスの体積）}}{\text{標準状態のかん水の体積}} \quad (2.45)$$

上記の式を**図-2.5**における貯留層の初期状態（initial condition）のかん水体積 V_w と標準状態（standard condition）のかん水体積 $V_{w,sc}$ の記号を用いて表すと

$$B_w = V_w / V_{w,sc} \quad (2.46a)$$

容積係数 B_w は SI 単位で m^3/sc-m^3 と表される。ここで，sc は前述したように標準状態（standard condition）（圧力が $p = 0.1013$ MPa，温度が $T = 288.15$ K）を表す。

さらに，かん水の容積係数 B_w は密度 ρ_w を用いて表すと

$$B_w = \rho_{w,sc} / \rho_w \quad (2.46b)$$

ここで，ρ_w は貯留層状態（reservoir condition）のかん水の密度，$\rho_{w,sc}$ は標準状態のかん水の密度である。なお，式（2.46b）の誘導は演習問題 2.9 に取り上げている。

一般にかん水の B_w は，次の 3 つの影響を受ける。

① 圧力が減少するとかん水中の溶解ガスは遊離する。
② 圧力が減少すると残ったかん水は膨張する。
③ 温度が減少するとかん水は若干収縮する。

図-2.10 は温度一定の下における圧力に対するガスを溶解しているかん水容積係数の典型的な形状の概念を示す。この図にみられるように，貯留層圧力 p が初期圧力 p_i から沸点圧力 p_b まで低下すると，容積係数 B_w は貯留層内におけるかん水の膨張により増大する。一方，沸点圧力 p_b 以下では，圧力の低下によってかん水に溶解していたガスが遊離し，かん水体積が減少する。すなわち，貯留層圧力の減少によるかん水体積の膨張が遊離ガスによるかん水体積の減少と相殺しあいながらも，

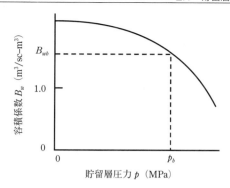

図-2.10 一定温度の下における圧力に対するかん水容積係数の典型的な形状[21]

かん水容積係数は貯留層圧力の減少とともに増加を続ける。このように B_w は貯留層の温度と圧力の関数であり，かん水容積係数の評価式（eqation of formation volume factor of brine）は次のように表される[21]。

$$B_w = (1 + \Delta V_{wp})(1 + \Delta V_{wT}) \tag{2.47}$$

ここで，ΔV_{wT} は貯留層温度 T の減少によるかん水の体積変化，ΔV_{wp} は貯留層圧力 p の減少によるかん水の体積変化である。

ΔV_{wT} と ΔV_{wp} はそれぞれ次の式で表される。

$$\Delta V_{wT} = -1.0001 \times 10^{-2} + 1.33391 \times 10^{-4} T + 5.50654 \times 10^{-7} T^2 \tag{2.48a}$$

$$\begin{aligned}\Delta V_{wp} = &-1.95301 \times 10^{-9} pT - 1.72834 \times 10^{-13} p^2 T \\ &- 3.58922 \times 10^{-7} p - 2.25341 \times 10^{-10} p^2\end{aligned} \tag{2.48b}$$

ここで，ΔV の単位は［bbl］，T の単位は［°F］，p の単位は［psia］である。

(4) 全容積係数

図-2.11 は一定温度の下で圧力が沸点圧力以下に低下したときのシリンダー内の体積変化と溶解度曲線を示す。①の状態は沸点圧力 p_b でシリンダー内のガスを溶解しているかん水の体積が V_{wb} である。この状態から一定温度の下で圧力が p へ低下した②の状態では，シリンダー内の流体体積はかん水体積 V_w と遊離ガス体積 V_g に分離し，両体積を合わせた全体積が $V_t(=V_w+V_g)$ となる。すなわち，状態が①から②へ変わったことによってシリンダー内の流体の全体積が増大している。この様子を図中の右側の溶解度曲線（solubility curve）と合わせて考えてみよう。

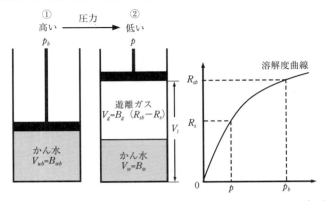

図-2.11 一定温度の下で圧力が沸点圧力以下に低下したときのシリンダー内の体積変化と溶解度曲線 [21]

①の状態：$p=p_b$ のときのかん水の容積係数（formation volume factor of Brine）B_{wb} は

$$B_{wb} = V_{wb} / V_{w,sc} \tag{2.49}$$

ここで，標準状態におけるかん水の体積（volume of brine at standard condition）を $V_{w,sc}=1\,\mathrm{m}^3$ とすれば，$B_{wb}=V_{wb}$ となる。すなわち，沸点圧力 p_b におけるかん水の体積（volume of brine at bubble point pressure）V_{wb} は容積係数 B_{wb} に等しい。

②の状態：$p=p$ では，ガスが遊離し，かん水の体積は V_w に減少するが，逆に遊離ガスの体積は V_g に増大する。このとき $V_w=B_w V_{w,sc}$，$V_{w,sc}=1\,\mathrm{m}^3$ であるから，かん水の体積 V_w は

$$V_w = B_w \tag{2.50a}$$

また，$V_w=B_w V_{g,sc}=B_w V_{w,sc}(R_{sb}-R_s)$，$V_{w,sc}=1\,\mathrm{m}^3$ であるから，遊離ガスの体積 V_g は

$$V_g = B_g(R_{sb}-R_s) \tag{2.50b}$$

圧力 p におけるシリンダー内の全体積 V_t は，式（2.50a）と式（2.50b）を加えた体積 $V_t=V_w+V_g$ に等しい。よって，全容積係数（total formation volume factor）は

$$B_t = B_w + B_g(R_{sb}-R_s) \tag{2.51}$$

ここで，B_t は全容積係数である。

(5) 密　度
a. 貯留層状態におけるかん水の密度
ガスを溶解していないかん水の密度（density of brine）は，前述の式（2.46b）より

$$\rho_w = \rho_{w,sc} / B_w \tag{2.52}$$

ここで，ρ_w はかん水の密度，$\rho_{w,sc}$ は標準状態のかん水の密度である。

b. かん水の密度の評価式（equation of density of brine）
かん水がガスを溶解していないときの密度の評価式を以下に示す。

ⅰ）標準状態の評価式

$$\rho_w = 998.98 + 0.66S \tag{2.53a}$$

ここで，ρ_w はかん水の密度（kg/m³），S は塩分（kg/m³）である。

ⅱ）温度，圧力および塩分の関数としての評価式

かん水は塩分を含んでいるため，その密度 ρ_w は温度 T，圧力 p および塩分 S の関数として次式で表される[10]。

$$\begin{aligned}\rho_w = {} & 730.6 + 2.025T - 3.8 \times 10^{-3}T^2 + [2.362 - 1.197 \times 10^{-2}T + 1.835 \times 10^{-5}T^2]p \\ & + [2.374 - 1.024 \times 10^{-2}T + 1.49 \times 10^{-5}T^2 - 5.1 \times 10^{-4}p]S\end{aligned} \tag{2.53b}$$

ここで，p の単位は [MPa]，T の単位は [K]，S の単位は [kg/m³] である。

適用範囲は，塩分 $S = 0 \sim 300$ kg/m³，圧力 $p = 0 \sim 50$ MPa，温度 $T = 293 \sim 373$ K である。

c. ガスを溶解しているかん水の密度

$$\rho_w = (\rho_{w,sc} + \rho_{g,sc} R_s) / B_w \tag{2.54}$$

ここで，$\rho_{g,sc}$ は標準状態のガスの密度である。

(6) かん水の比重

かん水の比重（specific gravity of brine）は，同温同圧下におけるかん水の密度（density of brine）と純水の密度（density of pure water）との比として次式で定義される。

$$\gamma_w = \rho_w / \rho_{w,pure} \tag{2.55}$$

ここで，γ_w はかん水の比重，ρ_w はかん水の密度，$\rho_{w,pure}$ は純水の密度である。

(7) 等温圧縮率

水溶性天然ガス貯留層のかん水はガスを溶解しているため,**図-2.12** に示すように温度一定条件の下では圧力の増大に対してかん水の等温圧縮率（isothermal compressibility of brine）c_w は減少するが，ガスが遊離し始める沸点圧力 p_b を境に不連続となる。したがって，かん水の c_w は p_b 以上の場合と p_b 以下の場合の2種類の定義が必要である。

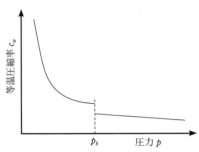

図-2.12 温度一定の下での圧力に対するかん水等温圧縮率の典型的形状の概念[21]

a. 沸点圧力以上の等温圧縮率（isothermal compressibility at pressure above bubble point）（$p > p_b$）

沸点圧力以上におけるかん水の等温圧縮率 c_w は次の3種類に定義される。

i) 体積による c_w の定義式

温度 T および塩分 S が一定の下では

$$c_w = -\frac{1}{V_w}\left(\frac{\partial V_w}{\partial p}\right)_{T,S} \tag{2.56}$$

式（2.56）の負の符号は体積 V_w の減少が c_w の増大を意味する。

ii) B_w による c_w の定義式

式（2.56）の右辺項の V_w に容積係数（formation volume factor）の $B_w = V_w/V_{w,sc}$ の関係（式（2.49））を代入すると

$$c_w = -\frac{1}{B_w}\left(\frac{\partial B_w}{\partial p}\right)_{T,S} \tag{2.57}$$

iii) ρ_w による c_w の定義式

比容積 $v = 1/\rho_w$ の関係を p に関して偏微分し，式（2.56）に代入すると

$$c_w = \frac{1}{\rho_w}\left(\frac{\partial \rho_w}{\partial p}\right)_{T,S} \tag{2.58}$$

式 (2.58) の誘導は演習問題 2.15 に取り上げている。

b. **沸点圧力以下の等温圧縮率** (isothermal compressibility at pressure below bubble point) ($p < p_b$)

温度 T および塩分 S が一定の下で，沸点圧力以下における圧力に対する貯留層流体の体積変化はかん水の体積変化と遊離ガスの体積変化（溶解ガス量の変化率に相当する分の体積変化）の和であることを考慮すると，沸点圧力以下の等温圧縮率は次式で表される。

$$c_w = -\frac{1}{B_w}\left(\frac{\partial B_w}{\partial p}\right)_{T,S} + \frac{B_g}{B_w}\left(\frac{\partial R_s}{\partial p}\right)_{T,S} \tag{2.59}$$

式 (2.59) の右辺の偏微分項 $(\partial R_s/\partial p)_{T,S}$ は沸点圧力以上ではゼロであるから，式 (2.59) は沸点圧力以上の場合の式 (2.57) と一致する。

c. **かん水の等温圧縮率の評価式** (equation of isothermal compressibility of brine)

ガスを溶解していないかん水の等温圧縮率 c_w は，圧力 p，温度 T，塩分 S の関数として次式で表される[10]。

$$\begin{aligned}c_w &= \frac{1}{\rho_w}\left(\frac{\partial \rho_w}{\partial p}\right)_{T,S} \\ &\fallingdotseq \frac{1}{\rho_w}\left(2.362 - 1.197 \times 10^{-2}T + 1.835 \times 10^{-5}T^2 - 5.1 \times 10^{-4}S\right)\end{aligned} \tag{2.60}$$

ここで，ρ_w はガスを溶解していない密度の式 (2.53a, b) により求められた値を用いる。

(8) **粘 度**

流体の粘度は，流れに及ぼす抵抗の測度であり，一般にかん水は塩分を含むので，その粘度は温度，圧力および塩分によって異なる。

i) **大気圧下におけるかん水の粘度の評価式** (equation of brine viscosity at atmospheric pressure)

大気圧下におけるかん水粘度 (viscosity of brine) μ_{w1} は温度および塩分の関数として次式で表される[21]。

$$\mu_{w1} = AT^B \tag{2.61}$$

$$A = A_0 + A_1 S + A_2 S^2 + A_3 S^3$$

$A_0 = 109.574$, $A_1 = -8.40564$, $A_2 = 0.313314$, $A_3 = 8.72113 \times 10^{-3}$

$$B = B_0 + B_1 S + B_2 S^2 + B_3 S^3 + B_4 S^4$$

$B_0 = -1.12166$, $B_1 = 2.63951 \times 10^{-2}$, $B_2 = -6.79461 \times 10^{-4}$,

$B_3 = -5.47119 \times 10^{-5}$

ここで,粘度 μ_{w1} の単位は [cp],塩分 S の単位は [wt%],温度 T の単位は [°F] である.

計算誤差は $100 \leq T \leq 400$ °F の範囲,$S \leq 2.6$ (wt%) では5%以内である.

ii) 貯留層条件下におけるかん水の粘度の評価式 (equation of brine viscosity at reservoir condition)

貯留層条件下におけるかん水の粘度 μ_w は,標準状態における μ_{w1} の値を圧力 p の関数として補正することによって表される[21]。

$$\mu_w = \mu_{w1}[0.9994 + 4.0295 p \times 10^{-5} + 3.1062 p^2 \times 10^{-9}] \tag{2.62}$$

式 (2.62) は,温度範囲が 86.5 〜 167 °F,圧力が 14 000 psia 以下で開発された式である.

図-2.13 は,$S = 2.5$ wt%,$p = 14.7$,1 500 psia,温度が $t = 60$ 〜 160 °F のときの式 (2.61) と (2.62) によるかん水粘度 μ_w の計算値のプロットである.この図から,かん水粘度は温度が高くなると減少し,圧力が大きくなると増大する.

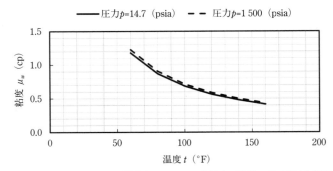

図-2.13 温度および圧力の関数としてのかん水粘度 (付録 B 第2章(4)参照)

2.1 貯留層流体の物理的性質と評価式

(9) 表面張力

液相と気相間の界面では分子間の引力の不釣り合いが生じる。この力の不釣り合いを表面張力(surface tension)という。気体と水の表面張力の評価式を以下に表す。

ⅰ) 気体と水の表面張力の評価式（equation of gas-water surface tension）

気体と水の表面張力（surface tension）は温度 T および圧力 p の関数として次のように表される[21]。

$$\sigma_{gw} = A + Bp + Cp^2 \tag{2.63}$$

ただし，

$A = 79.1618 - 0.118978T$

$B = -5.28473 \times 10^{-3} + 9.87913 \times 10^{-6} T$

$C = [2.33814 - 4.57194 \times 10^{-4} T - 7.52678 \times 10^{-6} T^2] \times 10^{-7}$

σ_{gw} は表面張力で単位は［dynes/cm］，p の単位は［psia］，T の単位は［°F］である。式 (2.63) の適用範囲は，圧力が $p \leq 8\,000$ psia，温度が $T \leq 350$ °F である。

図-2.14 は，式 (2.63) において温度が $T = 59$ と 140 °F，圧力が $p = 14.7 \sim 2\,014.7$ psia と変えて計算した。図より σ_{gw} は圧力の増大とともに減少する。この計算には式 (2.61) の計算プログラム「File Name:Sigw.For」(付録 B 第 2 章 (5) 計算プログラム参照) を用いた。この図より，σ_{gw} は圧力 p が増大すると減少し，温度 T が上昇すると減少する。

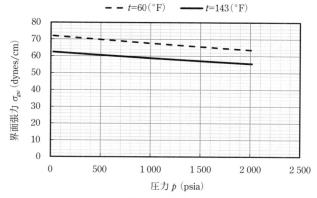

図-2.14　温度および圧力の関数としてのガス水表面張力
　　　　（付録 B 第 2 章 (5) 参照）

2.2 貯留層の物理的性質と流れの原理

　第1章で述べたように水溶性天然ガス貯留層は多孔質貯留岩からなり，掘削された坑井で生産すると坑底および坑井周辺地層の圧力が低下し，かん水中の溶解ガスが遊離するため流体は水単相状態からガス水二相状態へ変化する。そのような貯留層中のかん水の流れはダルシーの法則に従い，圧力分布や貯留層の物理的性質の影響を受ける。

　本節では，孔隙率，有効応力，圧縮率，飽和率，層厚，毛管力，水頭，浸透率，水理伝導率など貯留岩の物理的性質（physical properties of reservoir rock）と多孔質媒体（porous medium）中の流れの原理であるダルシーの法則について説明する。

2.2.1 貯留層の物理的性質
（1）　孔隙率
　貯留岩の全体積 V は基本的に固体粒子の体積 V_r と孔隙体積 V_p の和である。孔隙体積 V_p はまた孔隙同士が連続している有効孔隙体積 V_{pe} とまったく孤立した孔隙の体積 V_{pis} の和であるから，V は次式で表される。

$$V = V_r + (V_{pe} + V_{pis}) = V_r + V_p \tag{2.64}$$

　式（2.64）の両辺を V で割ると

$$1 = V_r/V + (V_{pe}/V + V_{pis}/V) = V_r/V + V_p/V \tag{2.65}$$

ⅰ）　絶対孔隙率

　式（2.65）の右辺第二式2項より，絶対孔隙率（absolute porosity）は貯留岩の全体積 V に対する全孔隙体積 V_p の比として次式で定義される。

$$\phi_a = V_p/V \tag{2.66}$$

　ここで，ϕ_a は絶対孔隙率である。

ⅱ）　有効孔隙率

　式（2.65）の右辺第一式括弧内1項より，有効孔隙率（effective porosity）は貯留岩の全体積 V に対する有効孔隙体積 V_{pe} の比として次式で定義される。

$$\phi_e = V_{pe}/V \tag{2.67}$$

　ここで，ϕ_e は有効孔隙率で貯留層流体の生産に寄与する重要な物理量である。

(2) 有効応力と圧縮率

a. 有効応力

図-2.15 に示すように,貯留層の任意の深度 z における水平面の上方から鉛直下方に水で飽和された岩石の荷重 σ_t がかかっている。σ_t を全応力(total stress)という。この全応力は岩石粒子の骨格部分と孔隙中の水によって分担される。岩石粒子の骨格部分が受けも

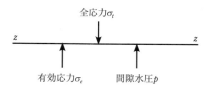

図-2.15 全応力,有効応力,間隙水圧の関係 [17]

つ応力 σ_e を有効応力(effective stress)といい,孔隙中の流体が受けもつ応力 p を間隙水圧(pore water pressure)という。岩石粒子の応力の再配分は,全応力 σ_t の変化によってではなく,有効応力 σ_e の変化によって生じる。σ_t,σ_e,p の間には次の関係式が成立する。

$$\sigma_t = \sigma_e + p \tag{2.68}$$

式 (2.68) を微分すると

$$d\sigma_t = d\sigma_e + dp \tag{2.69}$$

一般に水溶性天然ガス貯留層(reservoir dissolved natural gas in brine)における流動解析では全応力の変化は起こらないものと考える。すなわち任意の深度における全応力は基本的に時間によって変化せず一定のままであるから,$d\sigma_t = 0$ である。したがって,式 (2.69) は

$$d\sigma_e = -dp \tag{2.70}$$

式 (2.70) から,もし間隙水圧 p が増加すれば,有効応力 σ_e は減少する。逆に間隙水圧 p が減少すれば,σ_e が増加する。すなわち,全応力 σ_t が時間によって変化しない場合には,有効応力 σ_e と体積変形はその点での間隙水圧 p に左右される。

b. 圧縮率

貯留岩の圧縮率(compressibility of reservoir rock)は有効応力の変化 $d\sigma_e$ に対する体積ひずみ dV_r/V の比として次式で定義される。

$$c_r = -\frac{1}{V}\frac{dV}{d\sigma_e} = \left(\frac{1}{\phi}\frac{d\phi}{dp}\right)_\sigma \tag{2.71}$$

ここで,c_r は貯留岩の圧縮率,V は貯留岩の全体積($= V_r + V_p$),V_r は岩石粒子の体積,V_p は孔隙体積,p は間隙水圧,ϕ は孔隙率である。

式 (2.71) における右辺第一式の負の符号は σ_e が増大すると V が減少すること

を意味する。それに対して，右辺第二式の正の符号は p が減少（逆に σ_e が増大）し，ϕ が減少することを意味する。

一般に貯留岩を構成する岩石粒子自体の圧縮による変形は，孔隙体積の変形に比較して無視できるほど小さいため，$dV_r = 0$ とみなし，貯留岩の全体積は孔隙体積のみの変化 $dV ≒ dV_p$ と仮定される。

(3) 層厚

層厚（thickness）は，上位の不等水層と下位の不等水層に挟まれた水溶性天然ガス貯留層の厚さ h_G で表される。しかしながら，実際の貯留層内には生産の対象となり得ない頁岩の挟みや低浸透率および低孔隙率の部分などが存在する。そのため生産の対象となり得る貯留層の厚さは，全層厚 h_G から生産の対象となり得ない部分の厚さ h_r を差し引いた値すなわちカットオフ（cut off）として次式で定義される。

$$h_N = h_G - h_r \tag{2.72}$$

ここで，h_N は有効層厚（effective thickness）である。

有効層厚 h_N と全層厚 h_G の比 h_N/h_G をネットグロス比（net gross ratio）といい，貯留層の有効層厚の広がりを評価する場合に用いる。

(4) 飽和率

通常，水溶性天然ガス貯留層の有効孔隙中に含まれるかん水はガスを溶解しているため，圧力と温度によってかん水のみの単相または遊離ガスとかん水の2相のいずれかの状態で存在する。このような状態を考えると，水溶性天然ガス貯留層における流体飽和率はガスと水の2種類の飽和率（saturation）について定義する必要がある。

有効孔隙体積（effective pore volume）はガスと水で占められている場合には，ガス相の体積 V_g と水相の体積 V_w の和として表される。

$$V_{pe} = V_w + V_g \tag{2.73}$$

ここで，V_{pe} は有効孔隙体積である。

式（2.73）の両辺を V_{pe} で割ると

$$1 = V_w/V_{pe} + V_g/V_{pe} = S_w + S_g \tag{2.74}$$

ここで，S_w は水飽和率（$= V_w/V_{pe}$），S_g はガス飽和率（$= V_g/V_{pe}$）である。貯留層は $S_g = 0$ であれば水単相状態にあり，$S_g \neq 0$ であればガス水二相状態にある。

2.2 貯留層の物理的性質と流れの原理

(5) 毛管圧力

多孔質媒体の狭い孔隙内で接するガスと水の界面では表面張力の作用によってガスと水の境界に圧力の不連続が存在し圧力差が生じる。この圧力差を毛管圧力（capillary pressure）といい，次のように定義される。

$$p_c = p_g - p_w \tag{2.75}$$

ここで，p_c は毛管圧力，p_g と p_w はガス水界面にそれぞれガスと水の側から近づいたときの圧力である。

いま，狭い孔隙を図-2.16のように一様な径の毛管（capillary tube）とみたて，それを水中に垂直に立てると水が表面張力の作用で h_c まで上昇し平衡状態に達する。これは表面張力によって水を引き上げようとする力と重力によって水が下へ落ちようとする力が釣り合った状態である。この状態について図-2.16に基づいて理論的に考えてみよう。

図-2.16における記号を説明する。σ_{gw} は水とガスの界面の表面張力（surface tension），h_c は毛管内の水柱高さ（height of water column at capillary tube），θ は接触角（angle of contact），ρ_w は水の密度，ρ_g はガスの密度，z は垂直軸で下方に正，z_A, z_B, z_C, z_D はそれぞれA，B，C，D点の基準点からの距離，p_A, p_B, p_C, p_D はそれぞれA，B，C，D点の圧力である。

図-2.16においてA点とD点間には次の関係が成り立つ。

$$\begin{aligned}p_A - p_D &= g\rho_w(z_A - z_B) + g\rho_g(z_B - z_D) \\ &= g\rho_w(z_A - z_C) + g\rho_g(z_C - z_D) - \frac{2\pi r \sigma_{gw}\cos\theta}{\pi r^2}\end{aligned}$$

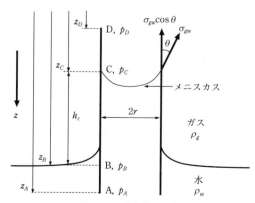

図-2.16　毛管中の水柱

上記の式の右辺第二式から右辺第一式を引くと

$$g\rho_w(z_B - z_C) - g\rho_g(z_B - z_C) = \frac{2\sigma_{gw}\cos\theta}{r}$$

上記の式において $z_B - z_C = h_c$ であるから，

$$(\rho_w - \rho_g)gh_c = \frac{2\sigma_{gw}\cos\theta}{r} = p_c \tag{2.76}$$

ここで，p_c は毛管圧力（capillary pressure）である。

すなわち，式（2.76）の左辺項は水柱高さ h_c に相当する力であり，右辺項はC点におけるガス水界面と毛管壁間の接触部分の単位面積当たりの力である。両者は毛管圧力 p_c と同じ力で釣り合う。

故に，式（2.76）と前述の式（2.75）より

$$p_c = \frac{2\sigma_{gw}\cos\theta}{r} = p_g - p_w \tag{2.77}$$

一般に多孔質媒体の孔隙内にガスと水が存在すると，非濡れ性（non-wettability）のガスの圧力 p_g は，水とガス間の界面の表面張力や曲率のために，濡れ性（wettability）の水の圧力 p_w よりも高い。毛管圧力 p_c はまた水の飽和率 S_w の関数として表される。

$$p_c(S_w) = p_g - p_w \tag{2.78}$$

(6) 毛管圧力曲線

図-2.17 は横軸に水飽和率 S_w を，縦軸に毛管圧力 p_c をプロットした典型的な毛管圧力曲線（curve of capillary pressure）を示す。この図において水の飽和率 S_w が

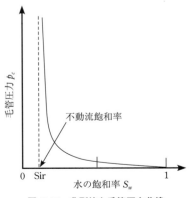

図-2.17 典型的な毛管圧力曲線

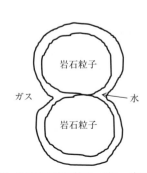

図-2.18 孔隙中の岩石粒子，ガス，水の存在状態

小さくなると毛管圧力 p_c が大きくなり，S_w が不動水飽和率（irreducible water saturation）S_{ir} まで減少すると毛管圧力 p_c は無限大となり，水は流動しなくなる。この状態は，図-2.18 に示すように濡れ性（wettability）の水が岩石粒子に引きつけられたまま残留し，ガスだけが流動することを意味する。

2.2.2 流れの原理

(1) 水　頭

貯留層中の流体は，全水頭の高いところから低いところへ向かって流れる。全水頭（total head）はある地点における静水圧（hydrostatic pressure）に支えられた水柱の高さをいい，静水頭（hydrostatic head）とも呼ばれる。全水頭は位置水頭（elevation head）と圧力水頭（pressure head）の和で表され，それを基準面からの高さで表す。貯留層における全水頭と坑底の位置水頭および圧力水頭との関係を図-2.19 に示す。この図より，全水頭[*4] は次のように表される。

$$h = z + p/\rho g \tag{2.79}$$

ここで，h は全水頭（L），z は位置水頭（L）で基準面（$z=0$）から坑底までの高

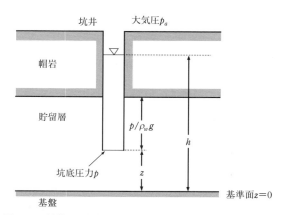

図-2.19　坑井の位置水頭 z，圧力水頭 $p/\rho_w g$，全水頭 h の関係

---

* 4　全水頭 h に関する式（2.79）を粘性のない完全流体（perfect fluid）の定常流に対する Bernoulli の式（Bernoulli's equation）から考えてみよう。

$$h = \frac{p}{\rho_w g} + z + \frac{v^2}{2g} = \text{const.}$$

一般に貯留層中における水の流れは非常に遅いため，速度水頭 $v^2/2g$ は小さく無視すると

$$h = z + p/\rho_w g$$

さ（L），p は坑底における水圧（$ML^{-1}T^{-2}$），$p/\rho_w g$ は圧力水頭（L），ρ_w は水の密度（ML^{-3}）である。

(2) ダルシーの法則
a. 直線流（linear flow）

多孔質媒体中における流体の流れが層流状態にあるとき，流速（velocity）と動水勾配（hydraulic gradient）は比例関係にあり，次式で表される。

$$v = -K\frac{dh}{dl} = -\frac{k\rho_w g}{\mu_w}\frac{dh}{dl} \tag{2.80}$$

ここで，h は全水頭（L），l は流路の距離（L），$\partial h/\partial l$ は動水勾配（hydraulic gradient），ρ_w は流体の密度（ML^{-3}），μ_w は流体の粘度（$ML^{-1}T^{-1}$），k は絶対浸透率（absolute permeability）（L^2），K は水理伝導率（hydraulic conductivity）または透水係数（coefficient of permeability）（LT^{-1}）である。式（2.80）の関係をダルシーの法則（Darcy's law）という。

流量は流速と流路断面積の積であるから，式（2.80）より

$$微分形：q = vA = -\frac{k\rho_w gA}{\mu_w}\frac{dh}{dl} \tag{2.81}$$

ここで，q は流量，A は流路断面積である。

式（2.81）を変数分離（separation of variables）し積分すると

$$積分形：q = -\frac{k\rho_w gA}{\mu_w}\frac{h_2 - h_1}{L} \tag{2.82}$$

ここで，L は流路長，h_1 は流路上流側水頭，h_2 は流路下流側水頭である。

なお，式（2.81）から式（2.82）の誘導については演習問題 2.20 に取り上げている。

ⅰ）水平流

図-2.20 は水で飽和された水平長方体の砂岩中の定常な水平流（horizontal flow）

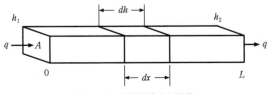

図-2.20 水平直線流と記号

を表す。この図において流量は次のように表される。

図-2.20より，h_1 は $p_1/\rho_w g + z$，h_2 は $p_2/\rho_w g + z$ であるから，この h_1 と h_2 を式（2.82）に代入し整理すると，水平流量（horizontal flow rate）は次式で表される。

$$q = \frac{k_h A(p_1 - p_2)}{\mu_w L} \tag{2.83}$$

ここで，q は流量，k_h は水平浸透率（horizontal permeability）である。

ii）垂直流

図-2.21は砂を充填したセル中の水の垂直流（vertical flow）について次の典型的な2つのケースを示す。ただし，図-2.21の z 座標は上向きを正とする。

■ケース1

入口と出口間の水頭差が $\Delta p/\rho_w g$ で，水が下方へ流れるときの垂直方向の流速 v_v を正とする。図-2.21のケース1より，$h_1 = \Delta p/\rho_w g + L$，$h_2 = 0$ であるから，この h_1 と h_2 を式（2.82）に代入し整理すると垂直流量（vertical flow rate）は

$$q = \frac{k_v A}{\mu_w}\left(\frac{\Delta p}{L} + \rho_w g\right) \tag{2.84}$$

ここで，q は k_v は垂直浸透率（vertical permeability）である。

■ケース2

入口と出口の水頭差が $\Delta p/\rho_w g$ で水が上向きに流れるときの流速 v_v を正とする。図-2.21のケース2より $h_1 = \Delta p/\rho_w g$，$h_2 = L$ であるから，この h_1 と h_2 を式（2.82）に代入し整理すると，流量は

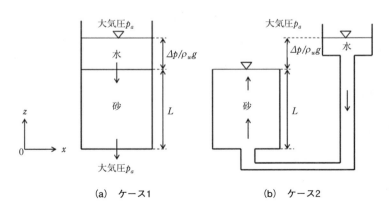

図-2.21　垂直流の2つのケース

$$q = \frac{k_v A}{\mu_w}\left(\frac{\Delta p}{L} - \rho_w g\right) \tag{2.85}$$

(3) 巨視的な流れと微視的な流れ

巨視的な流れの流速は，流量 q を孔隙部分の断面積 A_p と固体粒子部分の断面積 A_r を合わせた全断面積 A で割った次式で定義される。

$$v = \frac{q}{A} = \frac{q}{A_p + A_r} \tag{2.86}$$

ここで，v は平均流速（average velocity）またはダルシー流速（Darcy velocity）と呼ばれる。平均流速 v は流量 q と全流路断面積 A を測定すれば，式（2.86）から容易に求められる。

一方，微視的な流れは孔隙部分のみを流路とするため，流量 q を孔隙断面積 A_p で割った次式で定義される。

$$v_{ac} = q/A_p = q/(\phi_e A) \tag{2.87}$$

ここで，v_{ac} は実流速（actual velocity）である。

平均流速 v と実流速 v_{ac} を比較すると，式（2.86）における v は流体が全断面積すなわち固体粒子部分の占める断面をも流れると仮定しているのに対して，式（2.87）における v_{ac} は孔隙部分の狭い隙間のみを流れるため，$v < v_{ac}$ となる。しかし，v_{ac} は多孔質媒体中の隙間を通る流跡が複雑であるため，測定することが難しい。

(4) ダルシーの法則の適用範囲

ダルシーの法則すなわち流速が動水勾配に比例するという前述の式（2.80）の関係が成立するのは，層流（laminar flow）の場合である。多孔質媒体中の層流および乱流（turbulent flow）は，多孔質媒体中のレイノルズ数（Reynolds number）Re によって判定される。

$$\text{Re} = \rho_w d_r v / \mu \tag{2.88}$$

ここで，d_r は岩石粒子の平均直径である。

多孔質媒体中の層流の範囲すなわちダルシーの法則の適用範囲（range of validity of Darcy's law）は，実験的研究により上記のレイノルズ数 Re によって次のように与えられる。

$$\text{Re}_m < \text{Re} < \text{Re}_c \tag{2.89}$$

ここで，Re_m はダルシーの法則が成り立たなくなる下限レイノルズ数（lower limit of Reynolds number）で $\text{Re} = 10^{-5} \sim 10^{-6}$，$\text{Re}_c$ は上限レイノルズ数（upper limit of Reynolds number）で $\text{Re} = 1 \sim 10$ の範囲にある。

式（2.89）の下限 Re_m では，はじめ水分子と岩石粒子間の界面作用（吸着作用）によって，動水勾配がある値以上にならないと流れない。この勾配を始動動水勾配（threshold gradient）という。このときの水はもはやニュートン流体[*5]（Newton fluid）でないことを意味する。

一方，上限 Re_c では動水勾配が大きくなり流速が速くなると，動水勾配が大きくなる割合に比較してそれほど流速が増大しなくなる。すなわち，流速と動水勾配の直線関係が成りたたなくなり動水勾配は流速の指数関数として次のように表される。

$$\frac{dh}{dl} = av + bv^m \tag{2.90}$$

ここで，右辺第1項は層流項，第2項は乱流項，a，b は定数，m は $1 \sim 2$ の間の数である。

すなわち，レイノルズ数が Re_m 以下の遅い流れおよび Re_c 以上の速い流れはダルシーの法則が適用できない非ダルシー流（non-Darcy flow）と呼ばれる。

(5) 浸透率
a. 水単相流
i） 固有の浸透率

貯留岩には流体の流れ易さを表す測度として前述した式（2.80）における浸透率 k は孔隙の平均孔隙径（mean diameter of pore）の関数として次式で表される。

$$k = C d_p^2 \tag{2.91}$$

ここで d_p は平均孔隙径，k は固有の浸透率（intrinsic permeability）といい，式（2.91）からわかるように貯留岩の孔隙径のみの関数であり，温度，圧力，貯留層流体の性質に依存しない。k は前述した式（2.80）の絶対浸透率に相当し，その次元は（L^2）

[*5] ニュートン流体とは，水，油，空気などの流体のように温度・圧力が定まれば速度勾配 $\partial v/\partial y$ や圧力勾配に関係なく粘度 μ_w が一定値となるような流れをいう[2]。

である。式中の C は実験的に求められる定数で固体粒子の分級度（sorting），詰込度（parking）などに依存する。

ii）水理伝導率と浸透率の関係

前述の式（2.80）より，水理伝導率 K と絶対浸透率 k の間には次の関係がある。

$$K = k\rho_w g / \mu_w \tag{2.92}$$

式（2.92）からわかるように，K は貯留岩と貯留層流体の両方の性質をもった流れやすさの測度である。表-2.2 は水溶性天然ガス貯留層を形成する，れき，砂，シルト，頁岩などの典型的な岩石の浸透率 k と水理伝導率（透水係数ともいう）K の値の範囲について示す。

表-2.2　岩石の浸透率と水理伝導率の範囲 [17]

岩石	浸透率（cm²）	水理伝導率（cm/s）
れき	$10^{-6} \sim 10^{-3}$	$10^{-1} \sim 10^{2}$
砂	$10^{-9} \sim 10^{-5}$	$10^{-4} \sim 10^{0}$
シルト	$10^{-12} \sim 10^{-6}$	$10^{-7} \sim 10^{-3}$
頁岩	$10^{-16} \sim 10^{-12}$	$10^{-11} \sim 10^{-7}$

iii）水平浸透率

水平浸透率（horizontal permeability）は，前述の式（2.83）より

$$k_h = \frac{\mu_w L q}{A(p_1 - p_2)} \tag{2.93}$$

ここで，k_h は水平浸透率である。

iv）垂直浸透率

ケース1（図-2.21(a)参照）における垂直浸透率（vertical permeability）は，前述の式（2.84）より

$$k_v = \frac{q\mu_w}{A(\Delta p / L + \rho_w g)} \tag{2.94}$$

ここで，k_v は垂直浸透率である。

ケース2（図-2.21(b)参照）における垂直浸透率（vertical permeability）k_v は，式（2.85）より

$$k_v = \frac{q\mu_w}{A(\Delta p / L - \rho_w g)} \tag{2.95}$$

v) 平均浸透率

貯留層内における浸透率の値が方向によって異なる場合には，貯留層は非等方性（anisotropic）であるという．**図-2.22** は浸透率の異なる地層が水平方向の流れに並列に重っている典型的な貯留層の概念を示す．平均浸透率（mean permeability）は，式（2.83）と**図-2.22** の記号を用いて表すと

$$\bar{k}_h = \frac{\sum_{i=1}^{n} k_i h_i}{\sum_{i=1}^{n} h_i} \tag{2.96}$$

ここで，$\bar{k}_h$ は平均浸透率である．

なお，式（2.96）の誘導については演習問題 2.22 に取り上げている．

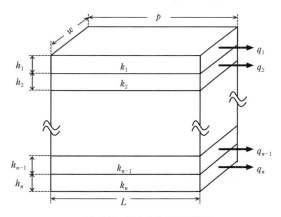

図-2.22　流れ方向に並列配列

b. ガス単相流

多孔質媒体中のガスの流れは，かん水の流れと同様にダルシーの法則に支配される．しかし，ガスは圧縮性流体（compressible fluid）であるため，その体積流量 q は圧力と温度に依存する．一定温度の下でのガスの流れは，下流へ進むにつれて圧力の低下に伴って体積を膨張させながら流動する．したがって，実在気体の体積流量（volumetric flow rate of real gas）は，Boyle–Charles の法則（式（2.1））と実在気体の状態方程式（equation of state of real gas）（式（2.19a））より，次のように表される．

$$q_g = \frac{q_{g,sc} p_{sc} T z}{p T_{sc}} \tag{2.97}$$

式(2.97)を式(2.81)に代入し,水平流では$h = p/\rho g$であることを考慮し整理すると

$$q_{g,sc} = -\frac{A k_h}{\mu_w} \frac{p T_{sc}}{p_{sc} T z} \frac{dp}{dx} \tag{2.98}$$

式(2.98)を変数分離し,温度$T = $一定の下で積分すると,標準状態での$q_{g,sc}$は

$$q_{g,sc} = -\frac{k_h A (p_2^2 - p_1^2) T_{sc}}{2 \mu_g L T z} \tag{2.99}$$

ここで,k_hはガスの水平浸透率,p_1は上流側ガスの圧力,p_2は下流側ガスの圧力,μ_gはガスの粘度,Aは岩石コアの断面積,Lは試料の長さ,$q_{g,sc}$は標準状態での流量である。

なお,式(2.99)の誘導は演習問題2.23に取り上げている。

故に,ガスの水平浸透率(horizontal permeability of gas)は式(2.99)より次式で表される。

$$k_h = \frac{2 \mu_g L q_{g,sc} p_{sc} T z}{A (p_1^2 - p_2^2) T_{sc}} \tag{2.100}$$

c. ガス・水二相流

水溶性天然ガス貯留層中の流れは,一般にガスと水の二相流として扱われる。ガスと水の二相流体(two phase fluids)の流れは,水相とガス相がそれぞれ単独で流れる場合よりも流れ難くなる。

以下に二相流に関係する流体力学的パラメータ(hydraulic parameters)すなわち水頭,飽和率,ガス水比,密度,有効浸透率,相対浸透率について説明しよう。

i) 二相流の全水頭

前述の式(2.79)より,水の全水頭とガスの全水頭はそれぞれ次式で表される。

水 の 全 水 頭:$h_w = p_w / \rho_w g + z$ (2.101)

ガスの全水頭:$h_g = p_g / \rho_g g + z$ (2.102)

ii) 飽和率

ガス水二相流の飽和率(saturation)に関しては,前述の式(2.74)に示すようにガスの飽和率(gas saturation)と水の飽和率(water saturation)の間には次の関係がある。

$$S_w + S_g = 1 \tag{2.103}$$

ここで，S_w は水の飽和率，S_g はガスの飽和率である。

iii) 溶解ガス水比，遊離ガス水比および産出ガス水比

1. 溶解ガス水比

溶解ガス水比（solution gas-water ratio）は，前述した式（2.40）より，次のように表される。

$$R_s = V_{g,sc} / V_{w,sc} \tag{2.104}$$

ここで，R_s は貯留層条件下の溶解ガス水比，$V_{w,sc}$ は標準状態における水の産出体積，$V_{g,sc}$ は標準状態におけるガスの産出体積である。

2. 遊離ガス水比

遊離ガス水比（free gas-water ratio）は貯留層中で高圧の下で水に溶解していたガスが貯留層の圧力低下にともなって遊離し，貯留層中に分離停留していたガスが水とともに坑井により産出されたときの標準状態におけるガスの体積 $V_{gc,sc}$ と水の体積 $V_{w,sc}$ との比として次式で定義される。

$$R_c = V_{gc,sc} / V_{w,sc} \tag{2.105}$$

ここで，R_c は遊離ガス水比である。

3. 産出ガス水比

産出ガス水比（producing gas-water ratio）は溶解ガス水比 R_s と遊離ガス水比 R_c の和として次式で定義される。

$$R = R_s + R_c \tag{2.106}$$

ここで，R は産出ガス水比である。一般に産出ガス水比 GWR といえば，この R を指す。

iv) 有効浸透率

一般に2種類以上の流体が貯留層の孔隙内を共存して流れるとき，それぞれの流体の浸透率を有効浸透率（effective permeability）といい，直線流の場合次式で定義される。

ここで，毛管圧 p_c を無視すれば，前述の式（2.77）より $p_w = p_g$ であるから，水の有効浸透率は，前述の式（2.93）より

$$k_w = \frac{q_w \mu_w L}{A(p_1 - p_2)} \tag{2.107}$$

ガスの有効浸透率 k_g は，前述の式（2.100）より

$$k_g = \frac{2\mu_g L q_{g,sc} p_{sc} T z}{A(p_1^2 - p_2^2)T_{sc}} \tag{2.108}$$

ⅴ) 相対浸透率と相対浸透率曲線

相対浸透率（relative permeability）は多孔質媒体中に 2 種類以上の流体が共存し流れるとき，各流体の有効浸透率の絶対浸透率に対する比で表す。ガスと水が共存し流動する場合の水およびガスの相対浸透率はそれぞれ次のように定義される。

1. 水の相対浸透率（relative permeability to water）の式

$$k_{rw} = k_w / k \tag{2.109}$$

2. ガスの相対浸透率（relative permeability to gas）の式

$$k_{rg} = k_g / k \tag{2.110}$$

水およびガスの相対浸透率は，いずれも流れの方向とは独立で，それぞれ水の飽和率 S_w およびガスの飽和率 S_g のみの関数である。

$$k_{rw} = f(S_w) \tag{2.111}$$
$$k_{rg} = f(S_g) \tag{2.112}$$

未固結砂（unconsolidated sand）中のガスと液体の相対浸透率に関しては，二酸化炭素と水を用いた実験から得られた相対浸透率曲線（relative permeability curve）[23]（付録 A 付図-A.2 参照）とガス・油の相対浸透率に関する Corey の式（corey's equation）[12] があるが，それらの式を基に著者が計算プログラム用に作成した相対浸透率の近似式を以下に紹介しよう。

まず，Corey の式における水の相対浸透率の式 $[(S_w - S_{wR})/(1 - S_{wR})]^4$ における指数 4 を試行錯誤により 3 に変えることによって式（2.113）のように修正した。

$$k_{rw} = \left(\frac{S_w - S_{wR}}{1 - S_{wR}}\right)^3 \tag{2.113}$$

ここで，S_{wR} は不動水飽和率（irreducible water saturation）で，Wyckoff and Botset の相対浸透率の実験曲線（付録 A の**付図-A.2** 参照）から読み取った値は 0.18 である。

一方，ガスの相対浸透率に関しては，確率曲線の公式（equation of probability curve）[5] を用いて試行錯誤によりガスの相対浸透率の実験曲線にマッチングさせ，式（2.114）の近似式を求めた。

$$\text{ガス：} k_{rg} = e^{-hS_w^2} \tag{2.114}$$

ただし，$S_w \leq 0.1$ 　　　　　$h = 1.0$
　　　　$0.1 < S_w \leq 0.2$ のとき　$h = 2.35$

$0.2 < S_w \leq 0.3$ のとき　　$h = 5.5$

$0.3 < S_w \leq 0.4$ のとき　　$h = 5.88$

$0.4 < S_w \leq 0.5$ のとき　　$h = 5.39$

$0.5 < S_w \leq 0.6$ のとき　　$h = 5.085$

$0.6 < S_w \leq 0.7$ のとき　　$h = 5.69$

$0.7 < S_w \leq 0.8$ のとき　　$h = 4.68$

$0.8 < S_w$ のとき　　　　　　$h = 5.68$

Wyckoff and Botset の相対浸透率曲線（relative permeability curve for gas-water）と上記の式（2.111）および（2.112）の計算値との比較を**図-2.23** に示す．両者の誤差はいずれも数％内にある．

なお，Wyckoff and Botset（1936）の論文の相対浸透率曲線から読み取った，ガスが流動できない水の最小飽和率（lowest water saturation at which gas is discontinuous）S_{wm} の値は 0.92 である．水の相対浸透率の式（2.113）とガスの相対浸透率の式（2.114）に関する計算プログラムは付録 B でダウンロードの説明をしている．

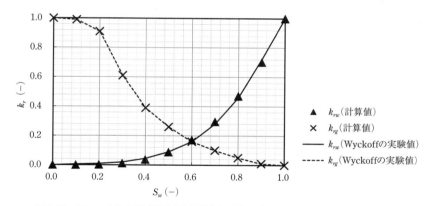

図-2.23　Wyckoff 他の相対浸透率実験曲線と計算曲線の比較（付録 B 第 2 章 (6) 参照）

第 2 章　演習問題

【**問題 2.1**】　理想気体の等温圧縮率 c_g に関する式（2.18a）と状態方程式（2.2）より，$c_w = 1/p$ となることを証明せよ．

【**問題 2.2**】　CH_4，C_2H_6，CO_2，N_2，O_2 の成分からなる水溶性天然ガスが，圧力 10.13（MPa），温度 50℃のときの擬対臨界圧力 p_{pr} と擬対臨界温度 T_{pr} を求めよ．

ただし,各成分のモル分率 y_i は以下の通りである。

成分	CH_4	C_2H_6	CO_2	N_2	O_2	Air
y_i	0.9	0.04	0.01	0.03	0.02	0.0

【問題 2.3】 CH_4, C_2H_6, CO_2, N_2, O_2 の成分からなる水溶性天然ガスがある。温度が $t = 10 \sim 100$ (℃),圧力が $p = 0.1013 \sim 40.0$ (MPa) のときの z 係数を計算せよ。ただし,各成分のモル分率 y_i は問題 2.2 と同じである。

【問題 2.4】 圧力 $p = 0.1013$ (MPa),温度 $t = 10$ (℃) のときのメタンガスの粘度 μ_g を求めよ。

【問題 2.5】 ガスの容積係数に関する式(2.36b)において大気圧 $p_{sc} = 0.1013$ (MPa),基準温度 $T_{sc} = 288.15$ (K) のときのガスの容積係数 B_g の式を導け。

【問題 2.6】 実在気体の状態方程式 (2.19a) と理想気体の等温圧縮率 c_g に関する式 (2.18a) から,実在気体の等温圧縮率 c_g の式 (2.37) を導け。

【問題 2.7】 擬対臨界圧力 p_{pr} の式 (2.24a) と実在気体の c_g の式 (2.37) から,混合気体の擬対臨界圧縮率 c_{pr} に関する式 (2.39) を導け。

【問題 2.8】 貯留層の圧力が $p = 10.13$ (MPa),温度 $t = 50$ (℃) の水溶性天然ガスの等温圧縮率 c_g を求めよ。ただし,水溶性天然ガスの組成は問題 2.2 と同じである。

【問題 2.9】 水の密度 ρ_w を用いた容積係数 B_w の式 (2.46b) を導け。

【問題 2.10】 圧力が $p = 100, 200, 300$ (psia),温度が $t = 50 \sim 200$ (°F) のときのかん水の容積係数 B_w を求め,p および t の単位を SI 単位に換算し p–t の関係を図示せよ。

【問題 2.11】 温度 $t = 80$ °F,圧力 $p = 200 \sim 2\,000$ psia におけるかん水($S = 2$ wt%)のメタン溶解度 R_{swb} を式 (2.41) と (2.42a, b),式 (2.43) と (2.44) により計算し,R_{swb}–p 曲線を描け。

【問題 2.12】 圧力が $p = 1\,000 \sim 2\,900$ (psia),塩分が $S = 2.0$ (wt%),温度が $t = 59, 86, 122$ (°F) のときのかん水のメタンガス溶解度 R_{swb} を求めよ。ただし,計算結果は SI 単位で表し,温度をパラメータとして R_{swb}–p 曲線を作成せよ。

【問題 2.13】 以下に示す塩分のデータを用いて標準状態における温度が $T = 288.15$ (K),圧力が $p = 0.1013$ (MPa) としたときのかん水の密度 $\rho_{w,b}$ に及ぼす塩分 S の影響を計算せよ。ただし,データは $S = 0.0 \sim 40.0$ (kg/m^3) である。

【問題 2.14】 塩分が $S = 25$ (kg/m^3),圧力が $p = 1, 5, 10$ (MPa),温度が $t = 0 \sim$

40（℃）の範囲におけるかん水の密度 ρ_w を求めよ。

【問題 2.15】 密度による水の圧縮率 c_w に関する式（2.58）を導け。

【問題 2.16】 沸点圧力 p_b 以上の圧力 p におけるかん水の等温圧縮率 c_w の密度 ρ_w による定義式（本文の式（2.58））において c_w が一定であると仮定し，式（2.58）を積分し，ρ_w に関する積分形の式を導け。

【問題 2.17】 塩分が $S=0$ と 2.5（wt％），圧力 $p=14.7$（psia），温度 $t=60\sim160$（℉）の範囲のときのかん水の等温圧縮率 c_w を計算せよ。

【問題 2.18】 大気圧（$p=14.7$ psia）の下で，温度が $t=60\sim160$（℉），塩分が $S=0.0$，2.5（wt％）のときのかん水の粘度 μ_w を求めよ。

【問題 2.19】 圧力が $p=14.7\sim2\,000$（psia），温度が $t=74,143,212$（℉）のときのガス水表面張力 σ_{gw} を求めよ。

【問題 2.20】 砂で充填されたパイプ内を水が流量 q で流れている。パイプの流路断面積が A，パイプの長さが L，パイプ上流側の水頭が h_1，パイプ下流側の水頭が h_2，砂充填パイプ内の浸透率が k，水の粘度が μ，重力加速度が g である。これらの記号を用いて本文のダルシーの式（2.80）から q に関する積分形の式（2.82）を導け。

【問題 2.21】 垂直流に関する本文の図-2.21 に基づいてケース 1 と 2 におけるそれぞれの流量 q の式（2.84）と式（2.85）を導け。

【問題 2.22】 本文の図-2.22 の記号を用いて，浸透率および層厚の異なる地層が流れ方向に対して並列配列になっている貯留層の平均浸透率 $\overline{k_h}$ に関する式（2.96）を導け。

【問題 2.23】 砂で充填された水平パイプ内を実在気体が流れている。このときの流量に関する式（2.99）を導け。ただし，問題 2.20 の水の流れの記号を用いよ。

◎引用および参考文献

1) 生産技術委員会，生産技術用語分科会編（1994）：石油生産技術用語集，石油技術協会．
2) 豊倉富太郎，亀本喬司（1993）：流体力学，実教出版社．
3) 日本機械学会（1997）：技術資料 流体の熱物性値集，社団法人機械学会．
4) ムーア・WJ.著（細谷治夫，湯田坂雅子訳）（2005）：ムーア基礎物理化学（上），東京化学同人．
5) 森口繁一，宇田川銈久，一松 信（1999）：岩波数学公式Ⅰ，岩波書店．
6) 山本荘毅（1966）：地下水探査法，地球出版．
7) Bear, J.（1967）：Dynamics of Fluids in Porous Media, Dover Publications,Inc.
8) Bradley, H.B.（1987）：Petroleum Engineering Handbook,Society of Petroleum Engineers.

9) Chierici, G.L. and Long,G. (1961): Salt Content Changes Compressibility of Reservoir Brines, Petrol. Eng. (July), pp.B25-B31.
10) Chierici, G.L. (1994): Principles of Petroleum Reservoir Engineering, Vol.1, Springer – Verlag.
11) Collins, A.G. (1987): Properties of Produced Waters, Petroleum Engineering Handbook, H.B. Bradley, *et al.*, SPE, Dallas, pp.17-24.
12) Corey, A.T. (1954): The interrelation between gas and oil relative permeabilities, Producers Monthly, 19. pp.38-41.
13) Craft, B.C. and Hawkins, M.F. (1959): Aplied Petroleum Reservoir Engineering, Prentice-Hall, NJ.
14) Culberson, O.L. and McKetta, J.J., Jr. (1951): Phase Equilibria in Hydrocarbon-Water Systems Ⅲ –The Solubility of Methane in Water at Pressures to 10,000Psia, Petroleum Transactions, AIME, Vol.192, pp.223-226.
15) Delleur, J.W. (Editor-in-Chief), (1998): The Handbook of Groundwater Engineering, Springer.
16) Standing, M.B., and Katz, D.L. (1942): Density of Natural Gases, Trans. AIME, 146, pp.140-149.
17) Freeze, R.A., and Cherry, J.A. (1979): Groundwater, Prentice Hall.
18) Hubbert, M.K. (1940): The theory groundwater motion, J.Geol., 48, pp.785-822.
19) Lee, A.L., Gonzales, M.H., Eakin,B.E. (1966): The viscosity of natural gases, Journal of Petroleum Technology, August, 1966 (Trans. AIME), pp.997-1000.
20) Mattar, L., Brar, G.S. and Aziz, K. (1975): Compressibility of Natural Gasses, J.Can.Pet.Tech., (Oct.-Dec.1975) 14, pp.77-80.
21) McCain, W.D., Jr. (1990): The Properties of Petroleum Fluids, second edition, PennWell Books.
22) Osif, T.L. (1988): The Effects of Salt, Gas, Temperature, and Pressure on the Compressibility of Water, SPE Res. Eng. (Feb.1988), Vol.3, No.1, pp.175-181.
23) Wyckoff, R.D., and H.G.Botset (1936): The flow of gas-liquid mixture through unconsolidated sands, Physics 7, pp.325-345.

第3章　貯留層内の放射状流の解析

　多孔質媒体から構成された水平貯留層内の流体の流れは生産または圧入により坑井を中心とする放射状となり，質量保存則（連続の式）およびダルシーの法則に支配される。また，坑井近傍の流れは非定常，擬定常および定常のいずれかの状態になり，隣接坑井が存在する場合には坑井間の圧力干渉の影響が考えられる。

　本章では，多孔質媒体内の水単相流における連続の式，放射状流の基礎方程式とその解法，流れの状態と坑底圧力の関係，重ね合わせの原理について学ぶ。

3.1　放射状流の基礎方程式と解法

貯留層内の放射状流を解析するために貯留層に関して次のような仮定を設ける。

① 貯留層は多孔質媒体から構成される。
② 貯留層流体は僅少圧縮性である。
③ 貯留層の浸透率と孔隙率は均質であり，層厚は一様である。また水平および垂直方向の浸透率が等しく等方的である。
④ 貯留層の流体（水）飽和率は100%で一様に分布している。
⑤ 貯留層全体の圧力は，流体の飽和圧力（沸点圧力）よりも高い。
⑥ 貯留層流体の特性は圧力と温度の影響が無視される。
⑦ 坑井は全層厚に完全に貫入し，流れは坑井を中心とする非定常放射状流である。

3.1.1　連続の式

　上記の仮定の下に，水平かつ無限に広がる貯留層（infinite acting reservoir）を図-3.1のように貯留層の外側境界が無限である円筒形貯留層モデル（cylindrical reservoir model）で表し，生産井近傍の微小環状体積（infinitesimal volume of ring）

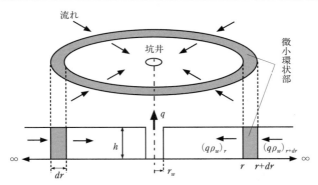

図-3.1 無限に広がる貯留層の放射状流と生産井近傍微小環状体積の概念図と座標

(図中のグレー部分) 内の流れについて考える。

図-3.1 において半径 r と $r+dr$ 間の微少環状部に着目する。流れは半径 $r+dr$ の側断面 [面積 $=2\pi(r+dr)h$] に入り，半径 r の側断面（面積 $=2\pi rh$）を通り坑井へ向かうものとする。

質量保存（conservation of mass）は微小環状体積中における流体の出入りの収支を表し，次のように定義される。

[半径 $(r+dr)$ の側断面への流入質量] − [半径 (r) の側断面からの流出質量]
= [微小環状体積の単位時間当たりの質量変化]

この関係を質量保存則（law of mass conservation）といい，数式で表すと

$$(q\rho_w)_{r+dr} - (q\rho_w)_r = 2\pi rh dr \frac{\partial}{\partial t}(\phi\rho_w) \tag{3.1}$$

ここで，q は体積流量，h は層厚，r は坑井中心からの半径，dr は r の微小長さ，t は時間，ρ_w は流体の密度，ϕ は孔隙率，$2\pi rh dr$ は微小環状部（**図-3.1** 中のグレー部）の体積である。

式（3.1）の左辺項を次のように書きなおす。

$$(q\rho_w)_{r+dr} - (q\rho_w)_r = \frac{\partial (q\rho_w)}{\partial r}dr$$

上記の式の右辺項を式（3.1）の左辺に代入すると

$$\frac{\partial (q\rho_w)}{\partial r} = 2\pi rh \frac{\partial (\phi\rho_w)}{\partial t} \tag{3.2}$$

式（3.2）を一次元放射状流の連続の式（equation of continuity）という。

3.1.2 非線形放射状流方程式

式（3.2）の左辺項の q は図-3.1における微小環状部の r の位置における側断面積 $2\pi rh$ を圧力勾配 $\partial p/\partial r$ の下で流れる体積流量であり、坑井に向かって正の値であるとすると、第2章のダルシーの法則より

$$q = \frac{2\pi rhk}{\mu_w}\frac{\partial p}{\partial r} \tag{3.3}$$

ここで、p は圧力、k は浸透率、μ_w は流体の粘度である。

一方、式（3.2）の右辺の非定常項 $\partial(\phi\rho_w)/\partial t$ は微小環状体積中の単位時間単位体積当たりの質量変化であり、次式で表される。

$$\frac{\partial}{\partial t}(\phi\rho_w) = \frac{d(\phi\rho_w)}{dp}\frac{\partial p}{\partial t} \tag{3.4}$$

さらに、式（3.4）の右辺 $d(\phi\rho_w)/dp$ 項は鎖則（chain rule）により、次のように表される。

$$\frac{d(\phi\rho_w)}{dp} = \phi\frac{\partial \rho_w}{\partial p} + \rho_w\frac{\partial \phi}{\partial p} \tag{3.5a}$$

$$= \phi\rho_w\left[\frac{1}{\rho_w}\frac{d\rho_w}{dp} + \frac{1}{\phi}\frac{d\phi}{dp}\right] \tag{3.5b}$$

ここで、第2章の式（2.58）および式（2.71）より、それぞれ以下に定義する孔隙流体の圧縮率（compressibility of pore water）c_w および貯留岩の圧縮率（compressibility of reservoir rock）c_r を導入する。

$$\text{孔隙流体（水）の圧縮率：} c_w = \left(\frac{1}{\rho_w}\frac{d\rho_w}{dp}\right)_T \tag{3.6}$$

$$\text{貯留岩の圧縮率：} c_r = \left(\frac{1}{\phi}\frac{d\phi}{dp}\right)_\sigma \tag{3.7}$$

ただし、温度 T および地圧応力 σ は一定であるものとする。

式（3.6）と（3.7）を式（3.5b）に代入すると

$$\frac{d(\phi\rho_w)}{dp} = \phi\rho_w(c_w + c_r) \tag{3.8a}$$

$$= \phi\rho_w c_t \tag{3.8b}$$

ここで，c_t は全圧縮率（total compressibility）（$= c_w + c_r$）である。

式（3.2）の左辺項の q に式（3.3）を代入し，右辺の $\partial(\phi\rho_w)/\partial t$ 項に式（3.4）を代入すると

$$\frac{\partial}{\partial r}\left(\frac{2\pi rhk\rho_w}{\mu_w}\frac{\partial p}{\partial r}\right) = 2\pi rh\frac{\partial(\phi\rho_w)}{\partial p}\frac{\partial p}{\partial t}$$

上記の式の右辺 $\partial(\phi\rho_w)/\partial p$ 項に式（3.8b）を代入すると

$$\frac{\partial}{\partial r}\left(\frac{2\pi rhk\rho_w}{\mu_w}\frac{\partial p}{\partial r}\right) = 2\pi rh\phi\rho_w c_t\frac{\partial p}{\partial t}$$

上記の式における $2\pi h$ は定数であることを考慮して整理すると

$$\frac{1}{r}\frac{\partial}{\partial r}\left(\frac{k\rho_w}{\mu_w}r\frac{\partial p}{\partial r}\right) = \phi\rho_w c_t\frac{\partial p}{\partial t} \tag{3.9}$$

式（3.9）は式中のパラメータ（$\phi, k, c_t, \rho_w, \mu_w$）がすべて圧力 p に依存するため非線形偏微分方程式（non-linear partial differential equation）であり，解析的に解けない。解析的に解くためには，式（3.9）を線形化し，そのパラメータを p に依存しないようにしなければならない。

3.1.3 非線形放射状流方程式の線形化

前述の非線形放射状流方程式（non-linear radial flow equation）（式（3.9））を線形化（linearization）するために，鎖則（chain rule）を用いて次のように展開する。

$$\frac{1}{r}\left[\rho_w r\left(\frac{k}{\mu_w}\right)\left(\frac{\partial p}{\partial r}\right)^2 + \frac{k}{\mu_w}r\frac{d\rho_w}{dp}\left(\frac{\partial p}{\partial r}\right)^2 + \frac{k}{\mu_w}\rho_w\frac{\partial p}{\partial r} + \frac{k}{\mu_w}\rho_w r\frac{\partial^2 p}{\partial r^2}\right] = \phi\rho_w c_t\frac{\partial p}{\partial t} \tag{3.10}$$

ここで，$\partial p/\partial r$ 項は微小であるから，その平方項 $(\partial p/\partial r)^2$ は $\partial p/\partial r$ および $\partial^2 p/\partial r^2$ に比較して遙かに小さくなり，無視できるものと仮定する。

$$\left(\frac{\partial p}{\partial r}\right)^2 \ll \frac{\partial p}{\partial r}, \quad \frac{\partial^2 p}{\partial r^2}$$

したがって，式（3.10）は

$$\frac{\partial^2 p}{\partial r^2} + \frac{1}{r}\frac{\partial p}{\partial r} = \frac{\phi c_t \mu_w}{k}\frac{\partial p}{\partial t} \tag{3.11a}$$

または

$$\frac{1}{r}\frac{\partial}{\partial r}\left(r\frac{\partial p}{\partial r}\right) = \frac{1}{\eta}\frac{\partial p}{\partial t} \tag{3.11b}$$

ただし，
$$\frac{k}{\phi \mu_w c_t} = \eta \tag{3.12}$$

ここで，η は動水拡散係数（hydraulic diffusivity）$[L^2 T^{-1}]$ である。

前述した仮定より僅少圧縮性流体（slightly compressible fluid）として扱うため，η は微小な圧力変化に対して一定であるとすると，式（3.11a, b）は線形放射状流方程式（linear radial flow equation）となる。ただし，式（3.11a, b）は

$$c_t p \ll 1 \tag{3.13}$$

のときにのみ有効である。

3.1.4 線形放射状流方程式の解法

貯留層に関する前述の仮定に基づいて式（3.11a）を解くための初期および境界条件を以下に示す。

初期条件：
$$t=0, \quad 0 \leq r \leq \infty \text{ では，} \quad p=p_i \tag{3.14}$$

境界条件：
$$t>0, \quad r=\infty \text{ では，} \quad p=p_i \tag{3.15}$$

$$t>0, \quad r=r_w \text{ では，} \quad q = \frac{2\pi r_w k h}{\mu_w}\left(\frac{\partial p}{\partial r}\right)_{r_w} = 一定 \tag{3.16}$$

$$r=r \text{ では，} \quad q = \frac{2\pi k h r}{\mu_w}\left(\frac{\partial p}{\partial r}\right)_r = 一定 \tag{3.17}$$

ここで，p_i は初期貯留層圧力，r_w は坑井半径，r_e は貯留層外側境界半径である。r_w が r_e に比較し微小で無視できるとすれば，式（3.17）は

$$\lim_{r \to 0}\left(r\frac{\partial p}{\partial r}\right) = \frac{q\mu_w}{2\pi k h} = 一定 \tag{3.18}$$

以上の条件の下で解いた式（3.11a）の解は，次式で与えられる。

$$p(r,t) = p_i - \frac{q\mu_w}{4\pi k h}\left(\ln\frac{kt}{\phi \mu_w c_t r^2} + 0.809\right) \tag{3.19a}$$

なお，式（3.19a）の誘導については第3章の演習問題3.1に取り上げている。
式（3.19a）に $q = q_{sc} B_w$ の関係（第2章の式（2.46a）より）を代入すると

$$p(r,t) = p_i - \frac{q_{sc} \mu_w B_w}{4\pi k h}\left(\ln\frac{kt}{\phi \mu_w c_t r^2} + 0.809\right) \tag{3.19b}$$

流動坑底圧力（flowing bottom hole pressure）は，式（3.19b）において $r=r_w$ とおくと

$$p_{wf} = p_i - \frac{q_{sc}\mu_w B_w}{4\pi kh}\left(\ln\frac{kt}{\phi\mu_w c_t r_w^2} + 0.809\right) \quad (3.20)$$

ここで，p_{wf} は流動坑底圧力である。

式（3.19a, b）および式（3.20）は一定流量に対する線源解（line source solution）と呼ばれる。これらの式の適用範囲（range of validity）は

$$\frac{\phi\mu_w c_t r_w^2}{4kt} < 0.01 \quad (3.21)$$

式（3.19a, b）および式（3.20）は，浸透率が等方均質（isotropic homogeneous）（水平方向浸透率 k_h ＝垂直方向浸透率 k_v）で無限に広がる貯留層（infinite acting reservoir）に，坑井が完全貫入した貯留層内の非定常放射状流（unsteady state radial flow）および過渡状態の放射状流（transient radial flow）に適用される。

3.1.5　スキン効果を考慮した実坑井の流動坑底圧力の式

貯留層に掘削された実際の生産井に対しては，第1章で述べたように次の場合を考慮しなければならない。

① 泥水の侵入で坑井周辺地層の目詰まりにより浸透率が減少した場合
② 水圧破砕や酸処理など坑井刺激により浸透率が増大した場合
③ 坑井が部分貫入している場合
④ 坑井が穿孔仕上げやグラベルパック仕上げの場合

上記の4つの場合には坑井周辺地層の浸透率や流れの抵抗が変化し，**図-3.2** に示すように圧力低下（pressure drawdown）が理想的な裸坑（open hole）に比較して大きくなったり，または小さくなったりする現象が起こる。この現象をスキン効果（skin effect）という。スキン効果を定量的に評価する指標として無次元のスキン係数（skin factor）が用いられる。したがって，実坑井の流動坑底圧力の式（equation of flowing bottom hole pressure for a real well）は，前述した式（3.20）にスキン係数 s を導入することによって次式で表される。

$$p_{wf} = p_i - \frac{q\mu_w}{4\pi kh}\left(\ln\frac{kt}{\phi\mu_w c_t r_w^2} + 0.809 + 2s\right) \quad (3.22a)$$

または

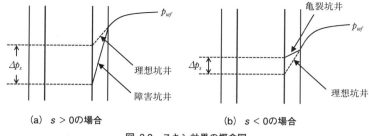

図-3.2　スキン効果の概念図

$$p_{wf} = p_i - \frac{q\mu_w}{4\pi kh}\left(\ln\frac{kt}{\phi\mu_w c_t r_w^2} + 0.809\right) - \frac{q\mu_w}{2\pi kh}s \tag{3.22b}$$

式（3.22b）より，スキン効果による圧力低下 Δp_s は次式で表される。

$$\Delta p_s = \frac{q\mu_w}{2\pi kh}s \tag{3.23}$$

ここで，$q = q_{sc}B_w$ である。

一般にスキン係数には，正の効果と負の効果がある。

① $\Delta p_s > 0$ のとき，実坑井（real well）の圧力低下 $(p_i - p_{wf})$ が理想坑井（ideal well）の圧力低下よりも大きくなる。このときスキン係数は，$s > 0$ である（**図-3.2(a)**）。理由としては，部分仕上げや不適当な穿孔数のような機械的な原因による影響，相変化による相対浸透率の減少，乱流，地層障害などが考えられる。

② $\Delta p_s < 0$ のとき，実坑井の圧力低下 $(p_i - p_{wf})$ は理想坑井の圧力低下よりも小さくなる。このときスキン係数は，$s < 0$ である（**図-3.2(b)**）。この理由としては亀裂（fracture）や坑井刺激（well sitimulation）などにより坑井近傍の浸透率が自然状態のときよりも大きくなった結果であると考えられる。

なお，スキン係数 s の定式化については，第4章で説明する。

3.2　有限な広がりの水平貯留層における流れの状態と流動坑底圧力の式

実際の貯留層は，図-3.3 に示すように有限で複雑な形状の不透水境界（no-flow boundary）に囲まれている。このような貯留層を等方均質な特性をもった一様な

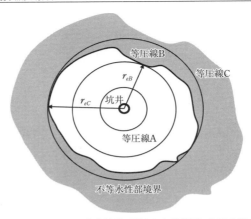

図-3.3　複雑な不等水境界で囲まれた貯留層における等圧線の時間変化

層厚の円筒形状に見立て，その中心に掘削された坑井で生産した場合を考える。

生産によって貯留層流体は坑井へ向かって排水され，圧力の低下する範囲は時間と共に坑井中心に放射状に広がり，その排水面積（drainage arer）の形状は理論的に円形となる。この円形排水面積（circular drainage area）の半径を排水半径（drainage radius）r_e という。**図-3.3** は実際に想定される複雑な形状の境界で囲まれた貯留層における等圧線（equi-pressure line）の時間変化を示す。この図に示すように坑井で生産を開始すると，排水面積（等圧線で囲まれた面積）を示す等圧線は時間とともに進行しAの位置にくる。さらに時間の経過とともに等圧線はB，Cへと広がっていく。排水面積が坑井からもっとも近い不等水境界（no-flow boundary）（半径 r_{eB}）に接するのは等圧線Bである。生産開始からこの時点までの流れを過渡状態（transient state）にあるという。等圧線Bと，坑井から最も遠い不等水境界（no-flow boundary）（半径 r_{eC}）に接する等圧線Cまでの時点における排水面積はレートトランジェント状態（late transient state）にあるという。等圧線Cから以降の時点における排水面積は擬定常状態（pseudo-transient state or semi-transient state）にあるといい，圧力の時間変化が一定となる。

以上のような流れの状態と圧力 p との時間変化 dp/dt の関係を**図-3.4** に示す。なお，過渡状態から擬定常状態までは非定常流（unsteady state flow）である。

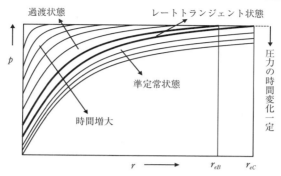

図-3.4 圧力の時間変化と流れの状態の関係

3.2.1 過渡流とレートトランジェント流

過渡流（transient flow）とレートトランジェント流（late transient flow）における流動坑底圧力（flowing bottom hole pressure）p_{wf} は，非定常流に関する前述の式（3.20）により計算できる。

3.2.2 擬定常流

擬定常流（pseudo-steady state flow）は，図-3.4 に示すように圧力の応答が最も遠い境界に達してから後の流れの状態である。この状態に入ったときには，一定流量 q に対して単位時間あたりの圧力変化 dp/dt は排水面積内のすべての点で一定になる。

擬定常状態における流れは次の質量保存則（law of mass conservation）により支配される。

$$\begin{bmatrix} 単位時間に坑井から \\ 流出する流体質量 \end{bmatrix} = \begin{bmatrix} 坑井の排水体積内の単位時間 \\ あたり流体質量の変化 \end{bmatrix}$$

これを数式で表すと

$$\rho_w q = -\pi r_e^2 h \frac{\partial}{\partial t}(\rho_w \phi) \tag{3.24}$$

ここで，式（3.24）における右辺項の負の記号は，流体が坑井から生産されることによって貯留層内の流体量が減少することを意味する。

式（3.24）に関する Dake, L.P.（1978）の解法について説明しよう。まず，式（3.24）の右辺項 $\partial(\rho_w\phi)/\partial t$ を鎖則に従って展開し，前述した式（3.5），（3.6），（3.7），（3.8）

を用いて整理すると

$$\frac{\partial}{\partial t}(\rho_w \phi) = \phi \frac{\partial \rho_w}{\partial t} + \rho_w \frac{\partial \phi}{\partial t} \tag{3.25a}$$

$$= \phi \rho_w \left(\frac{1}{\rho_w} \frac{\partial \rho_w}{\partial p} \frac{dp}{dt} + \frac{1}{\phi} \frac{\partial \phi}{\partial p} \frac{dp}{dt} \right)$$

$$= \phi \rho_w \left(\frac{1}{\rho_w} \frac{\partial \rho_w}{\partial p} + \frac{1}{\phi} \frac{\partial \phi}{\partial p} \right) \frac{dp}{dt} \tag{3.25b}$$

$$= \phi \rho_w (c_r + c_w) \frac{dp}{dt} \tag{3.25c}$$

$$= \phi \rho_w c_t \frac{dp}{dt} \tag{3.25d}$$

式（3.25d）を式（3.24）に代入すると

$$\rho_w q = -\pi r_e^2 h \phi \rho_w c_t \frac{\partial p}{\partial t} \tag{3.26}$$

これより

$$\frac{\partial p}{\partial t} = -\frac{q}{\pi r_e^2 h \phi c_t} \tag{3.27}$$

前述の式（3.11b）から，次式が得られる。

$$\frac{\partial p}{\partial t} = \frac{k}{\phi \mu_w c_t} \frac{1}{r} \frac{\partial}{\partial r} \left(r \frac{\partial p}{\partial r} \right) \tag{3.28}$$

式（3.28）に式（3.27）を代入し整理すると

$$\frac{1}{r} \frac{\partial}{\partial r} \left(r \frac{\partial p}{\partial r} \right) = -\frac{q \mu_w}{\pi r_e^2 kh} \tag{3.29}$$

まず，式（3.29）を r に関して次のように積分する。

$$\int \frac{\partial}{\partial r} \left(r \frac{\partial p}{\partial r} \right) dr = -\frac{q \mu_w}{\pi r_e^2 kh} \int r dr$$

$$\frac{\partial p}{\partial r} = -\frac{q \mu_w}{2\pi kh} \left(\frac{r}{r_e} \right)^2 + C \tag{3.30}$$

ここで，C は積分定数である。

不透水境界（$r=r_e$）では，$(\partial p/\partial r)_{r_e}=0$ であるから

$$C = \frac{q\mu_w}{2\pi kh} \tag{3.31}$$

式(3.31)を式(3.30)に代入し整理すると

$$\frac{\partial p}{\partial r} = \frac{q\mu_w}{2\pi kh}\left(\frac{1}{r} - \frac{r}{r_e^2}\right) \tag{3.32}$$

式(3.32)を変数分離し，rに関してr_wからrまで，pに関してp_{wf}からpまで積分すると

$$p - p_{wf} = \frac{q\mu_w}{2\pi kh}\left(\ln\frac{r}{r_w} - \frac{r^2 - r_w^2}{2r_e^2}\right) \tag{3.33}$$

式(3.33)の右辺括弧内の$(r_w/r_e)^2$項は小さく無視し，整理すると

$$p - p_{wf} = \frac{q\mu_w}{2\pi kh}\left(\ln\frac{r}{r_w} - \frac{r^2}{2r_e^2}\right) \tag{3.34a}$$

ここで，$q = q_{sc}B_w$である。

式(3.34a)は坑井中心から任意距離rにおける理想坑井の圧力の式(equation of pressure for a ideal well)である。式(3.34a)にスキン係数sを導入することによって実坑井の圧力の式(equation of pressure for a real well)は

$$p - p_{wf} = \frac{q\mu_w}{2\pi kh}\left(\ln\frac{r}{r_w} - \frac{r^2}{2r_e^2} + s\right) \tag{3.34b}$$

(1) 貯留層外側境界半径が明らかな場合の理想坑井の流動坑底圧力の式

貯留層外側境界半径(radius of outer boundary of reservoir)がr_eのとき，式(3.34a)におけるrをr_eに，pをp_eに置き換えることによって次のように表される。

$$p_{wf} = p_e - \frac{q\mu_w}{2\pi kh}\left(\ln\frac{r_e}{r_w} - \frac{1}{2}\right) \tag{3.35}$$

(2) 貯留層外側境界半径が明らかな場合の実坑井の流動坑底圧力の式

貯留層外側境界半径がr_eのときの実坑井の流動坑底圧力の式は，式(3.35)にスキン係数sを導入することによって

$$p_{wf} = p_e - \frac{q\mu_w}{2\pi kh}\left(\ln\frac{r_e}{r_w} - \frac{1}{2} + s\right) \tag{3.36}$$

不等水境界の圧力p_eが既知であれば，式(3.35)または(3.36)を用いて擬定常

状態における流動坑底圧力 p_{wf} が計算できる。しかし，実際には p_e を知ることは難しい。その場合には p_e の代わりに次の(3)で述べる排水面積内の平均圧力を用いる。

(3) 擬定常流における平均貯留層圧力の式

流れが擬定常状態になった時の排水面積内の平均貯留層圧力（average reservoir pressure）$\bar{p}$ について考える。

a. 円形排水面積の場合

円形排水面積（circular drainage area）の平均貯留層圧力の概念（concept of average reservoir pressure）を図-3.5に示す。擬定常状態における排水面積内の平均貯留層圧力 $\bar{p}$ は，次のように与えられる[2]。

$$\bar{p} = \frac{\int_{r_w}^{r_e} p\,dV}{\int_{r_w}^{r_e} dV} \tag{3.37}$$

ここで，dV は前述した図-3.1の微小環状部流体体積であり，$dV = 2\pi r h \phi dr$ であるから，これを式(3.37)に代入し整理すると

$$\bar{p} = \frac{2}{(r_e^2 - r_w^2)} \int_{r_w}^{r_e} p r\,dr \tag{3.38}$$

r_w^2 は r_e^2 に比較して微小であり無視すると

$$\bar{p} = \frac{2}{r_e^2} \int_{r_w}^{r_e} p r\,dr \tag{3.39}$$

式(3.39)における右辺の積分項 p に，前述の式(3.34a)から導かれた

$$p = p_{wf} + \frac{q\mu_w}{2\pi kh}\left(\ln\frac{r}{r_w} - \frac{r^2}{2r_e^2}\right)$$

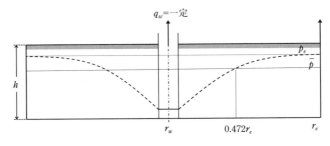

図-3.5 擬定常状態における平均貯留層圧力の概念[2]

3.2 有限な広がりの水平貯留層における流れの状態と流動坑底圧力の式

を代入すると

$$\bar{p} = \frac{2}{r_e^2}\left[\int_{r_w}^{r_e} p_{wf}\, rdr + \frac{q\mu_w}{2\pi kh}\int_{r_w}^{r_e} r\left(\ln\frac{r}{r_w} - \frac{r^2}{2r_e^2}\right)dr\right] \tag{3.40}$$

ⅰ) 右辺カッコ [ ] 内の第１項の積分

$$p_{wf}\int_{r_w}^{r_e} rdr = \frac{(r_e^2 - r_w^2)}{2}p_{wf}$$

ここで，$r_e^2 \gg r_w^2$ であるから r_w^2 を無視すると

$$p_{wf}\int_{r_w}^{r_e} rdr = \frac{r_e^2}{2}p_{wf} \tag{3.41}$$

ⅱ) 右辺カッコ [ ] 内の第２項の積分

$$\frac{q\mu_w}{2\pi kh}\int_{r_w}^{r_e}\left(\ln\frac{r}{r_w} - \frac{r^2}{2r_e^2}\right)rdr = \frac{q\mu_w}{2\pi kh}\int_{r_w}^{r_e} r\ln\frac{r}{r_w}dr - \frac{q\mu_w}{2\pi kh}\int_{r_w}^{r_e}\frac{r^3}{r_e^2}dr$$

上記の式における右辺第一式は部分積分法により次のように積分する。

$$\frac{q\mu_w}{2\pi kh}\int_{r_w}^{r_e} r(\ln r - \ln r_w)dr = \frac{q\mu_w}{2\pi kh}\left(\int_{r_w}^{r_e} r\ln r\, dr - \ln r_w \int_{r_w}^{r_e} rdr\right)$$

$$= \frac{q\mu_w}{2\pi kh}\left\{\left[\left.\frac{r^2}{2}\ln r\right|_{r_w}^{r_e} - \int_{r_w}^{r_e}\frac{1}{r}\frac{r^2}{2}dr\right] - \ln r_w\int_{r_w}^{r_e} rdr\right\}$$

$$= \frac{q\mu_w}{2\pi kh}\left\{\left[\frac{r_e^2}{2}\ln r_e - \frac{r_w^2}{2}\ln r_w - \frac{r_e^2 - r_w^2}{4}\right] - \frac{r_e^2 - r_w^2}{2}\ln r_w\right\}$$

ここで，$r_e^2 \gg r_w^2$ であるから r_w^2 を無視すると

$$右辺第一式 = \frac{q\mu_w}{2\pi kh}\left\{\left[\frac{r_e^2}{2}\ln r_e - \frac{r_e^2}{4}\right] - \frac{r_e^2}{2}\ln r_w\right\}$$

$$= \frac{q\mu_w}{2\pi kh}\frac{r_e^2}{2}\left(\ln\frac{r_e}{r_w} - \frac{1}{2}\right) \tag{3.42}$$

次に，右辺第二式の積分は

$$-\frac{q\mu_w}{2\pi kh}\int_{r_w}^{r_e}\frac{r^3}{2r_e^2}dr = -\frac{q\mu_w}{2\pi kh}\left.\frac{r^4}{8r_e^2}\right|_{r_w}^{r_e} = -\frac{q\mu_w}{2\pi kh}\frac{r_e^4 - r_w^4}{8r_e^2}$$

ここで，$r_e^4 \gg r_w^4$ であるから r_w^4 を無視すると

$$右辺第二式 = -\frac{q\mu_w}{2\pi kh}\cdot\frac{r_e^2}{8} \tag{3.43}$$

式（3.42）と式（3.43）を加えると

$$\frac{q\mu_w}{2\pi kh}\frac{r_e^2}{2}\left(\ln\frac{r_e}{r_w}-\frac{1}{2}\right)-\frac{q\mu_w}{2\pi kh}\frac{r_e^2}{8}=\frac{q\mu}{2\pi kh}\frac{r_e^2}{2}\left(\ln\frac{r_e}{r_w}-\frac{1}{2}-\frac{1}{4}\right)$$

$$=\frac{q\mu_w}{2\pi kh}\frac{r_e^2}{2}\left(\ln\frac{r_e}{r_w}-\frac{3}{4}\right) \tag{3.44}$$

iii) 平均貯留層圧力の式（equation of average reservoir pressure）

式（3.41）と式（3.44）を式（3.40）に代入すると

$$\bar{p}=\frac{2}{r_e^2}\left[\frac{r_e^2}{2}p_{wf}+\frac{q\mu_w}{2\pi kh}\frac{r_e^2}{2}\left(\ln\frac{r_e}{r_w}-\frac{3}{4}\right)\right]$$

よって，$\bar{p}$ は次式で表される。

$$\bar{p}=p_{wf}+\frac{q\mu_w}{2\pi kh}\left(\ln\frac{r_e}{r_w}-\frac{3}{4}\right) \tag{3.45}$$

スキン係数 s を導入すると

$$\bar{p}=p_{wf}+\frac{q\mu_w}{2\pi kh}\left(\ln\frac{r_e}{r_w}-\frac{3}{4}+s\right) \tag{3.46a}$$

または

$$\bar{p}=p_{wf}+\frac{q\mu_w}{2\pi kh}\left(\ln\frac{0.472r_e}{r_w}+s\right) \tag{3.46b}$$

ただし，$q=q_{sc}B_w$ である。

式（3.46b）の右辺カッコ内の対数項の分子 $0.472r_e$ は前述した**図-3.5**における $\bar{p}$ の位置を示す。

b．いろいろな形状の排水面積の場合

前述した円形排水面積以外のいろいろな形状の排水面積に対しても適用できる一般的な平均貯留層圧力の式として次式がある。

$$\bar{p}=p_{wf}+\frac{q\mu_w}{4\pi kh}\left(\ln\frac{A}{C_A r_w^2}+0.809+2s\right) \tag{3.47}$$

ここで，A はいろいろな形状の排水面積（drainage areas having diverse shapes），C_A は Dietz の形状係数（Dietz's shape factor）である。

Dietz の形状係数 C_A [3] の中から参考として円形，六角形，三角形および四角形の4つの形状に対する C_A の値を**表-3.1**にあげる。いろいろな形状の排水面積に対する平均圧力（average pressure for different drainage area）$\bar{p}$ の計算には式（3.47）

が用いられるが，その計算精度に関するDietzの研究結果がある。これは，流れが擬定常状態にあると仮定し，いろいろな形状の排水面積 A，形状係数（shape factor）C_A，無次元時間（dimensionless time）t_{DA} および計算誤差 ε の関係を示したものである。ただし，**表-3.1** の無次元時間 t_{DA} は次式で定義される。

$$t_{DA} = \frac{k}{\phi \mu_w c_t A} t_{tr}$$

表-3.1 いろいろな形状の排水面積に対する形状係数 C_A，無次元時間 t_{DA} の制限，計算誤差の関係[3)]

排水域の形状	C_A	t_{DA} の値	誤差
円形	31.62	> 0.1	正確
		> 0.06	1‰以下
		< 0.10	1‰以下（無限貯留層の場合）
六角形	31.6	> 0.1	正確
		> 0.06	1‰以下
		< 0.10	1‰以下（無限貯留層の場合）
三角形	27.6	> 0.2	正確
		> 0.07	1‰以下
		< 0.09	1‰以下（無限貯留層の場合）
四角形	30.8828	> 0.1	正確
		> 0.05	1‰以下
		< 0.09	1‰以下（無限貯留層の場合）

3.2.3 定常流

流れが時間的に変化しない状態を定常流（steady state flow）という。この流れの状態になるのは，実際には，① 隣接帯水層からの流体流入がある貯留層境界圧力 p_e が一定に維持される場合と，② 還元によって貯留層の全流体量が一定に維持される場合である。

(1) 圧力の一般式

定常放射状流の偏微分方程式は，前述の式（3.11a, b）から右辺の時間項 $\partial p/\partial t = 0$ とした次式で与えられる。

$$\frac{1}{r}\frac{\partial}{\partial r}\left(r\frac{\partial p}{\partial r}\right) = 0 \qquad (3.48)$$

式（3.48）を積分すると

$$\int \frac{\partial}{\partial r}\left(r\frac{\partial p}{\partial r}\right)dr = r\frac{dp}{dr} = C$$

ここで，上記の式の積分定数 C に前述の式（3.31）を代入すると

$$r\frac{dp}{dr} = \frac{q\mu}{2\pi kh}$$

この式を変数分離（separation of variable）すると

$$dp = \frac{q\mu}{2\pi kh}\frac{dr}{r} \tag{3.49}$$

まず，式（3.49）の左辺項の p を p_{wf} から p まで，右辺項の r を r_w から r まで積分すると，それぞれ

左辺項：$\int_{p_{wf}}^{p} dp = p - p_{wf}$

右辺項：$\int_{r_w}^{r} \frac{q\mu_w}{2\pi kh}\frac{dr}{r} = \frac{q\mu_w}{2\pi kh}\ln\frac{r}{r_w}$

上記の両式は等しいから

$$p = p_{wf} + \frac{q\mu_w}{2\pi kh}\ln\frac{r}{r_w} \tag{3.50a}$$

ここで，$q = q_{sc}B_w$ である。

次に，式（3.49）の左辺項を p から p_e まで，右辺項を r から r_e まで積分すると

$$p = p_e - \frac{q\mu_w}{2\pi kh}\ln\frac{r_e}{r} \tag{3.50b}$$

式（3.50a, b）が定常放射状流の圧力の一般式（equation of pressure in steady state radial flow）である。

(2) 流動坑底圧力の式

理想坑井の流動坑底圧力の式（equation of flowing bottom hole pressure for a ideal well）は式（3.50a）において r を r_e に置き換えることによって次のように表される。

$$p_{wf} = p_e - \frac{q_{sc}B_w\mu}{2\pi kh}\ln\frac{r_e}{r_w} \tag{3.51a}$$

式（3.51a）より，理想坑井の圧力ドローダウン（pressure drawdown for a ideal well）は

$$p_e - p_{wf} = \frac{q_{sc} B_w \mu_w}{2\pi k h} \ln \frac{r_e}{r_w} \tag{3.51b}$$

実坑井の流動坑底圧力の式（equation of flowing bottom hole pressure for a real well）は，式（3.51a）にスキン係数 s を導入すると

$$p_{wf} = p_e - \frac{q_{sc} B_w \mu_w}{2\pi k h}\left(\ln \frac{r_e}{r_w} + s\right) \tag{3.52a}$$

式（3.52a）より，実坑井の圧力ドローダウン（pressure drawdown for a real well）は

$$p_e - p_{wf} = \frac{q_{sc} B_w \mu_w}{2\pi k h}\left(\ln \frac{r_e}{r_w} + s\right) \tag{3.52b}$$

(3) 平均貯留層圧力の式

前述の式（3.39）における p に式（3.50a）を代入し部分積分すると

$$\bar{p} - p_{wf} = \frac{2}{r_e^2}\int_{r_w}^{r_e}\frac{q\mu_w}{2\pi k h}\left(\ln \frac{r}{r_w}\right)r\,dr = \frac{q\mu_w}{2\pi k h}\left(\ln \frac{r_e}{r_w} - \frac{1}{2}\right)$$

上記の式より平均貯留層圧力の式（equation of average reservoir pressure）は

$$\bar{p} = p_{wf} + \frac{q\mu_w}{2\pi k h}\left(\ln \frac{r_e}{r_w} - \frac{1}{2}\right) \tag{3.53}$$

実坑井の場合には，式（3.53）に s を導入することによって次のように表される。

$$\bar{p} = p_{wf} + \frac{q\mu_w}{2\pi k h}\left(\ln \frac{r_e}{r_w} - \frac{1}{2} + s\right) \tag{3.54}$$

3.3 重ね合わせの原理

Duhamel の定理（Duhamel's theorem）「微分方程式の解の線形結合は，その方程式の解である」によれば，いろいろな初期および境界条件に対応する非定常放射状流動方程式の解の総和はその方程式のもう一つの解となる。これを重ね合わせの原理（principle of superposition）という。この重ね合わせの原理は，単一坑井で流量を時間毎に段階的に変えて生産した場合の流動坑底圧力や複数の隣接坑井が同時に生産した場合の圧力分布を求めるときに適用される。

3.3.1 単一坑井で生産量を時間毎に段階的に変えた場合

生産開始前に圧力が一定（$p = p_i$）状態にある貯留層に掘削された単一の坑井が時間毎に段階的に流量 q_{sc} を変えながら生産するものとする。ここで，q_{sc} は標準状態における流量である。その場合の生産計画を図-3.6 に示す。この生産計画に基づいて生産したときの時間毎の圧力ドローダウンの概念を図-3.7 に示す。

重ね合わせの原理より，図-3.6 の生産計画における時間 t_n までの全圧力ドローダウン Δp は図-3.7 に示す記号を用いると，時間 j 毎の流量（$q_{sc,1}, q_{sc,2}, \cdots, q_{sc,j-1}, q_{sc,j}, \cdots q_{sc,n-1}, q_{sc,n}$）に対応した圧力ドローダウン（$\Delta p_1, \Delta p_2, \cdots, \Delta p_{j-1}, \Delta p_j, \cdots, \Delta p_{n-1}, \Delta p_n$）の総和として次のように与えられる。

$$\Delta p = p_i - p_{wf} \tag{3.55}$$
$$= \Delta p_1 + \Delta p_2 + \cdots + \Delta p_{j-1} + \Delta p_j + \cdots + \Delta p_{n-1} + \Delta p_n$$
$$= \sum_{j=1}^{n} \Delta p_j$$

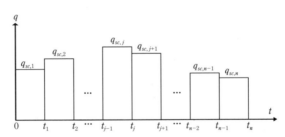

図-3.6 時間毎に段階的に流量を変えた生産計画

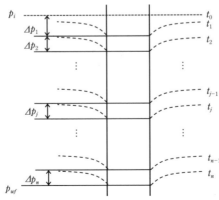

図-3.7 単一坑井により段階的に生産したときの各時間毎の圧力ドローダウンの概念と記号

Δp_j は式（3.22a）より

$$\Delta p_j = \frac{\mu_w B_w}{4\pi k h}\left\{q_{scj}\left[\ln\frac{k(t_j - t_{j-1})}{\phi\mu_w c_t r_w^2} + 0.809 + 2s\right]\right\} \tag{3.56}$$

式（3.55）の Δp_j に式（3.56）を代入すると，Δp は

$$\Delta p = \frac{\mu_w B_w}{4\pi k h}\sum_{j=1}^{n}\left\{q_{scj}\left[\ln\frac{k(t_j - t_{j-1})}{\phi\mu_w c_t r_w^2} + 0.809 + 2s\right]\right\} \tag{3.57}$$

式（3.55）より $p_{wf} = p_i - \Delta p$ であるから，流動坑底圧力（flowing bottom hole pressure）p_{wf} は

$$p_{wf} = p_i - \frac{\mu_w B_w}{4\pi k h}\sum_{j=1}^{n}\left\{q_{scj}\left[\ln\frac{(t_j - t_{j-1})}{\phi\mu_w c_t r_w^2} + 0.809 + 2s\right]\right\} \tag{3.58}$$

式（3.58）は，坑井がさまざまな流量で生産しているとき，または生産後坑井を密閉したときの流動坑底圧力 p_{wf} の計算に用いられる一般式である。

3.3.2 複数の隣接坑井が同時生産した場合

図-3.8 は，同じ貯留層に掘削された A 井と B 井が同時に生産したときの圧力干渉（pressure interference）に対する重ね合わせの概念を示す。両坑井の間隔は L である。この図に示すように観測井（observation well）におけるドローダウンは A 井と B 井の両方の等圧線（図中の点線）の影響を受けるため，重ね合わせの原理により次のように表すことができる。

図-3.8 において貯留層が水平であることを考慮すると，第2章の式（2.79）における位置水頭 z は無視できるので，観測井 A 井と B 井におけるドローダウンはそれぞれ Δp_A と Δp_B である。したがって，観測井の全ドローダウン Δp は，Δp_A と Δp_B の和となる。

$$\Delta p = \Delta p_A + \Delta p_B \tag{3.59}$$

Δp_A と Δp_B は，**図-3.9** の極座標上においてそれぞれ次式により表される。

$$\Delta p_A = \frac{q_{sc,A} B_w \mu_w}{4\pi k h}\left(\ln\frac{kt}{\phi\mu_w c_t r_A^2} + 0.809 + 2s_A\right) \tag{3.60}$$

$$\Delta p_B = \frac{q_{sc,B} B_w \mu_w}{4\pi k h}\left(\ln\frac{kt}{\phi\mu_w c_t r_B^2} + 0.809 + 2s_B\right) \tag{3.61}$$

観測井 C 井の圧力 p_C は，式（3.55），式（3.59），式（3.60）および式（3.61）より

第 3 章　貯留層内の放射状流の解析

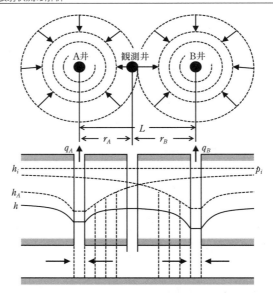

図-3.8　隣接坑井間の圧力分布の重ね合わせの概念

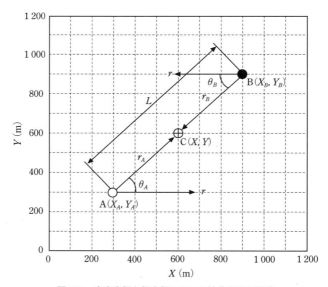

図-3.9　直交座標と極座標における坑井位置の関係

94

$$p_C = p_i - \frac{q_{sc,A} B_w \mu_w}{4\pi kh}\left(\ln\frac{kt}{\phi\mu_w c_t r_A^2} + 0.809 + 2s_A\right) \qquad (3.62)$$

$$- \frac{q_{sc,B} B_w \mu_w}{4\pi kh}\left(\ln\frac{kt}{\phi\mu_w c_t r_B^2} + 0.809 + 2s_B\right)$$

ここで，Δp_A は A 井のドローダウン，Δp_B は B 井のドローダウン，p_i は初期貯留層圧力，h は層厚，r_A は A 井中心からの距離，r_B は B 井中心からの距離，$q_{sc,A}$，$q_{sc,B}$ はそれぞれ A 井，B 井の標準状態の生産量，$q_{sc,j}$ は標準状態における j 時間の生産量，s_A は A 井のスキン係数，s_B は B 井のスキン係数である。

式（3.62）を計算するためには，図-3.9 における極座標（polar coordinates）上の (r_A, θ) と (r_B, θ) をそれぞれ直交座標（Cartesian coordinates）(X, Y) 上の変数に変換しなければならない。図-3.9 における A 井，B 井，C 井の直交座標は，それぞれ

    A 井の座標：(X_A, Y_A)

    B 井の座標：(X_B, Y_B)

    C 井の座標：(X_C, Y_C)

r_A と r_B は上記の座標を用いて，それぞれ次のように表される。

$$r_A = \sqrt{(X_C - X_A)^2 + (Y_C - Y_A)^2} \qquad (3.63a)$$

$$r_B = \sqrt{(X_C - X_B)^2 + (Y_C - Y_B)^2} \qquad (3.63b)$$

式（3.63a, b）を式（3.62）に代入すると

$$p_C = p_i - \frac{q_{sc,A} B_w \mu_w}{4\pi kh}\left(\ln\frac{kt}{\phi\mu_w c_t[(X-X_A)^2 + (Y-Y_A)^2]} + 0.809 + 2s_A\right) \qquad (3.64)$$

$$-\frac{q_{sc,B} B_w \mu_w}{4\pi kh}\left(\ln\frac{kt}{\phi\mu_w c_t[(X-X_B)^2 + (Y-Y_B)^2]} + 0.809 + 2s_B\right)$$

ここで，(X, Y) は坑井 C の座標である。

$C(X, Y)$ における圧力 p_C の一般式は

$$p_C = p_i - \sum_{j=1}^{n} \frac{q_{sc,j} B_w \mu_w}{4\pi kh}\left(\ln\frac{kt}{\phi\mu_w c_t[(X-X_j)^2 + (Y-Y_j)^2]} + 0.809 + 2s_j\right) \qquad (3.65)$$

ここで，$q_{sc,j}$ は j 坑井の標準状態の生産量，(X_j, Y_j) は j 坑井の座標，s_j は j 坑井のスキン係数である。

第3章 演習問題

【問題 3.1】 初期条件式（3.14）および境界条件式（3.15）〜（3.17）の下で線形放射状流動方程式（式（3.11a））の解を導け。

【問題 3.2】 無限の広がりの貯留層に掘削された半径 $r_w = 0.1$ m の坑井により，流量が $q_{sc} = 0.05$ m^3/s で生産したときの時間 $t = 1, 10, 100$ days における貯留層の非定常圧力断面を計算し，図示せよ。ただし，貯留層に関するデータは以下に示す。

データ：$p_i = 6.37 \times 10^6$ Pa, $h = 50$ m, $k = 1.02 \times 10^{-11}$ m^2, $\mu_w = 7.0 \times 10^{-4}$ Pa·s, $B_w \doteqdot 1.0$, $s = 0$, $\phi = 0.2$, $c_t = 3.4 \times 10^{-10}$ (1/Pa)

【問題 3.3】 半径 $r_w = 0.1$ m の坑井により流量 $q_{sc} = 0.05$ m^3/s で生産したときの定常圧力断面を計算せよ。ただし，計算に必要なデータは以下の通りである。

データ：$p_e = 6.37 \times 10^6$ Pa, $h = 50$ m, $k = 1.02 \times 10^{-11}$ m^2, $\mu_w = 7 \times 10^{-4}$ Pa·s, $B_w \doteqdot 1.0$

【問題 3.4】 半径 $r_w = 0.1$ m の坑井で生産を行った結果，流動坑底圧力が $p_{wf} = 6.25 \times 10^6$ Pa で定常状態に達した。このときの生産量を求めよ。ただし，貯留層に関するデータは以下に示す。

データ：$r_e = 500$ m, $p_e = 6.37 \times 10^6$ Pa, $h = 50$ m, $k = 1.02 \times 10^{-11}$ m^2, $B_w \doteqdot 1.0$, $\mu_w = 7 \times 10^{-4}$ Pa·s

【問題 3.5】 外側境界半径 $r_e = 500$ m の円筒形貯留層の中心に半径 $r_w = 0.1$ m の坑井から流量 $q_{sc} = 0.05$ m^3/s で生産し，流動坑底圧力が $p_{wf} = 6.2$ MPa になったときに擬定常状態に入った。このときの流動坑底圧力における平均貯留層圧力 $\bar{p}$ を計算せよ。ただし，貯留層に関するデータを以下に示す。

データ：$h = 50$ m, $k = 1.02 \times 10^{-11}$ m^2, $\mu_w = 7 \times 10^{-4}$ Pa·s, $B_w \doteqdot 1.0$, $s = 0$

【問題 3.6】 浸透率 k および層厚 h の異なる複数の地層が流れ方向に対して平行に配列した水平貯留層における放射状流の平均浸透率に関する一般式を導け。

【問題 3.7】 深度 600 m に層厚 50 m の水平貯留層が無限に広がっている。この貯留層に図-3.8 に示すように坑井間隔が L で生産井 A と還元井 B が掘削され，両坑井間に観測井 C がある。これらの坑井位置は直交座標では，$A(300, 300)$, $B(900, 900)$ および $C(600, 600)$ である。A 井は流量 $q_{Asc} = 4\,000$ m^3/d で生産し，B 井は流量 $q_{Bsc} = 2\,500$ m^3/d で還元している。下記のデータを用いて観測井 C におけるドローダウンを計算せよ。ただし，貯留層領域は直交座標と極座標で表す。計算に必要なデータを以下に示す。

データ：$h_A = h_B = 50$ (m), $k = 1.0 \times 10^{-11}$ (m^2), $\mu_w = 8.0 \times 10^{-4}$ (Pa·s), $B_w = 1.0$, $\rho_w = 998.0$ (kg/m^3), $c_t = 0.000431$ (1/MPa), $t = 100$ (days), $p_i = 5.0$ (MPa)

◎引用および参考文献

1) Chierici, G.L.（1994）：Principles of Petroleum Reservoir Engineering, Vol.1, Springer – Verlag.
2) Dake, L.P.（1978）：Fundamentals of Reservoir Engineering, Elsevior.
3) Dietz, D.N.（1965）：Determination of Average Reservoir Pressure from Buildup Surveys, J.Petrol.Tech.（Aug.）, pp.955-959, Trans. AIME 234.
4) Earlougaher, R.C.,Jr.（1977）：Advances in Well Test Analysis,Monograph Volume 5 of The Henry L.Doherty Memorial Fund of AIME, Society of Petroleum Engineers of AIME.
5) Mathews, C.S. and Russell, D.G.（1967）：Pressure Buildup and Flow Tests in Wells, Monograph Series, Henry L. Doherty Memorial Fund of AIME, Society of Petroleum Engineers of AIME.

第4章　圧力遷移試験の解析

　圧力遷移試験（pressure transient test）は，実際の貯留層の挙動を正しく解析し，そして将来の生産量を予測するために，生産井や圧入井を用いて貯留層の特性，地層障害，産出能力などの情報を取得することを目的とする。

　圧力遷移試験は一般に自噴井で行われるが，貯留層の圧力が低く自噴できない坑井に対しては流体を坑井に圧入して行われる。前者を生産試験（production test）といい，後者を圧入試験（injection test）という。それらの試験は，貯留層が安定した状態すなわち排水域全体の圧力が一定である状態で，一定流量または変動流量のいずれかの条件で実施される。流量一定で実施する試験は定流量試験（constant rate test）と呼ばれる。しかし，実際には流量を長時間一定に保つことは技術的に難しいので，任意の時間毎に流量を段階的に種々変えて試験を行う。この試験を多段流量試験（multi-rate test）という。

　生産試験は，流体を生産しながら流動坑底圧力低下の推移を測定し，その後に坑井を密閉して坑底圧力上昇の推移を測定するものである。前者を圧力ドローダウン試験（pressure drawdown test）といい，後者を圧力ビルドアップ試験（pressure build-up test）という。それに対して圧入試験は，流体を坑井に圧入しながら流動坑底圧力上昇の推移を測定し，その後に坑井を密閉して坑底圧力低下の推移を測定するものである。前者を圧入性試験（injectivity test）といい，後者を圧力降下試験（fall-off test）という。

　圧力遷移試験において生産または圧入している坑井を密閉するとき，通常この操作は坑底で行われるよりも坑口で行うことが多い。坑口で生産または圧入が停止した後でも流体が貯留層から流入（生産時）または貯留層へ流出（圧入時）するような坑井貯留現象（well bore storage phenomenon）が起こる。したがって，圧力遷移試験のデータを正しく解析するためには，この現象の影響を除去できるようにデータを処理しなければならない。

圧力遷移試験の解析は，開始前の貯留層圧力が平衡に達している理想的条件における理論に基づいているため，新規に開発する貯留層の場合に適する。しかしながら，試験の実施にあたっては次のような欠点もある。

① 開発されている貯留層に対しては良好な結果が得られない。
② 貯留層の広がりを調べるために長期間試験を行うと，貯留層内の飽和率の分布などが変化し，特に坑井近傍の貯留層の性質が変化してしまう。
③ 試験中に一定流量を維持することが困難で，測定結果に乱れが生じる。

本章では，坑井貯留，圧力ドローダウン試験，圧力ビルドアップ試験，圧入性試験，圧力降下試験の解析法について学ぶ。

4.1　坑井貯留

前述したように生産または圧入している坑井を坑口で密閉した場合，坑底における流体の挙動は遅れて応答する。この現象は上述したように坑井貯留（wellbore storage）またはアフター・フロー（after flow）と呼ばれる。坑井貯留は坑内流体の圧縮率が貯留層流体の圧縮率よりも大きいことによって起こる現象であるが，これは次式で定義する坑内貯留係数（wellbore storage coefficient）によって定量的に評価される[6]。

$$C = \frac{\Delta V_w}{\Delta p} \tag{4.1}$$

ここで，ΔV_w は坑内流体の体積変化（m^3），Δp は坑底圧力変化（MPa）である。

坑井貯留現象について，坑内に水面が存在し変動する場合と坑内が単相流体で完全に満たされている場合に分けて考える。

4.1.1　坑内の水面が変動する場合

図-4.1 は坑内の水面が変動する場合の概念を示す。この状態にある坑井貯留現象を質量保存則（law of mass conservation）の観点から考えてみよう。

まず，一様な断面積の坑内における流体の単位時間の蓄積量（体積変化量）に関して次の関係が成り立つ。

$$\frac{dV_w}{dt} = A_b \frac{dz}{dt} \tag{4.2}$$

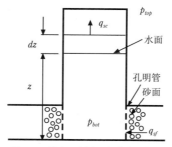

図-4.1 坑内の水面が変動する場合

ここで，V_w は坑内流体の体積（$=A_b z$）（m³），dV_w は dt 時間における坑内流体の体積の増分（$=A_b dz$）（m³），A_b は坑井の断面積（m²），z は坑底から水面までの高さ（m），dz は dt 時間における水面上昇の増分（m），t は時間（hr）である。

坑内断面積 A_b および容積係数 B_w が一定であるとすると，質量保存則より

$$A_b \frac{dz}{dt} = (q_{sf} - q_{sc})B_w \tag{4.3}$$

ここで，q_{sf} は坑底における標準状態の砂面流量（sand-face flow rate），q_{sc} は標準状態の流出量である。

図-4.1 における坑底圧力 p_{bot} と坑口圧力 p_{top} との間には次の関係がある。

$$p_{bot} = p_{top} + \rho_w g z \tag{4.4}$$

ここで，g は重力加速度，ρ_w は流体の密度である。

式（4.4）を t で微分し整理すると

$$\frac{d(p_{bot} - p_{top})}{dt} = \rho g \frac{dz}{dt} \tag{4.5}$$

式（4.3）と式（4.5）より，dz/dt を消去し，砂面流量（sand-face flow rate）q_{sf} について解くと

$$q_{sf} = q_{sc} + \frac{A_b}{\rho_w g B_w} \frac{d(p_{bot} - p_{top})}{dt} \tag{4.6}$$

ここで，次式で定義する坑井貯留係数（wellbore storage coefficient）を導入する。

$$C = \frac{A_b}{\rho_w g} \tag{4.7}$$

ここで，C は坑井貯留係数である。

式 (4.6) は，式 (4.7) の C を用いて表すと

$$q_{sf} = q_{sc} + \frac{C}{B_w}\frac{d(p_{bot} - p_{top})}{dt} \tag{4.8}$$

式 (4.8) において，坑内水面の圧力が $p_{top} =$ 一定とすると

$$q_{sf} = q_{sc} + \frac{C}{B_w}\frac{dp_{bot}}{dt} \tag{4.9}$$

4.1.2 坑内が単相流体で満たされている場合

図-4.2 は坑内が単相流体で満たされている状態を示す。この状態における坑井貯留現象について説明する。図-4.2 における坑底の砂面流量（sand-face flow rate），坑井から地表へ流出する流量 q_{sc} と坑底圧力 p_{bot} との間には質量保存則により，次の関係が成り立つ。

$$(q_{sf} - q_{sc})B_w = V_w c_w \frac{dp_{bot}}{dt} \tag{4.10}$$

ここで，V_w は坑内流体の体積（$= A_b L$），L は坑井の深度（m），c_w は坑内条件での流体の圧縮率（compressibility of fluids）である。

式 (4.10) を砂面流量 q_{sf} について解くと

$$q_{sf} = q_{sc} + \frac{V_w c_w}{B_w}\frac{dp_{bot}}{dt} \tag{4.11}$$

ここで，次式で定義する坑井貯留係数（wellbore storage coefficient）C を導入する。

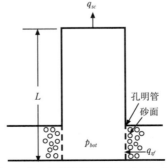

図-4.2 坑内が単相流体で満たされている場合

$$C = V_w c_w \tag{4.12}$$

式（4.12）の C を式（4.11）に代入すると

$$q_{sf} = q_{sc} + \frac{C}{B_w} \frac{dp_{bot}}{dt} \tag{4.13}$$

坑内に貯留されている流体の圧縮率 c_w は第2章で述べたように圧力に依存するため，坑井貯留係数 C もまた圧力の関数である。それは水溶性天然ガス貯留層では主にかん水に含まれるガスの影響が大きいものと考えられる。C の値が大きくなると，図-4.3 に示すように地表流量 q_{sc} の変化に対して坑底における砂面流量 q_{sf} の変化が遅れて応答する。図中の t_D は無次元時間（dimensionless time）（$= kt/(\phi\mu c_t r_w^2)$）である。図-4.3 より，$C = 0$ のとき，すべての時間において $q_{sf}/q_{sc} = 1$ である。$C > 0$ に対して C が大きくなればなるほど遷移時間が長くなる。

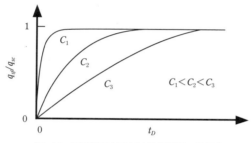

図-4.3　砂面流量に及ぼす貯留係数の影響[3]

4.1.3　みかけの坑井貯留係数の推定法

みかけの坑井貯留係数（apparent wellbore storage coefficient）C を推定する簡便法として両対数グラフを利用する方法がある[3),6)]。試験時間 Δt における流体の体積変化は，$\Delta V_w = q_{sc} B_w \Delta t$ であるから，みかけの坑井貯留係数 C は，前述した式（4.1）より次式で表される[6)]。

$$C = \frac{q_{sc} B_w \Delta t}{\Delta p} \tag{4.14}$$

実際に C を求める方法について具体的に説明しよう。前述した式（4.13）において $q_{sc} =$ 一定の場合，Δp と Δt の測定データを両対数グラフ上にプロットすると，図-4.4 のように圧入初期の段階に直線部分が現れる（図中の黒丸●印は仮想データ）。この直線から $\Delta t = 1$ hr における坑底圧力の変化 Δp_{1hr} を読みとり，$\Delta t = 1$ hr および

第4章 圧力遷移試験の解析

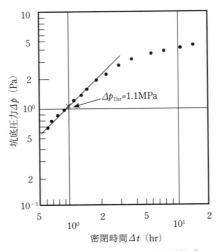

図-4.4 圧入性試験における Δp-Δt の両対数プロット

Δp_{1hr} を式 (4.14) に代入すると，C が求まる。

以上のように遷移試験における初期のデータを利用できれば，坑井貯留の確認は Δp-Δt の両対数プロット（log-log plot）が有効である。坑井係数が $C=0$ になると，もはや坑井貯留が重要でなくなり，標準的な片対数プロット解析が用いられる。通常，片対数プロットが直線になるのは，Δp-Δt の両対数プロットが直線からずれ始めてからおよそ $\Delta t = 1 \sim 1.5$ サイクル程度進んでから始まるとされている[3]。

▶ 例題 4.1

図-4.4 の Δp-Δt の両対数プロットを用いて坑井貯留係数 C を推定せよ。ただし，$B_w = 1.0$（m³/sc-m³），$q = 3\,000$ m³/d，$h = 50$ m，$L = 600$ m，$r_w = 0.1$ m。

[解答]

圧入前の $\Delta t = 0$ では圧力変化がなく，$\Delta p = 0$ である。圧入後 $\Delta t = 1$ hr では図-4.4 の直線より $\Delta p = 1.1$（Pa）であるから，これを式 (4.14) に代入すると

$$C = \frac{q_{sc} B_w \Delta t(1\text{hr})}{\Delta p_{1hr}} = \frac{3\,000\,(\text{m}^3/\text{d}) \times 1.0\,(\text{m}^3/\text{sc}\cdot\text{m}^3) \times 1\,(\text{hr})}{24\,(\text{hr}/\text{d}) \times 1.1\,(\text{Pa})} \approx 114 \left(\frac{\text{m}^3}{\text{Pa}}\right)$$

$$= 1.14 \times 10^{-4} \left(\frac{\text{m}^3}{\text{MPa}}\right)$$

4.2 圧力ドローダウン試験の解析法

4.2.1 解析原理

本節では，無限に広がる貯留層において一定流量で自噴している坑井を用いた試験について考える。問題を簡単にするために，次の3つの仮定を設ける。

① 貯留層は，初期に一様な圧力 p_i である。
② 同じ貯留層内には他に生産や還元を行っている坑井は存在しない。
③ 流れは，水単相流で，貯留層の浸透率は一定である。

図-4.5は，上記の仮定の下における貯留層においてドローダウン試験中の流量と圧力のヒストリーを概念的に示す。一定流量 $q = q_{sc}B_w$ で生産すると坑底圧力 p_{wf} ははじめ急速に低下し，徐々に緩慢となる。このときの坑底圧力の挙動は，第3章のスキン係数を考慮した非定常流動坑底圧力に関する式（3.22a）に常用対数を導入し，次のように展開する。

$$p_{wf} = p_i - \frac{2.3 q_{sc} B_w \mu_w}{4\pi kh}\left(\log_{10} t + \log_{10}\frac{k}{\phi\mu_w c_t r_w^2} + 0.3517 + 0.8696 s\right) \quad (4.15\text{a})$$

ここで，q_{sc} は標準状態における流量，B_w は容積係数である。

式（4.15a）は $q_{sc}B_w\mu_w/4\pi kh$ が定数であるとすれば，次のように表される。

$$p_{wf} = p_i + m\log_{10} t + m\left(\log_{10}\frac{k}{\phi\mu_w c_t r_w^2} + 0.3517 + 0.8696 s\right) \quad (4.15\text{b})$$

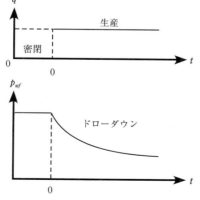

図-4.5 ドローダウン試験の典型的な生産量と圧力応答

ここで,

$$m = -\frac{2.3 q_{sc} B_w \mu_w}{4\pi k h} \tag{4.15c}$$

式(4.15b)より,$p_{wf} - \log_{10} t$ の関係は片対数目盛上では m を勾配とする直線となる。

なお,式(4.15a, b)は,浸透率 k とスキン係数 s の2つの未知数を含んでいることに注目されたい。

図-4.6 はドローダウン試験による p_{wf} と $\log_{10} t$ に関する仮想データを片対数グラフ上にプロットした典型的な曲線である。この曲線は試験開始の初期では坑井貯留やスキンの影響により急速に低下するが,その後時間の経過とともに直線部分が現れる。この直線部分の期間が過渡流(transient flow)であり,その勾配(slope)m は図-4.6 のように右下がりとなる。さらに時間が経過すると,曲線はやや緩慢な勾配で低下する。この段階の流れが擬定常流(pseudo-steady state flow or quasi-steady state flow)(3章の図-3.5 参照)である。したがって,式(4.15b)には坑井貯留,スキン効果,擬定流の影響は含まれない。

前述した式(4.15b)は,図-4.6 の直線部分において時間 $t = 1$ hr のときの流動坑低圧力 p_{1hr} を切片として次のように表すことができる。

$$p_{wf} = m \log_{10} t + p_{1hr} \tag{4.16}$$

ここで,式(4.16)は $t = 1$ hr のとき $\log_{10}(1) = 0$ であるから $p_{wf} = p_{1hr}$ となる。この関係を前述した式(4.15b)に代入すると次式が得られる。

$$p_{1hr} = p_i + m\left(\log_{10}\frac{k}{\phi \mu_w c_t r_w^2} + 0.3517 + 0.8696 s\right) \tag{4.17}$$

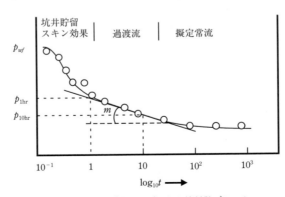

図-4.6 ドローダウン・データの片対数プロット

図-4.6 のドローダウン試験データのプロットにおける直線の勾配 m から浸透率 k やスキン係数 s などの諸元を推定できる。以下にそれらの諸元の推定法について説明しよう。

4.2.2 諸元の推定法

ドローダウン試験データを用いて，上記の解析原理により直線の勾配 m, 浸透率・層厚積 kh, 浸透率 k, スキン係数 s, 貯留層の有効孔隙体積 V_p, 排水面積 A, 排水面積内の平均圧力 $\bar{p}$ 等の諸元の計算式について説明する。

(1) 直線の勾配

過渡流期間の直線の勾配（slope of a straight line）は，図-4.6 より $t = 1$ hr のときの坑底圧力 p_{1hr}, $t = 10$ hr のときの p_{10hr} を読みとり，次式を用いて計算する。

$$m = \frac{p_{10hr} - p_{1hr}}{\log_{10}(10) - \log_{10}(1)} \tag{4.18}$$

ここで，m は直線の勾配である。式（4.18）の分母 $\log_{10}(10/1)$ を1サイクル（1 cycle）という。

(2) 浸透率・層厚積

式（4.15c）より

$$kh = -\frac{2.3 q_{sc} B_w \mu_w}{4\pi m} \tag{4.19}$$

ここで，kh は浸透率・層厚積（permeability/thickness product）である。

(3) 浸透率

式（4.19）より，層厚（thickness）h がわかれば次式により浸透率（permeability）k が求められる。

$$k = -\frac{2.3 q_{sc} B_w \mu_w}{4\pi h m} \tag{4.20}$$

(4) スキン係数

スキン係数（skin factor）s は，式（4.17）を s について整理した次式により計算

する。

$$s = 1.15\left(\frac{p_{1hr} - p_i}{m} - \log_{10}\frac{k}{\phi\mu_w c_t r_w^2} - 0.3517\right) \quad (4.21)$$

(5) 有効孔隙体積

図-4.7は流動坑底圧力p_{wf}と時間tに関する普通目盛り上の典型的なプロットを示す。

自噴試験が十分長く続き，過渡期間が終わる時間t_{tr}から以降の擬定常期間では直線となる。これは前述した**図-4.6**に示すドローダウンの片対数プロット上における$p_{wf}=f(\log_{10}t)$の曲線とは異なった形状になる。

時間$t > t_{tr}$における直線部分の勾配は，第3章の式（3.27）から次のように表される。

$$-\frac{dp_{wf}}{dt} = \frac{q}{\pi r_e^2 h\phi c_t} \quad (4.22a)$$

$$= \frac{q_{sc}B_w}{Ah\phi c_t} \quad (4.22b)$$

$$= \frac{q_{sc}B_w}{V_p c_t} \quad (4.22c)$$

式（4.22c）より，排水面積内の貯留層の有効孔隙体積は次式で表される。

$$V_p = \frac{q_{sc}B_w}{c_t}\left(-\frac{dp_{wf}}{dt}\right)^{-1}_{t \geq t_r} \quad (4.23)$$

ここで，V_pは有効孔隙体積（effective pore volume），$(-dp_{wf}/dt)_{t \geq tr}$は**図-4.7**に

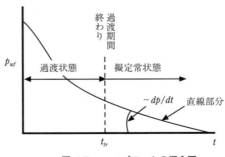

図-4.7　p_{wf}-tプロットの概念図

おける擬定常期間の直線の勾配（slope of straight line at pseudo-steady period）である。

したがって，図-4.7から直線の勾配 $(-dp_{wf}/dt)_{t \geq tr}$, B_w, c_t がわかれば，式（4.23）より V_p が推定できる。なお，V_p は排水面積内の平均層厚を用いると，次のように定義できる。

$$V_p = A\phi\bar{h} \tag{4.24}$$

ここで，$\bar{h}$ は平均層厚（average thickness），A は坑井を中心とする半径 r の排水面積（drainage area）（$= \pi r^2$）である。

(6) 排水面積内の平均有効層厚

排水面積内の有効孔隙体積 V_p は，前述の式（4.22b, c）と式（4.23）より

$$V_p = A\phi\bar{h} = \frac{q_{sc}B}{c_t}\left(-\frac{dp}{dt}\right)^{-1}_{t \geq t_{tr}}$$

上記の右辺第一式と第二式より $\bar{h}$ は

$$\bar{h} = \frac{q_{sc}B_w}{A\phi c_t}\left(-\frac{dp}{dt}\right)^{-1}_{t \geq t_{tr}} \tag{4.25}$$

次に定義する無次元時間（dimensionless time）t_{DA} に関する式より

$$t_{DA} = \frac{k}{\phi\mu c_t A}t_{tr}$$

無次元時間 t_{DA} を用いた排水面積 A は

$$A = \frac{kt_{tr}}{\phi\mu c_t t_{DA}} \tag{4.26}$$

式（4.26）を式（4.25）に代入し整理すると

$$\bar{h} = \frac{\mu q_{sc}B_w}{k}\frac{t_{DA}}{t_{tr}}\left(-\frac{dp}{dt}\right)^{-1}_{t \geq t_{tr}} \tag{4.27}$$

式（4.27）は排水面積の平均層厚（average thickness of drainage area）$\bar{h}$ に関する最終的な計算式である。

▶ 例題4.2

深度 600 m に存在する貯留層に坑井を掘削しドローダウン試験を行った。その結果，図-4.8 に示すようなデータが得られた。浸透率 k とスキン係数 s を求めよ。

貯留層データ：$h = 20$ m, $r_w = 0.1$ m, $\phi = 30$ %, $q_{sc} = 36.0$ m^3/hr, $\mu_w = 0.7$ mPa·s, $p_i = 8.0$ MPa, $B_w = 1.0$ (m^3/sc-m^3), $c_t = 0.0014$ (1/MPa)

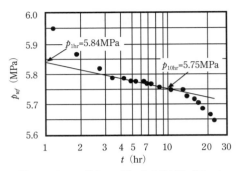

図-4.8 ドローダウン・データの片対数プロット

［解答］

図-4.8 の直線から，$t = 1$ hr のとき $p_{wf} = 5.84$ MPa, $t = 10$ hr のとき $p_{wf} = 5.75$ MPa である。よって，直線の勾配 m は，式（4.18）より

$$m = \frac{5.75(\text{MPa}) - 5.84(\text{MPa})}{\log_{10} 10 - \log_{10} 1} = -0.09 (\text{MPa}/\text{cycle})$$

① 浸透率 k は，式（4.20）より

$$k = -\frac{2.3 \times 36.0/3600 (\text{m}^3/\text{s}) \times 1.0 (\text{m}^3/\text{sc·m}^3) \times 7 \times 10^{-10} (\text{MPa·s})}{4 \times 3.14 \times 50(\text{m}) \times (-0.09)(\text{MPa}/\text{cycle})}$$

$$\approx 2.85 \times 10^{-13} (\text{m}^2)$$

② スキン係数 s は，図-4.8 から読みとった勾配 $m = -0.09$ （MPa/cycle）と $k = 2.85 \times 10^{-13}$ （m^2）を用いて，前述した式（4.21）より

$$s = 1.15 \times \left(\frac{(5.84 - 8.0)(\text{MPa})}{-0.09(\text{MPa}/\text{cycle})} - \log_{10} \frac{2.85 \times 10^{-13} (\text{m}^2)}{0.3 \times 7 \times 10^{-10} (\text{MPa·s}) \times 1.4 \times 10^{-3} (1/\text{MPa}) \times 0.01 (\text{m}^2)} - 0.3517 \right) \approx 25 (-)$$

4.3 圧力ビルドアップ試験の解析法

4.3.1 解析原理

この試験は，無限に広がる貯留層において一定流量で生産している坑井を時間 t_p で密閉し，生産時の流動坑底圧力 p_{wf} および密閉時の坑底圧力 p_{ws} を測定する。そのときのドローダウンとビルドアップにおける流量 q と坑底圧力 p_w の時間変化の関係を図-4.9(a)，(b)（太い実線）に示す。図-4.9(b) の太い実線にみられるように生産開始から密閉時間（shut-in time）t_p までは坑底圧力 p_{wf} は時間とともにドローダウンし，密閉時間 t_p 以降では時間とともに密閉坑底圧力 p_{ws} はビルドアップする。

この現象は第3章における重ね合わせの原理に基づいて次のように解析できる。まず，流量 q については次のように仮定する。

① 図-4.9(a) に示すように密閉時間 t_p からさらに流量 q で時間 Δt だけ延長して生産を続ける（図中の点線部分A）ものと仮定する。

② t_p 以降の密閉時間 Δt は負の生産量 $-q$ で生産する（図中の一点鎖線部分B），すなわち q で圧入するものと仮定する。

③ 上記の①と②の流量を重ね合わせると，図-4.9(a) に示すように時間 $0 \sim t_p$

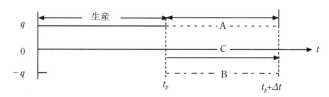

(a) 生産量の時間変化

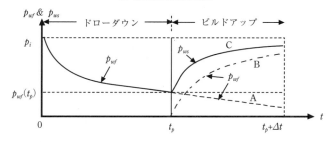

(b) 坑底圧力の時間変化

図-4.9 ドローダウン試験およびビルドアップ試験の坑底圧力 p_{wf} および p_{ws} と流量 q の時間変化

間の流量は q，時間 $t_p \sim t_p + \Delta t$ 間の流量は $0(=q-q)$ となり，図-4.9(a)中の太い実線 C で示すように推移する。

一方，上記の①と②における流量に対応する坑底圧力の時間変化は，図-4.9(b)から次のように考えられる。

① 流量 q で $0 \sim t_p + \Delta t$ 時間生産したときの流動坑底圧力 p_{wf} の時間変化は，図-4.9(b)における実線と点線からなる A 曲線となる。

② 図-4.9(a)において t_p から Δt 時間を $-q$ の流量で生産すると仮定したことは，q の流量で圧入することと同じであるから，流動坑底圧力 p_{wf} は図-4.9(b)に示すようにビルドアップし，B 曲線（一点鎖線）のようになる。

③ t_p 以降の密閉坑底圧力 p_{ws} は，第 3 章の重ね合わせの原理（principle of superposition）より図-4.9(b)中の A 曲線（点線）と B 曲線（一点鎖線）を重ね合わせることによって太い実線の C 曲線となり，実際のビルドアップ曲線と同じように推移する。

したがって，図-4.9(b)における密閉後の坑底圧力（pressure drawdown after shut-in）p_{ws} は次のように表される。

[密閉後の坑底圧力の時間変化] = [時間 $(t_p+\Delta t)$ の圧力ドローダウンの変化]
+ [時間 (Δt) の圧力ビルドアップの変化]

これを数式で表すと，第 3 章の式（3.22a）より，次のように表される。

$$p_{ws} = p_i - \frac{q\mu_w}{4\pi kh}\left(\ln\frac{k(t_p+\Delta t)}{\phi\mu_w c_t r_w^2} + 0.809 + 2s\right) + \frac{q\mu_w}{4\pi kh}\left(\ln\frac{k\Delta t}{\phi\mu_w c_t r_w^2} + 0.809 + 2s\right)$$

$$= p_i - \frac{q\mu_w}{4\pi kh}\ln\frac{(t_p+\Delta t)}{\Delta t} \tag{4.28a}$$

ただし，$q = q_{w,sc}B_w$ である。

なお，式（4.28a）の誘導については演習問題 4.2 に取り上げている。

式（4.28a）において $q\mu_w/4\pi kh$ が定数であるとすれば

$$p_{ws} = p_i - m\ln\frac{t_p+\Delta t}{\Delta t} \tag{4.28b}$$

ここで，

$$m = \frac{q\mu_w}{4\pi kh} = \frac{q_{sc}B_w\mu_w}{4\pi kh} \tag{4.29}$$

式（4.28a）は常用対数（common logarithm）を用いて表すと

$$p_{ws} = p_i - \frac{2.3q\mu_w}{4\pi kh}\log_{10}\frac{t_p+\Delta t}{\Delta t} \qquad (4.30\text{a})$$

式（4.30a）は $2.3q\mu_w/4\pi kh$ が定数であるとすれば

$$p_{ws} = p_i - m\log_{10}\frac{t_p+\Delta t}{\Delta t} \qquad (4.30\text{b})$$

ここで，

$$m = \frac{2.3q\mu_w}{4\pi kh} = \frac{2.3q_{sc}B_w\mu_w}{4\pi kh} \qquad (4.31)$$

式（4.30b）は，**図-4.10** の片対数グラフ上で $p_{ws} - \log_{10}[(t_p+\Delta t)/\Delta t]$ のプロットが $-m$ の勾配の直線になることを示す。$p_{ws} - \log_{10}[(t_p+\Delta t)/\Delta t]$ のプロットは Horner プロット（Horner plot）と呼ばれ，以下に述べるように貯留層の諸元の推定に用いられる。

4.3.2 諸元の推定法

ビルドアップデータを用いて表された Horner プロットの直線の勾配（slope of a straight line）m から，浸透率・層厚積 kh，浸透率 k，スキン係数 s，初期貯留層圧力 p_i 等の諸元を求める方法は Horner 法（Horner's method）と呼ばれる。以下では，この解析法を用いてそれらの諸元を推定する方法について説明する。

図-4.10 は，ビルドアップ試験データを用いて横軸に $(t_p+\Delta t)/\Delta t$ を通常とは逆方向に右から左へ進む常用対数目盛りに，縦軸に密閉坑底圧力 p_{ws} を普通目盛りにそれぞれプロットした概念図である。図中の $(t_p+\Delta t)/\Delta t$ を Horner 時間（horner time）という。この図における時間 t_p は生産を停止した時点の時間であり固定値として扱い，Δt は変数として扱う。Δt は**図-4.10** に示すように Horner 時間 $(t_p+\Delta t)/\Delta t$ の目盛りに対応するように上の横軸に左から右へ進む常用対数目盛にする。Δt が無限大になると Horner 時間は $(t_p+\Delta t)/\Delta t = 1$ となる。

ビルドアップ・データの Horner プロットから各諸元を求める方法について以下に説明しよう。

(1) 直線の勾配

図-4.10 の Horner プロット直線から Horner 時間 1 cycle に当たる $(t_p+\Delta t)/\Delta t = 10$，100 のときの密閉坑底圧力 $p_{ws} = p_{10}, p_{100}$ の値を読みとる。**図-4.10** において Horner プロットの直線の勾配が $-m$ であることを考慮して，m は次式により計算する。

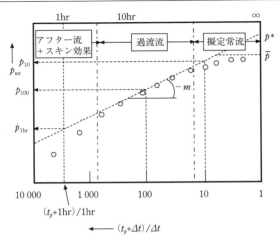

図-4.10　ビルドアップ・データの Horner プロットの概念図

$$-m = \frac{p_{10} - p_{100}}{\log_{10}(10) - \log_{10}(100)} \tag{4.32}$$

(2) 浸透率・層厚積

前述の式（4.31）より，浸透率・層厚積（permeability/thickness product）は次式で表される．

$$kh = \frac{2.3 q_{sc} B_w \mu_w}{4\pi m} \tag{4.33}$$

ここで，kh は浸透率・層厚積である．

(3) 浸透率

浸透率・層厚積 kh が求まると，層厚 h がわかれば，次式により貯留層の浸透率が求められる．

$$k = \frac{2.3 q_{sc} B_w \mu_w}{4\pi h m} \tag{4.34}$$

ここで，k は浸透率（permeability）である．

(4) スキン係数

一般に，スキン係数（skin factor）s とビルドアップ p_{ws} の式（4.28b）およびドロー

ダウン p_{wf} の式（3.22a）との間には次の関係がある．
① 密閉（ビルドアップ）期間の坑底圧力 p_{ws} の計算式（式（4.28b））中にはスキン係数 s が含まれていないため，ビルドアップはスキンの影響を受けない．
② 一方，生産（ドローダウン）期間の坑底圧力 p_{wf} の計算式（3.22a）中には，スキン係数 s が含まれているため，ドローダウンはスキンの影響を受ける．
③ したがって，ドローダウンの式（3.22a）とビルドアップの式（4.28b）を結合することによって，スキン係数 s の含まれる式が得られる．

ドローダウンの式（3.22a）とビルドアップの式（4.28b）を結合し，s について解くと

$$s = \frac{p_{ws} - p_{wf}}{2m} + \frac{1}{2}\left(\ln\frac{t_p + \Delta t}{t_p} + \ln\frac{\phi\mu c_t r_w^2}{k\Delta t} + 0.809\right) \tag{4.35}$$

通常，式（4.35）の右辺における $\ln(t_p + \Delta t)/t_p$ は小さく無視される．よって

$$s = \frac{p_{ws} - p_{wf}}{2m} - \frac{1}{2}\left(\ln\frac{k\Delta t}{\phi\mu c_t r_w^2} + 0.809\right) \tag{4.36}$$

なお，式（4.36）の誘導については本章の演習問題 4.3 に取り上げている．

実際のビルドアップ試験データから s を求める場合には，式（4.36）における右辺第1項の分子 p_{ws} に前述した Horner プロット（Horner plot）の直線（図-4.10）から読みとった $\Delta t = 1\,\mathrm{hr}$ のときの坑底圧力 $p_{1\mathrm{hr}}$ を代入し，一方 p_{wf} には坑井密閉寸前における $\Delta t = 0$ のときの坑底圧力 $p_{wf}(\Delta t = 0)$ を代入し，右辺第2項の対数には $\Delta t = 1\,\mathrm{hr}$ を代入した次式が用いられる．

$$s = \frac{p_{1\mathrm{hr}} - p_{wf}(\Delta t = 0)}{2m} - \frac{1}{2}\left(\ln\frac{k(\Delta t = 1\mathrm{hr})}{\phi\mu c_t r_w^2} + 0.809\right) \tag{4.37a}$$

式（4.37a）は常用対数で表すと

$$s = \frac{p_{1\mathrm{hr}} - p_{wf}(\Delta t = 0)}{2m} - \frac{1}{2}\left(2.3\log_{10}\frac{k(\Delta t = 1\mathrm{hr})}{\phi\mu c_t r_w^2} + 0.809\right) \tag{4.37b}$$

(5) 初期貯留層圧力

貯留層内における流れが過渡状態で $\Delta t = \infty$ のとき，$(t + \Delta t)/\Delta t = 1$ となる．したがって，図-4.10 に示すように $p_{ws} - \ln(t + \Delta t)/\Delta t$ プロットの直線部分が Horner 時間（Horner time）$(t + \Delta t)/\Delta t = 0$ で交わる点の圧力 p^* は初期貯留層圧力（initial reservoir pressure）$p^* = p_i$ を示す．

▶ 例題 4.3

深度 600 m に存在する貯留層に掘削された坑井において酸処理を行った。坑井の生産性の改善を確認するために流量 $q_{sc}=18\,\mathrm{m^3/hr}$ で 300 hr 生産した後に坑井を密閉しビルドアップ試験を行った。その結果，**図-4.11** および**表-4.1** に示すような仮想データが得られた。貯留層の浸透率 k とスキン係数 s を求めよ。ただし，$\Delta t=$

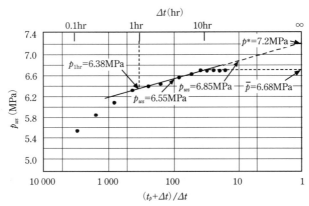

図-4.11 ビルドアップ試験データの片対数プロット

表-4.1 圧力ビルドアップ試験データの例（$t_p=300\,\mathrm{hr}$，$p_{wf}(\Delta t=0)=5.0\,\mathrm{MPa}$）

Δt (hr)	t_p (hr)	$(t_p+\Delta t)/\Delta t$ (-)	p_{ws} (MPa)
0	—	—	5.0
0.1	300.1	3 001	5.56
0.2	300.2	1 501	5.84
0.4	300.4	751	6.15
0.6	300.6	501	6.22
0.8	300.8	376	6.35
1	301	301	6.38
2	302	151	6.48
4	304	76	6.55
6	306	51	6.6
8	308	3.5	6.65
10	310	31	6.65
12	312	26	6.66
14	314	22.4	6.66
16	316	19.75	6.66

0のときの坑底圧力は $p_{wf}(\Delta t=0) = 5.0$ (MPa) である.

貯留層データ：$h = 50$ m, $r_w = 0.1$ m, $\phi = 30$ %, $q_{sc} = 18$ m³/hr, $\mu_w = 0.7$ mPa·s, $p_i = 7.0$ MPa, $B_w = 1.0$ (m³/sc-m³), $c_w = 0.0014$ (1/MPa)

[解答]

図-4.11 の直線から $(t_p + \Delta t)/\Delta t = 10, 100$ のとき，それぞれ $p_{ws} = 6.85, 6.55$ MPa であるから，これらの値を式 (4.32) に代入すると

$$-m = \frac{6.85 - 6.55}{\log_{10}(10) - \log_{10}(100)} = -0.3 \frac{\text{MPa}}{\text{cycle}}$$

故に，$m = 0.3 \dfrac{\text{MPa}}{\text{cycle}}$

浸透率 k は，式 (4.34) より

$$k = \frac{2.3 \times 18/3600(\text{m}^3/\text{s}) \times 1.0(\text{m}^3/\text{sc·m}^3) \times 7.0 \times 10^{-10}(\text{MPa·s})}{4.0 \times 3.14 \times 0.3(\text{MPa})(\text{MPa/cycle}) \times 50(\text{m})}$$

$$\approx 4.3 \times 10^{-14}(\text{m}^2)$$

図-4.11 と表-4.1 において，$p_{1hr} = 6.38$ (MPa), $\Delta t = 0$ (hr) では $p_{wf}(\Delta t = 0) = 5.0$ (MPa) であるから，式 (4.37b) より

$$s = \frac{(6.38 - 5.0)(\text{MPa})}{2 \times 0.3(\text{MPa})}$$
$$- \frac{1}{2}\left(2.3\log_{10}\frac{4.3 \times 10^{-14}(\text{m}^2) \times 3600(\text{s})}{0.3 \times 7.0 \times 10^{-10}(\text{MPa·s}) \times 0.0014(1/\text{MPa}) \times 0.01(\text{m}^2)} + 0.809\right)$$

$$\approx -3.7(-)$$

スキン係数が負の値となった.

4.4 圧入性試験の解析法

本章の冒頭で述べたように貯留層圧力が低く自噴できない場合には圧入試験 (injection test) ($q < 0$) が行われるが，この試験における流量に対する圧力の典型的な応答を図-4.12 に示す.

図-2.12 の前半の圧力ビルドアップは，圧入性試験 (injectivity test) における圧入流量 q に対する流動坑底圧力 p_{wf} の応答を示す. 後半の圧力ドローダウンは，坑井密閉後の時間 t_p 以降の圧力降下試験 (fall-off test) における密閉坑底圧力 (shut-in

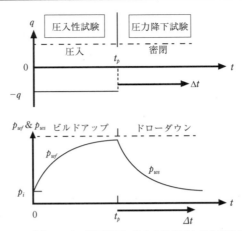

図-4.12 圧入試験における圧入流量に対する坑底圧力の典型的な応答

bottom hole pressure)p_{ws}の応答を示す。

本節では,圧入性試験データの解析原理と諸元の推定法について説明する。

4.4.1 解析原理

図-4.12に示すように,無限に広がる貯留層において一定流量$q(=q_{sc}B_w)$で流体を圧入すると,流動坑底圧力p_{wf}は急に上昇し始め,時間の経過とともに安定する。この流動坑底圧力の応答は前述のドローダウン試験における流動坑底圧力p_{wf}の応答に対して逆方向ではあるが,その変化の傾向が似ている。したがって,圧入性試験(injectivity test)データの解析には,ドローダウン試験の解析法が適用できる。しかし,ドローダウン試験の場合と異なる点は,流動坑底圧力p_{wf}に関する式(4.15a)における流量が正($q_{sc}>0$)の値であるのに対して,圧入性試験における流動坑底圧力p_{wf}は流量が負($q_{sc}<0$)の値を用いて計算することである。p_{wf}は前述の式(4.16)より

$$p_{wf}=m\log_{10}t+p_{1hr} \tag{4.38}$$

ここで,

$$m=-\frac{2.3q_{sc}B_w\mu_w}{4\pi kh} \tag{4.39}$$

4.4.2 諸元の推定法

図-4.13は圧入性試験(injectivity test)の流量 q と流動坑底圧力 p_{wf} の典型的なデータを片対数目盛上にプロットした概念図である。この図の直線部分から例題4.4と同様な方法で勾配 m を読みとり，圧力ドローダウン試験の解析法と同様に種々のパラメータが求められる。

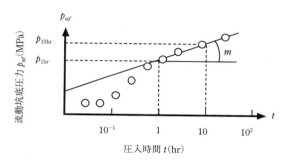

図-4.13 圧入性試験の仮想データの半対数プロットの概念

(1) 直線の勾配

図-4.13より，$t=1$ hr のときの p_{1hr} と $t=10$ hr のときの p_{10hr} の値を読みとり，次式に代入して直線の勾配（slope of a straight line）m を計算する。ただし，$q_{sc}<0$ である。

$$m = \frac{p_{10hr} - p_{1hr}}{\log_{10}(10) - \log_{10}(1)} \tag{4.40}$$

(2) 浸透率・層厚積

$p_{ws}-q$ の直線の勾配 m の値を用いて浸透率・層厚積（permeability/thickness product）kh は式（4.39）より次式で表される。ただし，$q_{sc}<0$ である。

$$kh = -\frac{2.3 q_{sc} B_w \mu_w}{4\pi m} \tag{4.41}$$

(3) 浸透率

層厚 h がわかれば，浸透率 k は式（4.41）より次式で表される。

$$k = -\frac{2.3 q_{sc} B_w \mu_w}{4\pi h m} \tag{4.42}$$

(4) スキン係数

前述した式（4.21）より，スキン係数（skin factor）s は

$$s = 1.15\left(\frac{p_{1hr} - p_i}{m} - \log_{10}\frac{k}{\phi\mu_w c_t r_w^2} - 0.3517\right) \quad (4.43)$$

▶ 例題 4.4

深度 600 m に存在する貯留層に坑井を掘削し，圧入性試験を行った。その結果流動坑底圧力 p_{wf} が**図-4.14**のような応答を示した。この結果から浸透率 k，スキン係数 s を求めよ。ただし，必要な貯留層データ（仮想値）は以下に示す。

貯留層データ：$h = 50$ m，$r_w = 0.1$ m，$\phi = 30$ %，$q_{sc} = 36$ m³/hr，$\mu_w = 0.7$ mPa·s，$p_i = 4.0$ MPa，$B_w = 1.0$ (m³/sc-m³)，$c_w = 0.0014$ (1/MPa)

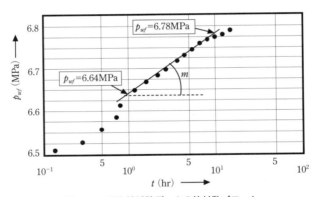

図-4.14 圧入性試験データの片対数プロット

[解答]

直線の勾配 m は，**図-4.14**より，p_{1hr} と p_{10hr} の値を読みとり，式（4.40）に代入すると

$$m = \frac{(6.78 - 6.64)\text{MPa}}{\log_{10}(10) - \log_{10}(1)} = 1.4 \text{(MPa/cycle)}$$

浸透率 k は，式（4.42）より

$$k = -\frac{2.3 \times (-36.0)/3600.0 (\text{m}^3/\text{s}) \times 1.0 (\text{m}^3/\text{sc}\cdot\text{m}^3) \times 7.0 \times 10^{-10} (\text{MPa}\cdot\text{s})}{4 \times 3.14 \times 50 (\text{m}) \times 1.4 (\text{MPa/cycle})}$$

$$\approx 1.83 \times 10^{-14} \text{ (m}^2\text{)}$$

スキン係数 s は，式（4.43）より

$$s = 1.15 \times \left(\frac{6.64-4.0}{1.4} - \log_{10} \frac{1.83 \times 10^{-14}}{0.3 \times 7 \times 10^{-4} \times 0.0014 \times 0.01} - 0.3517 \right) \fallingdotseq 7.8(-)$$

4.5 圧力降下試験の解析法

圧力降下試験（fall-off test）は，これまで流体を圧入していた坑井を密閉し，その後密閉坑底圧力（shut-in bottom hole pressure）p_{ws} の時間変化を測定する方法である．圧入性試験において時間 t_p で坑井を密閉した後の p_{ws} は図-4.15 に示すように急速に低下し，右下がりの直線になる．

以下では圧力降下試験データの解析原理と諸元の推定法について説明する．

4.5.1 解析原理

図-4.15 に示すように密閉後の坑底圧力 p_{ws} の応答は，無限に広がる貯留層におけるビルドアップ試験の場合と同様に式（4.30b）および式（4.31）より次式で表される．

$$p_{ws} = p_i - m \log_{10} \frac{t_p + \Delta t}{\Delta t} \tag{4.44}$$

ここで

$$m = \frac{2.3 q_{sc} B_w \mu_w}{4 \pi k h} \tag{4.45}$$

式（4.44）は，図-4.15 の片対数グラフ上で $p_{ws} - (t_p + \Delta t)/\Delta t$ のプロットが $-m$ の勾配の直線になることを示す．

ただし，ビルドアップと異なる点は，式（4.45）における流量が負の値（$q_{sc} < 0$）である．

4.5.2 諸元の推定法

図-4.15 は，圧力降下試験の典型的なデータに関する密閉坑底圧力（shut-in bottom hole pressure）p_{ws} と Horner 時間（Horner time）$(t_p + \Delta t)/\Delta t$ の片対数グラフ（semi-log graph）上にプロットした概念図である．図中の白丸○印は p_{ws} の仮想データを示す．

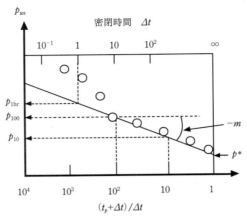

図-4.15 圧力降下試験の典型的な Horner プロットの概念図

(1) 直線の勾配

図-4.15 の Horner プロットの直線から Horner 時間 1 cycle に当たる $(t_p+\Delta t)/\Delta t$ = 10, 100 のときの密閉坑底圧力 $p_{ws}=p_{10}$, p_{100} の値を読みとる。図-4.15 において Horner プロットの直線の勾配が $-m$ であることを考慮して、m は次式により計算する。

$$-m = \frac{p_{10}-p_{100}}{\log_{10}(10)-\log_{10}(100)} \tag{4.46}$$

(2) 浸透率・層厚積

浸透率・層厚積（permeability/thickness product）kh は式（4.45）より次式で表される。

$$kh = \frac{2.3 q_{sc} B_w \mu_w}{4\pi m} \tag{4.47}$$

(3) 浸透率

層厚 h がわかれば、浸透率（permeability）k は次式により計算できる。

$$k = \frac{2.3 q_{sc} B_w \mu_w}{4\pi h m} \tag{4.48}$$

4.5 圧力降下試験の解析法

(4) スキン係数

図-4.15 より，$\Delta t = 1\,\text{hr}$ のときの $p_{ws} = p_{1hr}$ を読み取る。この値を用いて次式によりスキン係数（skin factor）s を計算する。

$$s = \frac{p_{1hr} - p_{wf}(\Delta t = 0)}{2m} - \frac{1}{2}\left(2.3\log_{10}\frac{k(\Delta t = 1\text{hr})}{\phi\mu_w c_t r_w^2} + 0.809\right) \tag{4.49}$$

(5) 初期貯留層圧力 p_i

図-4.15 において Horner 時間（Horner time）$(t_p + \Delta t)/\Delta t = 1$ における p^* は密閉時間（shut-in time）が無限大になったときの貯留層圧力であり，初期貯留層圧力（initial reservoir pressure）p_i に等しい。

▶ **例題 4.5**

酸処理後の坑井に流量 $q_{sc} = 36\,\text{m}^3/\text{hr}$ の水を圧入した後坑井を密閉し，圧力降下試験を $\Delta t = 1\,\text{hr}$ の間行った。圧力降下試験データを図-4.16 に示す。このデータを用いて浸透率 k とスキン係数 s を求めよ。その他のデータは以下に示す。使用データはすべて仮想値である。

データ：$h = 50\,\text{m}$，$r_w = 0.1\,\text{m}$，$\phi = 30\,\%$，$q_{sc} = 36\,\text{m}^3/\text{hr}$，$p_{wf}(\Delta t = 0) = 6.8\,\text{MPa}$，
 $\mu_w = 0.7\,\text{mPa·s}$，$B_w = 1.0\,(\text{m}^3/\text{sc-m}^3)$，$c_w = 0.0014\,(1/\text{MPa})$

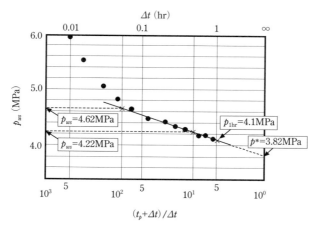

図-4.16　圧力降下試験データの Horner プロット

[解答]

図-4.16 より，Horner 時間 1 cycle に当たる $(t_p+\Delta t)/\Delta t = 10$ と 100 のとき，それぞれ $p_{ws}=4.22$ と 4.62 MPa である。直線の勾配 m は，式（4.46）より

$$-m = \frac{4.22-4.62}{\log_{10}(10)-\log(100)} = 0.4 \text{(MPa/cycle)}$$

故に，$m = -0.4$（MPa/cycle）

浸透率 k は，式（4.48）より

$$k = \frac{2.3 \times (-3.6/3600)(\text{m}^3/\text{s}) \times 1.0(\text{m}^3/\text{sc-m}^3) \times 7.0 \times 10^{-10}(\text{MPa}\cdot\text{s})}{4 \times 3.14 \times 50(\text{m}) \times (-0.4)(\text{MPa/cycle})} \approx 6.23 \times 10^{-14}(\text{m}^2)$$

図-4.16 より，$\Delta t = 1$ hr のとき $p_{1hr} = 4.1$ MPa である。よってスキン係数 s は，式（4.49）より

$$s = \frac{(4.1-6.8)(\text{MPa})}{2 \times (-0.4)(\text{MPa/cycle})}$$

$$-\frac{1}{2}\left(2.3\log_{10}\frac{6.23 \times 10^{-14}(\text{m})^2 \times 3600(\text{s})}{0.3 \times 7.0 \times 10^{-10}(\text{MPa}\cdot\text{s}) \times 1.4 \times 10^{-3}(1/\text{MPa}) \times 0.01(\text{m}^2)} + 0.809\right)$$

$$\approx -2.6(-)$$

4.6　多段流量試験の解析法

試験期間中に流量を段階的に n 回変えながら流動坑底圧力（flowing bottom hole pressure）を測定する。これを多段流量試験（multirate test）という。本節では多段流量試験の解析原理について述べる。

一般に，無限に広がる貯留層における圧力ドローダウンは，式（4.15b）より

$$p_i - p_{wf} = m\left(\ln\frac{kt}{\phi\mu_w c_t r_w^2} + 0.809 + 2s\right) \tag{4.50}$$

式（4.50）を次のように書き換えると

$$p_i - p_{wf} = m'q_{sc}\left(\ln t + \ln\frac{k}{\phi\mu_w c_t r_w^2} + 0.809 + 2s\right) \tag{4.51a}$$

$$= m'q_{sc}\left(\ln t + s'\right) \tag{4.51b}$$

ここで

4.6 多段流量試験の解析法

$$s' = \ln\frac{k}{\phi\mu_w c_t r_w^2} + 0.809 + 2s \tag{4.52}$$

$$m' = \frac{B_w \mu_w}{4\pi kh} \tag{4.53}$$

時間 t_1, t_2, $\cdots$, t_n 毎に流量を $q_{sc,1}$, $q_{sc,2}$, $\cdots$, $q_{sc,n}$ と変えて試験を行ったときの各流量に対応する圧力ドローダウンがそれぞれ Δp_1, Δp_2, $\cdots$, Δp_n であったとする。このときの全圧力ドローダウンは，式（4.51b）を用いて第2章の重ね合わせの原理（principle of superposition）により次のように表される。

$$p_i - p_{wf} = m' q_{sc,1}[\ln(t-t_1) + s'] + m'(q_{sc,2} - q_{sc,1})[\ln(t-t_2) + s'] \\ + \cdots + m'(q_{sc,n} - q_{sc,n-1})[\ln(t-t_{n-1}) + s'] \tag{4.54}$$

ただし，$t_{n-1} < t$ のとき $q_{sc,n} \neq 0$ である。

式（4.54）を整理し，次のように表す。

$$\frac{p_i - p_{wf}}{q_{sc,n}} = m' \sum_{i=1}^{n} \frac{(q_{sc,j} - q_{sc,j-1})}{q_{sc,n}} \ln(t-t_{j-1}) + m' \cdot s' \tag{4.55}$$

式（4.55）に式（4.52）を代入すると

$$\frac{p_i - p_{wf}}{q_{sc,n}} = m' \sum_{i=1}^{n} \frac{(q_{sc,j} - q_{sc,j-1})}{q_{sc,n}} \ln(t-t_{j-1}) \\ + m'\left[\ln\left(\frac{k}{\phi\mu_w c_t r_w^2}\right) + 0.809 + s\right] \tag{4.56}$$

次に，坑井を密閉し圧力ビルドアップ試験に移るものとし，この時点の流量を $q_{sc,n} = 0$ とする。密閉後の圧力ビルドアップ p_{ws} は，式（4.54）より

$$p_i - p_{ws} = m' q_{sc,1}(\ln t + s') + m'(q_{sc,2} - q_{sc,1})[\ln(t-t_1) + s'] \\ + \cdots + m'(q_{sc,n-1} - q_{sc,n-2})[\ln(t-t_{n-2}) + s'] \\ + m' q_{sc,n-1}[\ln(t-t_{n-1}) + s'] \tag{4.57}$$

上記の式を次のように書き換える。

$$p_i - p_{ws} = \frac{B_w \mu_w}{4\pi kh} \sum_{j=1}^{n}(q_{sc,j} - q_{sc,j-1})\ln(t-t_{j-1}) \tag{4.58}$$

水溶性天然ガス田のみならず油ガス田では，流量を2段に変えて行う2段流量試験が多く使用されているが，この試験データの具体的な解析法については本章巻末の引用および参考文献にあげた Mathews, C.S. and Russel, D.G.（1967），Earlougaher, R.C., Jr.（1977），Lee, W.J.（1982）を参照されたい。

第4章 演習問題

【問題 4.1】 半径 $r_w = 0.1 \,(\mathrm{m})$ のケーシングを通じて深度 $L = 600\,(\mathrm{m})$ の貯留層に水を圧入した。

(1) 坑口の圧入圧力が $p_{wh} = 2.5$ (MPa) のときの坑井貯留係数 C の値を求めよ。

(2) 坑内の水位が変動する場合の C の値を求めよ。

ただし，水の圧縮率は $c_w = 0.00034$ (1/MPa) である。

【問題 4.2】 式 (4.28a) の右辺第一式から右辺第二式を導け。

【問題 4.3】 圧力ドローダウンの式 (3.22a) とビルドアップの式 (4.28b) からスキン係数 s に関する式 (4.36) を導け。

◎引用および参考文献

1) 生産技術委員会，生産技術用語分科会編 (1994)：石油生産技術用語集，石油技術協会．
2) Dietz, D.N. (1965)：Determination of Average Reservoir Pressure from Buildup Surveys, J.Petrol.Tech. (Aug.), pp.955-959, Trans. AIME 234.
3) Earlougaher, R.C., Jr. (1977)：Advances in Well Test Analysis, Monograph Volume 5 of The Henry L.Doherty Memorial Fund of AIME, Society of Petroleum Engineers of AIME.
4) Lee, W.J. (1982)：Well Testing.Society of Petroleum Engineers of AIME.
5) Mathews,C.S. and Russell, D. G. (1967)：Pressure Buildup and Flow Tests in Wells, Monograph Series, Henry L. Doherty Memorial Fund of AIME, Society of Petroleum Engineers of AIME.
6) Ramey, H.J., Jr. (1965)：Non-Darcy Flow and Wellbore Storage Effects in Pressure Build-Up and Drawdown of Gas Wells, Journal of Petroleum Technology, (Feb.),p.223.
7) Wattenbarger, R.A., and Ramy, H.J., Jr. (1968)：Gas Well Testing With Turblence,Damage and Wellbore Storage, Jounal of Petroleum Technology, pp.377-387.

第5章　インフロー挙動の解析

　水溶性天然ガスは坑井を通じて生産されるが，貯留層から坑底への流体の流れはインフロー挙動（inflow performance）[13]と呼ばれ，坑井の産出能力（productivity）を表す。生産量 q と流動坑底圧力 p_{wf} の関係をプロットすると**図-5.1**のようにいろいろな形の曲線になる。この曲線の関係をインフロー挙動関係（inflow performance relationship）または英語のイニシャルをとってIPRという。インフロー挙動は貯留層の特性，流動状態（定常，擬定常および非定常の状態，層流，乱流），排水機構，相変化，地層障害，坑井仕上げなどの諸因子の影響を受ける。坑井産出能力を決定するためには，それらの諸因子の影響を定量的に評価しなければならない。ここで，注意すべきことは用語「インフロー」は第9章のシステム解析における選択された節点へのインフロー（inflow）とは異なり，混同しないことである。

　本章では，以上の観点から定常，擬定常および非定常の各流動状態におけるインフロー挙動の式，産出指数，IPRおよび産出効率の定義，そしてスキン効果および坑井仕上げによるインフロー挙動に及ぼす影響に関する定量的解析法について学ぶ。

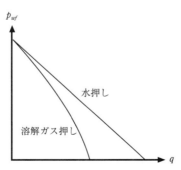

図-5.1　典型的なインフロー挙動曲線

5.1 インフロー挙動の式

本節では,定常,擬定常および非定常の3つの流動状態における単相(水またはガス)およびガス水二相それぞれのインフロー挙動の式(equation of inflow performance)について説明する。

5.1.1 定常流
(1) 単 相
a. かん水

かん水の定常状態の生産量 q は,第3章の放射状流の式(3.49)より

$$q = \frac{2\pi kh}{\mu_w} r \frac{dp}{dr}$$

上記の式を変数分離(separation of variable)し積分すると

$$\frac{\mu_w q}{2\pi kh} \int_{r_w}^{r_e} \frac{dr}{r} = \int_{p_{wf}}^{p_e} dp$$

$$q = \frac{2\pi kh(p_e - p_{wf})}{\mu_w \ln r_e / r_w} \tag{5.1}$$

式(5.1)にスキン係数 s と $q = B_w q_{w,sc}$ を代入すると

$$q_{w,sc} = \frac{2\pi kh(p_e - p_{wf})}{B_w \mu_w \left(\ln r_e / r_w + s\right)} \tag{5.2}$$

ここで,$q_{w,sc}$ は標準状態における流量,r_e は貯留層外側境界半径(m),r_w は坑井半径(m),p_e は貯留層外側境界圧力(MPa),p_{wf} は流動坑底圧力(MPa),B_w はかん水の容積係数(m^3/sc-m^3),μ_w はかん水の粘度(mPa·s),k は貯留層の浸透率(m^2),h は層厚(m)である。

式(5.2)は定常インフロー挙動の式(equation of steady state inflow performance)である。なお,式(5.2)は第3章における定常流(steady state flow)に関する実坑井の流動坑底圧力の式(式(3.52a))またはドローダウンの式(式(3.52b))からも簡単に導かれる。

b. ガス

第2章における実在気体の体積流量の式(2.97)より

$$q_g = \frac{q_{g,sc} p_{sc} T z}{p T_{sc}}$$

上記の式を第3章の式（3.49）から導かれた $q = 2\pi k h/\mu \, (rdp/dr)$ に代入し，積分すると

$$q_{g,sc} = \frac{\pi k h T_{sc}(p_e^2 - p_{wf}^2)}{\mu_g p_{sc} T z \ln(r_e/r_w)} \tag{5.3a}$$

上記の式にスキン係数 s を導入すると

$$q_{g,sc} = \frac{\pi k h T_{sc}(p_e^2 - p_{wf}^2)}{\mu_g p_{sc} T z \ln(r_e/r_w + s)} \tag{5.3b}$$

なお，式（5.3a, b）の誘導については演習問題5.1に取り上げている。

▶例題5.1

深度 $L_t = 600$ m，層厚 $h = 50$ m の貯留層に掘削した半径 $r_w = 0.1$ m の坑井により生産をはじめ，流動坑底圧力が $p_{wf} = 4.0$ MPa で定常状態にある。このときの生産量 $q_{w,sc}$ を求めよ。ただし，貯留層に関する他のデータは次の通りである。$r_e = 500$ (m)，$p_e = 7$ (MPa)，$B_w = 1.0$ (m³/sc-m³)，$k = 1.0 \times 10^{-13}$ (m²)，$s = 5$ (−)，$\mu_w = 0.7$ (mPa·s)

[解答]

式（5.2）より

$$q_{w,sc} = \frac{2 \times 3.14 \times 1.0 \times 10^{-13} (\text{m}^2) \times 50.0 (\text{m}) \times (7.0 - 4.0)(\text{MPa})}{1.0 \times 7.0 \times 10^{-10} (\text{MPa·s}) \times \left(\ln\dfrac{1000}{0.1} + 5.0\right)}$$

$$\approx 9.5 \times 10^{-3} (\text{m}^3/\text{s}) = 34.2 (\text{m}^3/\text{hr})$$

(2) ガス水二相

一般に二相流におけるかん水およびガスの有効浸透率（effective permeability）はそれぞれの相対浸透率（relative permeability）と貯留層の絶対浸透率（absolute permeability）の積として次のように表される（第2章の式（2.109）と式（2.110）参照）。

水：$k_w = k k_{rw}$ \hfill (5.4a)

ガス：$k_g = k k_{rg}$ \hfill (5.4b)

ここで，k は絶対浸透率，k_{rw} はかん水の相対浸透率（relative permeability to

brine)，k_{rg} はガスの相対浸透率（relative permeability to gas）である．

かん水の生産量 $q_{w,sc}$ は，式（5.2）における k をかん水の有効浸透率 k_w に置き換えることによって表される．

$$q_{w,sc} = \frac{2\pi k_w h(p_e - p_{wf})}{B_w \mu_w \left[\ln(r_e/r_w) + s\right]} \tag{5.5a}$$

一方，ガスの生産量 $q_{g,sc}$ は，前述した式（5.3b）の k をガスの有効浸透率 k_g に置き換えることよって表される．

$$q_{g,sc} = \frac{\pi k_g h T_{sc}(p_e^2 - p_{wf}^2)}{\mu_g p_{sc} T z \left[\ln(r_e/r_w) + s\right]} \tag{5.5b}$$

式（5.5a, b）は定常状態におけるガス水二相流の定常インフロー挙動の式（equation of steady state inflow performance）である．

かん水およびガスの相対浸透率および有効浸透率はいずれも水飽和率（water saturation）（$S_w = 1 - S_g$）の関数である（第2章の式（2.109）～（2.114）参照）から生産井近傍の圧力低下に伴う遊離ガスの発生によって変化する．一方，絶対浸透率 k は坑井近傍の地層障害や刺激によって影響を受ける．しかしながら，水溶性天然ガス生産井における流動坑底圧力は質量流量（mass flow rate）においてガスよりもはるかに多いかん水によって規制されるため，ガス生産量 $q_{g,sc}$ はかん水の生産量 $q_{w,sc}$ と産出ガス水比 GWR の積（$q_{g,sc} = q_{w,sc} \cdot$ GWR）から算出するのが現実的である．

5.1.2　擬定常流
（1）　水単相

単相流におけるかん水の擬定常インフロー挙動の式（equation of pseudo-steady state inflow performance）は，第3章の平均貯留層圧力に関する式（3.46b）より

$$q_{w,sc} = \frac{2\pi k h(\bar{p} - p_{wf})}{B_w \mu_w \left[\ln(0.472 r_e/r_w) + s\right]} \tag{5.6}$$

ここで，$\bar{p}$ は平均貯留層圧力（average reservoir pressure）である．

（2）　ガス水二相

ガス水二相流におけるかん水の擬定常インフロー挙動の式（equation of pseudo-steady state inflow performance）は，式（5.6）における浸透率 k をかん水の有効浸透率 k_w で置き換えることによって次のように表される．

$$\text{かん水}: q_{w,sc} = \frac{2\pi k_w h(\bar{p} - p_{wf})}{B_w \mu_w [\ln(0.472 r_e / r_w) + s]} \tag{5.7}$$

5.1.3 非定常流

(1) 水単相

第3章の非定常流動坑底圧力 p_{wf} に関する式 (3.22a) より，かん水の非定常インフロー挙動の式 (equation of unsteady state inflow performance) は次のように表される。

$$q_{w,sc} = \frac{4\pi k h(p_i - p_{wf})}{B_w \mu_w \left(\ln \dfrac{kt}{\phi \mu_w c_t r_w^2} + 0.809 + 2s \right)} \tag{5.8}$$

ここで，p_i は貯留層の初期圧力 (MPa)，t は時間 (hr)，ϕ は孔隙率 (－)，c_t は全圧縮率 (孔隙＋流体)（1/MPa）である。

(2) ガス水二相

非定常二相流におけるかん水のインフロー挙動の式は，式 (5.8) における浸透率 k をかん水の有効浸透率 (effective permeability) k_w で置き換えることによって次のように表される。

$$\text{かん水}: q_{w,sc} = \frac{4\pi k_w h(p_i - p_{wf})}{B_w \mu_w \left(\ln \dfrac{k_w t}{\phi \mu_w c_t r_w^2} + 0.809 + 2s \right)} \tag{5.9}$$

5.2 産出指数

一般に，産出指数 (productivity index) J は標準状態における生産量 (production rate) $q_{w,sc}$ を圧力ドローダウン (pressure drawdown) $(p_e - p_{wf})$ で割ることによって次のように定義される。

$$J = \frac{q_{w,sc}}{p_e - p_{wf}} \tag{5.10}$$

前述したように，水溶性天然ガス生産井における流動坑底圧力はかん水によって規制されるため，産出指数 J はかん水の生産量 $q_{w,sc}$ を用いて表すのが実際的である。

▶ 例題 5.2

産出指数 J の単位を SI 単位で表せ。

[解答]

式 (5.10) より

$$J = \frac{q_{w,sc}}{p_e - p_{wf}} = \frac{[\text{m}^3/\text{s}]}{[\text{Pa}]} = \left[\frac{\text{m}^3}{\text{Pa}\cdot\text{s}}\right]$$

5.2.1 定常流

(1) 水単相

定常流（steady state flow）におけるかん水の産出指数（productivity index）J は，式 (5.2) と式 (5.10) より

$$J = \frac{q_{w,sc}}{p_e - p_{wf}} = \frac{2\pi k h}{B_w \mu_w [\ln(r_e/r_w) + s]} \tag{5.11}$$

(2) ガス水二相

定常二相流（steady state two phase flow）におけるかん水の産出指数 J は，式 (5.10) と式 (5.5a) より

$$J = \frac{q_{w,sc}}{p_e - p_{wf}} = \frac{2\pi k_w h}{B_w \mu_w [\ln(r_e/r_w) + s]} \tag{5.12}$$

式 (5.12) において有効浸透率 k_w はかん水飽和率の関数であるから，ガス水二相流における J は水単相のように一定にならないことに注意されたい。

5.2.2 擬定常流

(1) 水単相

擬定常流（pseudo steady state flow）におけるかん水の産出指数 J は，式 (5.10) と式 (5.6) より

$$J = \frac{q_{w,sc}}{\bar{p} - p_{wf}} = \frac{2\pi k h}{B_w \mu_w [\ln(0.472 r_e/r_w) + s]} \tag{5.13}$$

▶ 例題 5.3

深度 $L_t = 600$ m，層厚 $h = 50$ m，半径 $r_e = 1\,000$ m の不透水境界を有する貯留層に掘削された半径 $r_w = 0.1$ m の坑井により，流量 $q_{w,sc} = 180$ m³/hr で生産し，擬定常状態になった。以下に示す貯留層データを用いて産出指数 J を求めよ。

データ：$k = 1.0 \times 10^{-13}$ m²，$B_w = 1.0$ m³/sc-m³，$\mu_w = 0.7$ mPa·s，$s = 0$

[解答]

式（5.13）より

$$J = \frac{2 \times 3.14 \times 1.0 \times 10^{-13}(\text{m}^2) \times 50(\text{m})}{1.0(\text{m}^3/\text{sc}\cdot\text{m}^3) \times 0.7(\text{mPa}\cdot\text{s}) \times [\ln(0.472 \times 1\,000(\text{m})/0.1(\text{m})) + 0]}$$
$$\approx 5.3 \times 10^{-10} (\text{m}^3/\text{mPa}\cdot\text{s})$$

(2) ガス水二相

擬定常二相流（pseudo steady state two phase flow）におけるかん水の産出指数 J は，式（5.10）と式（5.6）より

$$J = \frac{q_{w,sc}}{\bar{p} - p_{wf}} = \frac{2\pi k_w h}{B_w \mu_w [\ln(0.472 r_e/r_w) + s]} \tag{5.14}$$

5.2.3 非定常流

(1) 水単相

水単相の非定常流（unsteady state flow）における産出指数（productivity index）J は，式（5.8）と式（5.10）より

$$J = \frac{q_{w,sc}}{p_i - p_{wf}} = \frac{4\pi k h}{B_w \mu_w \left(\ln \dfrac{kt}{\phi \mu_w c_t r_w^2} + 0.809 + 2s\right)} \tag{5.15}$$

▶ 例題 5.4

無限に広がる貯留層から流量 $q_{w,sc} = 150$（m³/hr）で生産を始めた。下記のデータを用いて 1ヶ月後と半年後の産出指数 J を推定せよ。

データ：$r_w = 0.1$ m，$k = 1.0 \times 10^{-13}$ m²，$B_w = 1.0$ m³/sc-m³，$\mu_w = 0.7$ mPa·s，$s = 5$，$c_t = 3.4 \times 10^{-10}$（1/Pa）

[解答]

式 (5.15) より，1ヶ月後

$$J = \frac{4 \times 3.14 \times 1.0 \times 10^{-13} (\mathrm{m}^2) \times 50 (\mathrm{m})}{1.0 (\mathrm{m}^3/\mathrm{sc} \cdot \mathrm{m}^3) \times 0.7 \times 10^{-3} (\mathrm{Pa} \cdot \mathrm{s})}$$
$$\times \left(\ln \frac{1.0 \times 10^{-13} (\mathrm{m}^2) \times 1.0 \times 2\,592\,000 (\mathrm{m}^3/\mathrm{s})}{0.2 \times 0.7 \times 10^{-3} (\mathrm{Pa} \cdot \mathrm{s}) \times 3.4 \times 10^{-10} (1/\mathrm{Pa}) \times (0.1)^2} + 0.809 + 2 \times 5 \right)^{-1}$$

$$\approx 3.7 \times 10^{-9} (\mathrm{m}^3/\mathrm{Pa} \cdot \mathrm{s})$$

半年後

$$J = \frac{4 \times 3.14 \times 1.0 \times 10^{-13} (\mathrm{m}^2) \times 50 (\mathrm{m})}{1.0 (\mathrm{m}^3/\mathrm{sc} \cdot \mathrm{m}^3) \times 0.7 \times 10^{-3} (\mathrm{Pa} \cdot \mathrm{s})}$$
$$\times \left(\ln \frac{1.0 \times 10^{-13} (\mathrm{m}^2) \times 1.0 \times 15\,552\,000 (\mathrm{m}^3/\mathrm{s})}{0.2 \times 0.7 \times 10^{-3} (\mathrm{Pa} \cdot \mathrm{s}) \times 3.4 \times 10^{-10} (1/\mathrm{Pa}) \times (0.1)^2} + 0.809 + 2 \times 5 \right)^{-1}$$

$$\approx 3.5 \times 10^{-9} (\mathrm{m}^3/\mathrm{Pa} \cdot \mathrm{s})$$

非定常状態における水単相のJの値は1ヶ月から半年で若干減少しているが，産出指数は時間の経過とともにさらに減少するであろう。

(2) ガス水二相

非定常二相流（unsteady state two phase flow）におけるかん水の産出指数Jの式は，かん水の非定常インフローの式 (5.9) と式 (5.10) により次のように表される。

$$J = \frac{q_{w,sc}}{p_i - p_{wf}} = \frac{4\pi k_w h}{B_w \mu_w \left(\ln \frac{k_w t}{\phi \mu_w c_t r_w^2} + 0.809 + 2s \right)} \tag{5.16}$$

5.2.4 産出指数に影響する諸因子

前項 5.2.1～5.2.3 における式 (5.11)～(5.16) からわかるように産出指数（productivity index）Jに影響する因子は，水単相流であるか，またはガス水二相流であるか，または流れの状態（定常，擬定常，非定常）などによって異なる。ここでは，主な影響因子の中から若干例として擬定常流（pseudo steady state flow）のガス水二相流における水の相対浸透率（relative permeability to water）k_{rw}，水の粘度（water viscosity）μ_w，水の容積係数（water formation volume factor）B_wを取り上げ，それらの挙動について Beggs, H.D.（1999）の記述を参考に説明する。

(1) 相対浸透率の挙動

第2章の図-2.6より，貯留層圧力 p_e および流動坑底圧力 p_{wf} が沸点圧力 p_b より大き（$p_{wf} \geq p_b$）ければ，貯留層内には遊離ガスは存在しない。しかしながら，$p_{wf} < p_b$ であれば坑井近傍では遊離ガスが発生するため，ガス飽和率（gas saturation）$S_g(=1-S_w)$ が増大し，逆に水飽和率（water saturation）S_w が減少する。したがって，S_w の関数である水の相対浸透率 k_{rw} が減少する（図-2.23参照）。

(2) 水の粘度の挙動

図-5.2はガスを溶解したかん水粘度の圧力に対する挙動の概念を示す。この図のようにかん水の粘度（brine viscosity）μ_w は，沸点圧力 p_b までは圧力が増大すると減少するが，p_b を超えると圧力の増加とともに増大する。

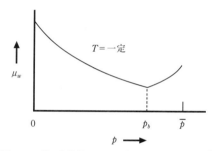

図-5.2　ガスを溶解したかん水粘度の挙動の概念[8]

(3) 水の容積係数の挙動

水の容積係数 B_w は，図-5.3に示すように沸点圧力 p_b までは圧力 p の増加に伴って増大し，p_b を超えると減少する。

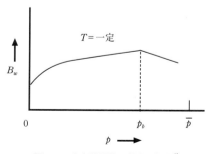

図-5.3　水容積係数の挙動の概念[8]

上述したように産出指数 J の値は、相挙動、相対浸透率、粘度および容積係数が変化すると変わる。

5.2.5 インフロー挙動に影響する主な因子

貯留層から坑底に入る標準状態における流量 $q_{w,sc}$ は、前述した擬定常流の産出指数 J の式（5.13）より

$$q_{w,sc} = J(\bar{p} - p_{wf}) \tag{5.17}$$

式（5.17）において $q_{w,sc}$ は J、p_{wf} および $\bar{p}$ の関数であり、スキン係数 s や排水機構の影響を受ける。

（1） スキン係数の影響

擬定常流の式（5.17）における流動坑底圧力（flowing bottom hole pressure）p_{wf} は、第3章の式（3.22a, b）よりスキン係数 s の関数であり、流量 $q_{w,sc}$ および産出指数 J はともにスキン係数 s の影響を受ける。

（2） 排水機構の影響

上述したように生産によって平均貯留層圧力 $\bar{p}$ が減少し、産出指数 J が変化すると、インフロー挙動は影響を受ける。

一般に、貯留層の圧力エネルギは、かん水を坑底に向かって流動させる駆動力であり、貯留層および全生産システムの挙動に影響を及ぼす。このような流動のメカニズムは排水機構（drive mechanism）と呼ばれる。油層工学の分野では排油エネルギの種類と作用によって、基本的に①溶解ガス押し（solution gas drive）、②ガスキャップ押し（gas cap drive）、③水押し（water drive）、④枯渇（depletion drive）、⑤それらの混合押し（combination drive）の5種類に分類される。水溶性天然ガス貯留層の排水機構は貯留層内にガスを溶解したかん水および遊離ガスが貯留されている（天然ガス鉱業会：1980）ことを考慮すれば、排水エネルギの種類と作用の点から排水機構として水押し（water drive）、溶解ガス押し（solution gas drive）および両者の混合押し（combination drive）が考えられる。しかし、実際の水溶性天然ガス田では水押しの挙動が圧倒的に多い。

以下では Beggs, H.D.（1999）の記述を参考に水押しおよび溶解ガス押しの基本的な排水機構について説明する。

a. 水押し

　水溶性天然ガス田における貯留層には莫大な量のかん水が賦存し，かつ，生産と還元を同時に行っているため，採取されたかん水は賦存水および還元水によって貯留層内で補給されることになるため平均貯留層圧力 $\bar{p}$ は一定に維持される。このような貯留層の排水機構を水押し (water drive) という。典型的な水押しの挙動を概念的に図-5.4 に示す。しかしながら，賦存水が莫大な量であるとはいえ還元せずに長期にわたり生産を続けると賦存水が減少し貯留層圧力が徐々に減衰し，やがて枯渇押しの挙動を示すことになろう。水押し貯留層でも坑井近傍では生産によって圧力が沸点圧力 p_b 以下になると，遊離ガス (free gas) が形成され，後述の溶解ガス押し (solution gas drive) が生産エネルギとして寄与することがある。

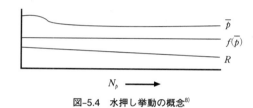

図-5.4　水押し挙動の概念[8]

b. 溶解ガス押し

　初期の貯留層圧力は沸点圧力 p_b 以上で，遊離ガスは存在しない。流体の生産は貯留層内の流体や貯留岩の膨張 (expansion) である。しかしながら，岩石の膨張は微小で通常無視される。このタイプの排水機構の特徴は次のように考えられる。

　坑井によりかん水を生産すると，貯留層内に残っているかん水は生産された流体の後を置換しようとして膨張し（第 2 章の図-2.5 参照），貯留層圧力は図-5.5 に示すように $\bar{p} = p_b$ に達するまで生産とともに速やかに減衰する。この期間の産出ガス水比 (producing gas water ratio) R は初期ガス水比 (initial gas water ratio) R_{si} と同じく ($R = R_{si}$) 変わらない。また貯留層内には遊離ガスが存在しないから，貯留層平均圧力 $\bar{p}$ の関数として表される貯留層流体および貯留岩の物性値 $f(\bar{p})$（例えば，B_w, μ_w, S_w, k_{rw} など）は一定のままである。$\bar{p}$ が p_b 以下になると，遊離ガスが発生し，ガスの膨張によってかん水が排出されるが $\bar{p}$ の減衰が遅くなる。しかしながら，ガス飽和率がガスの臨界飽和率 (critical gas saturation) を超えると，産出ガス水比 R (GWR) が速やかに減少し，貯留層の圧力エネルギが減衰する。この状態は放棄状態 (abandonment condition) と呼ばれ，貯留層圧力が低下しガ

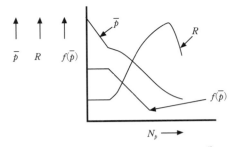

図-5.5 典型的な溶解ガス押し挙動の概念[8]

スがほとんど生産し尽くされた状態を示す。ここで，ガスの臨界飽和率（critical gas saturation）とは，ガス相の飽和率がある限界値より低くなるとガスがまったく流れなくなるときのガス相の飽和率をいう。

5.3 IPR

初期圧力 p_i の貯留層から一定流量 $q_{w,sc}$ で生産すると流動坑底圧力 p_{wf} は時間とともに低下をはじめる。そのときに坑底に入る貯留層流体の流量 $q_{w,sc}$ とそれに対応する流動坑底圧力 p_{wf} の関係は本章の冒頭で述べたようにインフロー挙動関係（Inflow Performance Relationship）または IPR といい，図-5.6 のように $q_{w,sc}$ を横軸に，p_{wf} を縦軸にプロットしたグラフで表される。

そのグラフは IPR 曲線（IPR curve）といい，特定時間に貯留層流体が坑底に流入する状態を表す。図-5.6 にみられるように，水単相状態は流動坑底圧力 p_{wf} が沸点圧力 p_b より高いときで $q_{w,sc}$ の増加に対して p_{wf} が直線的に低下する。それに対して p_{wf} が p_b 以下になると坑底周囲の貯留層内ではガス水二相状態となり，IPR は曲線となる。

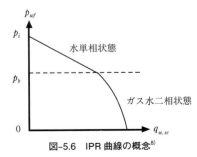

図-5.6 IPR 曲線の概念[8]

一般に，5.1 節で述べたようにインフロー挙動の式（equation of well inflow performance）は流れの状態によって定義される．以下では定常流，擬定常流および非定常流における水単相およびガス水二相の IPR 曲線について説明する．

5.3.1 定常流

(1) 水単相

定常流の産出指数（productivity index）J に関する式（5.11）より，流動坑底圧力 p_{wf} は

$$p_{wf} = p_e - \frac{q_{w,sc}}{J} \tag{5.18}$$

式（5.18）より，p_{wf}-$q_{w,sc}$ は図-5.7 に示すように $-1/J$ を勾配とする直線となる．図の切片 p_e は生産前の貯留層圧力である．生産量を増加しながら流動坑底圧力が $p_{wf}=0$ になったときに最大流量（maximum flow rate）q_{max} となる．この q_{max} を AOF（Abosolute Open Flow）という．

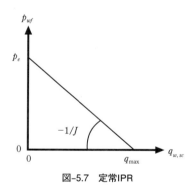

図-5.7　定常IPR

(2) ガス水二相

ガス水二相の流動坑底圧力 p_{wf} は，式（5.12）より

$$p_{wf} = p_e - \frac{q_{w,sc}}{J} \tag{5.19}$$

ただし，J の値は水飽和率の関数であるため一定ではない．

5.3.2 擬定常流

(1) 水単相

擬定常流における流動坑底圧力 p_{wf} は，式（5.13）より

$$p_{wf} = \bar{p} - \frac{q_{w,sc}}{J} \tag{5.20}$$

式（5.20）は定常流の式（5.18）と同じ式形であり，擬定常の IPR（Inflow Performance Relationship）は図-5.8 に示すように $-1/J$ を勾配とする直線となる。

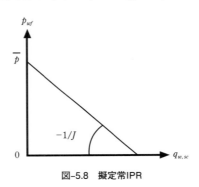

図-5.8 擬定常IPR

▶ 例題 5.5

平均貯留層圧力が $\bar{p} = 7$（MPa），産出指数が $J = 160$（m³/MPa·s）の貯留層から流量 $q_{w,sc} = 160$（m³/hr）で生産した。そのときの流動坑底圧力 p_{wf} を求めよ。

[解答]

擬定常流の坑井インフローの式（5.20）より

$$p_{wf} = 7(\text{MPa}) - \frac{160(\text{m}^3/\text{hr})}{160(\text{m}^3/(\text{MPa}\cdot\text{hr}))} \approx 6(\text{MPa})$$

(2) ガス水二相

擬定常流におけるガス水二相の流動坑底圧力 p_{wf} は，式（5.14）より

$$p_{wf} = \bar{p} - \frac{q_{w,sc}}{J} \tag{5.21}$$

ただし，J の値は水飽和率の関数であるため一定ではない。

5.3.3 非定常流

(1) 水単相

非定常流における流動坑底圧力 p_{wf} は，式（5.15）より

$$p_{wf} = p_i - \frac{q_{w,sc}}{J} \tag{5.22}$$

ただし，J の値は式（5.15）からわかるように時間 t によって変化する。

(2) ガス水二相

非定常流における流動坑底圧力 p_{wf} は，式（5.16）より

$$p_{wf} = p_i - \frac{q_{w,sc}}{J} \tag{5.23}$$

ただし，J は時間 t の関数であるから t とともに変化する。

5.3.4 現在の IPR 予測法

前節では，水溶性天然ガス井のインフロー挙動に及ぼす因子について理論的および定量的に考察した。前述したインフロー挙動の式（例えば，式（5.1））におけるすべての変数がわかれば，IPR を定量的に評価することができる。しかしながら，通常，それを行うための十分な情報が得られないことが多い。そこで実坑井への流入流量（inflow rate）を予測するために経験的方法が用いられる。

本項では坑井の IPR 法（IPR method）として石油開発分野で広く用いられているいくつかの方法を述べる。これらの方法は少なくとも一回の坑井試験における生産量 $q_{w,sc}$ と流動坑底圧力 p_{wf} に関する測定データを必要とし，中には複数回の試験データを必要とする場合がある。

(1) Vogel の方法

Vogel の方法（Vogel method）は，溶解ガス押しの飽和貯留層（saturated reservoir）および不飽和貯留層（undersaturated reservoir）から生産している油井の現時点における IPR を計算するために Vogel, J.V.（1968）によって経験的に導かれた方法である。かん水は油と同じ液体であるから，Vogel の式はガスを溶解しているかん水を汲み上げる水溶性天然ガス生産井の IPR の計算に対して適用可能であると考えられる。ここで，飽和貯留層は $\bar{p} = p_b$ の状態にあり，また不飽和貯留層は

$\bar{p} > p_b$ の状態にあることをいう。

Vogel, J.V.（1968）は，Weller, W.T.（1966）によって作成された溶解ガス押し貯留層（solution gas drive reservoir）の数学モデルを用いて，飽和貯留層（$\bar{p} = p_b$）における無次元流動坑底圧力 $p_{wf}/\bar{p}$ と無次元流量 $q_w/q_{w,\max}$ の関係から次の無次元 IPR（dimensionless IPR）の式（5.24）を提唱した。この方法は飽和された溶解ガス押し貯留層を対象に開発された式であるが，その後不飽和貯留層に対しても応用されるようになった。ただし，この式にはスキンの影響が考慮されていなく，かつ，坑井の産出指数 J が一定ではない。

a. 飽和貯留層（$\bar{p} \leq p_b$，$s = 0$）の場合

ⅰ） インフロー挙動の式

① $J \neq$ 一定の場合

$$\frac{q_w}{q_{w,\max}} = 1 - 0.2\frac{p_{wf}}{\bar{p}} - 0.8\left(\frac{p_{wf}}{\bar{p}}\right)^2 \tag{5.24}$$

ここで，q_w は流動坑底圧力 p_{wf} に対応する流入流量（inflow rate），$q_{w,\max}$ は $p_{wf} = 0$ のときの最大流量（AOF），$\bar{p}$ は対象とする貯留層の現時点における平均圧力である。式（5.24）を Vogel の式（Vogel's equation）といい，式中の圧力（p_{wf}，$\bar{p}$）はゲージ圧（guage pressure）である。

② $J =$ 一定と仮定した場合

$$\frac{q_w}{q_{w,\max}} = 1 - \frac{p_{wf}}{\bar{p}} \tag{5.25}$$

ⅱ） 計算手順

式（5.24）と（5.25）のいずれも無次元の $q_w/q_{w,\max} = 0 \sim 1$ の範囲で種々変えて計算する。

図-5.9 は，式（5.24）により計算した $p_{wf}/\bar{p} - q_w/q_{w,\max}$ の無次元 IPR のプロットを示す。**図-5.10** は，式（5.25）により計算した $p_{wf}/\bar{p} - q_w/q_{w,\max}$ の無次元 IPR のプロットを示す。

Vogel の方法による流量の計算誤差は次のように指摘されている。

* 式（5.24）による計算誤差は通常 10％以下であるが，貯留層の生産が枯渇段階になると 20％にも増大する。
* 一方，$J =$ 一定と仮定した式（5.25）による計算誤差は p_{wf} の低い値では 70〜80％のオーダーにもなる。

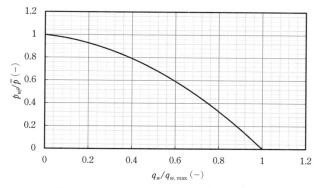

図-5.9 Vogel の無次元IPR（付録B第5章(1)参照）

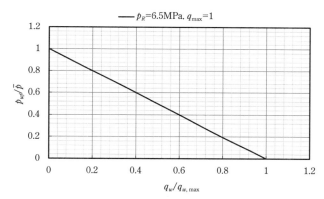

図-5.10 $J=$一定の場合のVogelの無次元IPRの計算値（付録B第5章(2)参照）

　Vogel の方法は溶解ガス押し貯留層に対して開発されたものであるが，含水率（water-cut）が97%のかん水を生産する坑井に対して有効であることが証明されている。したがって，Vogel の方法は水溶性天然ガス田における大量の付随水を産出する坑井にも応用可能であると考えられる。

b. 不飽和貯留層（$\bar{p}>p_b$, $s=0$）の場合

　不飽和貯留層（undersaturated reservoir）（$\bar{p}>p_b$）における坑井試験では，図-5.11に示すように流動坑底圧力が沸点圧力（bubble point pressure）以上（$p_{wf} \geq p_b$）のケース1と沸点圧力以下（$p_{wf} < p_b$）のケース2の発生が考えられる。

　以下では，Beggs, H.D.（1999）の記述に基づいてケース1とケース2におけるIPR に関する Vogel の方法の応用について考える。

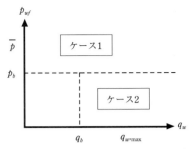

図-5.11 不飽和貯留層の圧力挙動の説明[8]

[ケース1 ($p_{wf} \geq p_b$)]

図-5.11におけるケース1の条件の貯留層で坑井試験が行われた場合のインフロー挙動の式と計算手順について考える。

ⅰ) インフロー挙動の式

図-5.11におけるq_bは流動坑底圧力p_{wf}が沸点圧力p_bになったとき（$p_{wf}=p_b$）の流量である。

流量が$q_w > q_b$で試験した場合のVogelの式は

$$\frac{q_w - q_b}{q_{w,\max} - q_b} = 1 - 0.2\frac{p_{wf}}{p_b} - 0.8\left(\frac{p_{wf}}{p_b}\right)^2$$

上記の式をq_wについて解くと

$$q_w = q_b + (q_{w,\max} - q_b)\left[1 - 0.2\frac{p_{wf}}{p_b} - 0.8\left(\frac{p_{wf}}{p_b}\right)^2\right] \tag{5.26}$$

式（5.26）をp_{wf}に関して微分すると

$$\frac{dq_w}{dp_{wf}} = -(q_{w,\max} - q_b)\left(\frac{0.2}{p_b} + \frac{1.6 p_{wf}}{p_b^2}\right)$$

ここで、dq_w/dp_{wf}は図-5.11における横軸q_wと縦軸p_{wf}に対して逆勾配（reciprocal slope）である。これはp_{wf}の変化に対するq_wの変化であり、坑井の産出指数Jを表す。

図-5.11におけるケース1とケース2の境界（$p_{wf}=p_b$）で逆勾配dq_w/dp_{wf}を評価するために、上記の式に$p_{wf}=p_b$を代入し整理すると

$$-\frac{dq_w}{dp_{wf}} = \frac{1.8(q_{w,\max} - q_b)}{p_b} \tag{5.27}$$

式 (5.27) より，産出指数 J は負の逆勾配として定義される。

したがって，ケース1 $(p_{wf} \geqq p_b)$ における p_{wf} のすべての値に対して J を評価する場合には，次式が用いられる。

$$J = \frac{1.8(q_{w,\max} - q_b)}{p_b} \tag{5.28}$$

または

$$q_{w,\max} - q_b = \frac{Jp_b}{1.8} \tag{5.29}$$

$p_b \geqq \bar{p}$，$q_b = 0$ の条件の飽和貯留層（saturated reservoir）における $q_{w,\max}$ と J の関係は，式 (5.29) より

$$q_{w,\max} = \frac{J\bar{p}}{1.8} \tag{5.30}$$

式 (5.29) を式 (5.26) に代入すると

$$q_w = q_b + \frac{Jp_b}{1.8}\left[1 - 0.2\frac{p_{wf}}{p_b} - 0.8\left(\frac{p_{wf}}{p_b}\right)^2\right] \tag{5.31}$$

坑井試験が $(p_{wf} \geqq p_b)$ で行われた場合，産出指数（productivity index）J と沸点圧力における流量（flow rate at bubble point）q_b はそれぞれ次式で計算される。

水単相の擬定常流（pseudo-steady state flow）における式 (5.13) より

$$J = \frac{q_w}{\bar{p} - p_{wf}}$$

$p_{wf} = p_b$ であれば，沸点圧力における流量 q_b は

$$q_b = J(\bar{p} - p_b) \tag{5.32}$$

ii) 計算手順

① 坑井試験データ $(q_{w,sc}, \bar{p}, p_{wf})$ を用いて式 (5.13) により J の値を計算する。
② ステップ①で求めた J の値を用いて式 (5.32) により流量 q_b を計算する。
③ ステップ①と②で求めた J と q_b の値を用いて式 (5.31) より $p_b > p_{wf}$ に対する IPR を計算する。なお，$p_{wf} \geqq p_b$ に対する IPR は直線になる。

▶ 例題 5.6

$\bar{p} = 7.0$（MPa），$p_b = 5.0$（MPa），$s = 0$ の貯留層で坑井試験をおこなった。試験の結果，$q_{w,sc} = 180$（m³/hr）に対して $p_{wf} = 6.0$（MPa）であった。このときの IPR

曲線を作成せよ。

[解答]

式（5.13）より

① $J = \dfrac{q_{w,sc}}{\bar{p} - p_{wf}} = \dfrac{180(\mathrm{m}^3/\mathrm{hr})}{7.0(\mathrm{MPa}) - 6.0(\mathrm{MPa})} = 180\left(\dfrac{\mathrm{m}^3}{\mathrm{MPa}\cdot\mathrm{hr}}\right)$

② $q_b = J(\bar{p} - p_b) = 180\left(\dfrac{\mathrm{m}^3}{\mathrm{MPa}\cdot\mathrm{hr}}\right) \times (7.0 - 5.0)(\mathrm{MPa}) = 360(\mathrm{m}^3/\mathrm{hr})$

③ $p_{wf} \geqq p_b$ ではステップ①で求めた J の値を用いて

$q_w = J(\bar{p} - p_{wf}) = 180 \times (7.0 - p_{wf})(\mathrm{m}^3/\mathrm{hr})$

④ $p_{wf} < p_b$ では，式（6.31）より

$q_w = 360 + \dfrac{180 \times 5.0}{1.8} \times \left[1.0 - 0.2 \times \dfrac{p_{wf}}{5.0} - 0.8\left(\dfrac{p_{wf}}{5.0}\right)^2\right]$

$= 360.0 + 500.0 \times \left(1.0 - 0.2\dfrac{p_{wf}}{5.0} - 0.8\left(\dfrac{p_{wf}}{5.0}\right)^2\right)$

$= 860 - 20p_{wf} - 16p_{wf}^2 (\mathrm{m}^3/\mathrm{hr})$

ステップ③とステップ④における q_w の式により，$p_{wf} = 0 \sim 7.0$（MPa）に対する q_w の計算結果から $p_{wf} - q_w$ のプロットを図-5.12 に示す。

[ケース2（$p_{wf} < p_b$）]

ケース2の条件の貯留層で坑井試験が行われた場合，沸点における流量 q_b の値

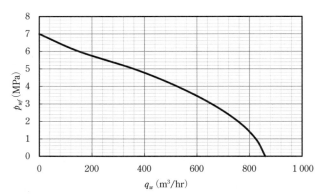

図-5.12　不飽和貯留層のIPR曲線（付録B第5章(3)参照）

がわからないため，インフロー挙動の式（式（5.31））における J の値は，式（5.31）と式（5.32）を結合して導かれた次式を用いて計算する。

ⅰ） インフロー挙動の式

$$J = \frac{q_w}{\bar{p} - p_b + \dfrac{p_b}{1.8}\left[1 - 0.2\dfrac{p_{wf}}{p_b} - 0.8\left(\dfrac{p_{wf}}{p_b}\right)^2\right]} \quad (5.33)$$

ⅱ） 計算手順

① 坑井試験データを用いて式（5.33）により J を計算する。
② ステップ①で求めた J の値を用いて式（5.32）により q_b を計算する。
③ ステップ①で求めた J の値を用いて（$p_{wf} < p_b$）に対する q_w を式（5.31）により計算する。$p_{wf} \geq p_b$ に対する IPR は直線（**図-5.10** 参照）であり，$q_w = J(\bar{p} - p_{wf})$ により計算する。

▶ 例題 5.7

$\bar{p} = 7.0$（MPa），$p_b = 5.0$（MPa），$s = 0$ の貯留層で坑井試験をおこなった。試験の結果，$q_{w,sc} = 200$（m³/hr）に対して $p_{wf} = 4.0$（MPa）となり，不飽和状態 $p_{wf} < p_b$ になった。このときの IPR 曲線を作成せよ。

[解答]

ケース 2 の計算手順に従って計算する。
式（5.33）より

$$J = \frac{200}{7-5+\dfrac{5}{1.8}\left[1-0.2\dfrac{4}{5}-0.8\left(\dfrac{4}{5}\right)^2\right]} = \frac{200}{2.92} \approx 69\left(\frac{\mathrm{m}^3}{\mathrm{MPa}\cdot\mathrm{hr}}\right)$$

$$q_b = J(\bar{p} - p_b) = 69 \times (7-5) = 138(\mathrm{m}^3/\mathrm{hr})$$

$p_{wf} < p_b$ に対して，式（5.31）より

$$q_w = 138 + \frac{69 \times 5}{1.8}\left[1 - 0.2\frac{p_{wf}}{5} - 0.8\left(\frac{p_{wf}}{5}\right)^2\right]$$

（$p_{wf} \geq p_b$）に対して

$$q_w = J(\bar{p}_R - p_{wf}) = 69 \times (7 - p_{wf})$$

以上の計算結果から，$p_{wf} - q_w$ のプロットを**図-5.13**に示す。

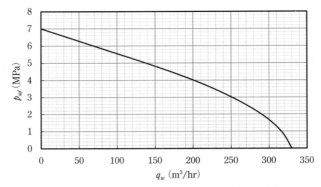

図-5.13　不飽和貯留層のIPR曲線(付録B第5章(4)参照)

(2) Vogel–Standing の方法

Standing, M.B.（1970）は前述した Vogel の式を修正し，スキン係数が $s \neq 0$ のときにも適用できる方法を提唱した．これを本書では Vogel–Standing の方法（Vogel–Standing method）と呼ぶ．

実際の坑井における産出効率（flow efficiency）FE は理想坑井のドローダウン（$\bar{p} - p_{wf,ideal}$）と実坑井のドローダウン（$\bar{p} - p_{wf}$）の比として次式で表される．

$$FE = \frac{\text{理想的なドローダウン}}{\text{実際のドローダウン}} \tag{5.35a}$$

$$= \frac{\bar{p} - p_{wf,ideal}}{\bar{p} - p_{wf}} \tag{5.35b}$$

$$= \frac{q_w / J_{ideal}}{q_w / J} \tag{5.35c}$$

$$= \frac{J}{J_{ideal}} \tag{5.35d}$$

ここで，$p_{wf,ideal}$ は理想的な流動坑底圧力（ideal flowing well bottom pressure），p_{wf} は実際の流動坑底圧力（real flowing well bottom pressure）（$= p_{wf,ideal} + \Delta p_{skin}$），$J_{ideal}$ は理想的な産出指数，J は実際の産出指数である．

式（5.35b）はスキンによる圧力低下（pressure drawdown due to skin）Δp_{skin} または前述した擬定常インフローの式（5.6）を用いて表すと，それぞれ

$$FE = \frac{\bar{p} - p_{wf,ideal}}{\bar{p} - p_{wf,ideal} - \Delta p_{skin}} \tag{5.36a}$$

$$= \frac{\ln(0.472 r_e / r_w)}{\ln(0.472 r_e / r_w) + s} \tag{5.36b}$$

a. 飽和貯留層（$\bar{p} \leq p_b$, $s = 0$, $FE \neq 0$）の場合

ⅰ）インフロー挙動の式

理想坑井の最大流量$q_{w,\max}^{FE=1}$と坑底圧力$p_{wf,ideal}$を用いて，前述したVogelの式（5.24）を次のように表す．

$$\frac{q_w}{q_{w,\max}^{FE=1}} = 1 - 0.2 \frac{p_{wf,ideal}}{\bar{p}} - 0.8 \left(\frac{p_{wf,ideal}}{\bar{p}} \right)^2 \tag{5.37}$$

ここで，$q_{w,\max}^{FE=1}$は$FE=1$の理想坑井の最大流量（maxmum inflow rate of a ideal well）である．

p_{wf}，$p_{wf,ideal}$とFEの関係は，前述した式（5.35b）を$p_{wf,ideal}$について解くと次のように表される．

$$p_{wf,ideal} = \bar{p} - FE(\bar{p} - p_{wf})$$

上記の式を無次元化するために両辺を$\bar{p}$で割ると

$$\frac{p_{wf,ideal}}{\bar{p}} = 1 - FE + FE \frac{p_{wf}}{\bar{p}} \tag{5.38}$$

式（5.38）は$FE \leq 1$の場合には成り立つ．しかし，$FE > 1$の場合には，式（5.38）により計算した$p_{wf,ideal}/\bar{p}$は，大きなドローダウンまたは小さなp_{wf}の値に対して負の値となる．この負の値を式（5.37）に代入すると右辺第3項二乗項が正となるため$p_{wf,ideal}/\bar{p} > 1$になる．それは物理的に不都合である．したがって，$FE > 1$の場合にはVogelの式は用いることができない．そこで，Standing, M.B.（1970）は，$FE > 1$の場合（FE障害坑井または刺激坑井）のIPRを計算できるようにするために，式（5.37）と式（5.38）を結合（式（5.38）を式（5.37）に代入し整理する）した次の式を提唱した．

$$\frac{q_w}{q_{w,\max}^{FE=1}} = 1.8(FE)\left(1 - \frac{p_{wf}}{\bar{p}}\right) - 0.8(FE)^2 \left(1 - \frac{p_{wf}}{\bar{p}}\right)^2 \tag{5.39}$$

制約条件$p_{wf,ideal} \geq 0$のため，式（5.39）の適用範囲は

$$q_w \leq q_{w,\max}^{FE=1} \text{ または } p_{wf} \geq \bar{p}\left(1 - \frac{1}{FE}\right)$$

である．

$FE \leq 1$ならば，上記の制約条件は常に満足される．$FE = 1$のとき式（5.39）は

Vogel の式（5.24）と同じになる。$FE>1$ の場合の $q_{w,\max}$（AOF）と $q_{w,\max}^{FE=1}$ の関係は次式で表される。

$$q_{w,\max} = q_{w,\max}^{FE=1}(0.624 + 0.376FE) \tag{5.40}$$

したがって，式（5.39）は坑井試験データから求めた最大流量 $q_{w,\max}^{FE=1}$ を用いて FE のすべての値に対する無次元 IPR の計算に用いることができる。

ⅱ）計算手順

Vogel–Standing の式による無次元 IPR の計算手順を以下に示す。

① 坑井試験で得られた p_{wf}, q_w, FE の値を用いて，式（5.39）により $q_{w,\max}^{FE=1}$ を計算する。

② p_{wf} の種々の値を仮定し，式（5.39）より p_{wf} の各値に対する q_w を計算する。坑井刺激により FE が増大する効果を推定するために $1<FE$ の値が用いられる。

b. 不飽和貯留層（$\bar{p}>p_b$, $FE \neq 1$）の場合

Standing は，産出効率が $FE \neq 1$，スキン係数が $s \neq 0$ の不飽和貯留層に応用できるようにするために，Vogel の式（5.24）を次のように修正した式を提唱した。

ⅰ）修正インフロー挙動の式

$$q_w = J(\bar{p} - p_b) + \frac{Jp_b}{1.8}\left[1.8\left(1 - \frac{p_{wf}}{p_b}\right) - 0.8(FE)\left(1 - \frac{p_{wf}}{p_b}\right)^2\right] \tag{5.41}$$

この式は $FE=1$ を含むすべての FE の値に対して IPR を計算できる。

ⅱ）計算手順

[ケース 1（$p_{wf} \geqq p_b$）]

① 坑井試験データを用いて式（5.13）により J を計算する。

② 式（5.41）における FE の既知の値を用いて $p_{wf}<p_b$ の値に対する IPR を計算する。このとき $p_b \leqq p_{wf}$ に対する IPR は直線となる。

③ 坑井試験中の FE 値以外の FE 値に対する J の値は次式で修正される。

$$J_2 = J_1(FE)_2/(FE)_1 \tag{5.42}$$

ここで，J_2 はステップ②で用いる新しい値，J_1 は坑井試験中の $(FE)_1$ を用いて試験データから計算した値，$(FE)_1$ は坑井試験中の産出効率，$(FE)_2$ はステップ②へ進むときの産出効率である。

[ケース 2（$p_{wf}<p_b$）]

① 坑井試験データを用いて式（5.41）における J を計算する。

② 式（5.41）を用いて $p_{wf} \leqq p_b$ に対する IPR を計算する。

③ FE の他の値に対して，ケース1と同様に式（5.42）により J の値を修正する。

▶ 例題 5.8

流量 $q_w = 180$（m³/hr）で坑井試験を行った。そのときの流動坑底圧力が $p_{wf} = 5.0$（MPa）である。ただし，$\bar{p} = 7.0$（MPa），$p_b = 6.0$（MPa），$FE = 0.7$ である。FE の値が 0.7 と 1.1 に対する IPR 曲線を作成せよ。

[解答]

最大流量 $q_{w,\max}^{FE=1}$ は式（5.39）より

$$q_{w,\max}^{FE=1} = \frac{q_w}{1.8(FE)\left(1 - \dfrac{p_{ws}}{\bar{p}}\right) - 0.8(FE)^2\left(1 - \dfrac{p_{wf}}{\bar{p}}\right)^2}$$

$$= \frac{180}{1.8(0.7)\left(1 - \dfrac{5}{6}\right) - 0.8(0.7)^2\left(1 - \dfrac{5}{6}\right)^2} \approx 887 \, (m^3/hr)$$

流量 q_w と流動坑底圧力 p_{wf} の関係は，上記の $q_{w,\max}^{FE=1} = 887$（m³/hr）と式（5.39）より

$$q_w = 887\left[1.8(FE)\left(1 - \dfrac{p_{wf}}{7}\right) - 0.8(FE)^2\left(1 - \dfrac{p_{wf}}{7}\right)^2\right]$$

$$\approx 1600(FE)\left(1 - \dfrac{p_{wf}}{7}\right) - 710(FE)^2\left(1 - \dfrac{p_{wf}}{7}\right)^2$$

上記の式を用いて $FE = 0.7$，1.1 に対する IPR 曲線を図-5.14 に示す。

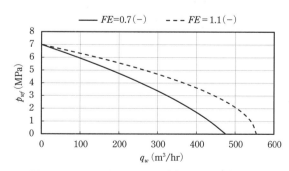

図-5.14　$FE = 0.7$ と 1.1 の IPR 曲線（付録B第5章（5）参照）

5.3.5 将来の IPR 予測法

　枯渇押し（depletion drive）（溶解ガス押し）貯留層は圧力が減衰すると，かん水の輸送能力が減退する。それは遊離ガスの増加によってかん水の相対浸透率が減少することによって起こる。そのため人工リフト装置などを用いて貯留層の開発計画を立案する場合には，経済的観点からプロジェクトを評価し，人工リフトの設計やサイズの決定を行うことに加えて，将来の貯留層生産挙動を予測することが重要である。ここでは，枯渇押し貯留層の生産量に及ぼす圧力低下の影響を予測する Standing の方法（Standing's method）について説明する。

(1) Standing の方法

　この方法は，貯留層圧力の低下に伴いガス飽和率が増大し，かん水の生産量が減少することを予測するために用いる。前述の Vogel の式（5.24）を再整理すると

$$\frac{q_w}{q_{w,\max}} = \left(1 - \frac{p_{wf}}{\bar{p}}\right)\left(1 + 0.8\frac{p_{wf}}{\bar{p}}\right) \tag{5.43}$$

　式（5.43）に産出指数の式（5.13）の右辺第一式を代入し整理すると

$$J = \frac{q_{w,\max}}{\bar{p}}\left(1 + 0.8\frac{p_{wf}}{\bar{p}}\right) \tag{5.44}$$

　ここで，ゼロ・ドローダウンすなわち $p_{wf} = \bar{p}$ のときの産出指数 J^* を次のように定義する。

$$J^* = \lim_{p_{wf} \to \bar{p}} J = \frac{1.8 q_{w,\max}}{\bar{p}} \tag{5.45a}$$

または

$$q_{w,\max} = \frac{J^* \bar{p}}{1.8} \tag{5.45b}$$

　圧力の減衰に伴い J^* の変化が予測できれば，式（5.45b）により $q_{w,\max}$ の変化が計算できる。そこで，Standing は J^* に関して次のもう一つの定義式を考えた。

$$J^* = \frac{2\pi k h}{\ln\left(\dfrac{0.472 r_e}{r_w}\right)}(f(\bar{p})) \tag{5.46}$$

　ここで

$$f(\bar{p}) = \frac{k_{rw}}{\mu_w B_w} \tag{5.47}$$

μ_w, B_w はかん水の粘度と容積係数で圧力の関数であり，k_{rw} はかん水の相対浸透率でガス飽和率の関数であることから，$f(\bar{p})$ は圧力の減衰とともに変化する。現在の J_P^* と将来の J_F^* 間の関係は次式で表される。

$$\frac{J_F^*}{J_p^*} = \frac{f(\bar{p}_F)}{f(\bar{p}_P)} \tag{5.48}$$

ここで

J_F^* = 現在の $\bar{p}_P$ が将来の $\bar{p}_F$ へ減衰したときの J^* の値

J_P^* = 現在の貯留層圧力 $\bar{p}_P$ における J^* の値

将来の最大流量 $q_{w,\max F}$ と現時点の最大流量 $q_{w,\max P}$ との関係は，式（5.48）と式（5.45a）から次式によって表される。

$$q_{w,\max F} = q_{w,\max P} \left[\frac{\bar{p}_F f(\bar{p}_F)}{\bar{p}_P f(\bar{p}_P)} \right] \tag{5.49}$$

将来の IPR の計算は次のように行う。

まず，式（5.48）における J_p^* および $f(\bar{p}_p)$ と式（5.49）における現在の $q_{w,\max P}$ は，それぞれ現時点の坑井試験データ（$\bar{p}$, $f(\bar{p}_p)$）を用いて前述した式（5.24）により決定される。ここで，現在の $f(\bar{p}_p)$ は現時点の坑井試験から得られた k_{rw}, B_w, μ_w の値を用いて式（5.47）から求める。

将来の最大流量 $q_{w,\max F}$ は，将来の平均貯留層圧力 $\bar{p}_F$ の推定値から予測する。ここで，$\bar{p}_F$ の値は現在の $\bar{p}_p$ から徐々に減衰することを想定して推定する。その推定値 $\bar{p}_F$ に対する圧力関数 $f(\bar{p}_F)$（k_{rw}, B_w, μ_w）を推定する。たとえば，かん水の将来の飽和率値 S_w は $\bar{p}_F$, $f(\bar{p}_F)$ を用いて物質収支計算または貯留層モデル計算によって推定する。推定された S_w の値を用いてかん水の相対浸透率 k_{rw} を第2章の式（2.113）から求める。その他，かん水の容積係数 B_w と粘度 μ_w はそれぞれ第2章の式（2.47），（2.48）と式（2.61），（2.62）から求める。

① $q_{w,\max F}$ が推定された場合の将来 IPR の計算に用いる流量 $q_{w,F}$ の式

$$q_{w,F} = q_{w,\max F} \left[1 - 0.2 \frac{p_{wf}}{\bar{p}_F} - 0.8 \left(\frac{p_{wf}}{\bar{p}_F} \right)^2 \right] \tag{5.50a}$$

② J_F^* が推定された場合の将来 IPR の計算に用いる流量 $q_{w,F}$ の式

$$q_{w,F} = \frac{J_F^* \bar{p}_F}{1.8}\left[1 - 0.2\frac{p_{wf}}{\bar{p}_F} - 0.8\left(\frac{p_{wf}}{\bar{p}_F}\right)^2\right] \tag{5.50b}$$

(2) 将来 IPR の計算手順

必要な坑井試験データを整理した後，次の計算手順に従って IPR の計算を行う。

① 坑井試験データ（$\bar{p}_P$, $f(\bar{p}_P)$）および式（5.24）を用いて現在の $q_{w,\max P}$ を計算する。

② 流体特性，飽和率，相対浸透率を用いて現在の $f(\bar{p}_P)$ と将来の $f(\bar{p}_F)$ を式（5.47）により計算する。

③ 式（5.48）により J_F^* を計算する。または式（5.49）により将来の $q_{w,\max F}$ を計算する。

④ 式（5.50a, b）により将来 IPR を計算する。

上記の計算手順による現在および将来の IPR に関する計算を次の例題 5.9 で理解されたい。

▶ 例題 5.9

以下に示すデータを用いて Standing の方法により将来 IPR 曲線を作成せよ。

	現在	将来
$\bar{p}$	7.0（MPa）（測定値）	6.0（MPa）（推定値）
μ_w	7.0 × 10^{-4}（MPa·s）	7.2 × 10^{-4}（MPa·s）
B_w	1.0（m³/sc-m³）	1.0（m³/sc-m³）
S_w	0.9（－）	0.8（－）
k_{rw}	0.8（－）	0.6（－）

現在の坑井試験の生産量が $q_w = 180.0$（m³/hr），流動坑底圧力が $p_{wf} = 6.2$（MPa）である。それらの値を将来 IPR の計算に用いる。

［解答］

① 式（5.24）より
$$q_{w,\max P} = \frac{180}{1 - 0.2(6.2/7.0) - 0.8(6.2/7.0)^2}$$
$$= 180/0.81 \approx 222 (\text{m}^3/\text{hr})$$

② 式（5.24）より
$$q_{w,p} = 222 \times \left[1 - 0.2\frac{p_{wf}}{7} - 0.8\frac{(p_{wf})^2}{(7)^2}\right]$$

③ 式（5.47）より　　$f(\bar{p}_P) = (k_{rw}/B_w\mu_w)_p = 0.8/(1.0\times7\times10^{-4}) = 1\,143\,(1/\text{Pa}\cdot\text{s})$
$f(\bar{p}_F) = (k_{rw}/B_w\mu_w)_F = 0.6/(1.0\times7\times10^{-4}) = 857\,(1/\text{Pa}\cdot\text{s})$

④ 式（5.49）より　　$q_{w,\max F} = 222 \times \left[\dfrac{6\times857}{7\times1\,143}\right] \approx 143\,(\text{m}^3/\text{hr})$

⑤ 式（5.50a）より　　$q_{w,F} = 143 \times \left[1 - 0.2(p_{wf}/6) - 0.8(p_{wf}/6)^2\right]$

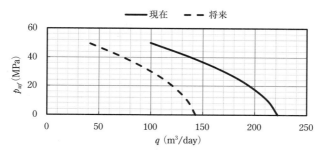

図-5.15　現在と将来のIPR曲線（付録B第5章（6）参照）

5.3.6　坑井試験による *FE* の求め方

（1）近似計算

圧力遷移試験によりスキン係数 s が求められていれば，産出効率 *FE* の値は式（5.36b）を用いて計算する．もし，r_e が未知であれば，$\ln(0.472r_e/r_w) \doteqdot 7$ と仮定し，*FE* に関する式（5.36b）は次のように近似的に表される．

$$FE = \frac{0.472\ln(r_e/r_w)}{0.472\ln(r_e/r_w)+s} \approx \frac{7}{7+s} \tag{5.51}$$

（2）式（5.39）を用いた *FE* の計算

平均貯留層圧力 $\bar{p}$ が既知であれば，*FE* は次のように計算する．まず，前述した式（5.39）を $q_{w,\max}^{FE=1}$ に関して解くことによって

$$q_{w,\max}^{FE=1} = \frac{q_w}{1.8(FE)\left(1-\dfrac{p_{wf}}{\bar{p}}\right) - 0.8(FE)^2\left(1-\dfrac{p_{wf}}{\bar{p}}\right)^2} \tag{5.52}$$

$q_{w,\max}^{FE=1}$ が一定の下で流量を q_{w1} と q_{w2} と変えて 2 回の坑井試験を行い，それぞれの流動坑底圧力 p_{wf1} と p_{wf2} を求める．得られた p_{wf1} と p_{wf2} をそれぞれ式（5.52）に代入し，$q_{w,\max}^{FE=1}$ が一定であることを考慮すると次式が成り立つ．

$$\frac{q_{w1}}{1.8(FE)\left(1-\frac{p_{wf1}}{\bar{p}}\right)-0.8(FE)^2\left(1-\frac{p_{wf1}}{\bar{p}}\right)^2}$$

$$=\frac{q_{w2}}{1.8(FE)\left(1-\frac{p_{wf2}}{\bar{p}}\right)-0.8(FE)^2\left(1-\frac{p_{wf2}}{\bar{p}}\right)^2}$$

ここで，下添え字の1と2は1回と2回の試験を示す。

上記の式を FE に関して解くと

$$FE=\frac{2.25\left[\left(1-\frac{p_{wf1}}{\bar{p}}\right)q_{w2}-\left(1-\frac{p_{wf2}}{\bar{p}}\right)q_{w1}\right]}{\left(1-\frac{p_{wf1}}{\bar{p}}\right)^2 q_{w2}-\left(1-\frac{p_{wf2}}{\bar{p}}\right)^2 q_{w1}} \tag{5.53}$$

式（5.53）は分母に圧力の平方項 $(1-p_{wf}/\bar{p})^2$ が入っているため圧力 p_{wf} の微小な変化が FE の値に及ぼす影響が大きい。そのため圧力に関して正確な試験データを必要とする。したがって，この方法は FE の近似値を求めるのに用いられる。これに対して圧力遷移試験から求めたスキン係数 s を用いて上記の(1)の方法によって計算した FE の値がより正確である。

▶ 例題 5.10

平均圧力が $\bar{p}=6.5$（MPa）である貯留層において異なる流量で生産試験が2回行われた。そのときの試験データは下記に示す。この坑井の産出効率 FE を計算せよ。

データ

テスト	p_{wf} (MPa)	q_w (m³/hr)
1	5.5	108
2	4.0	216

［解答］

式（5.53）より

$$\left(1-\frac{p_{wf1}}{\bar{p}}\right)=1-\frac{5.5}{6.5}=0.154$$

$$\left(1 - \frac{p_{wf2}}{\bar{p}}\right) = 1 - \frac{4.0}{6.5} = 0.385$$

$$FE = \frac{2.25\bigl[(0.154)(216) - (0.385)(108)\bigr]}{(0.154)^2(216) - (0.385)^2(108)} \approx 1.72(-)$$

5.4 スキン効果の定式化

第3章3.1.5項ではスキン効果の概念について定性的に簡単にふれたが,本節ではスキン効果に関するHawkinsの式,スキンによる有効半径およびスキンの構成要素について理論的に説明する。

5.4.1 Hawkinsの式

障害を受けた坑井近傍貯留層のスキン効果に関してはHawkinsの研究(Hawkins, MF., Jr.: 1956) がある。図-5.16は典型的な坑井近傍の障害領域の概念を示す。この図における r_w は坑井半径, r_s は障害を受けた領域の半径, k は障害を受けない貯留層の浸透率, k_s は障害を受けた領域の浸透率, h は層厚, r_e は貯留層外側境界の半径, p_e は貯留層外側境界圧力である。

図-5.17は理想坑井(ideal well)の圧力曲線 p_{ideal} と実坑井(real well)の圧力曲線 p_{real} を示す。この図の記号を用いてスキン効果について理論的に考えてみよう。障害領域の外側半径 r_s における圧力 p_s と理想坑井の流動坑底圧力 $p_{wf, ideal}$ 間との圧

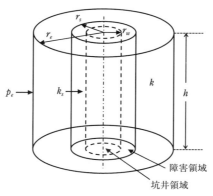

図-5.16 障害を受けた坑井近傍貯留層の概念

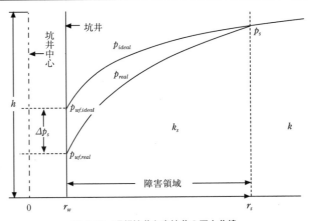

図-5.17 理想坑井と実坑井の圧力曲線

力差は,第3章における理想坑井の流動坑底圧力の式(3.51b)より次式で表される。

$$p_s - p_{wf,ideal} = \frac{q\mu_w}{2\pi kh}\ln\frac{r_s}{r_w} \tag{5.54}$$

障害領域外側境界半径 r_s における圧力 p_s と障害を受けた実坑井の流動坑底圧力 (flowing bottom hole pressure) $p_{wf,real}$ 間の圧力差は次式で表される。

$$p_s - p_{wf,real} = \frac{q\mu_w}{2\pi k_s h}\ln\frac{r_s}{r_w} = \frac{q\mu_w}{2\pi kh}\left[\ln\frac{r_s}{r_w} + s\right] \tag{5.55}$$

ここで,k_s は障害領域の浸透率,k は障害を受けない貯留層の浸透率である。

スキンによる圧力低下 Δp_s は実坑井の式(5.55)の右辺第二式から理想坑井の式(5.54)を引くと

$$\Delta p_s = \frac{q\mu_w}{2\pi kh}\left(\frac{k}{k_s} - 1\right)\ln\frac{r_s}{r_w} \tag{5.56}$$

一方,スキン効果による圧力低下 Δp_s は次のように考えられる。すなわち,障害領域 r_s 内における理想坑井の圧力の式(5.54)とスキン係数 s を含む実坑井の圧力の式(5.55)との差をとると

$$\Delta p_s = \frac{q\mu_w}{2\pi kh}\left(\ln\frac{r_s}{r_w} + s\right) - \frac{q\mu}{2\pi kh}\left(\ln\frac{r_s}{r_w}\right)$$

故に

$$\Delta p_s = \frac{q\mu_w}{2\pi kh} s \tag{5.57}$$

式（5.56）と式（5.57）より

$$\frac{q\mu}{2\pi kh} s = \frac{q\mu_w}{2\pi kh}\left(\frac{k}{k_s}-1\right)\ln\frac{r_s}{r_w}$$

上記の式を s について整理すると

$$s = \left(\frac{k}{k_s}-1\right)\ln\frac{r_s}{r_w} \tag{5.58}$$

式（5.58）はスキン係数に関する Hawkins の式（Hawkins' formula）と呼ばれ，浸透率の減少および地層障害の影響を調査するのに有効である。

5.4.2　坑井の有効半径

実際に障害を受けた坑井の半径は，第 3 章の式（3.52a, b）の右辺カッコの項より次式で表される。

$$\ln\frac{r_s}{r_{we}} = \ln\frac{r_e}{r_w} + s \tag{5.59a}$$

または

$$r_{we} = r_w e^{-s} \tag{5.59b}$$

ここで

　　　r_{we} ＝坑井の有効半径（effective wellbore radius）

障害を受けた坑井の有効半径は，$s>0$ の場合と $s<0$ の場合の 2 通り考えられる。

$s>0$ の場合：$r_{we} = \dfrac{r_w}{e^s} < r_w$

$s<0$ の場合：$r_{we} = \dfrac{r_w}{e^s} > r_w$

$s>0$ の場合は，図-5.18 に示すように泥水などの侵入により元の坑井半径より小さくなる。

それに対して $s<0$ の場合は，亀裂や酸処理などにより元の坑井半径より大きくなる。

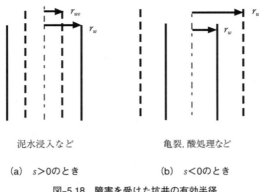

(a) $s>0$のとき　　　(b) $s<0$のとき

図-5.18　障害を受けた坑井の有効半径

▶ 例題5.11

半径 $r_w = 0.1\,m$ の坑井を掘削したところ，泥水が坑井から $r = 1.5\,m$ ほど地層中へ浸入したことがわかった。その結果，浸透率が $k/k_s = 10$ 程度になった。このときのスキン係数 s を求めよ。

［解答］

泥水の浸入した領域の外側の半径は

$$r_s = r_w + r = 0.1 + 1.5 = 1.6\,(m)$$

式（5.58）より

$$s = (10-1)\ln\frac{1.6}{0.1} \approx 45.7\,(-)$$

5.4.3　スキンの要素

坑井に対するスキン係数（skin factor）の影響は数多くの要素からなり，一般に次式で表される[15]。

$$s = s_d + s_{c+\theta} + s_p + \sum s_{pseudo} \tag{5.60}$$

ここで，s はスキン係数，s_d は地層障害スキン係数，$s_{c+\theta}$ は部分仕上げおよび傾斜によるスキン係数，s_p は穿孔によるスキン係数，s_{pseudo} は疑似障害（二相流，乱流など）によるスキン係数の総和である。

疑似障害スキン係数の代表的なものとして，坑井近傍における乱流の影響によるスキン効果（流量依存スキン効果），ガス水二相流の影響を受けるスキン効果（二相流依存スキン効果）がある。通常，スキン係数 s は主に地層障害と乱流による障

害を考慮して，次のように定義される．

$$s = s_d + Dq \tag{5.61}$$

ここで，s は総括スキン係数（orver all skin factor or total skin factor），s_d は地層障害によるスキン係数（skin factor due to formation damage），Dq は乱流による障害（damage due to turbulence），D は乱流係数（turbulence coefficient），q は流量（flow rate）である．

5.4.4 地層障害スキン係数と乱流係数の決定

s は1回の圧力遷移試験で求められるが，式（5.61）における地層障害によるスキン係数 s_d と乱流係数 D の2つの未知数を求めるには異なる流量で圧力遷移試験を2回行い，データを取得する必要がある．例えば，一回目の圧力遷移試験は流量 q_1 で行い，s_1 を求める．二回目の試験では流量を q_2 に変えて行い，s_2 を求める．これらの値（q_1, q_2, s_1, s_2）を式（5.61）に代入すると，s_d と D を未知数とする連立一次方程式が得られる．

$$s_1 = s_d + Dq_1$$
$$s_2 = s_d + Dq_2$$

上記の連立方程式を s_d と D について解くと，s_d と D は次のように求められる．

$$s_d = \frac{s_2 q_1 - s_1 q_2}{q_1 - q_2} \tag{5.62a}$$

$$D = \frac{s_1 - s_2}{q_1 - q_2} \tag{5.62b}$$

5.5 坑井仕上げの影響

水溶性天然ガス田では，通常生産層を完全に貫入した井戸が用いられるが，まれに何らかの理由で生産層の途中で掘止めになっている場合がある．前者を完全貫入井（completely penetrating well），後者を部分貫入井（partially penerating well）という．部分貫入仕上げは完全貫入裸坑井に比較して産出能力（productivity）が低下するため，ほとんど用いられていない．

水溶性天然ガス生産井の仕上げとして広く採用されている方法は，第1章で述べたようにアンカー仕上げ（perforated-pipe completion），ガンパー仕上げ（gun perforated completion) およびグラベルパック仕上げ（gravel pack completion）である。アンカー仕上げは生産層の深度区間にあらかじめ穴が開けられた孔明管（perforated pipe）を用いるものである。ガンパー仕上げは坑井掘削後に穴の開いていない通常のケーシングパイプを挿入し，セメンチングを行った後に生産層の深度区間にあたるケーシングパイプにガンパーを用いて人工的に穴を開けて坑井を仕上げるものである。グラベルパック仕上げは生産層深度のアンカーパイプから地層粒径よりも若干大きく，選別された砂を穿孔部分から地層中へ充填するものである。この砂をグラベル（gravel）という。このような坑井仕上げは，地層流体が坑井へ流入（inflow）するときの大きな抵抗となる。また，坑井の掘削時や生産時における地層障害（formation damage）がインフローに対して大きな抵抗になる。

以上のように，坑井仕上げや地層障害による流動抵抗は産出能力に影響するため，それを定量的に評価する必要がある。しかし，仕上げに関してはその種類によって評価方法が異なる。

本節では部分貫入井，アンカー仕上げ井，ガンパー仕上げ井およびグラベルパック仕上げ井の仕上げ効率（completion efficiency）の評価方法について説明する。

5.5.1 部分貫入仕上げ

(1) 産出効率

部分貫入井による実際の流量 q は，理想坑井（完全貫入裸坑井）の流量 q_0（スキン係数ゼロのときの流量）に比較して減少する。これを定量的に評価するための産出効率（flow efficiency）は，理想坑井の流量 q_0 に対する実坑井の流量 q の比として次式で定義される。

$$FE = \frac{q}{q_0} \tag{5.63}$$

式 (5.63) における q_0 および q は同じ圧力ドローダウン Δp を用いて表すと

$$q_0 = \frac{2\pi kh\Delta p}{B_w \mu_w \ln(r_e/r_w)} \tag{5.64a}$$

$$q = \frac{2\pi kh\Delta p}{B_w \mu_w [\ln(r_e/r_w)+s]} \tag{5.64b}$$

(2) 流量の式
a. Muskatの流量の式

Muskatは，図-5.19に示すように等方均質な貯留層に掘削した部分貫入井で生産したときに坑井周囲に形成されるポテンシャル分布について理論的に研究され，その解析解から部分貫入井の生産量に関して次のような計算式を導いた[25]。

$$q = \frac{\dfrac{2\pi k h(p_e - p_w)}{\mu_w B_w}}{\dfrac{1}{2\delta}\left[2\ln\dfrac{4h}{r_w} - \ln\dfrac{\Gamma(0.875\delta)\Gamma(0.125\delta)}{\Gamma(1-0.875\delta)\Gamma(1-0.125\delta)}\right] - \ln\dfrac{4h}{r_e}} \quad (5.65)$$

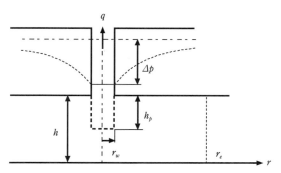

図-5.19 部分貫入井と座標

ここで，qは部分貫入被圧井の流量，hは層厚，h_pは貯留層に部分貫入している坑井区間の長さ，δは坑井貫入率（$=h_p/h$），r_wは坑井半径，r_eは貯留層外側境界半径，μ_wは流体の粘度，B_wは流体の容積係数，Γはガンマ関数（gamma function）である。

式（5.65）におけるガンマ関数$\Gamma(x)$の自変数xは，次のように表される。

$\quad x_1 = 0.875\delta$ （5.66a）

$\quad x_2 = 0.125\delta$ （5.66b）

$\quad x_3 = 1 - 0.875\delta$ （5.66c）

$\quad x_4 = 1 - 0.125\delta$ （5.66d）

これらの自変数が正であれば，ガンマ関数$\Gamma(x)$は回帰公式[5]によりそれぞれ次のように表される。

$$\Gamma(x_1) = \frac{1}{x_1} \lim_{n \to \infty} \frac{n! n^{x_1}}{(1+x_1)(2+x_1)\cdots(n+x_1)} \tag{5.67a}$$

$$\Gamma(x_2) = \frac{1}{x_2} \lim_{n \to \infty} \frac{n! n^{x_2}}{(1+x_2)(2+x_2)\cdots(n+x_2)} \tag{5.67b}$$

$$\Gamma(x_3) = \frac{1}{x_3} \lim_{n \to \infty} \frac{n! n^{x_3}}{(1+x_3)(2+x_3)\cdots(n+x_3)} \tag{5.67c}$$

$$\Gamma(x_4) = \frac{1}{x_4} \lim_{n \to \infty} \frac{n! n^{x_4}}{(1+x_4)(2+x_4)\cdots(n+x_4)} \tag{5.67d}$$

したがって，流量 q は式（5.65）の分母のガンマ関数 $\Gamma(x)$ の自変数 x にそれぞれ上記の無限級数の式（5.67a），式（5.67b），式（5.67c），式（5.67d）を代入し計算する。

b. Kozeny の近似式

Kozeny, J.（1933）は前述の式（5.65）よりも簡単な次の近似式を提案した。

$$q = \frac{2\pi k h \delta (p_e - p_{wf})}{\mu_w B_w \ln(r_e/r_w)} \left(1 + 7\sqrt{\frac{r_w}{2h\delta}} \cos\frac{\pi\delta}{2}\right) \tag{5.68}$$

なお，部分貫入井の流量に関する Muskat の式と Kozeny の式による計算結果の比較は演習問題 5.10 に取り上げている。

(3) 産出効率の式

a. Muskat の流量の式を用いた場合

式（5.65）と式（5.64a）を産出効率の式（5.63）に代入すると，FE は次式で表される。

$$FE = \frac{\ln r_e/r_w}{\frac{1}{2}\delta\left[2\ln\frac{4h}{r_w} - \ln\frac{\Gamma(0.875\delta)\Gamma(0.125\delta)}{\Gamma(1-0.875\delta)\Gamma(1-0.125\delta)}\right] - \ln\frac{4h}{r_e}} \tag{5.69a}$$

なお，式（5.69a）の誘導は演習問題 5.11 に取り上げている。

b. Kozeny の流量の近似式を用いた場合

式（5.68）と式（5.64a）を式（5.63）に代入すると，FE は次式で表される。

$$FE = \delta\left(1 + 7\sqrt{\frac{r_w}{2h\delta}} \cos\frac{\pi\delta}{2}\right) \tag{5.69b}$$

なお，式（5.69b）の誘導は演習問題 5.12 に取り上げている。

5.5.2 孔明管仕上げ

坑井が貯留層を貫入した部分には，地層の崩壊を防ぎ，かつ，かん水を汲み上げできるように孔明管を取り付ける。この孔明管は貯留層から流体を生産し，または貯留層へ流体を還元するために作られた有孔管であり，次の3つの機能がある[1]。

① 集水面積が大きいこと。
② 生産時および還元時の圧力損失が小さいこと。
③ 孔明管が圧潰，座掘，引張り等に耐える強度であること。

これらの機能を満足する孔明管の設計には，坑井の産出能力に及ぼす孔明管の影響を定量的に評価することが必要である。

本節では，以上の観点から代表的な丸穴孔明管仕上げ（perforated liner completion）と縦溝孔明管仕上げ（slotted liner completion）の2種類の坑井の産出効率（flow efficiency）に関する計算式について説明する。

(1) 丸穴孔明管

丸穴孔明管の穿孔配列には図-5.20に示すように螺旋配列（spiral pattern）（図-5.20(a)）と平面配列（co-planer pattern）（図-5.20(b)）の2通りある。図中の記号を説明すると，x, y, z はそれぞれ直交座標系（rectangular coordinates system）の距離，r_w と θ_i は極座標系（polar coordinates system）のそれぞれ坑井半径（well radius）と x 軸から i 番目の穿孔列の角度（angle between perforation lines），r_p は穿孔半径（radius of perforation），a は穿孔間隔（spacing between perforations）（1

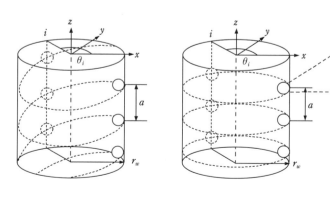

(a) 螺旋配列　　　(b) 平面配列

図-5.20　穿孔配列

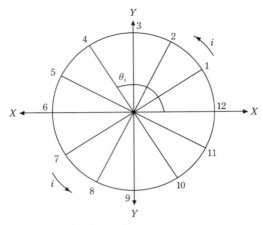

図-5.21 丸穴孔明管断面と穿孔配列の角度

ピッチ：穿孔が螺旋状に1回転して前進する距離）である。

　図-5.20(a)，(b)を上から平面的にみた断面を図-5.21に示す。ここで，i は円周上における穿孔配列のインデックス，θ_i は i 番目の穿孔列の角度である。

a. 開口率と穿孔密度

ⅰ) 開口率

　孔明管の集水面積については，一般に開口率（open fraction）Ω によって表される。Ω は図-5.20より1ピッチ当たりの孔明管表面積（surface area of perforated pipe）に対する穿孔面積（area of perforation）の比として次式で定義される。

$$\Omega = \frac{A_p}{A_c} \tag{5.70}$$

ここで，1ピッチあたり穿孔間隔 a の孔明管表面積（surface area of perforated pipe per a pitch）は $A_c = 2\pi r_w a$，穿孔面積は $A_p = m\pi r_p^2$（area of perforation per a pitch），m は穿孔数（number of perforation per a pitch）である。

ⅱ) 穿孔密度

　穿孔密度（density of perforation）はケーシングの単位長さ（通常 1 ft ≒ 0.305 m）あたりの穿孔数として m/a と定義される。

▶ 例題5.12

　6 in 径のケーシングパイプに穿孔半径 $r_p = 0.25$ in の丸穴が穿孔間隔 $a = 6$ in で 6

列開けられている。このときの穿孔密度を求めよ。

[解答]

穿孔密度は上述したように m/a と定義され，一般に穿孔間隔の単位長さ（1ft）あたりの穿孔数を意味する。穿孔間隔が $a = 6$ in であるから，これを1ftあたりで表すと

$$m/a = 6(-)/(6\text{in}/12\text{in}/\text{ft}) = 12(-)/\text{ft}$$

b. 産出効率の式

図-5.22 は，孔明管の1つの穿孔に流体が流入する流れの様子の概念を示す。孔明管に向かう流れは図のように穿孔近傍で収縮流に変わるためエネルギ損失が生じる。そのため穿孔仕上げが流れの抵抗になり，同じ流量を生産するのに裸坑の場合よりも圧力損失が大きくなる。このように穿孔が圧力損失に及ぼす影響を考慮した流量の式は，前述した式（5.63b）のスキン係数 s の代わりに穿孔による抵抗を表す係数 C を導入することによって次のように表される。

$$q = \frac{2\pi kh(p_e - p_{wf})}{B_w \mu_w (\ln r_e/r_w + C)} \tag{5.71}$$

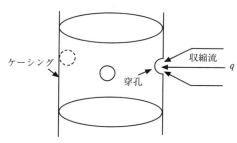

図-5.22 孔明管の1つの穿孔に入る流れの概念

C は坑井係数（well factor）といい，一般的な地層障害係数であるスキン係数 s と同じように流れに対する抵抗を表す。

穿孔による障害を考慮した産出効率の式（equation of flow efficiency）は，式（5.64a）と式（5.71）を式（5.63）に代入することによって次のように表される。

$$FE = \frac{\ln r_e/r_w}{C + \ln r_e/r_w} \tag{5.72}$$

c. 坑井係数の式

Muskat（1942）は，穿孔が螺旋配列（spiral pattern）である場合（図-5.20(a)）

と平面配列（co-planer pattern）である場合（図-5.20(b)）における坑井係数 C について理論的に研究し，等方性貯留層（isotropic reservoir）および非等方性貯留層（anisotropic reservoir）における以下の式を導いた。

ⅰ） 螺旋配列の場合
［等方性貯留層の坑井係数の式］

貯留層の水平浸透率 k_h および垂直浸透率 k_v が等しく，貯留層は等方性であると考える。

$$mC = 2\sum_n K_0(2n\pi\rho_p) + 2\sum_i\sum_n K_0\left(4n\pi\rho_w \sin\frac{\theta_i}{2}\right)\cos\frac{2n\pi i}{m} \quad (5.73)$$

$$+ \ln\frac{\rho_w}{m\rho_p}$$

ただし，
$$\rho_w = r_w/a \quad (5.74a)$$
$$\rho_p = r_p/a \quad (5.74b)$$

ここで，ρ_w は坑井の無次元半径，ρ_p は穿孔の無次元半径，K_0 はゼロ次のハンケル関数（the zero order Hankel function），n は級数項の数，m は1ピッチあたりの穿孔列数である。

C の値が大きいことは，スキン係数 s と同様，流れに対する孔明管の抵抗が増大することを意味する。

［非等方性貯留層の坑井係数の式］

貯留層は水平浸透率 k_h と垂直浸透率 k_v が異なる非等方性であるとし，次式で定義する無次元数の非等方性パラメータを導入する。

$$\alpha = \sqrt{\frac{k_h}{k_z}} \quad (5.75)$$

ここで，α は非等方性パラメータ（anisotropic parameter）である。

α を用いて式（5.74a, b）における無次元半径 ρ_w, ρ_p をそれぞれ次のように再定義する。

$$\rho_w = \frac{r_w}{\alpha a} \quad (5.76a)$$

$$\rho_p = \frac{r_p}{\alpha a} \quad (5.76b)$$

式（5.76a, b）に定義する無次元数を用いると，式（5.73）は次式で表される．

$$mC = 2\sum K_0\left(\frac{2n\pi r_p}{a\sqrt{\alpha}}\right) + 2\sum_i\sum_n K_0\left(\frac{4n\pi r_w}{a\alpha}\sin\frac{\theta_i}{2}\right)\cos\frac{2n\pi i}{m} \quad (5.77)$$
$$+ \ln\frac{\rho_w}{m\rho_p}$$

式（5.77）における C はパラメータ（穿孔半径）・（穿孔密度）の積（$r_p \cdot m/a$）の関数であるから，当然 q/q_o 比すなわち産出効率 FE もまたそのパラメータによって影響される．なお，FE と（$r_p \cdot m/a$）の関係は後述の**図-5.24**を参照されたい．

ii) 平面配列の場合

穿孔列が坑井軸（z 軸）に平行に m 列存在する場合（**図-5.20(b)**）の C に関する式は，式（5.77）中の $\cos(2n\pi i/m)$ を 1 とおき，次のように表される．

$$mC = 2\sum K_0\left(\frac{2n\pi r_p}{a\sqrt{\alpha}}\right) + 2\sum_i\sum_n K_0\left(\frac{4n\pi r_w}{a\alpha}\sin\frac{\theta_i}{2}\right) + \ln\frac{\rho_w}{\rho_p} \quad (5.78)$$

ただし，式（5.78）の有効範囲は，$a < 12$ in である．

d. 産出効率の計算方法

貯留層の非等方性を考慮した式（5.77）における坑井係数 C を計算する方法について説明しよう．

i) 式（5.78）中におけるハンケル関数の変数の定義

まず，式（5.78）の右辺第1項および第2項のハンケル関数のカッコ内の変数をそれぞれ次式で定義する．

$$u_n = \frac{2n\pi r_p}{a\sqrt{\alpha}} \quad (5.79\text{a})$$

$$v_n = \frac{4n\pi r_w}{a\alpha} \quad (5.79\text{b})$$

ii) 変数 u_n および v_n を用いた坑井係数 C に関する式

坑井係数 C に関する式（5.78）は，新しく定義した変数 u_n, v_n（式（5.79a, b））を用いると

$$mC = 2\sum \sqrt{J_0^2(u_n) + Y_0^2(u_n)} \quad (5.80)$$
$$+ 2\sum\sum \sqrt{J_0^2\left(v_n\sin\frac{\theta_i}{2}\right) + Y_0^2\left(v_n\sin\frac{\theta_i}{2}\right)}\cos\frac{2n\pi i}{m}$$

$$+ \ln \frac{\rho_w}{m\rho_p}$$

ここで，J_0 はゼロ次の第1種ベッセル関数（Bessel function of the first kind），Y_0 はゼロ次の第2種ベッセル関数（Bessel function of the second kind）である。

したがって，C は式（5.80）の両辺を m で割ると

$$C = \frac{1}{m}\Biggl[2\sum_n \sqrt{J_0^2(u_n) + Y_0^2(u_n)} \tag{5.81}$$

$$+ 2\sum_i \sum_n \sqrt{J_0^2\left(v_n \sin\frac{\theta_i}{2}\right) + Y_0^2\left(v_n \sin\frac{\theta_i}{2}\right)} \cos\frac{2n\pi i}{m}$$

$$+ \ln \frac{\rho_w}{m\rho_p} \Biggr]$$

しかし，式（5.81）中のハンケル関数項の計算は収束が難しいので以下に述べるMuskatの数値結果を導入する。

iii) Muskatの数値結果

式（5.81）を用いて坑井係数 C を計算するためには，まず，螺旋配列の一回り（1ピッチ）に相当する穿孔数 m，ケーシング半径または坑井半径 r_w，穿孔半径 r_p，穿孔間隔 a を決めなければならない。それらの値が決まると，式（5.81）により C を計算する。しかしながら，式（5.81）の右辺カッコ［　］内の第1項の u_n を含む関数の級数 $\Sigma \sqrt{J_0^2(u_n) + Y_0^2(u_n)}$ の収束が難しいためMuskatは，等方均質な貯留層に対して**表-5.1**に示すように a/r_p と $\Sigma \sqrt{J_0^2(u_n) + Y_0^2(u_n)}$ に関するMuskatの数値結果（numerical results）を提唱した[23]。

iv) Muskatの数値結果の利用

式（5.81）の右辺カッコ［　］内の第1項 $\Sigma \sqrt{J_0^2(u_n) + Y_0^2(u_n)}$ の代わりに**表-5.1**の数値を導入することにより，式（5.81）の総和 $\Sigma \sqrt{J_0^2(u_n) + Y_0^2(u_n)}$ は速やかに収束する。ただし，非等方性貯留層の坑井係数 C を計算する場合には，**表-5.1**にお

表-5.1　Muskat（1942）の a/r_p と $\Sigma \sqrt{J_0^2(u_n) + Y_0^2(u_n)}$ に関する数値結果

a/r_p	6	12	24	48
$\Sigma \sqrt{J_0^2(u_n) + Y_0^2(u_n)}$	0.5383	1.6980	4.3528	10.0065
a/r_p	96	192	384	
$\Sigma \sqrt{J_0^2(u_n) + Y_0^2(u_n)}$	21.6604	45.3134	92.9671	

ける a/r_p の代わりに $a\sqrt{\alpha}/r_p$ を用いる.

以上述べた丸穴孔明管の産出効率 C に関する評価式は，あらかじめ設計通りに穴が開けられた孔明管に対して考えられた式であり，ガンパー仕上げ井のような複雑な形状で，かつ，周辺地層が崩壊した状態の孔明管に対しては適用できない．

v) 産出効率の計算手順

上記iv）の Muskat の数値結果の利用によって得られた坑井係数 C の値を用いた式（5.71）と式（5.64a）による産出効率 FE の計算手順の概略を図-5.23 に示す．なお，この計算手順は計算プログラム（File Name：floefficy.For）として付録Bでダウンロードの説明をしている．

この floefficy.For を用いて計算した FE–$m \cdot r_p/a$ の関係を図-5.24 に示す．計算に使用した主なデータは，坑井半径が $r_w = 4$ in.，穿孔半径が $r_p = 1/4$ in.，貯留層外側

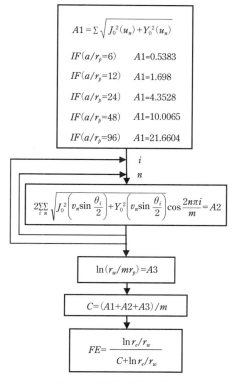

図-5.23 産出効率の計算手順

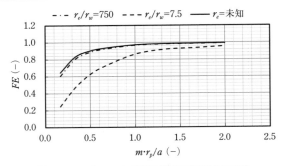

図-5.24　FE と $m \cdot r_p/a$ の関係（付録B第5章（7）参照）

境界半径が $r_e=30$ in., 3 000 in. と未知の場合の3ケース，穿孔列数が $m=1$, 2, 3, 4, 6, 8, 10, 12 である。

図-5.24 より，産出効率 FE は穿孔半径×穿孔密度 $m \cdot r_p/a$ の増加とともに急速に増大し，$m \cdot r_p/a$ が2～3以上になると FE の上昇率が急速に緩慢となる。それはある程度の穿孔数 m になれば多大の時間と労力を費やして穿孔数を増やしてもその割には産出効果が上がらないことを示している。産出効率 FE の計算値は r_e/r_w 比が大きくなると増大し，r_e/r_w 比の FE 値に及ぼす影響が大きい。

(2) 縦溝孔明管

縦溝孔明管は，**図-5.25** に示すように流体を生産または還元できるようにするために縦溝（slot）を開けたケーシングを坑底に挿入するものである。従来から，四角形の縦溝孔明管（slotted liner）における産出効率 FE の式として Muskat の式および Dodson et al. の式が広く知られている。以下にそれぞれの式について述べる。

a. Muskatの式

図-5.25 は縦溝孔明管の概念を示す。Muskat は前述の丸穴孔明管の産出能力に関する数学的記述を四角形状の縦溝孔明管へ拡張し，縦溝孔明管の産出効率 FE の計算を可能にした[24]。前述した丸穴孔明管から縦溝孔明管への解析に対する変更点は，式（5.81）を平面配列にするために右辺平方内の第2項を $\cos(2n\pi i/m)=1$ とおき，すべてのハンケル関数項に係数 $\sin(2n\pi h)/2n\pi h$ を乗じることによって表す。したがって，縦溝孔明管の坑井係数 C に関する式は

$$mC = 2\sum_n K_0(2n\pi\rho_p)\frac{\sin 2n\pi h}{2n\pi h} \tag{5.82}$$

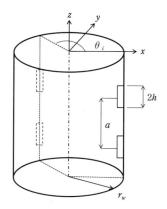

図-5.25 縦溝穿孔配列

$$+2\sum_i\sum_n K_0\left(4n\pi\rho_w \sin\frac{\theta_i}{2}\right)\frac{\sin 2n\pi h}{2n\pi h}$$

$$+\ln\frac{\rho_w}{m\rho_p}$$

ここで，$2h$ は図-5.25 中の四角形のスロット長（縦溝長），a は平均スロット間隔，w はスロットの幅である．ただし，縦溝孔明管の設計では h は a の関数として $h=\alpha a$（$\alpha \leq 1/2$）と与えられる．

縦溝孔明管の産出効率（flow efficiency of slotted liner）FE は，前述の式（5.63）より裸坑仕上げ井の流量 q_0 に対する縦溝孔明管の流量 q の比として，前述した丸穴孔明管の場合と同じ次式で表される．

$$FE=\frac{q}{q_0}=\frac{\log r_e/r_w}{C+\log r_e/r_w} \tag{5.83}$$

しかしながら，式（5.82）における係数 $\sin(2n\pi h)/2n\pi h$ は 1 より小さいため，式（5.82）による C の計算値は丸穴孔明管の式（5.81）による C の計算値より小さくなる．したがって，縦溝孔明管の産出効率 FE の値は理論的には丸穴孔明管よりも大きくなる．また流体は坑底のスロット部分を通して生産または還元するとき狭いスロット部分の抵抗を受けるために裸坑の場合よりも流れにくくなるので，当然生産量は減少する．なお，FE に関する丸穴孔明管と縦溝孔明管の比較を演習問題 5.16 に取り上げている．

縦溝孔明管の開口率Ωは，前述の式（5.70）におけるケーシングの1ft当たりの表面積 A_c とスロットの面積 A_p が**図-5.25** より次式で定義される。

$$\Omega = A_p / A_c = mhw / \pi r_w a \tag{5.84}$$

$$A_c = 2\pi r_w a \tag{5.85a}$$

$$A_p = m(2hw) \tag{5.85b}$$

ここで，r_w はケーシング半径，a はスロット間隔，h はスロット長の1/2，w はスロット幅，m はスロット列数である。

b. Dodson and Cardwell の式

生産量に及ぼすスロットの影響に関してはDodson, C.R. and Cardwell, W.T.Jr.(1943) による理論的および実験的研究がある。以下では彼らの提唱した生産量の式について述べる。

まず，彼らは坑井係数 C に関して次の近似式を提唱した。

$$C = \frac{2}{m} \ln \frac{2}{\pi \Omega} \tag{5.86}$$

式（5.86）で定義される坑井係数 C を用いることによってスロット仕上げ井による生産量 q は次式で表される。

$$q = \frac{2\pi k h (p_e - p_w)}{\mu \left(\ln \dfrac{r_e}{r_w} + \dfrac{2}{m} \ln \dfrac{2}{\pi \Omega} \right)} \tag{5.87}$$

したがって，産出効率（flow efficiency）FE は，前述した式（5.63）に式（5.86）と前述した裸坑仕上げ井の産出量 q_0 の式（5.64a）を代入すると

$$FE = \frac{q}{q_0} = \frac{\ln \dfrac{r_e}{r_w}}{\ln \dfrac{r_e}{r_w} + \dfrac{2}{m} \ln \dfrac{2}{\pi \Omega}} \tag{5.88}$$

なお，式（5.88）の計算精度は，$r_e/r_w \gg 5$，$\Omega \ll 0.3$ では1%内である。

▶ 例題 5.13

層厚 $d = 2\,000$ ft の対象層部分へ半径 $r_w = 6$ in，穿孔半径 $r_p = 1/4$ in，穿孔間隔 $a = 12$ in，穿孔列数 $m = 6$ の丸穴孔明管を挿入し，生産を行った。このときのケーシング開口率を求めよ。

[解答]

丸穴孔明管の開口率に関する式（5.70）により，対象層部分では

$A_c = 2\pi r_w d = 2 \times 3.14 \times 6(\text{in}) \times 2\,000(\text{ft}) \times 12(\text{in/ft}) = 904\,320.0(\text{in}^2)$

$A_p = m(\pi r_p^2)d/a = 6 \times 3.14 \times (0.25\text{in})^2 \times 2\,000(\text{ft}) \times 12(\text{in/ft/12in})$
$= 2\,355.0(\text{in}^2)$

1ft 当たりの開口率は

$\Omega = 100 A_p/A_c = 100 \times 12(\text{in/ft}) \times 2\,355.0(\text{in}^2) \div 904\,320.0(\text{in}^2) \doteqdot 3.125(\%/\text{ft})$

5.5.3 ガンパー仕上げ

ガンパー仕上げ（gun perforated completion）の設計に関する問題の1つは，流体が貯留層から坑井に移動する穿孔効率（efficiency of perforation）を推定することである。穿孔効率は，ケーシングに実際に開けた穿孔数，穿孔径，穿孔密度，穿孔およびケーシング表面の障害の度合のような条件に依存する。ガンパーによる穿孔を行うと周辺地層を破壊し穿孔トンネル（perforation tunnel）を形成する。その際に生じる砕屑物を除去するために穿孔期間中アンダーバランス（underbalance）すなわ坑内の圧力を貯留層圧力より低い状態で行い，穿孔による障害をできるだけ少なくしようとするものである。アンダーバランスの状態でガンパー仕上げを行うことの長所と短所については Bell, W.T.（1984）によって詳しく論じられている。

McLeod, H.O., Jr.（1983）は穿孔中を通過する流体流動の圧力低下を推定するために図-5.26 に示すようなモデルを考えた。このモデルでは沸点圧力以下での気液

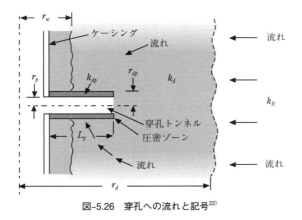

図-5.26　穿孔への流れと記号[22]

二相流によって生じる浸透率の減少は考慮されていない。

バンカー仕上げの効率は貯留層と穿孔それぞれの層流成分と乱流成分に依存することを考慮すると，坑井インフローの式は次のように表される。

水相：$\bar{p} - p_{wf} = (A_R + A_p)q_{w,sc} + (B_R + B_p)q_{w,sc}^2$ (5.89)

ガス相：$\bar{p}^2 - p_{wf}^2 = (A_R + A_p)q_{g,sc} + (B_R + B_p)q_{g,sc}^2$ (5.90)

ここで，A_R は貯留層の層流成分（laminar reservoir conponent），A_p は穿孔層流成分（laminar perforation component），B_R は貯留層の乱流成分（turbulent reservoir component），B_p は穿孔乱流成分（turbulent perforation component）である。

式（5.89）と（5.90）における A_R，B_R，A_p，B_p は，それぞれ次のように定義される。

水相：

$$A_R = \frac{141.2 B_w \mu_w (\ln r_e / r_w + s_d)}{2\pi k_R h} \quad (5.91a)$$

$$A_p = \frac{141.2 \mu_w B_w}{k_R h}(s_p + s_{dp}) \quad (5.91b)$$

$$B_R = \frac{2.3 \times 10^{-14} \beta_R B_w^2 \rho_w}{h^2 r_w} \quad (5.92a)$$

$$B_p = \frac{2.3 \times 10^{-14} \beta_{dp} B_w^2 \rho_w}{r_p L_p^2 n^2} \quad (5.92b)$$

ガス相：

$$A_R = \frac{1422 \mu_g \bar{z} T}{k_{gR} h}[\ln(0.472 r_e / r_w) + s_d] \quad (5.93a)$$

$$A_p = \frac{1422 \mu_g \bar{z} T}{k_{gR} h}(s_p + s_{dp}) \quad (5.93b)$$

$$B_R = \frac{3.161 \times 10^{-12} \beta_R \gamma_g \bar{z} T}{h^2 r_w} \quad (5.94a)$$

$$B_p = \frac{3.161 \times 10^{-12} \beta_{dp} \gamma_g \bar{z} T}{r_p L_p^2 n^2} \quad (5.94b)$$

式（5.92a, b）と（5.94a, b）における β_R と β_{dp} はグラベル圧密ゾーンの速度係数（velocity coefficient）であり，それぞれ次式で定義される。

$$\beta_R = \frac{2.33 \times 10^{10}}{k_R^{1.2}} \tag{5.95a}$$

$$\beta_{dp} = \frac{2.33 \times 10^{10}}{k_{dp}^{1.2}} \tag{5.95b}$$

ここで，図-5.26における k_R は水平浸透率（horizontal permeability），s_d は坑井近傍浸透率変化によるスキン係数（skin factor due to permeability alteration around the wellbore），s_p は Saidikowski, R.M. (1979) による穿孔によるスキン係数（skin factor due to perforation），s_{dp} は圧密ゾーンのスキン係数（skin factor due to compaction zone），μ_w は水の粘度（water viscosity），γ_g はガスの比重（specific gravity），h は層厚（thickness），k_{dp} は圧密ゾーンの浸透率（compacted zone permeability），L_p は穿孔長（perforation length），n は穿孔数（perforation number），r_p は穿孔半径（perforation radius），r_d は圧密ゾーンの半径（radius of compacted zone）である。

以上の式において k_d，r_{dp}，L_p，r_d は決定が難しい変数であるが，これらの変数の推定に関する McLeod, H.O. (1983) の研究による一つの指針がある。この指針は穿孔条件として泥水，かん水，清水，理想流体を用いて穿孔した場合における穿孔前の浸透率 k に対する穿孔後の穿孔圧密ゾーンの浸透率 k_C の比 $k_C/k = k_{dp}/k_R$ によって評価するものである。表-5.2に McLeod による穿孔パラメータの指針 (perforating parameter guidelines) を示す。

McLeod は穿孔圧密ゾーン厚さを $r_{dp} = 0.5$ in. と仮定し，$r_d = r_p + 0.5$ in. を提案している。もし，r_d に関する情報がまったくない場合には，通常，$r_d = r_w + 1$ が用いられる。

s_d，s_p と s_{dp} は，それぞれ次のように表される。

表-5.2 穿孔パラメータの指針[22]

坑内流体	圧力条件	k_C/k
高掘削泥水	オーバーバランス	0.01～0.03
低掘削泥水	オーバーバランス	0.02～0.04
濾過しないかん水	オーバーバランス	0.04～0.06
濾過したかん水	オーバーバランス	0.08～0.16
清水	アンダーバランス	0.30～0.50
純水	アンダーバランス	1.0

$$s_d = \left(\frac{k_R}{k_d} - 1\right) \ln \frac{r_d}{r_w} \quad \text{(Hawkins, M.F.Jr.：1956)} \tag{5.96}$$

$$s_p = \left(\frac{h}{h_p} - 1\right)\left[\ln\left(\frac{h}{r_w}\left(\frac{k_R}{k_v}\right)^{0.5}\right) - 2\right] \quad \text{(Saidikowski, R.M.：1979)} \tag{5.97}$$

$$s_{dp} = \left(\frac{h}{L_p n}\right)\left(\frac{k_R}{k_{dp}} - \frac{k_R}{k_d}\right) \ln \frac{r_{dp}}{r_p} \quad \text{(McLeod, H.O.：1983)} \tag{5.98}$$

式（5.98）は，McLeod, H.O.（1983）によって放射状流の式から理論的に導かれたものである．他に，s_d に関する簡便な求め方として Hong, K.C.（1975）と Lock, S.（1981）によって作成された計算図表（nomograph）がある．

なお，式（5.91）～（5.98）における使用単位を**表-5.3**に示す．

表-5.3　使用単位

記号	単位	記号	単位
q	bbl/day	p	psi
K	md	μ	cp
A	ft^2	ρ	lbm/ft^3

5.5.4　グラベルパック仕上げ

グラベルパック仕上げ（gravel-pack completion）は，出砂現象を防止するために坑井の穿孔部分から地層内にグラベル（砂）を圧入し充填する．その際に**図-5.27**に示すように穿孔周囲にグラベルで圧密充填された高浸透性のほぼ直線的なゾーン

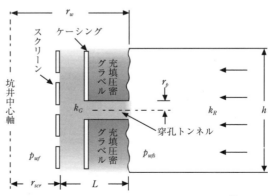

図-5.27　グラベルパック仕上げの概念と記号[8]

が形成される.これを穿孔トンネル(perforation tunnel)という.そのため,穿孔トンネル内の線形流(liner flow)は速く非ダルシー流(no-Darcy flow)となるので,圧力低下に大きな影響を与える.

グラベルパック仕上げにおけるインフローの式は,貯留層内,穿孔内および穿孔トンネル内の流れの影響を考慮すると,次のように表される.

$$水相:\bar{p}-p_{wf}=(A_R+A_p+A_G)q_w+(B_R+B_p+B_G)q_{w,sc}^2 \quad (5.99)$$
$$ガス相:\bar{p}^2-p_{wf}^2=(A_R+A_p+A_G)q_w+(B_R+B_p+B_G)q_{g,sc}^2$$

ここで,A_G はグラベルで充填された穿孔トンネル内の層流成分(laminar gravel component through perforation tunnel),B_G はグラベルで充填された穿孔トンネル内の乱流成分(turbulent gravel component through perforation tunnel),$q_{w,sc}$ と $q_{g,sc}$ はそれぞれ標準状態のかん水とガスの体積流量である.

$$水相:A_G=\frac{282.4\mu_w B_w L_p}{k_G n r_p^2} \quad (5.100)$$

$$水相:B_G=\frac{9.2\times 10^{-14}\beta_G B_w^2 \rho_w L_p}{n^2 r_p^4} \quad (5.101)$$

$$ガス相:A_G=\frac{2844\bar{z}T\mu_g L_p}{k_G n r_p^2} \quad (5.102)$$

$$ガス相:B_G=\frac{1.263\times 10^{-11}\beta_G \gamma_g \bar{z}T L_p}{n^2 r_p^4} \quad (5.103)$$

ここで,n は全穿孔数(total number of perforation),k_G はグラベル浸透率(gravel permeability),L_p は穿孔トンネルの長さ(perforation tunnel length)である.β_G はグラベルにおける速度係数(velocity coefficient)であり,次の式で表される.

$$\beta_G=bk_G^{-a} \quad (5.104)$$

ここで,a,b はグラベルサイズに対する定数で,通常,**表-5.4** のような値が用いられる.

表-5.4 ふるいサイズ,浸透率および定数 a,b の関係 [14]

ふるいサイズ	k_G(md)	a	b
8〜12	1.7×10^6	1.74	5.31×10^{11}
10〜20	$5〜6.5\times 10^5$	1.34	8.4×10^{11}
20〜40	1.2×10^5	1.54	3.37×10^{12}
40〜60	$1.2〜1.7\times 10^5$	1.6	2.12×10^{12}

第5章　演習問題

【問題 5.1】 第2章の実在気体の状態方程式（式（2.19a））と第3章のダルシーの法則（式（3.3））からガスの体積流量の式（5.3a, b）を導け。

【問題 5.2】 平均圧力が $\bar{p} = 8.5\,(\text{MPa})$ の貯留層からかん水を流量 $q_{w,sc} = 180\,(\text{m}^3/\text{hr})$ で生産し，圧力ドローダウンが $\Delta p = 1.5\,(\text{MPa})$ で擬定常状態になった。このときの産出指数を求めよ。ただし，貯留層の深度 $L_t = 800\,(\text{m})$，貯留層外側境界半径 $r_e = 1\,000\,(\text{m})$，坑井半径 $r_w = 0.1\,(\text{m})$ である。

【問題 5.3】 産出指数が $J = 90\,[\text{m}^3/(\text{MPa}\cdot\text{hr})]$ の坑井で流量 $q_{w,sc} = 180\,(\text{m}^3/\text{hr})$ でかん水を生産し，擬定常状態になった。このときの流動坑底圧力 p_{wf} を求めよ。ただし，貯留層の平均圧力は $\bar{p} = 7\,(\text{MPa})$ である。

【問題 5.4】 産出指数 $J = 90\,[\text{m}^3/(\text{MPa}\cdot\text{hr})]$ の坑井により，$\bar{p} = 8\,(\text{MPa})$ である貯留層からかん水を生産した。流動坑底圧力が $p_{wf} = 6\,(\text{MPa})$ で擬定常状態になった。このときの産出量 $q_{w,sc}$ を求めよ。

【問題 5.5】 深度 $L_t = 1\,000\,(\text{m})$，一様な層厚 $h = 50\,(\text{m})$ の貯留層に掘削した半径 $r_w = 0.1\,(\text{m})$ の完全貫入井により生産した。この坑井におけるスキン係数 s の IPR に及ぼす影響について検討せよ。ただし，流れは定常状態にある。計算に必要な他のデータは下記に示す。

　　データ：$r_e = 1\,000\,(\text{m})$，$p_e = 1.0\,(\text{MPa})$，$k = 1.0 \times 10^{-12}\,(\text{m}^2)$，$\mu_w = 0.7\,(\text{mPa}\cdot\text{s})$，
　　　　　$B_w = 1.0$

【問題 5.6】 流量が $q_{w,sc} = 0 \sim 4\,320\,(\text{m}^3/\text{d})$ の範囲で生産したときの1ヶ月，12ヶ月，720ヶ月における IPR 曲線を作成せよ。ただし，計算に必要なデータは下記に示す。

　　データ：$p_i = 6.0 \times 10^6\,(\text{Pa})$，$r_w = 0.1\,(\text{m})$，$h = 30\,(\text{m})$，$\phi = 0.3\,(-)$，$k = 1.0 \times 10^{-12}\,(\text{m}^2)$，
　　　　　$\mu_w = 0.7 \times 10^{-3}\,(\text{mPa}\cdot\text{s})$，$c_t = 3.4 \times 10^{-10}\,(1/\text{Pa})$，$B_w = 1.0$，$s = 0$

【問題 5.7】 平均圧力が $\bar{p} = 6.5\,(\text{MPa})$ の貯留層において生産試験を行った。その結果，流動坑底圧力が $p_{wf} = 6.2\,(\text{MPa})$ になったときに圧力が安定し，このときの産出量が $q_w = 180.0\,(\text{m}^3/\text{hr})$ であった。沸点圧力が $p_b = 6.2\,(\text{MPa})$ と仮定し，以下の問題について計算せよ。ただし，$s = 0$ である。

(1) 最大産出量（AOF）を求めよ。

(2) $p_{wf} = 6.1\,(\text{MPa})$ に低下したときの産出量 q_w を求めよ。

(3) $q_w = 216.0\,(\text{m}^3/\text{hr})$ の生産量を得るために必要な流動坑底圧力 p_{wf} を求めよ。

【問題 5.8】 現時点における生産井の産出指数が $J = 144\,(\mathrm{m^3/(MPa \cdot hr)})$ である。貯留層の排水領域内の流れは擬定常状態にある。この状態における平均貯留層圧力が $\bar{p} = 6.5\,(\mathrm{MPa})$ である。この生産井の AOF の値を求めよ。

【問題 5.9】 水平で一様な層厚の貯留層に掘削した坑井が部分貫入井であった。流量 q で生産した結果,ドローダウンが $\Delta p = 1.0\,(\mathrm{MPa})$ で定常状態になった。坑井の半径が $r_w = 0.1\,\mathrm{m}$,坑井を中心とする貯留層の外側境界半径が $r_e = 232\,\mathrm{m}$ である。層厚が $h = 40,\ 50,\ 60\,\mathrm{m}$ の場合における貫入率 δ の生産量 q に及ぼす影響について計算し,比較せよ。ただし,計算に必要なデータは下記に示す。

　　データ：$k = 1.0 \times 10^{-13}\,(\mathrm{m^2})$, $\mu_w = 0.0007\,(\mathrm{Pa \cdot s})$, $B_w = 1.0\,(\mathrm{m^3/sc\text{-}m^3})$

【問題 5.10】 問題 5.9 のデータを用いて $h = 60\,\mathrm{m}$ のときの流量 q について Muskat の式（5.65）と Kozeny の式（5.68）による計算結果を比較せよ。

【問題 5.11】 Muskat の流量の式を用いた産出効率の式（5.69a）を導け。

【問題 5.12】 Kozeny の流量の近似式を用いた式（5.69b）を導け。

【問題 5.13】 層厚が $h = 60\,\mathrm{m}$,坑井貫入率が $\delta = 0.5$ である部分貫入井における産出効率 FE に及ぼす坑井半径 r_w の影響について解析せよ。

【問題 5.14】 $r_w = 4\,\mathrm{in}$, $r_p = 1/4\,\mathrm{in}$, $m = 4,\ 6,\ 8$ のときの穿孔間隔 $a = 1.5,\ 3,\ 6,\ 12,\ 24,\ 48,\ 96\,(\mathrm{in.})$ に対する産出効率 FE の曲線を求めよ。ただし,$r_e = 3\,000\,(\mathrm{in.})$, $d = 2\,000\,(\mathrm{in.})$, $k_h = k_z = 1 \times 10^{-12}\,(\mathrm{m^2})$ 。

【問題 5.15】 スロット列数 $m = 6$, $r_e/r_w = 5$ および 32 の場合において開口率が $\Omega = 0 \sim 30\%$ のときの産出効率 FE を計算せよ。

【問題 5.16】 同じ開口率 Ω における丸穴孔明管仕上げ井と縦溝孔明管仕上げ井の産出効率について比較検討せよ。計算には次のデータを用いよ。

　　データ：ケーシング半径 $r_w = 6\,\mathrm{in}$,穿孔半径 $r_p = 1/4\,\mathrm{in}$, $r_e/r_w = 5$,穿孔間隔 $a = 6\,\mathrm{in.}$,
　　　　　　丸穴孔明管における穿孔配列数 $m = 4$。

【問題 5.17】 貯留層は非等方性であると仮定し,非等方性パラメータが $\alpha = 1,\ 4,\ 16$ のときの丸穴孔明管仕上げ井の産出効率 FE を計算せよ。ただし,計算に必要な
　　データ：$r_w = 6\,\mathrm{in}$, $r_p = 1/4\,\mathrm{in}$, $r_e = 3\,000\,\mathrm{in}$, $m = 6$。

【問題 5.18】 FE に関する式（5.64b）における右辺項の分母から障害を受けた坑井の有効半径を導びけ。

【問題 5.19】 実際の地層障害係数 s_d および乱流係数 D を求めるために,産出量が $q_1 = 60\,\mathrm{m^3/hr}$ と $q_2 = 100\,\mathrm{m^3/hr}$ の 2 回圧力遷移試験を行い,それぞれのスキン係

数が $s=2$ と $s=3$ と求められた。この結果を用いて実際の地層障害係数 s_d と乱流係数 D を求めよ。

◎引用および参考文献

1) 全国さく井協会（2007）：さく井技能士登録更新講習会テキスト，全国さく井協会発行．
2) 天然ガス鉱業会（1980）：水溶性天然ガス総覧，天然ガス鉱業会．
3) 日本数学会編（1998）：数学辞典 第3版，岩波書店．
4) ムーア・W.J.（藤代亮一訳）：物理化学（上），第4版，東京化学同人．
5) 森口　繁，宇田川久，市松　信（1999）：岩波数学公式Ⅲ（特殊関数），岩波書店．
6) ワイリー・C.R.（富久泰明訳）：工業数学（上）ブレイン図書出版．
7) Beggs, H.D. and Brll, J.P.（1973）：A Study of Two-Phase Flow in Inclined Pipes, Journal of Petroleum Technology, May, pp.607-617.
8) Beggs, H.D.（1999）：Production Optimaization–Using NODAL Analys Publications（Oil & Gas Consultans International Inc.）．
9) Bell, W.T.（1984）：Perforating Underbalanced-Evolving Techniques, JPT, Oct. 1984.
10) Brown, K.E.（1967）：Gas Lift Theory and Practice（Including a Review of Petroleum Engineering Fundamentals），Prentice-Hall,Inc.
11) Brown, K.E.（1977）：The Technology of Artificial Lift Methods, Vol.1, PPC Books（Petroleum Publishing Company），TULSA.
12) Dodson, C.R., and Cardwell,W.T.Jr.（1945）：Flow into Slotted Liners and an Application of the Theory to Core Analysis, AIME Trans., 160, 56.
13) Gilbert, W.E.（1954）：Flowing and Gas-Lift Well Performance, API Drill. Prod. Practice.
14) Golan, M. and Whitson, C.H.（1991）：Well Performance, 2nd ed., Prentice Hall, Englewood Cllifs, NJ.
15) Hawkins, M.F.Jr.（1956）：A Note on the Skin Effect, Trans. AIME, 207, pp.356-357.
16) Hong, K.C.（1975）：Productivity of Perforated Completions in Formations with and without Damage, JPT, Aug.1975.
17) Karakas, M. and Tariq, S.（1988）：Semi-Analytical Production Models for Perforated Completions, SPE Paper 18247.
18) Kozeny, J.（1933）：Wasserkraft und Wasserwirtschaft, 28, 101.
19) Kreyszig, E.（1999）：Advanced Engineering Mathematics, Wiley.
20) Locke, S.（1981）：An Advanced Method for Predicting the Productivity Ratio of a Perforated Well, JPT, Dec., 1981.
21) Mathews, C.S. and Russell, D.G.（1967）：Pressure Buildup and Flow Test in Wells, Monograph series, SPE, Dallas（1967）I, 21.
22) McLeod, H.O., Jr.（1983）：The Effect of Perforating Conditions on Well Performance, Journal of Petroleum Technology, January, 1983, pp.31-39.
23) Muskat, M.（1942）：The Effect of Perforations on Well Productivity, Trns.A.I.M.E.151, pp.175-187.
24) Muskat, M. and Wyckoff, R.D.（1946）：The Flow of Homogeneous Fluids through Porous Media, McGraw-Hill Book Company, Inc.
25) Muskat, M.（1949）：Physical Principles of Oil Production, McGRAW-HILL BOOK COMPANY, INC., pp.210-214.
26) Saidikowski, R.M.（1979）：Numerical Simulations of the Combined Effects of Wellbore Damage and

Partial Pentration, SPE 8024, Sept. 1979.
27) Standing, M.B. (1970): Inflow Performance Relationships for Damaged Well Producing by Solution Gas Drive, JPT.Nov. 1970, pp.1399-1400.
28) Vogel, J.V. (1968): Inflow Performance Relationships for Solution Gas Drive Wells, JPT, Jan.1918, pp.83-92.
29) Weller, W.T. (1966): Reservoir Performance During Two-Phase Flow, Journal of Petroleum Technology, Feburary, 1966, pp.240-246.

第6章　坑内の流動解析

　流体が垂直円管の坑内を運動するとき，流体の粘性による摩擦損失，管径による運動エネルギ損失および重力による位置エネルギ損失が生じる。これらのエネルギ損失は坑内流体の流動挙動と密接に関係している。

　水溶性天然ガス田における自噴井内の流れは，ガス・水二相状態にあるが，還元井内の流れは多くの場合水単相状態にある。ガス・水二相流の場合は圧力や温度によってさまざまな形状の流れが発生し，坑内における流れはその形状から気泡流，スラグ流，中間流およびミスト流の4種類の流れの型に分類され，各流れの型ごとに判別式および圧力損失の計算式が提唱されている。さらに，流体の流動挙動は重力や流体特性の影響を受けるため，流れの型ごとに流体の平均密度や摩擦損失勾配の計算式が提唱されている。

　本章では，坑内流動の基礎方程式，流れの型の判別式，水単相流およびガス・水二相流の圧力損失の式，各流れの型の流体平均密度や摩擦損失勾配の計算式について学ぶ。

6.1　坑内流動の基礎方程式

　一般に流体と円管壁間の摩擦は流体エネルギの一部を熱や音などのエネルギに変えるため，機械的仕事としてのエネルギを損失させ，流れの方向にその分だけ流体エネルギが減少する。以下では坑井を円管とみなしてその中を流体が液単相状態で流動するときの基礎方程式の誘導について説明する[4]。

仮定：
① 流れは定常流である。
② 坑井は垂直または傾斜状態にあり，流れの方向は上向きである。
③ 坑内における検査体積の物性値は一定である。

第6章 坑内の流動解析

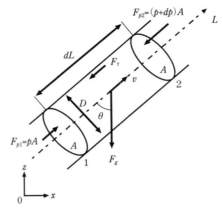

図-6.1 坑内の検査体積に作用する力

図-6.1 のように，坑内の検査体積（control volume）として流れの方向に dL，断面積 A，直径 D の微小円柱体を考える．検査体積内の流体が運動している場合には，圧力による力 F_p，重力による力 F_g，粘性による摩擦力 F_τ が作用する．これらの力の釣り合いは，ニュートンの運動の第二法則（the second law of motion）により

$$F = F_p + F_g + F_\tau = dm \cdot a_L = (\rho \cdot dL \cdot A) a_L \tag{6.1}$$

ここで，F は検査体積に働く流れ方向の外力の総和（N），F_p は検査体積の1と2の断面に作用する圧力による力（$=F_1-F_2$）（N），F_g は検査体積の流体に作用する重力による力の流れ方向の成分（N），F_τ は検査体積の坑内壁面に作用する剪断応力（shearing stress）（N），dm は検査体積の質量（$=\rho \cdot dL \cdot A$）（kg），ρ は流体密度（kg/m^3），a_L は流れ方向の加速度（m/s^2）である．

式（6.1）および**図-6.1**における F_p, F_g, F_τ はそれぞれ次のように表される．

$$F_p = p \cdot A - \left(p + \frac{\partial p}{\partial L} dL\right) A = -\frac{\partial p}{\partial L} dL \cdot A \tag{6.2}$$

$$F_g = -dm \cdot g \cos\theta = -\rho \cdot g \cdot dL \cdot A \cos\theta \tag{6.3}$$

$$F_\tau = -\pi \cdot D \cdot dL \cdot \tau \tag{6.4}$$

ここで，τ は単位面積当たり摩擦抵抗（Pa），D は坑内径（m），p は圧力（Pa），dp は圧力の増分（Pa），A は坑内断面積（$=\pi D^2/4$）(m^2)，L は坑井長（m），dL は検査体積の長さ（m），θ は坑井傾斜角度（rad）である．

式（6.2），（6.3），（6.4）を式（6.1）に代入すると

$$\rho \cdot dL \cdot A \cdot a_L = -\frac{\partial p}{\partial L}dL \cdot A - \rho \cdot g \cdot dL\cos\theta \cdot A - \pi \cdot D \cdot dL \cdot \tau \tag{6.5}$$

したがって，式（6.5）より流れ方向の加速度（acceleration）a_L は

$$a_L = -\frac{1}{\rho}\frac{\partial p}{\partial L} - g\cos\theta - \frac{\pi D \tau}{\rho A} \tag{6.6}$$

一般に一次元流れでは速度は時間 t と距離 L の関数 $v = v(L,t)$（m/s）であるから，流れ方向の加速度 a_L は v の全微分より

$$a_L = \frac{Dv(L,t)}{DL} = v\frac{\partial v}{\partial L} + \frac{\partial v}{\partial t} = \frac{1}{2}\frac{\partial(v^2)}{\partial L} + \frac{\partial v}{\partial t} \tag{6.7}$$

定常流では $\partial v/\partial t = 0$ であるから，式（6.7）右辺第二式第1項より

$$a_L = v\frac{\partial v}{\partial L} \tag{6.8}$$

したがって，式（6.6）と式（6.8）は等しいから

$$\frac{\partial p}{\partial L} + \rho g\cos\theta + \frac{\pi D\tau}{A} + \rho v\frac{\partial v}{\partial L} = 0 \tag{6.9}$$

式（6.9）に坑内断面積 $A(=\pi D^2/4)$ を乗じ，整理すると

$$\rho v A\frac{\partial v}{\partial L} = -A\frac{\partial p}{\partial L} - \rho g A\cos\theta - \pi D\tau \tag{6.10}$$

ここで，図-6.1 の断面1，2における質量流量（mass flow rate）$\rho v A$ は，質量保存則（law of mass conservation）より

$$\rho v A = w_t = \text{const.} \tag{6.11}$$

ここで，w_t は質量流量（kg/s）である。式（6.11）は連続の式（continuity equation）と呼ばれる。

単位面積当たりの圧力低下を求めるために，式（6.10）に式（6.11）を代入し，両辺に dL を乗じ，両辺を $A = \pi D^2/4$ で除して，全圧力損失（total pressure loss）dp について整理すると

$$dp = -\rho g dL\cos\theta - \frac{4\tau}{D}dL - \frac{w_t}{A}dv \tag{6.12}$$

ここで，式（6.12）の右辺第1項 $\rho g dL\cos\theta$ は位置損失（potential loss），第2項 $4\tau/D$ は摩擦損失（friction loss），第3項 $w_t dv/A$ は加速損失（acceleration loss）である。

さて，摩擦損失項の摩擦抵抗 τ についてバッキンガムの π（パイ）定理による次元解析（dimensional analysis）を行うことによって速度 v（m/s），流体密度 ρ（kg/m³），坑内径 D（m），坑壁面摩擦係数 f（-）の関係を説明しよう。

$$\pi = D^x v^y \rho^z \tau \tag{6.13}$$

ここで，π は無次元パラメータ，D の次元（L），v の次元（LT^{-1}），ρ の次元（ML^{-3}），τ の次元（MLT^{-2}）を上の式に代入すると

$$\pi = M^{z+1} L^{x+y-3z+1} T^{-y-2} = M^0 L^0 T^0 \tag{6.14}$$

ここで，上記の式の指数の連立方程式を解けば，$x = 0$，$y = -2$，$z = -1$ となる。これらの値を式（6.13）に代入すると

$$\pi = \frac{\tau}{\rho v^2} \tag{6.15}$$

ここで，分母の ρv^2 を動圧 $\rho v^2 / 2$ の形に書き直し，分子の τ を式（6.12）における右辺第 2 項の 4τ に書き換えると，式（6.15）の π は次のように表される。

$$\pi = f = \frac{4\tau}{\rho v^2 / 2} \tag{6.16}$$

ここで，f は摩擦係数（friction factor）である。

式（6.12）における $4\tau/D$ と式（6.16）の関係を用いて摩擦損失項を書き直すと

$$\frac{4\tau}{D} = \frac{4}{D} \frac{f \rho v^2}{8} = \frac{f \rho v^2}{2D} = \tau_f \tag{6.17}$$

ここで，τ_f は摩擦損失勾配（gradient of friction loss）（Pa/m）である。

式（6.17）を式（6.12）に代入すると

$$dp = -\rho g dL \cos\theta - \tau_f dL - \frac{w_t}{A} dv \tag{6.18}$$

式（6.18）は坑内流動における全圧力損失の基礎方程式である。

6.2 坑内圧力損失の計算

水溶性天然ガス井内の圧力損失は，水単相状態にある場合とガス・水二相状態にある場合とでは異なる。以下では水単相流とガス水二相流の全圧力損失の計算法について説明しよう。

6.2.1 水単相流の全圧力損失
(1) 全圧力損失の計算式

坑内の流動水は，ほぼ非圧縮性流体と考えられるため，一様な坑内径では速度変化がなく $dv=0$ であるから前述の式 (6.18) における加速損失項 $w_t dv/A$ は無視できる．したがって，水単相流の全圧力損失 (total pressure loss) の式は次のように近似される．

$$dp = -\rho_w g dL \cos\theta - \tau_f dL \tag{6.19}$$

ここで，ρ_w は水の密度である．

式 (6.19) より，dp に及ぼす ρ_w および τ_f の影響が大きい．以下では水の密度 ρ_w と摩擦損失勾配 τ_f の計算式について説明する．

(2) 密度の式

式 (6.19) の右辺の位置損失項に含まれる水の密度 ρ_w は温度 T，圧力 p，塩分 S の関数であり，その評価には第 2 章の式 (2.53a, b) が用いられる．

(3) 摩擦損失勾配の式

水の摩擦損失勾配 (gradient of friction loss) τ_f は，式 (6.17) より

$$\tau_f = \frac{f \rho_w v^2}{2D} \tag{6.20}$$

式 (6.20) において摩擦係数 f はレイノルズ数 Re と相対粗度 (relative roughness) ε/D (付録 A 付図-A.3 参照) がわかれば，Moody 線図 (Moody diagram)（付録 A 付図-A.4 参照）から読みとることができる．ここで，ε は坑内壁の絶対粗度 (absolute roughness)，D は坑内径である．

ε の値はいろいろな円管材質に対して標準的な値が定められている[9]．f をコンピュータで計算する場合には流速の変化，すなわち Re の変化に自動的に対応するために後述の摩擦係数 f に関する式 (6.24) および (6.25a, b, c, d) を計算プログラムに組み込むことが可能である．

a. レイノルズ数の定義式

レイノルズ数 (Reynolds number) Re は流動流体の粘性力に対する慣性力の比として次式で定義される．

$$\mathrm{Re} = \frac{慣性力}{粘性力} = \frac{vD\rho_w}{\mu_w} \tag{6.21}$$

ここで，Re は無次元数，v は坑内の平均速度（m/s），D は坑内径（m），μ_w は水の粘度（Pa·s）である．

単相流は，レイノルズ数という無次元数 Re の大きさによって層流であるか，または乱流であるかが判定される．

層流（laminar flow）の場合，流れは定常性を保ちながら，流線は規則正しい滑らかな形状をしている．しかし，速度が大きくなると流れは時間的にも空間的にも不規則に変動し，流線が乱れはじめる．これを乱流（turbulent flow）という．

坑内の流れが層流であるかまたは乱流であるかは，坑内の速度，摩擦損失によって，またガス・水二相流の場合にはガス水比によっても影響される．

層流から乱流へ遷移するのは，一般に円管の場合

層流：Re ≦ 2 100

乱流：Re ＞ 2 100

b．かん水の粘度の式

かん水の粘度 μ_w は温度 T，圧力 p，塩分 S の関数として表した第 2 章の式（2.61）および式（2.62）を用いて計算する．

c．摩擦係数の式

摩擦係数（friction factor）f は，層流の場合と乱流の場合の式がある．

ⅰ）層流の場合（Re ≦ 2 100）

層流の摩擦係数（friction factor）f は Hargen–Poiseulli の式（Hargen–Poiseulli equation）と Darcy–Weisbach の式（Darcy–Weisbach equation）より導かれた次式で表される．

$$f = \frac{64}{\mathrm{Re}} \tag{6.24}$$

層流では，坑内壁面の粗さは管摩擦係数にあまり影響を及ぼさない．

ⅱ）乱流の場合

乱流における摩擦係数（friction factor）f に関してはいろいろな式が提唱されているが，本章では精度の高い計算式として知られている Serghides の式（Serghides' equation）[23] が用いられる．

$$f = \left(A - \frac{(B-A)^2}{C - 2B + A} \right)^{-2} \tag{6.25a}$$

ここで，式（6.25a）中の A，B，C は次式で表される．

$$A = -2.0 \log \left(\frac{\varepsilon/D}{3.7} + \frac{12}{\text{Re}} \right) \tag{6.25b}$$

$$B = -2.0 \log \left(\frac{\varepsilon/D}{3.7} + \frac{2.51A}{\text{Re}} \right) \tag{6.25c}$$

$$C = -2.0 \log \left(\frac{\varepsilon/D}{3.7} + \frac{2.51B}{\text{Re}} \right) \tag{6.25d}$$

6.2.2 気液二相流の全圧力損失

本章のはじめに述べたように気液二相流は，圧力や温度によって相変化が起こりさまざまな形状の流れとなる．以下では流れの型（flow pattern）の分類と判別式について説明する．

(1) 流れの型の分類

気液二相流（gas/liquid two phase flow）は図-6.2のように気泡流，スラグ流，中間流およびミスト流に分類される[22]．

a. 気泡流（bubble flow）

図-6.2(a)は気泡流を示すが，連続した液相中にガスが微小な気泡としてランダムに微量分散している．気泡はそれぞれの直径によって異なる速度で移動する．液相は一様速度でパイプ内を上昇し，密度に関する以外圧力に及ぼす影響はほとん

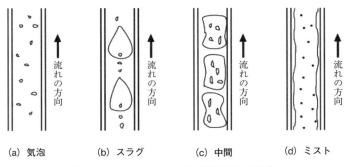

(a) 気泡　　(b) スラグ　　(c) 中間　　(d) ミスト

図-6.2　Orkiszewskiによる二相流の型の分類[22]

どない。

b. スラグ流（slug flow）

図-6.2(b)はスラグ流の概念を示す。液相はまだ連続的であるが，気泡が合体し，パイプ直径に近いサイズの弾丸のような形状の大きな気泡部分と小さな気泡を含んだ液相部分が交互に存在する。これらの気泡は液体スラグより分離され，その速度は液体速度より大きく，液体速度に関連して予測される。気泡の周りには液体膜が存在する。液体スラグは常時上昇するため気泡速度は一定でない。それに対して液相部分はおおかた上昇するが，その速度は気泡部分の速度より小さく，一部上昇せずに下降する部分もある。そのような液相部分の速度の変動は，坑壁の摩擦損失の変動のみならず流体密度に影響するホールドアップ（holdup）の原因となる。より速い流速では，液体はガスの気泡中に入った状態で移動する。ガスと液体の両相は圧力勾配に影響を与える。

c. 中間流（transient flow）

図-6.2(c)に示すように，連続液相から連続気相への変化が生じる。気泡間の液体スラグ（弾丸）は現れないが，かなりの量の液体が気相中に入り込むようになる。圧力に及ぼす影響は，液相部分よりも気相部分が卓越してくる。

d. ミスト流（mist flow）

図-6.2(d)に示すように，気相が連続した状態になる。液相は気相中で噴霧状になって移動する。坑壁は液膜で覆われるが，その流動挙動に及ぼす影響は2次的である。気相の影響が支配的である。

(2) 流れの型の判別法

以上の4つの流れの型の判別は，以下の**表-6.1**に示すOrkiszewskiの方法（Orkiszewski's method）によって行う。

前述の式（6.18）における位置損失，摩擦損失および加速損失のすべての項は温度および圧力の関数であるから，ガス水二相流の圧力損失は流れの型の影響を受ける。中でも加速損失項は気泡流およびスラグ流では圧力損失に及ぼす影響が小さいが，ミスト流のように液相がほとんどなく，大部分が気相のみであると考えられる状態では，全圧力損失に及ぼす加速損失項 $w_t dv/A (=\rho v dv)$ の影響は重要である。以下では，各流れの型における圧力損失の計算について考える。

表-6.1 流れの型の判別に関する Orkiszewski の方法[22)]

流れの型	判別式
気泡流	$(L)_B \geq q_g/q_t$
スラグ流	$(L)_B < q_g/q_t$ および $(L)_S < RN$
中間流	$(L)_S \leq RN \leq (L)_M$
ミスト流	$(L)_M > RN$

ここで，$(L)_B$，$(L)_S$，$(L)_M$，RN，N はそれぞれ次のように定義される．
$\quad (L)_B = 1.071 - 0.7277 v_t^2/D$，ただし，$(L)_B \geq 0.13$
$\quad (L)_S = 50 + 36N$
$\quad (L)_M = 75 + 84N^{0.75}$
$\quad RN = v_{gD} = v_{sg}(10^3 \rho_l/\sigma g)^{0.25}$
$\quad N = v_{lD} = v_{sl}(10^3 \rho_l/\sigma g)^{0.25}$
［単位：ft-lb 単位］
ここで，$(L)_B$ は気泡・スラグ境界（−），$(L)_S$ はスラグ・中間境界（−），$(L)_M$ は中間・ミスト境界（−），q_g は気相流量（ft³/s），q_l は液相流量（ft³/s），q_t は全流量（$=q_g+q_l$）（ft³/s），v_{sg} は気相のみかけ速度（$=q_g/A$）（ft/s），v_{sl} は液相のみかけ速度（$=q_l/A$）（ft/s），v_{gD} は無次元気相速度（−），v_{lD} は無次元液相速度（−），ρ_l は液相の密度（lb/ft³），σ は液相の表面張力（dyne/cm），g は重力加速度（ft/s²），A は坑内断面積（ft²），D は坑内径（ft）である．

a. 気泡流

ⅰ）全圧力損失の式

前述したように気泡流では液相の流れが支配的であるため，一様な径の坑内では加速損失項が無視できる．したがって，全圧力損失の式は水単相流と同じ式（6.19）が用いられる．ただし，混合流体の平均密度 ρ_m や摩擦損失勾配 τ_f は流れの型の影響を受けるため，それぞれの計算式について以下に述べる．

ⅱ）平均密度の式

位置損失項の平均密度（mean density）ρ_m は，次式により計算される．

$$\rho_m = \rho_g \alpha + \rho_l(1-\alpha) = \rho_g(1-H_l) + \rho_l H_l \tag{6.26}$$

ここで，α はボイド率（void fraction）または気相ホールドアップ（gas holdup）と呼ばれ，流路断面内の気相が存在する体積割合を意味する．H_l は液相ホールドアップ（liquid holdup）と呼ばれ，流路断面内の液相の体積割合を意味する．したがって，液単相流では，$\alpha=0$，$H_l=1$ である．またガス単相流では，$\alpha=1$，$H_l=0$ である．α および H_l は滑りの程度によって変化するため，次に滑り速度 v_s と α および H_l との関係について説明しよう．

1. 滑り速度の式

一般に二相流では，気相と液相の質量差が存在するため重力などの作用により気

相と液相間に局所的に速度差が生じる。両相の速度差 v_s は，滑り速度（slip velocity）または相対速度（relative velocity）と呼ばれ，次式で表される。

$$v_s = v_g - v_l \tag{6.27}$$

ここで，v_g は気相速度，v_l は液相速度である。

また，気液混合流体の平均速度（mean velocity）v_m は，上記の実速度（actual velocity）v_g および v_l とボイド率 α を用いて次のように表される。

$$v_m = \alpha v_g + (1-\alpha)v_l \tag{6.28}$$

ここで，α の気相流体または $(1-\alpha)$ の液相流体がそれぞれ単独で流路全体を流れると仮定したときの速度をみかけの速度（superficial velocity）といい，それぞれ v_{sg} または v_{sl} と表す（式（6.38）参照）。v_m はまたみかけの混合速度（superficial mixture velocity）ともいう。このみかけの速度（v_{sg} または v_{sl}）と実速度（v_g または v_l）との間には次の関係がある。

気相のみかけの速度：$v_{sg} = \alpha v_g$ (6.29)

液相のみかけの速度：$v_{sl} = (1-\alpha)v_l$ (6.30)

したがって，v_m は，式（6.28），（6.29）および（6.30）より

$$v_m = v_{sg} + v_{sl} \tag{6.31}$$

液相のみかけの速度 v_{sl} は，式（6.31）より

$$v_{sl} = v_m - v_{sg} \tag{6.32}$$

滑り速度 v_s は，式（6.27），（6.29）および（6.30）より

$$v_s = v_g - v_l = \frac{v_{sg}}{\alpha} - \frac{v_m - v_{sg}}{1-\alpha} \tag{6.33}$$

ただし，気泡流における滑り速度（slip velocity）v_s の良好な近似値として，Griffith, P.（1962）によって提唱された式（6.34）に示す値が広く使用されている。

$$v_s = 0.8(ft/s) = 0.24(m/s) \tag{6.34}$$

2. ボイド率の式

ボイド率（void fraction）α は，次式で表される[22]。

$$\therefore \alpha = 0.5\left\{\left(1+\frac{v_m}{v_s}\right) - \left[\left(1+\frac{v_m}{v_s}\right)^2 - \frac{4v_{sg}}{v_s}\right]^{0.5}\right\} \tag{6.35a}$$

$$= 0.5\left\{1 + \frac{q_t}{v_s A} - \left[\left(1 + \frac{q_t}{v_s A}\right)^2 - \frac{4q_g}{v_s A}\right]^{0.5}\right\} \tag{6.35b}$$

ここで，q_t は混合流体の流量（$=q_g+q_l$），q_g は気相流量，q_l は液相流量，A は坑内断面積である。

3. 液相ホールドアップの式

滑り速度（slip velocity）v_s は，液相ホールドアップ（liquid holdup）H_l を用いた場合次式で表される。

$$v_s = \frac{v_{sg}}{1-H_l} - \frac{v_{sl}}{H_l} \tag{6.36}$$

ここで，H_l は液相ホールドアップ（－）である。
したがって，式 (6.36) を H_l について解くことにより

$$H_l = 0.5\left[\left(1-\frac{v_t}{v_s}\right) + \left\{\left(1-\frac{v_t}{v_s}\right)^2 + 4\frac{v_{sl}}{v_s}\right\}^{0.5}\right] \tag{6.37}$$

ただし，

$$v_t \equiv \frac{q_t}{A} = \frac{q_g}{A} + \frac{q_l}{A} = v_{sg} + v_{sl} = v_m \tag{6.38}$$

ここで，v_t は気液混合流体の平均速度またはみかけの混合速度である。

iii） 摩擦損失勾配の式

気泡流の場合，気相が液相中に閉じこめられて流動するため，摩擦損失に及ぼす気相の影響はないものと考えられる。したがって，摩擦損失勾配（gradient of friction loss）τ_f は，次式で定義される。

$$\tau_f = \frac{f\rho_l v_l^2}{2D} = \frac{f\rho_l v_{sl}^2}{2D(1-\alpha)^2} \tag{6.39}$$

ただし，$v_l = \dfrac{v_{sl}}{1-\alpha}$ (6.40)

1. 摩擦係数

摩擦係数（friction factor）f は，坑内壁の相対粗度（relative roughness）ε/D（－）と液体レイノルズ数 Re_l（－）を用いて Moody 線図（付録 A **付図-A.3** と **A.4** 参照）より求める。ε は絶対粗度（absolute roughness）である。コンピュータを利用す

る際には，摩擦係数 f に関する式（6.24）および（6.25）が用いられる。

2. 液相レイノルズ数

液相レイノルズ数（liquid Reynolds number）Re_l は

$$\text{Re}_l = \frac{\rho_l v_l D}{\mu_l} \tag{6.41}$$

ここで，D は坑内径（m），μ_l は液相の粘度（Pa·s）である。

3. 流体の密度および粘度

液相の密度 ρ_l はそれぞれ第2章のかん水の密度の式（2.52a, b）および式（2.53a, b）により計算する。また液相の粘度 μ_l は第2章のかん水の粘度の式（2.60）および式（2.61）により計算する。

b. スラグ流

ⅰ）全圧力損失の式

流れは気泡流からスラグ流へと遷移するが，依然として気相流量が少なく，非圧縮性流体として扱うことができる。したがって，一様な径の坑内における加速損失項は非常に小さく無視されるので，全圧力損失の計算には式（6.19）が用いられる。

平均密度 ρ_m および摩擦損失勾配 τ_f に関しては Orkiszewski, J.（1967）が Griffith, P. and Wallis, G.B.（1961）の実験結果に基づいて作成した式が用いられる。

ただし，スラグ流における式はすべて ft-lb 単位を用いているため SI 単位を使用する際に注意されたい。

ⅱ）平均密度の式

スラグ流における平均密度（mean density）ρ_m は

$$\rho_m = \alpha \cdot \rho_g + (1-\alpha) \cdot \rho_l + \Gamma \cdot \rho_l \tag{6.42}$$

ここで，Γ は液体分布係数（liquid distribution coefficient）で，次の式（6.43）～（6.44）によって決定される。

流れ領域間の圧力の不連続性をなくすために Γ に関して次のような制約条件がある。

$v_t \leq 10\text{ft}/s$ のとき

$$\Gamma = [(0.013 \log \mu_L) / D_h^{1.38}] - 0.681 + 0.232 \log v_t \tag{6.43}$$
$$- 0.428 \log D_h$$

ただし，$\Gamma \geq -0.065 v_t$ \hfill (6.44)

ここで，v_t は式（6.38）で表される気液混合流体の平均速度（ft/s），μ_l は液相の

粘度（cp），D_h は坑井の水力直径（hydraulic diameter）（$=4\times A/S$）（ft），S は坑内断面で流体が接触している坑内壁の長さ，すなわち濡れ縁長さ（wetted perimeter）（ft）である。

$v_t > 10\text{ft/s}$ のとき

$$\Gamma = [(0.045\log\mu_l)/D_h^{0.799}] - 0.709 - 0.162\log v_t \qquad (6.45)$$
$$\quad - 0.888\log D_h$$

ただし，$\Gamma \geq -\dfrac{v_b A}{q_t + v_b A}\left(1-\dfrac{\rho_m}{\rho_l}\right) = -\dfrac{v_b}{v_t + v_b}\left(1-\dfrac{\rho_m}{\rho_l}\right) \qquad (6.46)$

ここで，v_b は気泡上昇速度（bubble rise velocity）（ft/s）である。

1. ボイド率 α

   スラグ流のボイド率（void fraction）α は，次式により計算される。

   $$\alpha = \frac{v_{sg}}{(v_t + v_b)} \qquad (6.47)$$

   ここで，気泡上昇速度 v_b は以下の式（6.49）～（6.51）により計算される。

2. レイノルズ数

   スラグ流のレイノルズ数（Reynolds number of slug flow）Re_b は気泡上昇速度 v_b，水力直径（hydraulic diameter）D_h を用いて次のように表される。

   $$\text{Re}_b = \frac{v_b D_h \rho_L}{\mu_L} \qquad (6.48)$$

3. 気泡上昇速度

   気泡上昇速度 v_b に関しては，Orkiszewski, J.（1967）による次の式が用いられる。
   $\text{Re}_b \leq 3\,000$ のとき

   $$v_b = (0.546 + 8.74\times10^{-6}\,\text{Re})\cdot(gD_h)^{0.5} \qquad (6.49)$$

   $3\,000 < \text{Re}_b < 8\,000$

   $$v_{bi} = (0.251 + 8.74\times10^{-6}\,\text{Re})\cdot(gD_h)^{0.5}$$
   $$v_b = 0.5v_{bi} + \left(v_{bi}^2 + \frac{13.59\mu_l}{\rho_l D_h^{0.5}}\right)^{0.5} \qquad (6.50)$$

   $\text{Re}_b \geq 8\,000$ のとき

   $$v_b = (0.35 + 8.74\times10^{-6}\,\text{Re})\cdot(gD_h)^{0.5} \qquad (6.51)$$

iii）摩擦損失勾配の式

坑内の摩擦損失勾配（gradient of friction loss）τ_f は

$$\tau_f = \frac{f\rho_l v_t^2}{2D_h}\left[\frac{q_l+v_bA}{q_t+v_bA}+\Gamma\right] = \frac{f\rho_l v_t^2}{2D_h}\left[\frac{v_l+v_b}{v_t+v_b}+\Gamma\right] \tag{6.52}$$

ここで，摩擦係数 f は，レイノルズ数 Re_b と相対粗度 ε/D を用いて Moody 線図（付録 A 付図-A.3, A.4 参照）から求められるが，コンピュータによる計算では前述した式（6.24）および（6.25）が利用できる。

c. 中間流

中間流（transient flow）はスラグ流からミスト流へ遷移する中間の過程であり，全圧力損失，平均密度および摩擦損失勾配に関する式は以下のように表される。

ただし，中間流における式はすべて ft-lb 単位を用いているため SI 単位を使用する際に注意されたい。

ⅰ) 全圧力損失の式

中間流における ρ_m および τ_f に関する単独の式が提唱されていないため，全圧力損失は直接計算できない。そこで，中間流の全圧力損失は，スラグ流の全圧力損失 $[dp]_{slug}$ とミスト流の全圧力損失 $[dp]_{mist}$ の線形補間（interpolation）による次式で計算される。

$$dp = \frac{(L)_M - v_{gD}}{(L)_M - (L)_S}[dp]_{slug} + \frac{v_{gD}-(L)_S}{(L)_M-(L)_S}[dp]_{mist} \tag{6.53}$$

ここで，
$$v_{gD} = v_{sg}(10^3\rho_l/\sigma g)^{0.25}$$

ⅱ) 平均密度の式

流れはスラグ流からミスト流へ遷移する中間的過程であり，平均密度（mean density）ρ_m の独立した式は未だ提唱されていない。そのためスラグ流とミスト流の圧力損失の値を線形補間（interpolation）する Duns and Ros の方法[14]が用いられる。

$$\rho_m = \frac{(L)_M - v_{gD}}{(L)_M - (L)_S}[\rho_m]_{slug} + \frac{v_{gD}-(L)_S}{(L)_M-(L)_S}[\rho_m]_{mist} \tag{6.54}$$

ⅲ) 摩擦損失勾配の式

スラグ流からミスト流へ遷移する中間の過程であり，τ_f は平均密度と同様にスラグ流の摩擦勾配 $[\tau_f]_{slug}$ とミスト流の摩擦損失勾配 $[\tau_f]_{mist}$ の線形補間により求める。

$$\tau_f = \frac{(L)_M - v_{gD}}{(L)_M - (L)_S}[\tau_f]_{slug} + \frac{v_{gD}-(L)_S}{(L)_M-(L)_S}[\tau_f]_{mist} \tag{6.55}$$

d. ミスト流
ⅰ） 全圧力損失の式

ミスト流（mist flow）のように液相がほとんどなく，大部分が気相のみであると考えられる状態では，全圧力損失に及ぼす加速損失項 $w_t dv/A$ （$=\rho v dv$）の影響が重要である。したがって，ガス水二相流の全圧力損失の式（6.18）における摩擦損失項は，気体の法則から導かれた次の式が用いられる。

$$\frac{w_t dv_g}{A} = -\frac{w_t q_g}{A^2 \bar{p}} dp \tag{6.56}$$

ここで，v_g は気相速度（m/s），dv_g は気相速度の増分（m/s），w_t は全質量流量（≒気相質量 w_g）（kg/s），A は坑内断面積（m^2），dp は圧力の増分（Pa）である。

なお，式（6.56）の誘導については演習問題 6.1 に取り上げている。

全圧力損失の式は，式（6.56）を前述の式（6.18）に代入した次式が用いられる。

$$dp = -\rho_m g dL \cos\theta - \tau_f dL + \frac{w_t q_g}{A^2 \bar{p}} dp \tag{6.57}$$

ここで，ρ_m と τ_f はミスト流における平均密度と摩擦損失勾配であり，以下のⅱ）のように定義される。

ⅱ） 平均密度の式

ミスト流（mist flow）では液相と気相間の滑り速度 v_s がほとんど無視できるため，平均密度（mean density）ρ_m は後述の式（6.59）のボイド率 α を用いて次式で表される。

$$\rho_m = \alpha \rho_g + (1-\alpha) \rho_w \tag{6.58}$$

1. ボイド率 α

ミスト流のボイド率は

$$\alpha = \frac{v_{sg}}{v_{mist}} \approx \frac{v_{sg}}{v_t} \tag{6.59}$$

ここで，v_{mist} はミスト流の速度であるが，液相がほとんど存在しないので $v_{mist} \fallingdotseq v_t$ と近似される。

ⅲ） 摩擦損失勾配の式

τ_f は主として連続相である気相に依存するため，気相の密度と速度により次式で表される。

$$\tau_f = \frac{f \rho_g v_{sgp}^2}{2D} \tag{6.60}$$

ここで，v_{sgp} は坑内壁の液膜で変化した気相速度である。

ミスト流の気相速度 v_{sgp} はみかけの気相速度 v_{sg} と坑内壁の相対粗度 ε/D を考慮した次式で表される。

$$v_{sgp} = \frac{v_{sg}}{\left(1 - \dfrac{\varepsilon}{D}\right)^2} \tag{6.61}$$

ただし，ミスト流における相対粗度 ε/D（－）は坑内壁の液膜の影響を受けて変化するため，以下の修正式で計算される。

$$N_w = \left(\frac{v_{sgp} \mu_l}{\sigma_{gw}}\right)^2 \frac{\rho_g}{\rho_l} > 0.005 \text{ のとき}$$
$$\frac{\varepsilon}{D} = \frac{168.4 \sigma_{gw} N_w^{0.302}}{\rho_g g v_{sgp}^2 D_h} \tag{6.62}$$

を用いる。

ここで，σ_{gw} はガス水の表面張力である。

$$N_w = \left(\frac{v_{sgp} \mu_l}{\sigma_{gw}}\right)^2 \frac{\rho_g}{\rho_l} \leq 0.005 \text{ のとき}$$
$$\frac{\varepsilon}{D} = \frac{34 \sigma_{gw}}{\rho_g g v_{sgp}^2 D_h} \tag{6.63}$$

を用いる。

ただし，ミスト流のレイノルズ数 Re_g はみかけ気相速度 v_{sgp} と水力径 D_h を用いて次式で表される。

$$\mathrm{Re}_g = \frac{v_{sgp} D_h \rho_g}{\mu_g} \tag{6.64}$$

摩擦係数 f は，$\varepsilon/D \leq 0.005$ のとき，Moody 線図（付録 A **付図-A.3** と **A.4** 参照）または式（6.24）および式（6.25）から求める。

$\varepsilon/d > 0.005$ のとき，摩擦係数 f は

$$f = 4 \left\{ \frac{1}{\left(4 \log(0.27 \varepsilon / D_h)\right)^2} + 0.067 (\varepsilon / D_h)^{1.73} \right\} \tag{6.65}$$

を用いて計算する。

6.2.3 全圧力損失の計算式のまとめ

全圧力損失の計算は，計算プログラム上では水単相流およびガス水二相流を一括して式 (6.57) が用いられる。ただし，水単相流の場合には $q_g = 0$ または GWR $= 0$ として水の ρ_m と τ_f を用いる。ガス水二相流の場合には流れの型ごとに ρ_m と τ_f を計算する。以上の点を考慮して，実際の計算は次のいずれかの方法で行われる。

① dL を固定した場合

式 (6.57) を dp について解くと

$$dp = -\frac{\rho_m g \cos\theta + \tau_f}{1 - \dfrac{w_t q_g}{A^2 \bar{p}}} dL \tag{6.66}$$

② dp を固定した場合

式 (6.57) を dL について解くと

$$dL = -\frac{1 - \dfrac{w_t q_g}{A^2 \bar{p}}}{\rho_m g \cos\theta + \tau_f} dp \tag{6.67}$$

流れの型の判別式，平均密度の式，摩擦損失勾配の式のまとめを**図-6.3**に示す。

6.2.4 全圧力損失の計算手順

本項では dL を固定した場合の式 (6.66) を用いて計算する手順について，**図-6.4** のような差分格子分割と**図-6.5**に示す計算フローチャートに基づいて具体的に説明する。なお，**図-6.5** は dp 固定の式 (6.67) に関する Brown, K.E. (1977) の計算フローチャートを参考に dL 固定の計算フローチャートに変更し，作成したものである。

［計算手順］

① 坑井を**図-6.4**のように適当な間隔 dL で $K = 10 \sim 20$ 個程度の差分格子に分割する。この場合，分割点 K における深度は $L(K) = L(K-1) + dL$ である。

② 流量，流体特性，温度および圧力が既知である坑内の1点を境界値として選択する。通常，自噴井の場合には流動坑口圧力 p_{wh} または流動坑底圧力 p_{wf} のいずれかを既知境界値として与える。本項では p_{wh} を境界値として選択した場合について考える。

③ 坑井の温度勾配を推定する。または水溶性天然ガス井では流動坑口温度 t_{wh}

第6章　坑内の流動解析

流れの型	判別式	流体の平均密度と摩擦損失勾配
ミスト流	$(L)_M > RN$ $RN = v_{gD} = v_{sg}(10^3 \rho_l / \sigma g)^{0.25}$	$[\rho_m]_{mist} = \alpha \rho_g + (1-\alpha)\rho_l$ α : 式 (6.59) $\tau_f = \dfrac{f\rho_g v_{sgp}^2}{2d}$　　$v_{sgp} = \dfrac{v_{sg}}{\left(1-\dfrac{\varepsilon}{d}\right)^2}$
中間流	$(L)_s \leq RN \leq (L)_M$ $RN = v_{gD} = v_{sg}(10^3 \rho_l / \sigma g)^{0.25}$ $(L)_M = 75 + 84N^{0.75}$ $N = v_{lD} = v_{sl}(10^3 \rho_l / \sigma g)^{0.25}$	$[\rho_m]_{trans} = \dfrac{(L)_M - v_{gD}}{(L)_M - (L)_S}[\rho_m]_{slug} + \dfrac{v_{gD} - (L)_S}{(L)_M - (L)_S}[\rho_m]_{mist}$ $\tau_f = \dfrac{(L)_M - v_{gD}}{(L)_M - (L)_S}[\tau_f]_{slug} + \dfrac{v_{gD} - (L)_S}{(L)_M - (L)_S}[\tau_f]_{mist}$
スラグ流	$(L)_B < q_g/q_t$, $(L)_s < RN$ $(L)_B = 1.071 - 0.7277 v_t^2/D$ $(L)_B \geq 0.13$ $(L)_s = 50 + 36N$	$[\rho_m]_{slug} = \alpha \cdot \rho_g + (1-\alpha) \cdot \rho_l + \Gamma \cdot \rho_l$ α : 式 (6.47) $\tau_f = \dfrac{f\rho_l v_t^2}{2d_h}\left[\dfrac{v_l + v_b}{v_t + v_b} + \Gamma\right]$ $v_t < 10$ のとき $\Gamma = [(0.013 \log \mu_L)/D_h^{1.038}] - 0.681 + 0.232 \log v_t$ 　　$- 0.428 \log D_h$ $v_t > 10$ のとき $\Gamma = [(0.045 \log \mu_L)/D_h^{0.799}] - 0.709 - 0.162 \log v_t$ 　　$- 0.888 \log D_h$
気泡流	$(L)_B \geq q_g/q_t$ $(L)_B = 1.071 - 0.7277 v_t^2/D$	$[\rho_m]_{bubble} = \rho_g \alpha + \rho_l (1-\alpha)$ α : 式 (6.35a, b) $\tau_f = \dfrac{f\rho_l v_l^2}{2D} \dfrac{f\rho_l v_{sl}^2}{2D(1-\alpha)^2}$
単層流		$\rho_w = 730.6 + 2.025T - 3.8 \times 10^{-3} T^2$ 　　$+ [2.362 - 1.197 \times 10^{-2} T + 1.835 \times 10^{-5} T^2]p$ $\tau_f = \dfrac{f\rho_l v_l^2}{2D}$

図-6.3　流れの型の判別式, 流体の平均密度の式, 摩擦損失勾配の式のまとめ

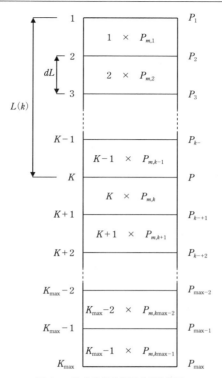

図-6.4 坑井の差分格子分割と記号

と流動坑底温度 t_{wf} の差があまり大きくないため両者の平均値 $t_m = (t_{wh} + t_{wf})/2$ を全深度の温度として用いることもできる。

④ 圧力増分 dp の初期推定値として，密閉坑底圧 p_{ws} または密閉坑口圧力 p_{wh} の約10%程度の値を設定する。

⑤ 各格子点 K の圧力 $p(K)$ および平均圧力 $p_m(K)$ は次式で求める。
　　例えば，$p(1) = p_{wh} + dp(1)$，$p(2) = p(1) + dp(2)$，…，$p(K) = p(K-1) + dp(K)$，…，$p_m(1) = p_{wh} + dp(1)/2$，$p_m(2) = p_m(1) + dp(2)/2$，…，$p_m(K) = p_m(K-1) + dp(K)/2$，…

⑥ 各格子点の平均圧力 $p_m(K)$ および温度 t_m に対して流体特性を修正する。
　1） 溶解度 $R_s(K)$，容積係数 $B_w(K)$，粘度 $\mu_w(K)$，圧縮係数 $z(K)$ およびその他の物性値を求める。
　2） 流体の体積流量を求める。$q_w(K) = q_{w,s}/B_w$，$q_g(K) = zq_w(\mathrm{GWR} - R_s)T_m/p_m(K)$，

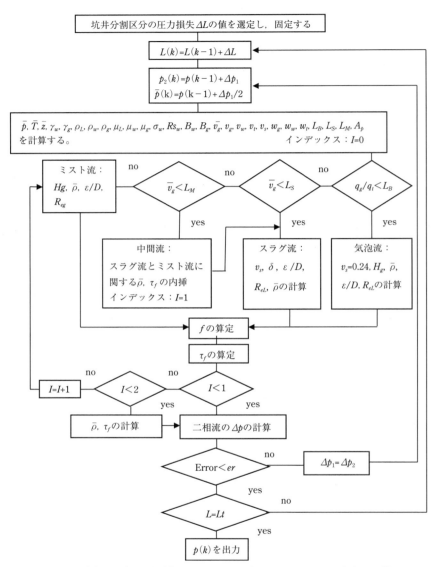

図-6.5 垂直二層流の圧力計算フローチャート（Brown, K.E., 1977 を参考に作成）

$q_t(K) = q_w(K) + q_g(K)$

3) 質量流量を求める。$w_w(K) = q_w(\gamma_w + \gamma_g R_s)$，$w_g(K) = q_w(\mathrm{GWR} - R_s)$，$w_t(K) = w_w(K) + w_g(K)$

4) 流体密度を修正する。$\rho_w(K) = w_w/q_w$，$\rho_g(K) = w_g/q_g$

⑦ 格子点 K における流れの型を決定する。

⑧ ステップ⑦で決定した流れの型に対応する平均密度 $\bar{\rho}(K)$ と摩擦損失勾配 $\tau_f(K)$ を求める。

⑨ dL を固定した圧力増分の式により計算する。

$$dp = -\frac{\rho_m g \cos\theta + \tau_f}{1 - \dfrac{w_t q_g}{A^2 \bar{p}}} dL$$

⑩ 格子点 K における dp の新しい計算値 dp_2 と古い値 dp_1 との相対誤差の絶対値 error が許容誤差 er より小さくなるまでステップ④からの計算を繰り返す。

$$\mathrm{error} = \left|\frac{dp_2 - dp_1}{dp_1}\right| \leq er \tag{6.68}$$

⑪ ステップ⑩が許容されたら次の格子点 $(K+1)$ へ計算を進める。最終的に $K_{\max}$ まで計算して終了する。

6.3 Orkiszewski 法の応用

6.3.1 水溶性天然ガス生産井への応用

前節 6.2 で述べた Orkiszewski 法は，本来，石油井におけるガスと油の二相流の全圧力損失の解析のために開発された方法であり，流れの型がバブル流からミスト流までの解析が可能である。この方法を水溶性天然ガス生産井の流動解析に応用するためには，次の点に配慮しなければならない。

① 自噴している水溶性ガス天然生産井の産出ガス水比は，過去のデータから通常型貯留層では GWR = 1 〜 3 程度，茂原型貯留層では GWR = 10 〜 30 程度である。

② まったく自噴しない坑井および自噴力の弱い坑井に対してはガスリフトやポンプ採収が実施されているが，ミスト流や中間流が発生したという事例がない。

以上の点を考慮すると，水溶性天然ガス井における流れの型は単相流，気泡流，

スラグ流を対象に解析することで十分である。

前述したOrkiszewski法の計算手順にしたがってFortran77言語で作成した計算プログラム「CWPDL.For」および「CWPDP.For」をダウンロードプログラムとして提供しており，付録Bにて説明をしている．前者の「CWPDL.For」は長さの増分ΔLを固定して計算するプログラムであり，後者の「CWPDP.For」は圧力増分Δpを固定して計算するプログラムである．

6.3.2 将来のメタンハイドレート生産井への応用の可能性

メタンハイドレート（methane hydrate）は水分子で作られたケージ（cage）の中にメタン分子を含み，低温かつ高圧の環境下で安定した固体の結晶である．しかし，温度が高くなったり，または圧力が低くなったりするとそのケージの中からメタンガスが出てゆき，結晶は崩壊する．これをメタンハイドレートの分解（dissociation of methane hydrate）という．

海洋では500 m以深（50気圧以上）の海底面（最終的に4℃）の堆積物中に氷のような状態で存在する．そのメタンハイドレート結晶に含まれるメタンガス量は圧力・温度に関係なく，メタンハイドレート層の深度に関係なく，一定である[6]。メタンハイドレート $1m^3$ を0℃，大気圧の下で分解すると，水 $0.8\ m^3$ とメタンガス $165m^3$ になる[6]．この数値は水の作るケージにメタンが存在するケージ占有率（cage occupancy）（ケージ中に占めるメタンの体積割合）が95％のときの値であるが，一つの目安としてよく用いられる．これを水 $1\ m^3$ 当たりのガス体積すなわちガス水比に換算すると $206.25\ m^3$ になる．この値は0℃，大気圧での値であるが，標準状態（15℃，大気圧）でのメタンガスに換算すると $213.66\ m^3$ になる．これは丁度水溶性天然ガス生産における産出ガス水比（producing gas water ratio）GWRに相当する．また，水の塩分濃度は通常の海水の数分の一からゼロである．

図-6.6は日本近海で実施された減圧法による産出試験システムの概念図を示す．この図に示すように産出試験システム（production test system）はメタンハイドレート層と坑井から構成される．ここで，減圧法（depressurization method）とはポンプで水を汲み上げ，メタンハイドレート層の圧力を低下させることによってハイドレートを分解する方法である．

まず，産出試験システムの構成要素であるメタンハイドレート層（methane hydrate bearing layer）の浸透性について考えてみよう．増田ら（1997）はガスハ

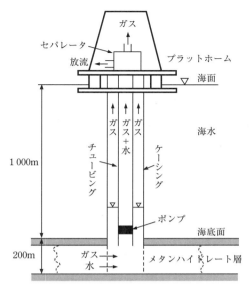

図-6.6 減圧法によるメタンハイドレート産出試験システムの概念

イドレート層の生産挙動に関する数値解析からハイドレート層の絶対浸透率（absolute permeability）について次の式を提唱した。

$$k_D = k_{D0}(1-S_H)^N \tag{6.69}$$

ここで，S_H はメタンハイドレート飽和率，k_D は S_H の場合の絶対浸透率，k_{D0} はメタンハイドレートが存在しない場合の絶対浸透率，N は孔隙構造に依存するパラメータである。

式（6.69）からわかるようにハイドレート層は初期の段階で $S_H=1$ であるため浸透率がゼロである。しかし，生産を開始し坑井近傍地層の圧力が低下すると，ハイドレートの分解が始まり，$S_H<1$ となる。それが次第に地層深奥へ進む。その結果，図-6.6 に示すように坑井周辺ガスハイドレート層にはガスと水の二相状態が形成され，分解したガスの大部分はシステムの構成要素である坑井のアニュラス内に入り，残りのガスは水とともにチュービング内に流入し，二相流となって産出される。

このような試験井の構造とチュービング内およびアニュラス内の流れは，後述の第 8 章で述べる水溶性天然ガスのポンプ採収井（図-8.7 参照）に基本的に同じである。したがって，チュービングからの GWR 値がわかれば，チュービング内の圧

力損失はポンプ採収井の圧力損失の計算プログラム「Pumplift For」を用いて計算可能である。

しかしながら，一定の坑底圧力で長期に生産を続けた場合，メタンハイドレート層内のガスの産出速度は徐々に増加し，極大に達し，それから減少する経緯をとるであろうという仮説[6]によれば，産出ガス水比 GWR は時間的に徐々に変化するものと考えれる。Orkiszewski 法は定常流に対して開発された方法であるため，そのような場合には任意の時間帯を定常状態にあると仮定し，坑内圧力損失はこの時間帯における GWR の値を用いて計算プログラム「Pumplift For」により近似的に計算することができる。

生産井の流動挙動は貯留層の流動挙動に左右されるため，まずは長期生産試験によるメタンハイドレート層内の流動挙動の解明とそれに対応する垂直二相流の解析方法の開発が今後の課題である。

第6章　演習問題

【問題6.1】　式（6.56）を気体の法則から導け。

【問題6.2】　次のデータを用いて自噴している水溶性天然ガス井内の圧力損失を計算せよ。また GWR の各値に対する流動坑底圧力 p_{wf} を求めよ。

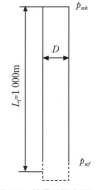

（データ）

坑口圧力　　　：$p_{wh} = 20\,260$ Pa

坑井長さ　　　：$L_t = 1\,000$ m

坑井内径　　　：$D = 0.2$ m

産出量　　　　：$q_w = 4\,320$ m^3/d $= 0.05$ m^3/s

産出ガス水比　：GWR $= 0$, 500, $1\,000$, $1\,500$

坑壁面粗度　　：$\varepsilon = 0.00005$ m

水の粘度　　　：$\mu_w = 0.7 \times 10^{-3}$ Pa·s

図-6.7　坑井の概念図

【問題6.3】　深度 $L = 500$（m）の還元井により，還元量 $q_w = 4\,320$（m^3/d）を還元した。そのときの坑口圧力が $p_{wh} = 0.5$（MPa）であった。流動坑底圧力 p_{wf} を求め，還元井の圧力勾配図を作成せよ。ただし，他に計算に必要なデータは問題6.2のデータを用いよ。

◎引用および参考文献

1) 赤川浩爾（1982）：気液二相流，コロナ社．
2) 今井　功（2-8）：流体力学（前編），物理学選書14，山内恭彦，菊池正士，小谷正雄編集，裳華房．
3) 江守一郎，D.J. シューリング（1979）：模型実験の理論と応用，技報堂出版．
4) 生井武文校閲，国清行夫，木本智男，長尾健共著（1987）：機械工学演習シリーズ1　演習水力学，森北出版．
5) 谷下市松（2004）：工学基礎熱力学，裳華房．
6) 田中彰一（2009）：我が国におけるメタンハイドレート開発計画の経緯とフエーズ1の成果—特集号発刊に寄せて—，石油技術協会誌，第74巻，第4号，pp.265-269．
7) 田中彰一・西　浩介（1995）：水あるいは水‐炭酸ガス混合物を産出する地熱井における気液二相流動のシミュレーション，日本地熱学会誌，第17巻，第4号，pp.253-269．
8) 日本機械学会編（1989）：気液二相流技術ハンドブック，コロナ社．
9) 日本機械学会編（2007）：機械工学便覧（基礎編），社団法人日本機械学会．
10) 本間　仁，春日屋伸昌（1968）：次元解析・最小2乗法と実験式，コロナ社．
11) 松本　良・奥田義久・青木　豊（1994）：メタンハイドレート，21世紀の巨大天然ガス資源，日経サイエンス社．
12) Beggs, H.D. and Brll, J.P.（1973）：A Study of Two-Phase Flow in Inclined Pipes, Journal of Petroleum Technology, May, pp.607-617.
13) Brown, K.E.（1977）：The Technology of Artificial Lift Methods, Vol.1, Petroleum Publishing Company.
14) Duns, H., Jr. and Ros, N.C.J.（1963）：Vertical Flow of Gas and Liquid Mixtures in Wells, Proc. Sixth World Petroleum Comgress, Francfurut, 2, pp.451-485.
15) Economides, M.J., Hill, A.D. and Ehlig-Economides, C.（1994）：Petroleum Production Systems, Prentice Hall Petroleum Engineering Series, PTR Prentice Hall.
16) Gould, T.L.（1974）：Vertical Two-Phase Steam-Water Flow In Geothermal Wells, JPT, August, pp.833-841.
17) Griffith, P.（1962）：Two-Phase Flow in Pipes, Special Summer Program, Masschusettes Institute of Technology, Cambridge, Mass.
18) Griffith, P. and Wallis, G.B.（1961）：Two-Phase Slug Flow, Journal of Heat Transfer, August, pp.307-320.
19) Makogon, Y.F.（1997）：Hydrates of Hydrocarbons, PennWell.
20) Masuda, Y., Naganawa, S., Ando, S. & Sato, K.（1997）：Numerical calculation of gas-production performance from reservoirs containing natural Gas hydrates, SPE Asia Pacific Oil & Gas Conference & Exhibition, held in Kuala Lumpur, Malaysia, 14-16 April, SPE 38291.
21) Moody, L.F.（1944）：Friction Factor for Pipe Flow, Transaction of The A.S.M.E., November, pp.671-684.
22) Orkiszewski, J.（1967）：Predicting Two-Phase Pressure Drops in Vertical Pipe, JPT（Journal of Petroleum Technology）, June, pp.829-833.
23) Serghides, T.K.（1984）：Estimate Friction Factor Accurately, Chemical Engineering, March, 5, pp.63-64.

第7章 地表パイプライン内の流動解析

坑内流体が坑口からセパレータまで起伏のある地表に設置されたパイプライン内を流動するとき，パイプ内の流れの型，傾斜，バルブやベンドなどによる種々の圧力損失が生じる。特にパイプ傾斜による二相流の流れは複雑で圧力損失の計算は難しいとされている。しかしながら，地表パイプライン内の流れは基本的に水平流に近いため，流れの型が第6章の垂直二相流の場合と異なり，液相ホールドアップや圧力損失勾配などに関して種々の計算式が提唱されている。中でもパイプの傾斜を考慮した水平二相流の全圧力損失の計算に関しては Beggs and Brill の方法が広く知られている。この方法は完全な水平二相流の計算にも応用可能である。

本章では，傾斜パイプライン内二相流の基礎方程式，流れの型の分類と判別式，液相ホールドアップおよび摩擦係数，水平パイプライン内の全圧力損失の計算方法について学ぶ。

7.1 傾斜パイプライン内の気液二相流の基礎方程式

傾斜流（inclined flow）は，起伏のある地形に設置されたパイプ内の流れのように真の水平から偏ったパイプ内の流れとして定義される。その概念図と検査体積（control volume）を図-7.1 に示す。傾斜パイプ内の二相流は非常に複雑でその流動挙動を厳密に解析することは難しいが，よく知られている Beggs and Brill の方法（method of Beggs and Brill）[3] によると，傾斜パイプ内の全圧力損失は第6章で述べた垂直二相流の場合と同じように摩擦損失，加速損失，位置損失の総和で与えられる。

7.1.1 全圧力損失の式

図-7.1 において流体の流動計算の基礎は2点間（図中の1と2）の流動流体のエ

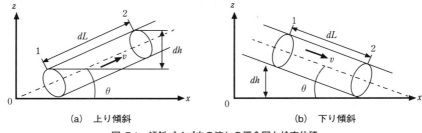

図-7.1 傾斜パイプ内の流れの概念図と検査体積

ネルギ収支である。流体に作用する外部仕事または流体から作用する外部仕事がまったくないものと仮定すると，パイプの傾斜を考慮した定常エネルギ方程式（steady state energy equation）は，第6章の式（6.18）より次式で表される。

$$dp = -\rho_{tp} g dh - \tau_f dL - \rho_{tp} v_m dv_m \tag{7.1}$$

ここで，dp は全圧力損失の増分，dh は流体の垂直移動距離の増分，dL はパイプ軸上の移動距離の増分，v_m はみかけの混合速度（式（7.6）参照），dv_m はみかけの混合速度の増分，τ_f は摩擦損失勾配，ρ_{tp} はガスと水の二相密度（two phase density）（式（7.16）参照）である。

図-7.1 に示すように上り（up hill）（図-7.1(a)）または下り（down hill）（図-7.1(b)）のパイプ内における流れの垂直移動距離は

$$dh = dL \sin\theta \tag{7.2}$$

ここで，θ は水平からの傾斜角，dL はパイプ軸上の移動距離である。

式（7.2）を式（7.1）に代入すると

$$\frac{dp}{dL} = -\rho_{tp} g \sin\theta - \rho_{tp} v_m \frac{dv_m}{dL} - \tau_f \tag{7.3}$$

式（7.3）は次のように表すことができる。

$$-\frac{dp}{dL} = \left(\frac{dp}{dL}\right)_{el} + \left(\frac{dp}{dL}\right)_{acc} + \left(\frac{dp}{dL}\right)_f \tag{7.4}$$

ここで，

$$\left(\frac{dp}{dL}\right) = 全圧力損失勾配（total pressure loss gradient）$$

$$\left(\frac{dp}{dL}\right)_{el} = \rho_{tp} g \sin\theta = 位置損失勾配（potential loss gradient）$$

$$\left(\frac{dp}{dL}\right)_{acc} = \rho_{tp} v_m dv_m / dL = \text{加速損失勾配（acceleration loss gradient）}$$

$$\left(\frac{dp}{dL}\right)_{f} = \tau_f = \text{摩擦損失勾配（friction loss gradient）}$$

である．すなわち，全圧力損失勾配は位置損失勾配，加速損失勾配，摩擦損失勾配の総和である．

(1) 摩擦損失勾配

ガス水二相流では相間の滑りによって検査体へ流入する流体密度と検査体積から流出する流体密度が異なる．そのためパイプの微小検査体積を出入りする二相流の密度 ρ_{tp} は滑りなし密度 ρ_{ns} （後述の式（7.28）参照）で近似する．したがって，摩擦損失勾配（friction loss gradient）τ_f は，式（6.17）より，この ρ_{ns} を用いて次のように表される．

$$\left(\frac{dp}{dL}\right)_{f} = \tau_f = \frac{f_{tp}\rho_{ns}v_m^2}{2D} = \frac{f_{tp}G_m v_m}{2D} \tag{7.5}$$

ここで，f_{tp} は二相流摩擦係数（two-phase friction factor）（式（7.29）〜（7.36）参照），ρ_{ns} は滑りなし二相密度（no-slip two phase density）（式（7.28）参照），G_m（$=\rho_{ns}v_m$）は全質量速度（total mass flow rate）である．

(2) 加速損失勾配

加速損失勾配（acceleration loss gradient）を計算するためにみかけの混合速度は液相のみかけ速度と気相のみかけ速度を用いて次式で定義される．

$$v_m = v_{sL} + v_{sg} = \frac{G_L}{\rho_L} + \frac{G_g}{\rho_g} \tag{7.6}$$

ここで，v_m はみかけの混合速度（superficial mixture velocity），v_{sL} はみかけの液相速度（superficial liquid velocity），v_{sg} はみかけの気相速度（superficial gas velocity），ρ_L は液相密度（liquid density），ρ_g は気相密度（gas density），G_L は液相質量速度（liquid mass flow rate），G_g は気相質量速度（gas flow rate）である．

式（7.6）の右辺第二式を式（7.3）の右辺第2項に代入すると，加速損失勾配は

$$\left(\frac{\partial p}{\partial L}\right)_{acc} = \rho_{tp} v_m \left[\frac{d}{dL}\left(\frac{G_L}{\rho_L}\right) + \frac{d}{dL}\left(\frac{G_g}{\rho_g}\right)\right] \tag{7.7}$$

式（7.7）の右辺カッコ内の第1項 $d(G_L/\rho_L)/dL$ は，液体の圧縮率が気体の圧縮率よりかなり小さいため，第2項 $d(G_g/\rho_g)/dL$ に比較して小さく無視される。したがって，加速損失勾配（acceleration loss gradient）は次式で近似される。

$$\left(\frac{\partial p}{\partial L}\right)_{acc} = \rho_{tp} v_m \frac{d}{dL}\left(\frac{G_g}{\rho_g}\right) \tag{7.8a}$$

$$= \rho_{tp} v_m \left[\frac{\rho_g \dfrac{dG_g}{dL} - G_g \dfrac{d\rho_g}{dL}}{\rho_g^2}\right] \tag{7.8b}$$

$$= \rho_{tp} v_m \left[\frac{\dfrac{dG_g}{dL}}{\rho_g} - \frac{G_g}{\rho_g^2}\frac{d\rho_g}{dL}\right] \tag{7.8c}$$

ここで，気相質量速度の変化が気相密度の変化よりかなり小さいと仮定すると

$$\frac{\dfrac{dG_g}{dL}}{\rho_g} \ll \frac{G_g}{\rho_g^2}\frac{d\rho_g}{dL}$$

この仮定を式（7.8c）に代入すると

$$\left(\frac{\partial p}{\partial L}\right)_{acc} = -\rho_{tp} v_m \frac{G_g}{\rho_g^2}\frac{d\rho_g}{dL} \tag{7.9}$$

気体の密度は，第2章の式（2.26a）より

$$\rho_g = \frac{pM}{zRT} \tag{7.10}$$

式（7.10）を dL で微分すると

$$\frac{d\rho_g}{dL} = \frac{d}{dL}\left(\frac{pM}{zRT}\right) \tag{7.11a}$$

$$= \frac{M}{zRT}\frac{dp}{dL} + \frac{p}{zRT}\frac{dM}{dL} - \frac{pM}{z^2RT}\frac{dz}{dL} - \frac{pM}{zRT}\frac{dT}{dL} \tag{7.11b}$$

式（7.11a）の左辺項を式（7.10）の右辺項 ρ_g で，式（7.11b）の右辺項を式（7.10）の右辺項 pM/zRT で割り整理すると

$$\frac{d\rho_g}{dL} = \rho_g\left(\frac{1}{p}\frac{dp}{dL} + \frac{1}{M}\frac{dM}{dL} - \frac{1}{z}\frac{dz}{dL} - \frac{1}{T}\frac{dT}{dL}\right) \tag{7.12}$$

式 (7.12) の右辺項カッコ内の各項の大きさを比較すると

$$\frac{1}{M}\frac{dM}{dL} - \frac{1}{z}\frac{dz}{dL} - \frac{1}{T}\frac{dT}{dL} \ll \frac{1}{p}\frac{dp}{dL}$$

したがって，式 (7.12) は次式で近似される．

$$\frac{d\rho_g}{dL} \approx \frac{\rho_g}{p}\frac{dp}{dL} \tag{7.13}$$

式 (7.13) を式 (7.9) に代入し整理すると

$$\left(\frac{\partial p}{\partial L}\right)_{acc} = -\rho_{tp}v_m\frac{G_g}{\rho_g^2}\frac{\rho_g}{p}\frac{dp}{dL} = -\frac{\rho_{tp}v_m}{p}\frac{G_g}{\rho_g}\frac{dp}{dL} \tag{7.14a}$$

または

$$\left(\frac{\partial p}{\partial L}\right)_{acc} = -\frac{\rho_{tp}v_m v_{sg}}{p}\frac{dp}{dL} \tag{7.14b}$$

(3) 位置損失勾配

位置損失勾配（potential loss gradient）は高さの変化により生じる圧力勾配であり，次式で表される．

$$\left(\frac{\partial p}{\partial L}\right)_{el} = g\rho_{tp}\sin\theta \tag{7.15}$$

式 (7.15) における二相密度（two phase density）ρ_{tp} は液相ホールドアップを用いて次式で表される．

$$\rho_{tp} = \rho_L H_L + \rho_g(1 - H_L) \tag{7.16}$$

ここで，H_L は液相ホールドアップ（liquid hold up）（検査体積中の液体体積／検査体積）である．式 (7.16) を式 (7.15) に代入すると

$$\left(\frac{\partial p}{\partial L}\right)_{el} = g\left[\rho_L H_L + \rho_g(1 - H_L)\right]\sin\theta \tag{7.17}$$

(4) 全圧力損失

前述した式 (7.5)，(7.14b)，(7.17) を式 (7.4) に代入し整理すると

$$-\frac{dp}{dL} = \frac{g\sin\theta[\rho_L H_L + \rho_g(1 - H_L)] + \dfrac{f_{tp}G_m v_m}{2D}}{1 - \{[\rho_L H_L + \rho_g(1 - H_L)]v_m v_{sg}\}/p} \tag{7.18}$$

ここで，二相密度 ρ_{tp} に関する式（7.16）を式（7.18）に代入すると

$$-\frac{dp}{dL} = \frac{\rho_{tp}g\sin\theta + \dfrac{f_{tp}G_m v_m}{2D}}{1 - \rho_{tp}v_m v_{sg}/p} \tag{7.19}$$

したがって，全圧力損失の式（equation of total pressure loss）は，式（7.19）より

$$dp = -\frac{\left(\rho_{tp}g\sin\theta + \dfrac{f_{tp}G_m v_m}{2D}\right)dL}{1 - \rho_{tp}v_m v_{sg}/p} \tag{7.20a}$$

式（7.20a）は長さの増分 dL を固定した圧力増分の式である。

一方，圧力増分 Δp を固定した圧力増分の式は

$$dL = -\frac{1 - \rho_{tp}v_m v_{sg}/p}{\left(\rho_{tp}g\sin\theta + \dfrac{f_{tp}G_m v_m}{2D}\right)}dp \tag{7.20b}$$

式（7.20a, b）は起伏を考慮した水平パイプライン内のガス水二相流の全圧力損失の計算に用いられる。$\theta = 0$ とすると完全な水平パイプライン内の全圧力損失の計算ができる。

7.2　全圧力損失の計算

7.1 節で述べたように傾斜パイプ内の二相流は複雑で液相ホールドアップや二相摩擦係数の計算が難しいとされていたが，Beggs and Brill は水平二相流における流れの型（flow pattern）と関連させることによって液相ホールドアップや二相摩擦係数に及ぼす傾斜角の影響を考慮した計算方法を提唱した。

以下では水平二相流における流れの型の分類および判別式と，傾斜角の関数である液相ホールドアップおよび二相摩擦係数（two phase friction factor）の式について説明する。

7.2.1　流れの型の分類と判別式

(1)　流れの型の分類

一般に水平流の場合，位置のエネルギは圧力損失に影響を及ぼさないため，流れ

7.2 全圧力損失の計算

の型(flow pattern)は垂直流の場合と異なり,**図-7.2**に示すように分離流(segregated flow),間欠流(intermittent flow),分布流(distributed flow)の3つに分類される。

a. 分離流

分離流(segregated flow pattern)は,**図-7.2(a)**のように,さらに層状,波状,環状の3つの流れに分類される。

① 層状流(stratified flow)

水相はパイプ底を流れ,ガス相はその上部を流れる。ガスと水の接触する界面は滑らかである。この流れの型は,両相の流量が比較的少ない場合に起こる。

② 波状流(wavy flow)

ガス流量がより多くなると,両相の界面が波打つようになり,波状流となる。

③ 環状流(annular flow)

この流れは,ガス相と水相がともに高流量になると生じ,パイプ壁を被覆する液相部分と管中心部分におけるガス相に液滴の入り込んだガスの流れ部分からなる。

b. 間欠流(intermittent flow)

図-7.2(b)のように,間欠流はプラグ流とスラグ流に分類される。

① プラグ流(plug flow)

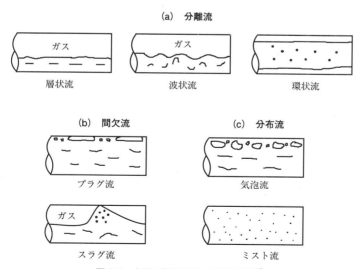

図-7.2 水平二相流の流れの型の分類[3]

プラグ流は，パイプ上部に大小の気泡が存在した状態で流れる。

② スラグ流（slug flow）

水相は連続であるが，パイプ上部を大きな気泡が小気泡を伴って流れる。

c. 分布流（distributed flow）

図-7.2(c)のように，気泡流とミスト流に分類される。

① 気泡流（bubble flow）

気泡が管の上部に集中して流れる。

② ミスト流（mist flow）

ミスト流は，ガスが高流量で水が低流量のときに生じる。液滴を取り込んだガスの流れである。

d. 判別式

図-7.3はフルード数（Froude number）N_{FR}（$=v_m^2/gD$）と液相流入率（input liquid content）λ_L（$=v_{sL}/v_m$）をlog-log紙上にプロットして作成した水平流れの型のマップ（flow pattern map in horizontal flow）である。図中の実線はBeggs, H.D. and Brill, J.P.（1973）が実験によって求めた元のマップで，分離流（segregated flow），間欠流（intermittent flow）および分布流（distributed flow）の境界を示す。一方，点線はそれを後述の方法により作成した修正流れの型マップ（revised flow pattern map）を示す。それには中間流が含まれる。コンピュータによって全圧力損失を計算する際に，元の流れの型のマップを用いて液相ホールドアップ（liquid

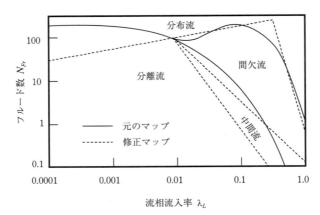

図-7.3 水平二相流における流れの型のマップ[4]

表-7.1 流れの型の制約条件

分離流	$\lambda_L < 0.01$, $N_{FR} < L_1$ または $\lambda_L \geq 0.01$ および $N_{FR} < L_2$
中間流	$\lambda_L \geq 0.01$ および $L_2 < N_{FR} \leq L_3$
間欠流	$0.01 \leq \lambda_L < 0.4$ および $L_3 < N_{FR} \leq L_1$ または $\lambda_L \geq 0.4$ および $L_3 < N_{FR} \leq L_4$
分布流	$\lambda_L < 0.4$ および $N_{FR} \geq L_1$ または $\lambda_L \geq 0.4$ および $N_{FR} > L_4$

ここで，

$$N_{FR} = \frac{v_m^2}{gD}$$

$$\lambda_L = \frac{v_{sL}}{v_m}$$

$$L_1 = 316\lambda_L^{0.302}$$

$$L_2 = 0.0009252\lambda_L^{-2.4684}$$

$$L_3 = 0.10\lambda_L^{-1.4516}$$

$$L_4 = 0.5\lambda_L^{-6.738}$$

hold up) H_L を計算するのは不便であるので，流れの型の境界をフルード数（Froude number）N_{FR} と液相流入率（input liquid content）λ_L の関係から近似的に決定する方法が必要である。

Beggs and Brill は**図-7.3**の流れの型のマップにおける水平流れの型の制約条件（horizontal flow regime limits）を単純に**表-7.1**のように定義した。**図-7.3**は，**表-7.1**の制約条件に基づいて作成した流れの型の修正マップと元のマップを重ね合わせたものである。

7.2.2 液相ホールドアップおよび二相摩擦係数の計算式

前述した式（7.18）右辺項に含まれる液相ホールドアップ H_L と二相摩擦係数 f_{tp} は傾斜二相流の圧力勾配 dp/dL を計算するための重要なパラメータである。Beggs and Brill（1973）は，H_L および f_{tp} の計算式を求めるために傾斜パイプのガス・水二相流の実験を行った。実験では流体に空気と水を使用し，内径 1 in. と 1.5 in. の滑らかな二種類のパイプを用いて，パイプの傾斜角を 0 〜 ± 90° の範囲で変えたときの液相ホールドアップと圧力損失を測定した。流量の範囲は水が 0 〜 4 ft^3/min，空気が 0 〜 300 ft^3/min である。実験結果から液相ホールドアップと摩擦係数に関する計算式を導いた。以下に H_L と ρ_{tp} の計算式について説明する。

(1) 液相ホールドアップの計算式

図-7.4は液相流入率λ_Lをパラメータとして水平からのパイプ傾斜角(angle of pipe from horizontal)θに対する液相ホールドアップ(liquid holdup)H_Lの関係をプロットしたものである。この図に示すようにH_Lはθがほぼ$50°$で最大となり,逆にほぼ$-50°$で最小となる。このようにH_Lはパイプの傾斜角に依存する。$H_L-\theta$の曲線はθによるH_Lの変化の度合いがλ_Lによって異なる。

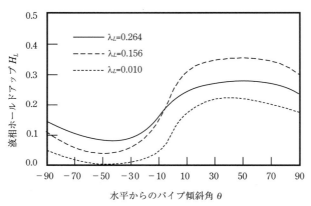

図-7.4 液相ホールドアップと傾斜角の関係[3]

図-7.5はλ_Lをパラメータとして傾斜修正係数(inclination correction factor)Ψと傾斜角θの関係をプロットしたものであるが,Ψはθに対して$H_L(\theta)$と同じ挙動を示す。

$$\frac{H_L(\theta)}{H_L(0)} = \Psi \tag{7.21}$$

ここで,$H_L(\theta)$は傾斜角θにおける液相ホールドアップ(liquid holdup),$H_L(0)$は水平($\theta=0$)液相ホールドアップ,Ψは傾斜修正係数(inclination correction factor)(-)である。

Beggs and Brillは,実験で求めた$\Psi-\theta$のグラフ(**図-7.5**)に着目し研究することによって水平流におけるすべての流れの条件に対してΨを予測できる次の式を提唱した。

$$\Psi = 1 + C[\sin(1.8\theta) - 0.333\sin^3(1.8\theta)] \tag{7.22}$$

ただし,水平流の場合は,$\theta=0$,$\Psi=1$である。ここで,Cは定数である。

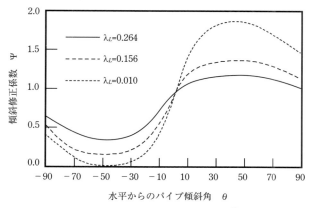

図-7.5 傾斜修正係数と傾斜角の関係[3]

前述の7.2.1項における流れの型に対するCの値は，実験データの回帰分析によって次の式が導かれた。

$$C = (1-\lambda_L)\ln(d\lambda_L^e N_{Lv}^f N_{FR}^g) \tag{7.23}$$

ただし，$C \geq 0$ である。

ここで，λ_L は液相流入率（input liquid content）（$= v_{sL}/v_m$），N_{Lv} は液相速度数（liquid velocity number）（$= v_{sL}(\rho_L/g\sigma)^{0.25}$），$\sigma$ は表面張力，N_{FR} はフルード数（Froude number）（$= v_m^2/gD$），d, e, f, g は流れの型に依存する定数（**表-7.2** 参照）である。

θ の関数である液相ホールドアップ $H_L(\theta)$ は流れの型によって異なるため，前述した水平流の流れの型マップに対応させて説明する。

まず，傾斜液相ホールドアップは前述の式（7.21）より

$$H_L(\theta) = \Psi H_L(0) \tag{7.24a}$$

ここで，$H_L(0)$ は水平液相ホールドアップで次式により定義される。

$$H_L(0) = \frac{a\lambda_L^b}{N_{FR}^c} \tag{7.24b}$$

表-7.2 式（7.23）の定数[3]

流れの型	d	e	f	g
上向き分離流	0.011	-3.768	3.539	-1.614
上向き間欠流	2.96	0.305	-0.4473	0.0978
上向き分布流	相関式なし	$c=0, \Psi=1, H_L \neq f(\theta)$	$c=0, \Psi=1, H_L \neq f(\theta)$	$c=0, \Psi=1, H_L \neq f(\theta)$
全の流れの型（下向き）	4.70	-0.3692	0.1244	-0.5056

表-7.3 式（7.24b）の定数[4]

流れの型	a	b	c
分離流	0.98	0.4846	0.0868
間欠流	0.845	0.5351	0.0173
分布流	1.065	0.5824	0.0609

ただし，$H_L(0) \geq \lambda_L$ である。ここで，a，b，c は定数である。

定数 a，b，c は流れの型に依存し，分離流，間欠流，分布流における値は**表-7.3**により与えられる。しかしながら，中間流の場合の液相ホールドアップ $H_L(\theta)$ の相関式は未だ提唱されていないため，上記の式（7.24a）と（7.24b）を用いてそれぞれ分離流と間欠流における $H_L(\theta)$ 値を計算し，それらの値を次式により内挿する。

$$\lambda_L = A\lambda_L(\text{分離流}) + B\lambda_L(\text{間欠流}) \tag{7.25}$$

ここで，

$$A = \frac{L_3 - N_{FR}}{L_3 - L_2} \tag{7.26a}$$

$$B = 1 - A \tag{7.26b}$$

相関パラメータ L_2，L_3 の計算式は前述した**表-7.1**に示す。

（2） 平均密度の計算式

液相ホールドアップ H_L が決定されると，前述した式（7.16）により二相密度（two phase density）ρ_{tp} を計算する。

（3） 二相摩擦係数の計算式

二相流の摩擦損失勾配（gradient of friction loss）は，前述した式（7.5）右辺第一式より

$$\left(\frac{dp}{dL}\right)_f = \frac{f_{tp}\rho_{ns}v_m^2}{2D} \tag{7.27}$$

ただし，

$$\rho_{ns} = \rho_L\lambda_L + \rho_g\lambda_{g\lambda} = \rho_L\lambda_L + \rho_g(1-\lambda_L) \tag{7.28}$$

ここで，ρ_{ns} は滑りなし二相密度（no-slip two phase density），ρ_g は気相の密度，λ_g は気相流入率（input gas content）（$=1-\lambda_L$）である。

二相摩擦係数（two phase friction factor）f_{tp} は次式で表される。

$$f_{tp} = f_{ns}\left(\frac{f_{tp}}{f_{ns}}\right) \tag{7.29}$$

ここで, f_{ns} は滑りなし摩擦係数（no-slip friction factor）, f_{tp}/f_{ns} は摩擦係数比（ratio of two-phase to no-slip friction factor）である。

式（7.29）における f_{ns} は滑りなし摩擦係数（no-slip friction factor）で, Moody 線図（付録 A 付図-A.3, A.4 参照）または次式で決定される。

$$f_{ns} = 0.056 + \left(\frac{0.5}{(N_{Re})_{ns}^{0.5}}\right) \tag{7.30}$$

式（7.30）における $(N_{Re})_{ns}$ は滑りなしレイノルズ数（no-slip Reynolds number）で, 次式で定義される。

$$(N_{Re})_{ns} = \frac{\rho_{ns} v_m D}{\mu_m} \tag{7.31}$$

ただし,

$$\mu_m = \mu_L \lambda_L + \mu_g \lambda_g \tag{7.32}$$

ここで, μ_m は混合粘度（mixture viscosity）, μ_L は液相粘度, μ_g は気相粘度である。

式（7.29）における摩擦係数比 f_{tp}/f_{ns} は次式で表される。

$$\frac{f_{tp}}{f_{ns}} = e^S \tag{7.33}$$

ここで,

$$S = \frac{\ln(y)}{\{-0.0523 + 3.182\ln(y) - 0.8725[\ln(y)]^2 + 0.01853[\ln(y)]^4\}} \tag{7.34}$$

および

$$y = \frac{\lambda_L}{[H_L(\theta)]^2} \tag{7.35}$$

S の値は区間 $1 < y < 1.2$ における y に対して次式で計算する。

$$S = \ln(2.2y - 1.2) \tag{7.36}$$

7.3 水平パイプ内の全圧力損失の計算方法

7.3.1 ガス水二相流

水平パイプの全圧力損失勾配の式 (equation of total pressure loss gradient) は，前述の式 (7.19) において $\theta = 0$ とおくと

$$\frac{\Delta p}{\Delta x} = \frac{\dfrac{f_{tp} G_m v_m}{2D}}{1 - \dfrac{\rho_{tp} v_m v_{sg}}{p}} \tag{7.37}$$

ここで，$dx = dL$ である。

全圧力損失の増分 Δp に関して解くと

$$\Delta p = \frac{\dfrac{f_{tp} G_m v_m}{2D}}{\left[1 - \dfrac{\rho_{tp} v_m v_{sg}}{p}\right]} \Delta x \tag{7.38}$$

式 (7.38) において Δx を固定し，圧力損失の増分 Δp を計算する手順について説明しよう。**図-7.6** は水平パイプ内の圧力損失を計算するための説明図である。

① まず，水平パイプを間隔 Δx で等間隔に分割する。
② 各区間における圧力増分 Δp の推定値を設定し，既知の p_1 を用いて計算を開始する。
③ 2点間（**図-7.6** 中の1と2）の平均圧力 $\bar{p}$，平均距離 $\bar{x}$ を計算する。

$$\bar{p} = \frac{p_1 + p_2}{2}, \quad \bar{x} = \frac{x_1 + x_2}{2}$$

④ 距離 $x + \Delta x/2$ での平均温度 $\bar{T}$（絶対温度）を決定する。

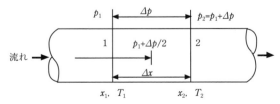

図-7.6 水平パイプ内の圧力損失計算の説明図 [4]

7.3 水平パイプ内の全圧力損失の計算方法

$$\overline{T} = (T_1 + T_2)/2$$

⑤ $\overline{T}$ と $\overline{p}$ における R_s, B_w, μ_w, μ_g, σ_w, z の値を第2章のそれぞれの物性値の評価式から計算する。

⑥ かん水の比重 γ_w を第2章の式（2.55）から求める。

⑦ 各区間の平均圧力 $\overline{p}$ と平均温度 $\overline{T}$ でのかん水の密度 ρ_w とガスの密度 ρ_g を計算する。

かん水の密度は，第2章の式（2.54），式（2.55）および式（2.28）より

$$\rho_w = \frac{\rho_{w,pure}\gamma_w + \rho_{air} \cdot \gamma_g \cdot Rs}{B_w}$$

ガスの密度は，第2章の式（2.26a）と（2.28）より

$$\rho_g = \frac{\rho_{air}\gamma_g \overline{p}}{\overline{T}Rz}$$

⑧ かん水流量 q_w とガス流量 q_g を計算する。

第2章の式（2.46a）より

$$q_w = q_{w,sc}B_w$$

遊離ガス量は，産出ガス水比 GWR と溶解度 R_s の差を用いて，第2章の状態方程式（式（2.19a））より

$$q_g = \frac{zq_{w,sc}(\text{GWR} - R_s)\overline{T}}{\overline{p}}$$

⑨ 実際のガスのみかけ速度 v_{sg}，かん水のみかけ速度 v_{sw}，みかけの混合速度 v_m を計算する。

$$v_{sg} = \frac{q_g}{A_p}$$

$$v_{sw} = \frac{q_w}{A_p}$$

$$v_m = v_{sg} + v_{sw}$$

ここで，A_p はパイプの断面積である。

⑩ ガスの質量速度 G_g，かん水の質量速度 G_w，全質量速度 G_m を計算する。

$$G_g = \rho_g v_{sg}$$
$$G_w = \rho_w v_{sw}$$
$$G_m = G_g + G_w$$

⑪ 液相流入率（input liqid content）λ_L（滑りなしホールドアップ）を計算する。

$$\lambda_L = \frac{q_w}{q_w + q_g}$$

⑫ フルード数（Froude number）N_{FR}，かん水の粘度 μ_w（第 2 章の式（2.61）と（2.62）），ガスの粘度 μ_g（第 2 章の式（2.31a, b, c, d）），混合粘度 μ_m を計算する。

$$N_{FR} = \frac{v_m^2}{gD}$$

$$\mu_m = \mu_w \lambda_L + \mu_g (1 - \lambda_L)$$

⑬ 第 2 章の式（2.63）により表面張力（surface tension）σ_{gw} を求め，滑りなしレイノルズ数 $(N_{Re})_{ns}$ と液相速度数（liquid velocity number）N_{Lv} を計算する。

$$(N_{Re})_{ns} = \frac{G_m D}{\mu_m}$$

$$N_{Lv} = v_{sw} \left(\frac{\rho_w}{\sigma_{gw}} \right)^{0.25}$$

⑭ 流れの型を決定するために，相関パラメータ L_1, L_2, L_3, L_4（**表-7.1** 参照）を計算する。

$$L_1 = 316 \lambda^{0.302}, \quad L_2 = 0.0009252 \lambda_L^{-2.4684}, \quad L_3 = 0.10 \lambda_L^{-1.4516}, \quad L_4 = 0.5 \lambda_L^{-6.738}$$

⑮ 前述した**表-7.1** に示す流れの型の制約条件を用いて流れの型を決定する。

⑯ 式（7.24b）により，水平液相ホールドアップ $H_L(0)$ を計算する。

$$H_L(0) = \frac{a \lambda_L^b}{N_{FR}^c}$$

ここで，a, b, c の値は，前述の**表-7.3** に示す値を用いる。

ただし，流れの型が中間流であれば，液相流入率 λ_L は分離流と間欠流の値を用いて式（7.25）および式（7.26a, b）により求める。

⑰ ステップ⑯で決定した $H_L(0)$ を用いて式（7.16）により二相密度 ρ_{tp} を計算する。

$$\rho_{tp} = \rho_w H_L + \rho_g (1 - H_L)$$

⑱ 式（7.33）により摩擦係数比 f_{tp}/f_{ns} を計算する。

$$\frac{f_{tp}}{f_{ns}} = e^S$$

ここで,
$$S = [\ln(y)] / \{-0.0523 + 3.182\ln(y) - 0.8725[\ln(y)]^2 + 0.01853[\ln(y)]^4\}$$
および
$$y = \frac{\lambda_L}{[H_L(\theta)]^2}$$

$1 < y < 1.2$ の区間に対して,関数 S は次式で計算する。
$$S = \ln(2.2y - 1.2)$$

⑲ 式(7.31)により滑りなしレイノルズ数 $(N_{Re})_{ns}$ を計算する。
$$(N_{Re})_{ns} = \frac{\rho_{ns} v_m D}{\mu_m}$$

⑳ 式(7.30)により滑りなし摩擦係数 f_{ns} を計算する。
$$f_{ns} = 0.056 + \frac{0.5}{(N_{Re})_{ns}^{0.25}}$$

㉑ 上記の f_{ns} と式(7.33)により二相摩擦係数 f_{tp} を計算する。
$$f_{tp} = f_{ns} e^S$$

㉒ 式(7.38)により全圧力損失増分 Δp を計算する。
$$\Delta p = \frac{\dfrac{f_{tp} G_m v_m}{2d}}{\left[1 - \dfrac{\rho_{tp} v_m v_{sg}}{p}\right]} \Delta x$$

ステップ①で推定した圧力低下 Δp の推定値とステップ㉒の計算値が十分一致しなければ,この計算値を新しい Δp の推定値として用い,圧力 $p_2 = p_1 \pm \Delta p$ を計算し,ステップ②へ戻る。ここで,p_1 は古い圧力値,p_2 は新しい圧力値である。p の計算値と推定値が許容誤差内になるまでステップ②から㉒を繰り返す。

㉓ 許容誤差内になったら,次の格子点へ移動し,ふたたびステップ②から同様の計算を行い,最終格子点 K_{max} まで計算を進める。

以上の計算フローを**図-7.7** に示す。

なお,水平二相流に関する計算手順に基づいて作成した計算プログラム「Horipipe.For」はダウンロードプログラムとして提供しており,付録Bにて説明をしている。

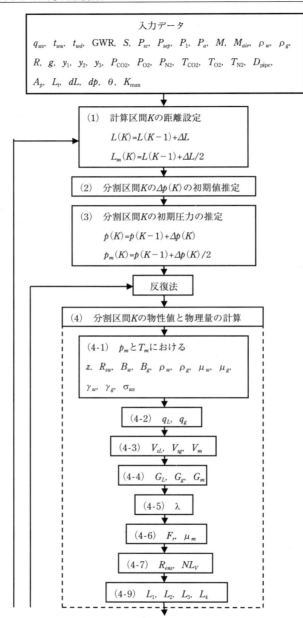

図-7.7(1)　水平パイプ内の全圧力損失の計算フロー

7.3 水平パイプ内の全圧力損失の計算方法

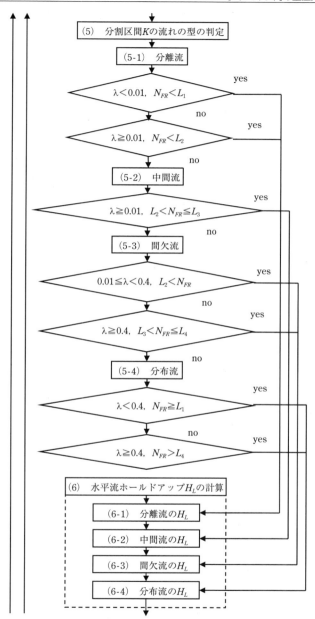

図-7.7(2) 水平パイプ内の全圧力損失の計算フロー（つづき）

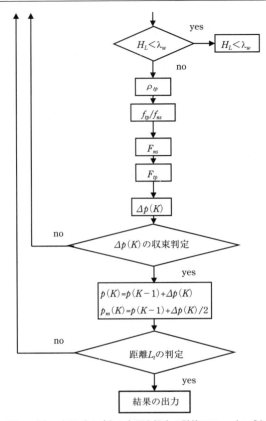

図-7.7(3) 水平パイプ内の全圧力損失の計算フロー（つづき）

7.3.2 単相流

還元ラインおよび送水ライン内の流れは水単相流であり，送ガスライン内の流れはガス単相流である．ここでは，それぞれの圧力損失の式について説明する．

(1) 水単相流

水単相流の全圧力損失勾配の式（equation of total pressure loss gradient）は，式(7.3)における二相密度 ρ_{tp} の代わりにかん水の密度 ρ_w を用い，みかけの混合速度 v_m の代わりに水単相速度 v_w を用いると，次式で表される．

$$\frac{dp}{dL} = -\rho_w g \sin\theta - \tau_f - \rho_w v_w \frac{dv_w}{dL} \tag{7.39}$$

かん水を非圧縮性流体でかつパイプ径 D を一定と考えれば，パイプ内のすべての部分で速度が一定であるから，式 (7.39) の右辺第 2 項の加速損失勾配はゼロとなる。したがって，全圧力損失勾配の式は，次のように位置損失と摩擦損失の単純な式で表される。

$$\frac{dp}{dL} = -\rho_w g \sin\theta - \tau_f \tag{7.40}$$

式 (7.40) の右辺第 2 項の摩擦損失勾配 τ_f を前述した式 (7.5) の右辺第二式の関係を用いて表し dp について整理すると，全圧力損失の式（equation of total pressure loss）は

$$dp = -\left[g\rho_w \sin\theta + \frac{f_f \rho_w v_w^2}{2D}\right]dL \tag{7.41}$$

ここで，摩擦係数 f_f は式 (6.24) および (6.25) または Moody 線図（付録 A 付図-A.4 参照）より与えられる。

(2) ガス単相流

a. 傾斜パイプライン内の全圧力損失の式

傾斜パイプライン内を流れるガスの密度および流速は，温度および圧力の変化によってパイプラインに沿ってかなり変動する。したがって，定常流の有効なエネルギ式は，前述した図-7.1 における検査体積の 2 点間（1 と 2）の距離 dL の圧力差が dp であるとき次式で表される。

$$\frac{dp}{\rho_g} + vdv + gdL\sin\theta + \frac{f_f v^2 dL}{2D} = 0 \tag{7.42}$$

式 (7.42) における気体の密度 ρ_g は実在気体の法則（第 2 章の式 (2.26a)）より

$$\rho_g = \frac{Mp}{zRT}$$

速度 v は，標準状態の気体流量 q_{sc}，パイプ断面積 $A = \pi D_i^2/4$，Boyle–Charles の法則（第 2 章の式 (2.1)）および実在気体の状態方程式（第 2 章の式 (2.19a)）より

$$v = \frac{p_{sc}}{T_{sc}\pi/4} \frac{q_{sc} Tz}{D_i^2 p}$$

式 (7.42) においてガス流を加速するに必要な消費エネルギは比較的小さいため，実際の目的のためには $vdv = 0$ と仮定し，上記の ρ_g および v を代入すると

$$\frac{R}{M}\frac{Tz}{p}dp + gdL\sin\theta + \left(\frac{p_{sc}}{T_{sc}\pi/4}\right)^2 \frac{q_{sc}^2}{2D_i^5}\frac{f_f T^2 z^2}{p^2}dL = 0 \tag{7.43}$$

式 (7.43) を解くにあたって，平均温度 $T = \overline{T}$ (絶対温度)，平均圧縮係数 $z = \overline{z}$，$\sin\theta = $ 一定である．

定常流の境界条件として

$$\left.\begin{array}{l} L = 0 \text{では, } p = p_1 \\ L = L \text{では, } p = p_2 \end{array}\right\} \tag{7.44}$$

ここで，L はパイプラインの長さ，p_1 はパイプ流入端での圧力，p_2 はパイプ流出端での圧力である．

まず，式 (7.43) を次のように展開する．

$$\frac{R}{M}\frac{\overline{T}\overline{z}}{p}dp + \left[g\sin\theta + \left(\frac{p_{sc}}{T_{sc}\pi/4}\right)^2 \frac{q_{sc}^2 f_f}{2D_i^5}\left(\frac{\overline{T}\overline{z}}{p}\right)^2\right]dL = 0 \tag{7.45}$$

式 (7.45) を次のように書き換える．

$$\frac{R}{M}\frac{\overline{T}\overline{z}}{p}dp = -\left[g\sin\theta + \left(\frac{p_{sc}}{T_{sc}\pi/4}\right)^2 \frac{q_{sc}^2 f_f}{2D_i^5}\left(\frac{\overline{T}\overline{z}}{p}\right)^2\right]dL \tag{7.46}$$

ここで，

$$A = g\sin\theta$$

$$B = \frac{f_f}{2D_i^5}\left(\frac{q_{sc}p_{sc}\overline{T}\overline{z}}{T_{sc}\pi/4}\right)^2$$

とおくと，式 (7.46) は

$$\frac{R\overline{T}\overline{z}}{M}\frac{dp}{p} = -\left[A + B\frac{1}{p^2}\right]dL = 0$$

上記の式を次のように書き換える．

$$\frac{pdp}{Ap^2 + B} = -\frac{M}{R\overline{T}\overline{z}}dL \tag{7.47}$$

式 (7.47) の右辺項を積分する．

$$\text{右辺} = -\frac{M}{R\overline{T}\overline{z}}\int_0^L dL = -\frac{ML}{R\overline{T}\overline{z}} \tag{7.48}$$

次に,式(7.47)の左辺項を置換積分するために分母を次のように表す。

$$Ap^2 + B = t \tag{7.49}$$

式(7.49)の両辺をpで微分すると

$$2Ap = \frac{dt}{dp} \tag{7.50}$$

ここで,pとtの対応関係は,式(7.49)と(7.50)より

$$t_1 = Ap_1^2 + B \tag{7.51a}$$
$$t_2 = Ap_2^2 + B \tag{7.51b}$$

式(7.47)の左辺項の積分は,式(7.49)〜(7.51)の関係を用いて次のように表される。

$$\int_{p_1}^{p_2} \frac{p}{Ap^2+B} dp = \frac{1}{2A} \int_{Ap_1^2+B}^{Ap_2^2+B} \frac{1}{t} \frac{dt}{dp} dp = \frac{1}{2A}\left(\ln \frac{Ap_2^2+B}{Ap_1^2+B} \right) \tag{7.52}$$

式(7.48)と(7.52)より

$$-\frac{ML}{RT z} = \frac{1}{2A}\left(\ln \frac{Ap_2^2+B}{Ap_1^2+B} \right)$$

$$e^{-\frac{2MA}{RT z}} = \frac{Ap_2^2+B}{Ap_1^2+B}$$

$$Ap_1^2 + B = \left(Ap_2^2 + B\right) e^{\frac{2MA}{RT z}}$$

$$p_1^2 = p_2^2 e^{\frac{2MA}{RT z}} + \frac{B}{A}\left(e^{\frac{2MA}{RT z}} - 1\right)$$

AとBを元の式に変換すると

$$p_1^2 = p_2^2 e^{\frac{2Mg\sin\theta}{RT z}} + \frac{f_f}{2D_i^5 g \sin\theta}\left(\frac{q_{sc} p_{sc} \overline{Tz}}{T_{sc} \pi/4}\right)^2 \left(e^{\frac{2Mg\sin\theta}{RT z}} - 1\right) \tag{7.53}$$

ここで

$$2Mg\sin\theta / RT z = m$$

とおくと,式(7.53)は

$$p_1^2 = p_2^2 e^m + \frac{f_f}{2D_i^5 g \sin\theta}\left(\frac{q_{sc} p_{sc} \overline{Tz}}{T_{sc} \pi/4}\right)(e^m - 1) \tag{7.54}$$

ただし,摩擦係数f_fに関して広く用いられている式の一つであるWeymouthの式(Weymouth's equation)より

$$f_f = \frac{0.009407}{\sqrt[3]{D_i}} \tag{7.55}$$

b. 水平パイプラインにおける圧力の式

パイプラインが水平（$\theta = 0$）であるから，前述のエネルギ式（式（7.46））において $\sin\theta = 0$ とおくと

$$\frac{R}{M}\frac{\overline{Tz}}{p}dp = -\left(\frac{p_{sc}}{T_{sc}\pi/4}\right)^2 \frac{q_{sc}^2 f_f}{2D_i^5}\left(\frac{\overline{Tz}}{p}\right)^2 dL \tag{7.56}$$

式（7.56）を p について整理すると

$$\frac{R}{M}pdp = -\left(\frac{p_{sc}}{T_{sc}\pi/4}\right)^2 \frac{q_{sc}^2 f_f \overline{Tz}}{2D_i^5} dL \tag{7.57}$$

式（7.57）を前述の境界条件式（7.44）の下で積分すると

$$\text{左辺} = \frac{R}{M}\int_{p_1}^{p_2} pdp = \frac{R}{2M}(p_2^2 - p_1^2)$$

$$\text{右辺} = -\frac{f_f \overline{Tz}}{2D_i^5}\left(\frac{q_{sc}p_{sc}}{T_{sc}\pi/4}\right)^2 \int_0^L dL = -\frac{f_f \overline{Tz}}{2D_i^5}\left(\frac{q_{sc}p_{sc}}{T_{sc}\pi/4}\right)^2 L$$

上記の両式は等しいから

$$p_1^2 = p_2^2 + \frac{M}{R}\frac{f_f \overline{Tz}}{2D_i^5}\left(\frac{q_{sc}p_{sc}}{T_{sc}/4}\right)^2 L \tag{7.58}$$

c. 水平パイプラインの任意区間における圧力の式

流入端から任意の距離 l_x における水平パイプラインのガス圧力の式は式（7.58）より次のように近似的に導かれる。圧縮係数の平均値 $\bar{z}$ がパイプラインに沿ってすべて一定であると仮定する。図-7.8 においてパイプライン区間 AB と BC に関して，式（7.58）を次のように表す。

区間 AB では

$$q_{sc} = \left(\frac{R}{M}\right)^{1/2}\left(\frac{2D_i^5}{f_f \overline{Tz}}\right)^{1/2}\left(\frac{T_{sc}\pi/4}{p_{sc}}\right)\left(\frac{p_1^2 - p_x^2}{xL}\right)^{1/2} \tag{7.59}$$

ここで，

$x = L_x / L$

$L_x =$ 流入端からの距離

$p_x = x$ での圧力

区間 BC では

7.3 水平パイプ内の全圧力損失の計算方法

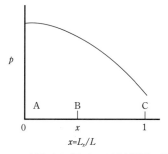

図-7.8 水平パイプラインの圧力断面の概念

$$q_{sc} = \left(\frac{R}{M}\right)^{1/2} \left(\frac{2D_i^5}{f_f T z}\right)^{1/2} \left(\frac{T_{sc}\pi/4}{p_{sc}}\right) \left(\frac{p_1^2 - p_x^2}{(1-x)L}\right)^{1/2} \tag{7.60}$$

式（7.59）と式（7.60）より

$$\left(\frac{p_1^2 - p_x^2}{xL}\right) = \left(\frac{p_x^2 - p_2^2}{(1-x)L}\right) \tag{7.61}$$

よって

$$p_x = [p_1^2 - (p_1^2 - p_2^2)x]^{1/2} \tag{7.62}$$

流入端から $x(=L_x/L)$ の距離にあるパイプの圧力断面 (pressure traverse in pipe) は式（7.62）を用いて計算する。ここで，L は A から C までの距離，L_x は A から B までの距離である。

d. 水平ガスパイプラインの平均圧力の式

水平ガスパイプラインの平均圧力は，次式で表される。

$$\bar{p} = \int_0^1 p_x dx \tag{7.63}$$

ここで，$\bar{p}$ はガスパイプラインの平均圧力である。

式（7.63）の p_x に前述の式（7.62）を代入すると

$$\bar{p} = \int_0^1 [p_1^2 - (p_1^2 - p_2^2)]^{1/2} dx = \frac{2}{3}\left(p_1 + \frac{p_2^2}{p_1 + p_2}\right) \tag{7.64}$$

式（7.64）の誘導については本章の演習問題 7.3 に取り上げている。

なお，Fortran77 言語で作成した水平ガス単相流の圧力損失に関する計算プログラム「HoriGasPipe.For」をダウンロードプログラムとして提供しており，付録 B にて説明をしている。

7.4　管付属部品内の圧力損失

　パイプライン内の流れは摩擦損失の他にパイプラインに挿入された管付属部品（ベンド，エルボなど）またはバルブを通過するとき，局所的にエネルギ損失が生じる。パイプラインの長さが長い場合は，摩擦損失に比べそれらの局所的エネルギ損失は無視されるが，短い場合は無視できない。挿入された付属部品によるエネルギ損失は，圧力計算の際にパイプラインの長さに換算した相当長（equivalent length）で表し，これを実際のパイプラインの長さに加えることによって勘定に入れられる。多くの標準的なバルブや付属部品の相当長は実験的に決定されものであるが，その詳細については化学工学会編「化学工学便覧（1999）」を参照されたい。

第7章　演習問題

【問題 7.1】　生産量が $q_{w,sc}=3\,456$（m³/d）で，① $p_{sep}=0.2026$（MPa），GWR=3，② $p_{sep}=2.0236$（MPa），GWR=3 000 の2つのケースにおける坑口圧力 p_{wh} およびパイプラインの圧力勾配を求めよ。ただし，計算に必要なデータは以下に示す。

　　データ：$L=10$ m，$D=0.1524$（m），$\varepsilon=0.00005$（m），$S=3$（wt%），$t_{wh}=34$（℃），$t_{sep}=26$（℃），$y_{CH_4}=0.85$，$y_{C_2H_6}=0.09$，$y_{N_2}=0.04$，$y_{O_2}=0.02$

【問題 7.2】　メタンガスがコンプレッサーから需要先までパイプラインにより $q_{sc}=1.0$ m³/s で輸送されている。下記のデータを用いて流入端の圧力 p_1 を計算せよ。

　　データ：$p_2=0.5$ MPa，$\overline{T}=300$ K，$\overline{z}\approx 1.0$，$L_t=1\,000$ m，$D_{lin}=0.1$ m，$R=8.31\times 10^{-3}$ MPa·m³/K

【問題 7.3】　水平ガスパイプラインの平均圧力 $\overline{p}$ の式（7.64）を誘導せよ。

【問題 7.4】　水平ガスパイプラインの長さが $L=1\,000$ m，流入端圧力が $p_1=2.0$ MPa，流出端圧力が $p_2=0.5$ MPa である。流入端から500 m におけるパイプの圧力を計算せよ。

【問題 7.5】　水平ガスパイプラインの流入端と流出端の圧力がそれぞれ $p_1=2.0$ MPa と $p_2=0.5$ MPa である。パイプラインの長さは $L=1\,000$ m である。このときのパイプラインの平均圧力 $\overline{p}$ を計算せよ。

【問題 7.6】　図-7.9 に示すように 90°ベンドが2か所に挿入されたパイプラインの圧力損失を計算したい。ベンドの圧力損失を考慮したパイプラインの長さはいくらか。ただし，パイプ径は $d=0.2$ m である。

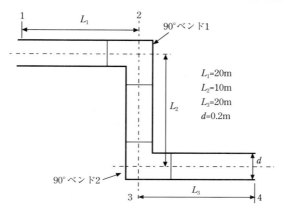

図-7.9 2か所に90°ベンドを挿入したパイプラインの概念図

◎引用および参考文献

1) 化学工学会編（1999）：化学工学便覧（改訂六版），丸善．
2) 日本機械学会編（1989）：気液二相流技術ハンドブック，コロナ社．
3) Beggs, H.D. and Brill, J.P.（1973）：A Study of Two-Phase Flow in Inclined Pipes, Journal of Petroleum Technology, May, pp.607-617.
4) Brown, K.E.（1977）：The Technology of Artificial Lift Methods, Vol.1, Petroleum Publishing Company.
5) Moody, L.F.（1944）：Friction Factor for Pipe Flow, Transaction of The A.S.M.E., November, pp.671-684.
6) Orkiszewski, J.（1967）：Predicting Two-Phase Pressure Drops in Vertical Pipe, Journal of Petroleum Technology, June, pp.829-833.
7) Szilas, A.P.（1975）：Production and Transportation of Oil and Gas,（Developments in Petroleum Science, 3），Elsevier Scientific Publishing Company.

第8章　人工採収井内の流動解析

　水溶性天然ガス田で広く使用されている人工採収にはガスリフト法とポンプ採収法があるが，いずれの採収法においても坑内の流れはガス水二相流である。したがって，坑内の流れの解析には基本的に第6章の垂直二相流の解析法が用いられる。
　本章ではガスリフト法およびポンプ採収法の原理，これらの採収法における坑内の流動解析について学ぶ。

8.1　ガスリフト

　基本的なガスリフト（gas lift）の概念について説明しよう。図-8.1 に示すように地上のコンプレッサーからリフト管を通じて圧縮ガスを坑内に圧入すると，この圧縮ガスがかん水に混入し，かん水の密度が減少する。それによって坑底から坑口までの静水圧が低下し，坑内の流動圧力勾配が低下するため，流体は坑口へ上昇する。
　そのようなガスリフト装置の設計には，次の点を考慮しなければならない。

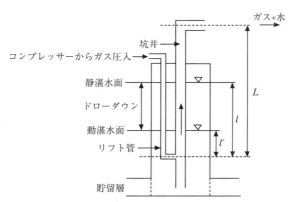

図-8.1　外吹込管方式ガスリフトの静湛水面と動湛水面

① 出砂現象を起こさないような圧力ドローダウンにする。
② セパレータの処理能力に影響しないようなガス圧入量にする。
③ ガス圧入量が増加すると坑内における静水圧の減少と摩擦損失とが相殺しあい，坑内圧力が増大し始める限界ガス水比がある。

ガスリフトの目的は，貯留層の駆動力を活かすために坑底圧力を低く維持しながら，望ましい坑口圧力で地表へ流体を汲み上げることにある。ガスリフト法には，連続ガスリフトと間欠ガスリフトがある。

以下では，連続ガスリフト法および間欠ガスリフト法の概念，ガスリフトの理論および圧力損失の計算法について，Brown, K.E.（1967，1977）および Economides *et al.*（1994）の記述を参考に説明する。

8.1.1 連続ガスリフト法

地表のコンプレッサーから連続的にガスを坑内へ圧入し，連続的にガスとかん水を汲み上げる方法である。これを連続ガスリフト（continuous gas lift）という。連続ガスリフトを実施する場合，大切な要素としてサブマージェンス（submergence）がある。生産前のサブマージェンスを静サブマージェンスといい，生産中のサブマージェンスを動サブマージェンスという。図-8.1 において生産開始前の静止状態における坑内の水面を静湛水面という。これに対してガスを圧入し生産を開始するとドローダウンによって静湛水面が低下する。これを動湛水面という。静サブマージェンスは，図-8.1 に示すようにガス圧入深度からケーシング内の静湛水面までの高さ l とガス圧入深度から坑口までの高さ L との比 l/L として定義される。一方，動サブマージェンスは，図-8.1 においてガス圧入深度から動湛水面までの高さ l' と L との比 l'/L として定義される。サブマージェンスが大きいと，同じガス圧入量に対して多くのかん水を汲み上げることができる。

8.1.2 間欠ガスリフト法

ガスリフト中に貯留層圧力が極端に低くなると，流体を連続的に採収することができなくなる。この段階においてもなおガスリフトを続けるためには，ある一定時間ガス圧入を停止する間欠ガスリフトに切り換える。この方法では，① 坑底バルブを閉めてガス圧入を停止している間でも，かん水はチュービング中のある一定深度まで上昇してくる。② かん水がチュービング中にある程度溜まったら，ふたた

び坑底バルブを開いてガスを圧入し，かん水を汲み上げる．その後，③ふたたび坑底バルブを閉める．①から③の操作を坑井の状況に応じて一定時間ごとに繰り返すことから，これを間欠ガスリフト（intermittent gas lift）という．

8.1.3 ガスリフトの理論
(1) 必要なガス圧入量の式

ガスリフトを行う前の自然のガス水比がわかっている坑井に対してガスリフトを行うのに必要なガス圧入量（injection flow rate of gas）は，次式により表される．

$$q_{g,in} = q_w(\text{GWR}_2 - \text{GWR}_1) \tag{8.1}$$

ここで，$q_{g,in}$ はガス圧入量（injection flow rate of gas），q_w はかん水の生産量，GWR_1 は溶解ガス水比（solution gas water ratio），GWR_2 はガス圧入後のガス水比すなわち産出ガス水比（producing gas water ratio）である．

(2) ガス圧入深度および地表送気圧力
a. ガス圧入深度における圧力の式

ガスの流れは，第6章の全圧力損失（total pressure loss）の式（6.18）において，加速損失項 $w_t dv/A$ および坑壁の摩擦損失項 $\tau_f dL$ が小さく無視すると，全圧力損失の式は位置損失項のみの簡単な式で表される．

$$\frac{dp}{\rho_g} = g dz \tag{8.2}$$

この式を地表 $surf$ からガス圧入点 inj まで積分すると

$$\int_{p_{surf}}^{p_{inj}} \frac{dp}{\rho_g} = g \int_0^{L_{inj}} dz = g \int_0^{L_{inj}} dL \cos\theta \tag{8.3}$$

ここで，p_{surf} は地表送気圧力（surface gas injection pressure），p_{inj} はガス圧入点圧力（pressure at gas injection point），L_{inj} はガス圧入深度である．

以下では，式（8.3）において $\theta = 0$ の垂直井について考える．

ガスの密度 ρ_g は，第2章の式（2.26a）から

$$\rho_g = \frac{pM}{zRT} \tag{8.4}$$

ここで，M はガスの分子量，z はガスの圧縮係数，R は気体定数，T は絶対温度である．

ガスの分子量 M は空気の分子量 M_{air} とガスの比重 γ_g から次のように表される．

$$M = M_{air}\gamma_g \tag{8.5}$$

ここで，M_{air} は空気の分子量（28.98）である．
よって，式（8.5）を式（8.4）に代入すると

$$\rho_g = \frac{M_{air}\gamma_g p}{zRT} \tag{8.6a}$$

または

$$\rho_g = \frac{28.98\gamma_g p}{zRT} \tag{8.6b}$$

式（8.6a）を式（8.3）の左辺分母の ρ_g に代入し，両辺を積分すると

$$\int_{p_{surf}}^{p_{inj}} \frac{zRT}{M_{air}\gamma_g} = \frac{zRT}{M_{air}\gamma_g}\int_{p_{surf}}^{p_{inj}} \frac{dp}{p} = \frac{zRT}{M_{air}\gamma_g} \ln\frac{p_{inj}}{p_{surf}} \tag{8.7a}$$

式（8.3）の右辺の積分は，$\theta = 0$ であるから

$$g\int_0^{L_{inj}} dz = gL_{inj} \tag{8.7b}$$

上記の式（8.7a）の右辺第二式と式（8.7b）は等しいから

$$\frac{zRT}{M_{air}\gamma_g} \ln\frac{p_{inj}}{p_{surf}} = gL_{inj}$$

$$\ln\frac{p_{inj}}{p_{surf}} = \frac{M_{air}\gamma_g gL_{inj}}{zRT}$$

よって

$$\frac{p_{inj}}{p_{surf}} = e^{M_{air}\gamma_g gL_{inj}/zRT} \tag{8.8a}$$

式（8.8a）は，右辺項の z が p と T の関数であるから平均温度 $\bar{T}$ と平均圧縮係数 $\bar{z}$ を用いて表すと

$$p_{inj} = p_{surf} e^{M_{air}\gamma_g gL_{inj}/R\bar{z}\bar{T}} \tag{8.8b}$$

ここで，$\bar{z}$ は積分区間の z の平均値，$\bar{T}$ は積分区間の T の平均値，e は自然対数の底（2.71828）である．

ここで，e^x をテーラー級数展開すると

$$e^x = 1 + \frac{x}{1!} + \frac{x^2}{2!} + \frac{x^3}{3!} + \cdots\cdots$$

であるから，この展開式に $x = M_{air}\gamma_g gL_{inj}/R\bar{z}\bar{T}$ を代入すると，式（8.8b）は

$$e^x = 1 + \frac{M_{air}\gamma_g gL_{inj}/R\bar{z}\bar{T}}{1!} + \frac{(M_{air}\gamma_g gL_{inj}/R\bar{z}\bar{T})^2}{2!} + \frac{(M_{air}\gamma_g gL_{inj}/R\bar{z}\bar{T})^3}{3!} + \cdots\cdots$$

ここで，右辺カッコ内の3項以降を切り捨てると，式（8.8b）は

$$p_{inj} \approx p_{surf}\left(1 + M_{air}\gamma_g gL_{inj}/R\bar{z}\bar{T}\right) \tag{8.9}$$

式（8.9）はガスリフト設計の第1近似として有効である．ただし，実際の圧入圧力に関しては，アニュラスの形状，摩擦損失，静水圧を考慮した計算が必要である．

なお，z を T と p の関数として表した場合には，式（8.8b）および式（8.9）は反復計算しなければならない．

▶ 例題 8.1

空気に対する比重が $\gamma = 0.7$ であるガスを深度 $L_{inj} = 400$ m に圧入した．そのとき，$p_{surf} = 2 \times 10^7$ Pa，$T_{surf} = 30$ ℃，$T_{inj} = 40$ ℃ であった．ガス圧入深度の圧力はいくらか．ただし，平均温度（$= (30+40)/2 = 35$ ℃）における圧縮係数は $z = 0.87$，気体定数 $R = 8\,310$（Pa·m³/K），空気の分子量 $M_{air} = 28.98$ とする．

[解答]

式（8.8b）より

$$p_{inj} \approx 2 \times 10^7 \times e^{(28.98 \times 0.7 \times 9.8 \times 400/(8310 \times 0.87 \times (273+35)))} \approx 2\,007.3\,(\text{Pa})$$

式（8.9）より

$$p_{inj} = 2 \times 10^7 \times (1 + 28.98 \times 0.7 \times 9.8 \times 400/(8\,310 \times 0.87 \times 308)) \approx 2\,007\,(\text{Pa})$$

第1近似式（8.9）の結果は式（8.8b）による値と一致した．

b. 地表送気圧力の式

圧入ガスに対する必要な地表送気圧力（surface gas injection pressure）は，前述した式（8.8b）より次のように表される．

$$p_{surf} = p_{inj} e^{-M_{air}\gamma_g gL_{inj}/R\bar{z}\bar{T}} \tag{8.10}$$

外吹込管方式（第1章の図-1.4参照）の場合には，後述の図-8.2に示すようにリフトバルブ内の圧力損失を考慮すると

$$p_{surf} = (p_{inj} + \Delta p_v) e^{-M_{air}\gamma_g gL_{inj}/R\bar{z}\bar{T}} \tag{8.11}$$

ここで，Δp_v はバルブ内の圧力損失（$= p_v - p_{inj}$），p_v はバルブ入口圧力（図-8.2参照）である．リフトガス量が少ない場合には，アニュラス内またはチュービング内では摩擦損失がないものと仮定する．しかし，ガス圧入量が大きく，かつ，ア

ニュラス径またはチュービング径が小さければ，摩擦損失を考慮しなければならない。

(3) ガスリフト井内の圧力勾配

ガスを圧入すると，**図-8.2** に示すように坑内ではガス圧入深度（圧入点）L_{inj} を境に2つの圧力勾配の領域が形成される。1つは L_{inj} の下流領域における圧力勾配 $(dp/dz)_a$ であり，もう1つは L_{inj} の上流領域における圧力勾配 $(dp/dz)_b$ である。したがって，2つの領域の圧力勾配から，流動坑底圧力 (flowing bottom hole pressure) p_{wf} は

$$p_{wf} = p_{wh} + L_{inj}\left(\frac{dp}{dz}\right)_a + (L_t - L_{inj})\left(\frac{dp}{dz}\right)_b \tag{8.12}$$

図-8.2 は外吹込管方式連続ガスリフトの圧力勾配の概念を示す。流動坑底圧力 (flowing bottom hole pressure) p_{wf} と自然流動圧力勾配 $(dp/dz)_b$ によって貯留層からの流体は圧入点へ向かって上昇する。さらにガスの圧入が続くと，圧入点の下流における圧力勾配 $(dp/dz)_a$ がさらに減少し，やがて坑内流体は地表へ流出するようになる。圧入ガス量が多いほど坑口圧力が高くなり，圧入深度の下流における圧力勾配 $(\partial p/\partial z)_a$ は低下する。

図-8.2 において，式 (8.9) で表されるガス圧入圧力 p_{inj} は圧入深度 L_{inj} における坑内の圧力と釣り合うため，それに対応する地表送気圧力 p_{surf} は式 (8.10) で表される。しかし，実際の圧入点はガスリフトバルブの圧力損失 Δp_v を考慮（式 (8.11)）

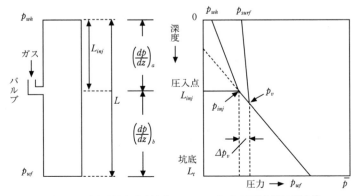

図-8.2　外吹込管方式連続ガスリフトにおける圧力勾配の概念 [6]

して L_{inj} よりも深いところに設置される。

そのため地表送気圧力もまた Δp_v だけ高く設定される。

(4) ガスリフトコンプレッサー馬力の計算

ガスリフトコンプレッサー馬力（gas-lift compressor horsepower）は，次式により計算される[6]。

$$HHP = 2.23 \times 10^{-4} q_g \left[\left(\frac{p_{surf}}{p_{in}} \right)^{0.2} - 1 \right] \tag{8.13}$$

ここで，q_g はガス圧入量（gas injection flow rate）（SCF/d），p_{in} はコンプレッサー入口圧力（compressor inlet pressure）（psi），p_{surf} は地表送気圧力（surface gas injection pressure）（psi）である。

坑井へのガス圧入量 q_g と地表送気圧力 p_{surf} はガスリフトの最適設計には重要な変数である。

▶例題 8.2

次のデータを用いて，ガスリフトコンプレッサーの馬力を計算せよ。

データ：ガス圧入量 $q_g = 1.2 \times 10^5$ SCF/d, 地表圧力 $p_{surf} = 1\,330$ psi, コンプレッサー入口圧力 $p_{in} = 100$ psi

ただし，単位 SCF は標準状態の ft^3 である。

[解答]

式（8.13）に与えられたデータを代入すると

$$HHP = 2.23 \times 10^{-4} (1.2 \times 10^5) \left[\left(\frac{1\,330}{100} \right)^{0.2} - 1 \right] = 18.4 \text{ hhp}$$

よって，ガスリフトコンプレッサーの馬力は 18.4 hhp である。

8.1.4　ガスリフト井内の圧力損失の計算

ガスリフト井内の流動解析は基本的に第 6 章の垂直二相流の解析法を用いるが，自噴井の場合と異なり坑内にリフトガスを圧入するためのケーシングパイプとチュービングパイプが挿入されていることを考慮して解析しなければならない。以下ではケーシングフロー，チュービングフローおよび外吹込管の 3 方式それぞれの計算における特徴的な点について説明する。

(1) ケーシングフロー方式の場合

図-8.3はケーシングフロー（casing flow）の概念を示す。この図からわかるように坑底から圧入深度L_{inj}までの領域における坑内流体は一様な直径D_{cas}のケーシング内を流れるが，ガス圧入深度L_{inj}から坑口間では流体は下からの坑内流体とリフトガスとが混合し，混合流体となってケーシングとチュービング間のアニュラス（annulus）内を流動することになる。したがって，ケーシングフローの流動解析は垂直二相流圧力損失の計算プログラム「CWPDL.For」（付録B計算プログラム参照）に次の3項目を追加したプログラム「GasliftCas.For」（付録B計算プログラム参照）を用いる。

① 坑底からガス圧入深度L_{inj}間のケーシング内の圧力損失は垂直二相流の解析法がそのまま適用される。

② ガス圧入深度ではリフトガス量として前述した式（8.1）が垂直二相流の解析法に追加される。

③ ガス圧入深度から坑口間ではアニュラス（環状部）を円形断面に近似しなければならない。そのアニュラスの断面積は次に定義する水力半径を用いて計算される。

水力半径（hydraulic radius）の定義式

$$r_h = \frac{\text{アニュラスの断面積}}{\text{濡れ縁長さ}} \tag{8.14}$$

式（8.14）を数式で表すと

$$r_h = \frac{\pi(D_{cas}^2 - D_{tub}^2)/4}{\pi(D_{cas} + D_{tub})} = \frac{D_{cas} - D_{tub}}{4} = \frac{D_h}{2} \tag{8.15}$$

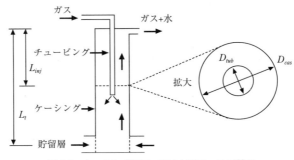

図-8.3 ケーシングフロー方式とアニュラス断面

ここで，r_h は水力半径（hydraulic radius），D_h は水力直径（hydraulic diameter）（$=(D_{cas}-D_{tub})/2$），D_{cas} はケーシング内径，D_{tub} はチュービング外径である。

したがって，アニュラス断面積（sectional area of annulus）は

$$A_{anu} = \pi r_h^2 = \pi \left(\frac{D_h}{2}\right)^2 \tag{8.16}$$

ここで，A_{anu} はアニュラスの断面積である。

▶ 例題 8.3

直径 $D_{cas} = 0.15$ m のケーシング内に外径 $D_{tub} = 0.05$ m のチュービングが挿入されている。このときのアニュラスの断面積を求めよ。

[解答]

式（8.15）より，水力半径は

$r_h = (D_{cas} - D_{tub})/4 = (0.15 - 0.05)/4 = 0.025$ m

故に，アニュラス断面積は

$A = \pi r_h^2 = 3.14 \times 0.025^2 \approx 0.00196$ m^2

▶ 例題 8.4

下記のデータを用いてケーシングフロー方式における圧力断面と流動坑底圧力を求めよ。

データ：$L_t = 600$ m，$L_{inj} = 200$ m，$D_{cas} = 0.2$ m，$D_{tub} = 0.1$ m，$q_{w,sc} = 1\,728$ (m^3/d)，GWR1 = 3，GWR2 = 4 000，$\rho_w = 998.9$ (kg/m^3)，$\rho_{air} = 28.97$，$M = 16.0$，$z = 1.0, \mu_w = 0.7 \times 10^{-3}$ (Pa·s)，$\bar{p} = 5.87$ (MPa)，$t_{wh} = 15.0$ (℃)，$t_{wb} = 25.0$ (℃)

[解答]

第6章の垂直二相流圧力損失の計算プログラム「GasliftCas.For」（付録B 計算プログラム参照）に前述した3項目①〜③を追加し，与えられたデータを入力し，計算した結果を図-8.4 にプロットする。このときのガス圧入点の圧力は $p_{inj} = 1.55$ (MPa)，流動坑底圧力は $p_{wf} = 5.52$ (MPa)，アニュラスの断面積は $A_{anu} = 0.00196$ (m^2) である。図-8.4 における圧入点から下流側の圧力勾配は $(1.55 - 0.6)/200 = 0.00475$ (MPa/m) であり，上流側の圧力勾配は $(5.87 - 1.55)/400 = 0.009925$ (MPa/m) である。

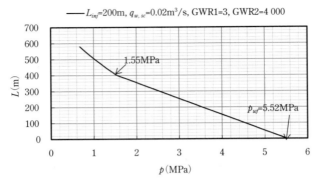

図-8.4 ケーシングフロー方式ガスリフト井の圧力勾配
(付録B第8章(1)参照)

(2) チュービングフロー方式の場合

チュービングフローは,アニュラスからガスを圧入しチュービングから生産する。したがって,圧力損失の計算は,前述の(1)のケーシングフロー方式の計算プログラム「GasliftCas.For」において,ガス圧入深度 L_{inj} から坑口間でアニュラス断面積 A_{anu} と水力径 D_h の代わりにチュービング断面積 A_{tub} とチュービングパイプ径 D_{tub} を用いる。このように変更したプログラム「Gaslifttub.For」(付録B計算プログラム参照)を用いて計算する。

▶ 例題8.5

例題8.4と同じデータを用いてチュービングフロー方式ガスリフト井の圧力勾配と流動坑底圧力を計算せよ。

[解答]

ケーシングフロー方式の計算プログラム「Gaslifttub.For」を用い,それに例題8.4のデータを入力して圧力勾配を計算した。その結果を図-8.5に示す。このときのガス圧入点の圧力は $p_{inj}=1.43$ (MPa),流動坑底圧力は $p_{wf}=5.4$ (MPa),チュービング断面積は $A_{tub}=0.00785$ (m^2) である。また,圧入点から下流側の圧力勾配は $(1.43-0.6)/200=0.00415$ (MPa/m) であり,例題8.4における下流側の圧力勾配 0.00475 (MPa/m) に比較して小さい。それはチュービング断面積 [$A_{tub}=0.00785$ (m^2)] がケーシングフローにおけるアニュラス断面積 [$A_{anu}=0.00196$ (m^2)] より大きく流動抵抗が小さくなることによる。上流側の圧力勾配は $(5.4-1.43)/400=0.009925$

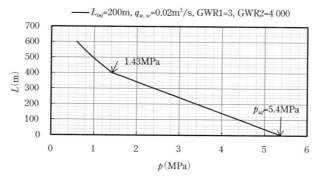

図-8.5 チュービングフロー方式の圧力断面（付録 B 第 8 章 (2) 参照）

(MPa/m) であり，これはケーシングフローの場合と同じになる。

(3) 外吹込管方式の場合

第 6 章の垂直二相流圧力損失の計算プログラム「CWPDL.For」に任意深度でケーシングの外側からリフトガスを圧入できる機能を持たせたプログラム「GasliftOut.For」（付録 B 計算プログラム参照）を用いる。このプログラムによる外吹込管方式の圧力勾配の計算を以下の例題で説明しよう。

▶ 例題 8.6

ケーシングパイプ径が $D_{cas}=0.2$ m である外吹込管方式ガスリフト井の圧力勾配と流動坑底圧力を求めよ。ただし，計算は例題 8.4 と同じデータを用いる。

[解答]

計算プログラム「GasliftOut.For」を用いて，パイプ径 $D_{cas}=0.2$ m，その他に例題 8.4 と同じデータを入力し計算した結果を**図-8.6**に示す。この図からガス圧入点の圧力が $p_{inj}=1.28$ (MPa)，流動坑底圧力は $p_{wf}=5.04$ (MPa) である。ガス圧入点から下流側の圧力勾配は $(1.28-0.6)/200=0.0034$ (MPa/m) であり，チュービングフローの場合の勾配 0.00415 (MPa/m) より小さい。これはケーシング断面積 $A_{cas}=0.0314$ (m^2) がチュービング断面積 $A_{tub}=0.00785$ (m^2) より大きく流動抵抗が小さいことによる。ガス圧入点の上流側の圧力勾配は $(5.04-1.28)/400=0.0094$ (MPa/m) である。

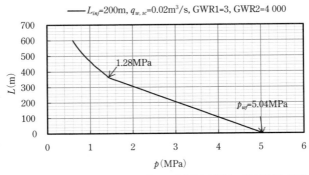

図-8.6 外吹込管方式ガスリフト井の圧力勾配（付録B第8章(3)参照）

8.2 ポンプ採収

　ポンプ採収（pump-assisted lift）は，坑内に挿入したポンプを用いて流動坑底圧力を低下させることによって坑井の生産性を向上させる手段の1つである．前述したガスリフト法では流動坑底圧力を減少させ，チュービング内の圧力勾配を低下させるのに対して，ポンプ採収法はむしろチュービング底部の圧力を増大し，十分な量の液体（水）を地表へ押し上げるというものである．使用するポンプにはいろいろな種類のものがあるが，その中でも水溶性天然ガスの生産に広く使用されている水中電動ポンプについて説明しよう．

　水中電動ポンプ（Electrical Submersible Pump；略記 ESP）は遠心ポンプ（centrifugal pump）であり，羽根車の回転による遠心力で液体にエネルギを与え，この液体をポンプ軸と直角方向に吐出するものである．羽根車の出口側には渦巻室を設け，ここで羽根車を出た液体のもつエネルギを有効に圧力エネルギに転換して効率よく送液できる．この圧力転換を渦巻室で行うことから渦巻ポンプと呼ばれる．排水量が固定しないが，むしろ圧力を増大することで流体の流れを起こす．

　渦巻ポンプの種類には，羽根車が1枚の単段渦巻ポンプと2枚以上の多段渦巻ポンプがある．前者は比較的揚程が低いときに用いられる．揚程が高く羽根車1枚で圧力が十分与えられないときに，羽根車を2枚以上に増やした後者の多段ポンプが用いられる．このように渦巻ポンプは羽根車の段数を増やすことによって揚程の大きさに対応して柔軟に選択できる．

以下では ESP を設置した坑井の構造および圧力勾配の概要とポンプ採収の原理について説明する[6]。

8.2.1　水中電動ポンプ採収井の構造および圧力勾配の概要

図-8.7 は典型的な ESP を設置した坑井の構造とポンプ運転時における圧力勾配の概念を示す。ポンプと電動モータは図-8.7(a)のようにチュービングに吊された状態で貯留層よりも上方の水中に設置される。電動モータはケーブルで地上の3相交流電源に接続される。

液体の汲み上げは電動モータを作動し，流動坑底圧力を低下させることによって行われる。電動モータは水中にあるため周りを流れる坑内流体によって冷却される。

ESP の主な特徴は，① 高流量の流体を生産できること，② 深い深度の坑井に用いられること，③ 汲み上げる過程でアニュラス内の遊離ガスを除去できることである。

ポンプ運転時における坑内の圧力は，図-8.7(b)にみられるようにポンプ下方の吸込圧力（suction pressure）p_{suc} が低下し，同時に流動坑底圧力（flowing bottom hole pressure）p_{wf} が平均貯留層圧力（average reservoir pressure）$\bar{p}$ よりも低下するため，一定流量 q の地層水がポンプに流入する。流入した地層水はポンプの高い吐出圧力（discharge pressure）p_{dis} によりチュービング内を上方に押し上げられ，地表フローラインへ送られる。一方，ケーシング内の圧力は初期の静止圧力よりも

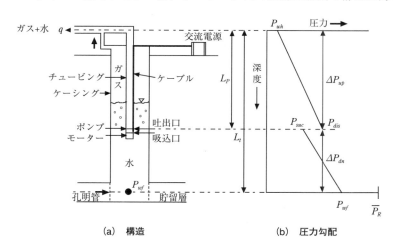

(a)　構造　　　　　　　　(b)　圧力勾配

図-8.7　ポンプ採収井の構造と運転時における圧力勾配の概念

低くなり，かん水から溶解ガスが分離し遊離ガスの発生が考えられる．その場合遊離ガスがポンプ中に入るとポンプ性能に影響するため，そうならないようにアニュラス内の遊離ガスは図のような方法で除去するか，または生産量とケーシング内の圧力低下を調節する必要がある．

8.2.2 水中ポンプ採収の原理

(1) エネルギ収支式

図-8.7に示すようにポンプは，運転することによって吸込圧力（suction pressure）p_{suc}が吐出圧力（discharge pressure）p_{dis}へ増大する．ポンプによって発生したこのような圧力挙動は，非圧縮性流体に関する全圧力損失（total pressure loss）により次のように表される．

$$\Delta p_{up} = \Delta p_p + \Delta p_f \tag{8.17}$$

ここで，Δp_{up}は坑口とポンプ設置深度（depth for setting pump）間の全圧力損失，Δp_pはポンプ深度の位置損失，Δp_fは坑口とポンプ設置深度間の摩擦損失である．

Δp_pは，第6章の式（6.19）の右辺第1項において$\theta = 0$とおくことによって次のように表される．

$$\Delta p_p = \rho_w g L_p \tag{8.18}$$

ここで，L_pはポンプ設置深度（depth for setting pump），ρ_wは水の密度である．

Δp_fは，第6章の式（6.17）右辺第二式より

$$\Delta p_f = \frac{f \rho_w v^2}{2D} dL \tag{8.19}$$

(2) 揚　程

一般に遠心ポンプは，羽根車の回転による遠心力で液体にエネルギを与え，この液体をポンプ軸と直角方向に吐出する正排水ポンプであるため排水量が固定しないが，むしろ圧力を増大することで流体の流れを起こす．したがって，ポンプ中を通過する流体流量は変動し，チュービングやフローラインなどの配管システム内で生じた背圧（back pressure）すなわち管内の摩擦，パイプやバルブの抵抗，坑内流体の水頭などの流れに対する種々の抵抗によって生じる圧力に依存する．坑内の遠心ポンプを運転するとポンプ内の圧力が増大する．この圧力の増大によって押し上げられた流体はある高さまで上昇する．この流体の高さが揚程（pumping head）

と呼ばれる。

ポンプの水頭は，式（8.17）の両辺を $\rho_w g$ で割ることによって次式で表される。

$$H = H_p + H_f \tag{8.20}$$

ここで，H は全水頭（total head），H_p は位置水頭（potential head）（実揚程），H_f は摩擦水頭（friction head）である。

H は全揚程（total head）とも呼ばれ，ポンプが実揚程（actual head）H_p の他に配管内の摩擦水頭 H_f に打ち勝つだけの水頭でなければならなく，次式で表される。

$$H = \frac{\Delta p_{up}}{\rho_w g} \tag{8.21}$$

H_p は水をポンプで汲み上げたときの実際の高さであり，式（8.18）より次式で表される。

$$H_p = \frac{\Delta p_p}{\rho_w g} = L_p \tag{8.22}$$

H_f は水の流れが配管システム内を流れるときに生じた摩擦水頭（friction head）であり，式（8.19）より次式で表される。

$$H_f = \frac{\Delta p_f}{\rho_w g} = \frac{fv^2}{2gD} L_p \tag{8.23}$$

単段ポンプの揚程は体積生産量が増大すると減少する。そのため前述したように流量を増大したい場合には羽根車数を増やした多段ポンプによって目的の揚程を達成する。

多段ポンプの全揚程は単段ポンプの揚程の総和に等しく，単段ポンプの揚程と段数の積によって表される。

$$H = NH_s \tag{8.24}$$

ここで，N はポンプの段数，H_s は単段におけるポンプの揚程である。

一般に，ポンプの性能を表すポンプ効率（pump efficiency）は，ポンプに供給された電力（動力）に対する流体に伝達された動力の比として定義され，次式で表される。

$$\eta_p = \frac{P_h}{P_s} \times 100 = \frac{q \Delta p_{up}}{P_s} \times 100 \ (\%) \tag{8.25}$$

ここで，η_p はポンプ効率，P_h は流体に伝達された動力，P_s はポンプに供給された電力，q は流体の流量である。

渦巻きポンプの揚程と効率はポンプの設計によって決まるもので，ポンプの性能は図-8.8に示すようにポンプ製造メーカーによってポンプ性能曲線として提供されている。一般に性能曲線は，純水で行われた測定結果に基づいて作成されている。そのため粘度が同じで密度の異なる他の流体を用いると，同じ揚程に対して必要な電力（動力）P_h が異なる。その理由は，前述の式（8.21）からわかるように圧力損失 Δp_{up} が流体密度の関数であるからである。したがって，いろいろな密度の流体に対して動力 P_h を補正しなければならない。

渦巻きポンプの性能を表すには，どれくらいの流量を吐出し，どのくらいの高さまで揚げうるか，そのためにどれだけの動力が消費されるかが重要である。図-8.8は，渦巻きポンプにおける吐出量を横軸に，全揚程，動力，ポンプ効率を縦軸にプロットしたものである。この図を渦巻きポンプのポンプ性能曲線（pump characteristic chart）という。また各吐出量に対応する全揚程の点をプロットして描いた曲線を揚程曲線（pumping head curve）という。ただし，図中の全揚程，ポンプ効率，動力の各値は仮想値である。

一般に渦巻ポンプでは，全揚程曲線は右下がりで，はじめ緩やかな勾配の曲線ではじまり，吐出量の増加とともに曲線の勾配が次第にきつくなる。つまり，運転開始の段階では揚程の変化に対して吐出量が大きいが，次第に揚程の変化に対する吐出量が減少する。これを下降特性という。

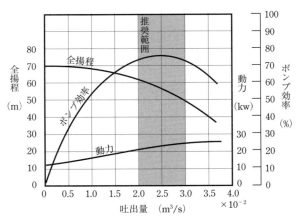

図-8.8　渦巻ポンプの性能曲線

8.2.3 ポンプ圧力増加の求め方

前述した図-8.7において流量 q を生産するために必要なポンプ圧力増加 Δp_{pump} の求め方について説明しよう。ただし，貯留層内の流れは定常状態にあるものとする。以下では必要なポンプ圧力増加の計算手順について述べる。

① 流動坑底圧力（flowing bottom hole pressure）p_{wf} は，第3章の式（3.46b）より

$$p_{wf} = \bar{p} - \frac{q_{w,sc} B_w \mu_w}{2\pi k h} \ln\left(\frac{0.472 r_e}{r_w} + s\right) \tag{8.26}$$

② 深度 L_p に設置されたポンプ吸込圧力（suction pressure）p_{suc} はステップ①で求めた p_{wf} を用いて水単相流に関する式（6.19）（垂直井の場合 $\theta = 0$）より，次式で表される。

$$p_{suc} = p_{wf} - (\rho_w g + \tau_f)(L_t - L_p) \tag{8.27}$$

③ ポンプ吐出圧力（discharge pressure）は，吐出口からチュービング下流の位置損失 Δp_p，摩擦損失 Δp_f，坑口圧力 p_{wh} の総和に等しい。したがって，それぞれの圧力損失を求めなければならない。

位置損失 Δp_p は，式（8.18）より

$$\Delta p_p = \rho_w g L_p$$

摩擦損失 Δp_f は，式（8.23）より

$$\Delta p_f = \frac{f \rho_w v^2}{2D} L_p$$

坑口圧力 p_{wh} は，フローラインの流れがガス水二相流となるためセパレータ圧力 p_{sep} を用いて水平二相流の圧力損失に関する計算プログラム「HoriPipe.For」（付録B計算プログラム参照）により計算する。したがって，吐出圧力 p_{dis} は p_{wh}，Δp_p および Δp_f の総和として次のように表される。

$$p_{dis} = p_{wh} + \Delta p_p + \Delta p_f = p_{wh} + \Delta p_{up} \tag{8.28}$$

ここで，$\Delta p_{up} = \Delta p_p + \Delta p_f$ である。

④ 必要なポンプ圧力増加（pressure increase from pump）Δp_{pump} は，吐出圧力 p_{dis} と吸込圧力 p_{suc} の差として次式で表される。

$$\Delta p_{pump} = p_{dis} - p_{suc} \tag{8.29}$$

8.2.4 ポンプ設置深度に関する設計手順

水中電動ポンプ（渦巻ポンプ）を坑内に設置するためには，ポンプサイズ，ポンプ設置深度，生産量，揚程などを決定しなければならない．以下ではポンプサイズの選択から設置深度の決定までの設計手順について述べる．

① 水中電動ポンプはいろいろなサイズによって効率的な生産量や揚程が決められた形で製作され，それぞれ固有の性能曲線を有する．その中から対象坑井のサイズと産出能力に見合ったサイズと性能をもったポンプを選択する．

② 次に，第3章の式（3.46b）または式（3.52a）から必要な生産量に対する流動坑底圧力を決定する．

③ ステップ②で決定された p_{wf} に基づいたポンプの最小設置深度を計算する．ケーシング内圧力およびアニュラス内静ガス圧を無視すると，ポンプの最小設置深度は次式で表される．

$$L_{p,\min} = L_t - \left(\frac{p_{wf} - p_{suc}}{\rho_w g} \right) \tag{8.30}$$

ここで，$L_{p,\min}$ はポンプの最小設置深度，L_t は生産層の深度，p_{wf} は流動坑底圧力である．

ただし，ポンプはこの最小深度 $L_{p,\min}$ より深いところに設置する．

④ $L_{p,\min}$ より深いいろいろな深度 L_p に対して吸込圧力 p_{suc} を式（8.30）から導いた次式により計算する．

$$p_{suc} = p_{wf} - \rho_w g (L_t - L_p) \tag{8.31}$$

⑤ チュービング内の圧力損失 Δp_{up} を求めるために，まず式（8.18）よりポンプの位置損失 Δp_p を計算する．次に式（8.19）よりチュービング内の摩擦損失 Δp_f を計算する．チュービング内圧力損失 Δp_{up} は Δp_p と Δp_f を用いて式（8.17）により計算する．

⑥ 必要なポンプ吐出圧力 p_{dis} はステップ③で求めた坑口圧力 p_{wh} とステップ⑤の Δp_{up} を用いて式（8.28）により決定する．

⑦ ポンプに必要な圧力増加 Δp_{pump} は，ステップ④で求めた p_{suc} の値とステップ⑥で求めた p_{dis} の値を用いて式（8.29）により計算する．

⑧ ポンプの全揚程 H は，ステップ⑤で求めた Δp_{up} を用いて式（8.21）により計算する．

⑨ ポンプ性能曲線から，単段ポンプあたりの揚程を読みとる．

⑩　ポンプ全所要動力（total power requirement for pump）は，ポンプ性能曲線から読みとった単段ポンプあたり動力に羽根の枚数を乗じて求める。このように複数の羽根車を有するポンプを多段ポンプという。

$$P_{pump} = N \cdot P_{s,pump} \tag{8.32}$$

ここで，P_{pump} は全所要動力，$P_{s,pump}$ ＝ 単段ポンプの動力，N は羽根の枚数である。以上の設計手順を次の例題 8.7 により具体的に説明しよう。

▶ 例題 8.7

下記に示す貯留層から水中電動ポンプを用いて流量 $q_{w,sc} = 0.025\ \mathrm{m^3/s}$ で生産したいと考えている。ポンプ設置深度を設計せよ。貯留層に関するデータは以下に示す。

データ：$k = 1.0 \times 10^{-12}\ \mathrm{m^2}$，$h = 50\ \mathrm{m}$，$\mu_w = 0.7\ \mathrm{mPa \cdot s}$，$L_t = 600\ \mathrm{m}$，$r_w = 0.1\ \mathrm{m}$，$r_e =$ 不明，$\bar{p} = 6.0\ \mathrm{MPa}$，$p_{wh} = 0.3\ \mathrm{MPa}$，$D_{tub} = 0.1\ \mathrm{m}$，$D_{cas} = 0.2\ \mathrm{m}$，$\varepsilon/D_{tub} = 0.0002$，$t_{wh} = 30\ \mathrm{℃}$，$t_{wf} = 40\ \mathrm{℃}$，$S = 2\ \mathrm{kg/m^3}$，$L_t = 600\ \mathrm{m}$

ただし，ポンプの吸込圧力は $p_{suc} = 0.3\ \mathrm{MPa}$ と仮定する。

［解答］

① 坑内径 $D_{cas} = 0.2\ \mathrm{m}$ と流量 $q = 0.025\ \mathrm{m^3/s}$ に適するサイズのポンプを選択する。

② 平均温度 $\bar{T}$ を求める。

$$\bar{T} = \frac{(273.2 + 30) + (273.2 + 40)}{2} = 308.2\ \mathrm{K}$$

③ $\bar{T} = 308.2\ \mathrm{K}$，$\bar{p} = 6.0\ \mathrm{MPa}$ に対するかん水の密度 ρ_w を第 2 章の式（2.53b）により計算する。

$$\begin{aligned}\rho_w &= 730.6 + 2.025 \times 308.2 - 3.8 \times 10^{-3} \times 308.2^2 \\ &\quad + (2.362 - 1.197 \times 10^{-2} \times 308.2 + 1.835 \times 10^{-3} \times 308.2^2) \times 6.0 \\ &\quad + (2.374 - 1.024 \times 10^{-2} \times 288.2 + 1.49 \times 10^{-5} \times 288.2^2 - 5.1 \times 10^{-4} \times 6.0) \times 2 \\ &= 995.87\ \mathrm{kg/m^3}\end{aligned}$$

$T_{sc} = 288.2\ \mathrm{K}$ と $p_{sc} = 0.1013\ \mathrm{MPa}$ のときのかん水の密度は，第 2 章の式（2.53a）により求める。

$$\rho_{w,sc} = 999.92\ \mathrm{kg/m^3}$$

④ かん水の容積係数 B_w は，第 2 章の式（2.46b）より

$$B_w = \frac{\rho_{w,sc}}{\rho_w} = \frac{999.92}{995.87} = 1.004\ (-)$$

⑤ 流動坑底圧力 p_{wf} は，ステップ④で求めた B_w の値を用いて，r_e が未知であるから第3章の擬定常流の式（3.46b）を $\ln(0.472 r_e/r_w) \fallingdotseq 7$ と近似した式により計算する．

$$p_{wf} = 6\,000\,000.0 - \frac{0.025 \times 1.004 \times 0.0007}{2 \times 3.14 \times 1.0 \times 10^{-12} \times 50} \times 7 \approx 5.94\,\text{MPa}$$

⑥ ポンプ吸込圧力 $p_{suc} = 0.3$ MPa を仮定し，ステップ⑤の $p_{wf} = 5.94$ MPa を用いて，ポンプの最小深度 $L_{p,\min}$ の式（8.30）より

$$L_{p,\min} = L_t - \left(\frac{p_{wf} - p_{suc}}{\rho g}\right) = 600.0 - \left(\frac{5\,940\,000.0 - 300\,000.0}{994.2 \times 9.8}\right) \approx 21.0\,\text{m}$$

ここで，$\bar{\rho} = 994.2\,\text{kg/m}^3$ は平均温度 $\bar{T} = 308.2$ K，平均圧力 $\bar{p} = (p_{wf} + p_{wh})/2 = (5.94 + 0.3)/2 \approx 3.12$ MPa のときの密度の計算値（第2章の式（2.53b）による）である．実際のポンプ設置深度 L_p は $L_{p,\min} = 21$ m より下方に設置する．

⑦ そこで，実際のポンプ設置深度は $L_p = 30$ m に設置するものとすると，ポンプの吸込圧力 p_{suc} は式（8.31）より

$$p_{suc} = 5\,940\,000.0 - 994.2 \times 9.8 \times (600.0 - 30.0) = 386\,398.8\,\text{Pa} \approx 0.386\,\text{MPa}$$

⑧ チュービング内の位置損失 Δp_p は，式（8.18）より

$$\Delta p_P = \rho g \Delta L_p = 994.2 \times 9.8 \times 30.0 = 292\,294.8\,\text{Pa} \approx 0.292\,\text{MPa}$$

⑨ チュービング内の摩擦損失 Δp_f は，式（8.19）より

$$\Delta p_f = \frac{0.236 \times 994.2 \times 1.59 \times 30.0}{2 \times 0.2} = 27\,979.8\,\text{Pa} \approx 0.028\,\text{MPa}$$

ただし，Re = 271，$v = 1.59$ m/s，$f = 0.236$

⑩ 坑口からポンプ設置深度間の全圧力損失 Δp_{up} は，式（8.17）より

$$\Delta p_{up} = \Delta p_P + \Delta p_f = 0.292 + 0.028 = 0.572\,\text{MPa}$$

⑪ ポンプ吐出圧力 p_{dis} は，式（8.28）より

$$p_{dis} = p_{wh} + \Delta p_{up} = 0.3 + 0.572 = 0.872\,\text{MPa}$$

⑫ ポンプの圧力増加 Δp_{pump} は，ステップ⑦で求めた p_{suc} の値とステップ⑪で求めた p_{dis} の値を用いて式（8.29）より

$$\Delta p_{pump} = p_{dis} - p_{suc} = 0.872 - 0.386 \approx 0.486\,\text{MPa}$$

⑬ ポンプ揚程 H は，式（8.21）より

$$H = \frac{486\,000.0}{994.2 \times 9.8} \approx 49.9\,\text{m}$$

⑭ 揚程の計算値 $H = 49.9$ m は，**図-8.8** の渦巻ポンプ性能曲線から吐出量 0.025 m³/s のときの全揚程 $H = 77$ m の範囲内にある。

8.2.5 計算プログラムを用いた坑内圧力の計算手順

第6章の垂直二相流圧力損失の計算プログラム「CWPDL.For」に基づいて，著者が作成したポンプ採収井における坑内圧力損失に関する計算プログラム「Pumplift.For」（付録B計算プログラム参照）の計算手順の概要を説明する。

ポンプ採収井内における圧力勾配の計算は，**図-8.2** に示すようにポンプ設置深度の上流側（坑底からポンプ設置深度間）の圧力損失と下流側（ポンプ設置深度から坑口間）の圧力損失に分けて行う。

① 坑底からポンプ深度間の圧力損失

1) 流量 $q_{w,sc}$ に対する流動坑底圧力 p_{wf} は，水単相流の場合は擬定常インフローの式（5.6）から導いた次式を用いて計算する。

$$p_{wf} = \bar{p} - \frac{q_{w,sc} B_w \mu_w (\ln 0.472 r_e / r_w + s)}{2\pi k h} \tag{8.33}$$

ガス水二相流の場合は擬定常圧力損失の式（5.7）から導いた次式を用いて計算する。

$$p_{wf} = \bar{p} - \frac{q_{w,sc} B_w \mu_w (\ln 0.472 r_e / r_w + s)}{2\pi k_w h} \tag{8.34}$$

ここで，式（8.34）における有効浸透率は $k_w = k k_{rw}$ であり，水の相対浸透率 k_{rw} は水の飽和率 S_w を用いて第2章の式（2.113）により求める。

2) ステップ①で求めた p_{wf} の値を境界値としてポンプ設置深度 L_p 間における直径 D_{cas} のケーシング内の圧力損失は，**図-8.7** に示すように遊離ガスの発生が考えられるので垂直二相流圧力損失の計算法により計算し，ポンプ吸込圧力 p_{suc} を求める。ただし，産出ガス水比 GWR は地表において坑内から除去したガス（**図-8.7** 参照）も含めた測定値を用いる。

次に，ポンプ下流側のチュービング内の圧力計算へ移行する。

② 坑口からポンプ設置深度間の圧力損失

1) 坑口圧力 p_{wh} は，第7章の水平フローライン圧力損失の計算方法を用いて求める。

2) ポンプから直径 D_{tub} のチュービング内の流れは，前述した**図-8.7** にみら

れるように上流側のケーシング内でガスを除去している場合には水単相流であると仮定する。したがって，坑口からポンプ深度間におけるチュービング内の圧力損失は，ステップ①で求めた p_{wh} の値を境界値に選択し，ガス水比を GWR＝0 として，第6章の垂直二相流圧力損失の計算方法により計算し，吐出圧力 p_{dis} を求める。

③　ステップ①と②で求めた p_{suc} と p_{dis} の値から式（8.29）によりポンプ圧力増加 Δp_{pump} を求める。

8.3　ガスリフトとポンプ採収の選択

人工リフトの設計にあたって，ガスリフトにするか，またはポンプ採収にするかを決定しなければならない。最適な生産システムは坑井や貯留層の寿命中における上記の2つの採収法を慎重に比較し，技術的および経済的考察に基づいて最終的に決定される。

一般に水中電動ポンプは地層水の産出効率においてガスリフトより優れているという利点がある。しかしながら，ガス水比が高い場合には著しく産出効率が低下し，また出砂を伴うと故障が多くなり，湛水面が数十 m 以深になると坑井の構造上からも不都合が多いという欠点がある。しかし，最近，坑底に設置可能でガス水比が6程度まで対応できるポンプが開発されている。

第8章　演習問題

【問題8.1】　深度 L_t＝600 m の坑井を掘削したところ静湛水面が地表面 z＝0 m にあることが分かった。この坑井でかん水を汲みあげるために，深度 L_p＝100 m に水中電動ポンプを設置し，流量 q_{wsc}＝0.02 m³/s で生産した。その結果，坑口圧力が p_{wh}＝0.4 MPa，産出ガス水比が GWR＝1，流動坑底圧力が p_{wf}＝5.6 MPa であった。このときの坑内の圧力勾配とポンプ圧力増加を計算プログラム「Pumplift.For」（付録B 計算プログラム参照）を用いて計算せよ。ただし，坑口温度が t_{wh}＝25 ℃，坑底温度が t_{wf}＝50 ℃，ケーシング径が D_{cas}＝0.23 m，ポンプチュービング径が D_{tub}＝0.15 m である。かん水とガスの物性値は計算プログラムに組み込まれている。

◎引用および参考文献

1) 押田良輝,湯浅達治,松井宏雄,竹内彰敏(2003):渦巻きポンプ・歯車ポンプ・遠心ファン,オーム社.
2) 杉原 豊(1987):パソコンを使ったガスリフト効果の計算システム,石油技術協会誌,第52巻,第6号,pp.34-41.
3) Bertuzzi, A.F., Welchon, J.K., and Poettmann,F.H.(1953):Description and Analysis of an Efficent Continuous-Flow Gas-lift Installation, Petroleum Transactions, AIME, pp.271-278.
4) Brown, K.E.(1967):Gas Lift Theory and Practice(Including a Review of Petroleum Engineering Fundamentals), Prentice-Hall,Inc.
5) Brown, K.E.(1977):The Technology of Artificial Lift Methods, Vol.1, PPC Books(Petroleum Publishing Company), TULSA.
6) Economides, M.J. Hill, A.D. and Ehlig-Economides, C.(1994):Petroleum Production Systems, Prentice Hall Petroleum Engineering Series, PTR Prentice Hall.

第9章 システム解析

　第3章から第8章では生産システムにおける貯留層,坑井仕上げ部,垂直坑井,フローライン等の各要素における流動挙動や圧力損失の計算方法について述べた。生産システムにおける自噴井や人工採収井によって汲み上げられた貯留層流体を坑井,地表パイプラインを経由してセパレータへ輸送するためには,それらの各要素における圧力損失を総和した全圧力損失を克服するエネルギが必要である。生産工学の役割（the role of production engineering）は最小のエネルギで最大の生産量を得るために生産システムにおける各構成要素のサイズやシステム全体の流量を最適化し,効率の良いものにすることにある。その手段の1つとしてシステム解析がある。これは新規生産システムの設計や既存システムの診断に応用される。本章ではシステム解析の原理とその応用について学ぶ。

9.1 システム解析の原理

　システム解析（system analysis）とはどんなものか,その原理について説明しよう。

9.1.1 生産システムの構成要素,節点位置および圧力損失

　生産システムは,図-9.1 に示すように主に貯留層,坑井,フローラインおよびセパレータ等の基本的構成要素からなる。それらの要素中を流体が流動する際に圧力損失が生じる。この圧力損失について図中の記号を用いて考えてみよう。
　まず,図中の記号について説明する。$\bar{p}$ は平均貯留層圧力（average reservoir pressure）,p_e は貯留層外側境界圧力（outer boundary pressure of reservoir）,p_i は初期貯留層圧力（initial reservoir pressure）,p_s は地層障害領域外側境界の圧力（outer boundary pressure at damaged zone）,p_{wfs} は坑底の砂面圧力（sandface pressure），p_{wf} は流動坑低圧力（flowing bottom hole pressure），p_{wh} は坑口圧力（wellhead pres-

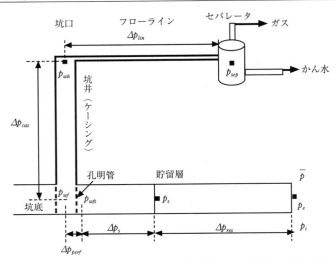

図-9.1　生産システムにおける典型的な構成要素，節点位置および圧力損失

sure)，p_{sep} はセパレータ圧力（separator pressure）である。通常，これらの位置における圧力はシステム解析における節点（node）として選択される。節点間の各要素における圧力損失には，貯留層圧力損失 Δp_{res}，地層障害領域圧力損失 Δp_s，孔明管仕上げ圧力損失 Δp_{perf}，坑内圧力損失 Δp_{cas}，フローライン内圧力損失 Δp_{lin} がある。これらの圧力損失は次のように定義される。

① 節点 $\bar{p}$ と p_s 間における貯留層の圧力損失（reservoir pressure loss）Δp_{res} は次式で表される。

$$\Delta p_{res} = \bar{p} - p_s \tag{9.1}$$

② 節点 p_s と砂面圧力 p_{wfs} 間における地層障害領域の圧力損失 Δp_s は次式で表される。

$$\Delta p_s = p_s - p_{wfs} \tag{9.2}$$

③ 節点 p_{wfs} と p_{wf} 間における孔明管仕上げの圧力損失 Δp_{perf} は次式で表される。

$$\Delta p_{perf} = p_{wfs} - p_{wf} \tag{9.3}$$

式（9.3）の Δp_{perf} は第5章におけるスキンによる圧力低下の式（5.57）の s の代わりに坑井係数 C（第5章の式（5.73），（5.77），（5.83），（5.86）参照）を導入した次式が用いられる。

$$\Delta p_{perf} = \frac{\mu_w B_w q}{2\pi kh} C \tag{9.4}$$

坑井係数 C は第5章の産出効率の計算手順（図-5.22 参照）に基づく計算プログラム「floefficy.For」（付録 B 計算プログラム参照）により計算する。

④ 節点 p_{wf} と p_{wh} 間におけるケーシング内の圧力損失 Δp_{cas} は次式で表される。

$$\Delta p_{cas} = p_{wf} - p_{wh} \tag{9.5}$$

Δp_{cas} は第6章の垂直二相流圧力損失に関する計算プログラム「CWPDL.For」（付録 B 計算プログラム参照）により計算する。

⑤ 節点 p_{wh} と p_{sep} 間におけるフローライン内の圧力損失 Δp_{lin} は次式で表される。

$$\Delta p_{lin} = p_{wh} - p_{sep} \tag{9.6}$$

Δp_{lin} は第7章の水平二相流圧力損失に関する計算プログラム「HoriPipe.For」（付録 B 計算プログラム参照）により計算する。

⑥ 生産システム全体の全圧力損失（total pressure loss）Δp は，システムを構成するすべての要素の圧力損失すなわち式（9.1）〜（9.6）の総和として次式で表される。

$$\Delta p = \Delta p_{res} + \Delta p_s + \Delta p_{perf} + \Delta p_{cas} + \Delta p_{lin} \tag{9.7}$$

いずれの要素における圧力損失も生産量に依存し，要素間は相互に作用しあっているため，1つの要素における圧力損失の変化が他の要素の流動挙動に影響を与える。したがって，貯留層からセパレータまでの生産システム全体は流体力学的に連続した1つのユニットとして解析しなければならない。

しかしながら，上記の式（9.1），（9.2）および（9.3）における Δp_s，Δp_{wfs} を測定するのは難しいため，全圧力損失 Δp は第3章の擬定常流の圧力損失の式（3.46b）により求めるのが現実的である。

一般に，坑井の生産量はシステムにおける1つの要素のみの挙動によって厳しく制約される。そのため1坑井当たりの生産可能量は貯留層圧力の変化に大きく影響され，圧力の低下によって減少する。この生産可能量を産出能力（productivity）という。他にも，産出能力は坑井仕上げや地上の生産設備によって制限を受ける。例えば，ケーシングやフローラインの径が小さ過ぎるケースでは流動抵抗が大きくなり，貯留層の排出能力に見合った流量を産出できなくなり非効率的である。逆に，ケーシングやフローラインのサイズが大き過ぎるケースでは自噴量を減少させ，場合によっては自噴停止に至らしめるか，または人工リフト装置の設置が必要とな

る。いずれのケースも経済的とはいえない。しかしながら，貯留層の排出能力に対応した坑井やフローラインの最適な流量や最適なサイズがあるはずである。したがって，生産システムの最適設計のためには貯留層の排出能力に対応した最適な流量および最適なサイズを決定することが重要である。その決定方法の1つとしてシステム解析（system analysis）がある。

以下ではシステム解析法について説明しよう。

9.1.2 システム解析法

前述した図-9.1の生産システムにおいて任意の節点（node）p_{node} を選択し，この点を境にシステムを上流側のインフロー（inflow）と下流側のアウトフロー（outflow）に分割して考える。ここでいうインフローは，第5章の冒頭で述べたように坑井インフロー挙動とは異なることに注意されたい。選択した節点のことを英語で node ということから，この解析は NODAL 解析（Nodal Analysis）とも呼ばれる。通常，生産システム内における典型的な節点の位置として，図-9.1に示すように p_{sep}，p_{wh}，p_{wf}，p_{wfs}，p_{s}，$\bar{p}$ のいずれかが選択される。

p_{wf} を節点として選択した場合には，この点の上流側のすべての要素はインフロー部分を構成し，一方節点 p_{wf} の下流側のすべての要素はアウトフロー部分を構成する。

生産システムにおける最適流量の必要条件
① 選択した節点に入る流量はその節点から流出する流量に等しい。
② 選択した節点ではただ1つの圧力が存在する。

$\bar{p}$ と p_{sep} は，坑井が一定流量で生産を続けている特定の時間では変わらないものとし，インフローとアウトフローの計算ではそれぞれ計算開始点の境界値として固定する。

まず，任意の節点が選択されると，その節点に対して上流側のインフローと下流側のアウトフローのエネルギ式（energy equation）は次のように表される。

インフロー
$$\bar{p} - \Delta p_{in} = p_{node} \tag{9.8}$$

アウトフロー
$$p_{sep} + \Delta p_{out} = p_{node} \tag{9.9}$$

ここで，p_{node} は選択した節点の圧力，Δp_{in} は選択した節点 p_{node} の上流側要素の圧

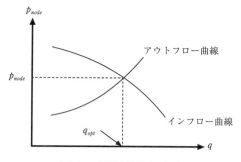

図-9.2 最適流量決定の概念

力損失，Δp_{out} は選択した節点 p_{node} の下流側要素の圧力損失である。

式（9.8）の Δp_{in} と式（9.9）の Δp_{out} は流量 q の関数であるため，それぞれインフローの構成要素とアウトフローの構成要素における圧力損失の式を用いていろいろな流量に対して Δp_{in} と Δp_{out} を計算する。得られた Δp_{in} と Δp_{out} の値をそれぞれ式(9.8)と（9.9）に代入し p_{node} を求める。式（9.8）から求めた q と p_{node} の関係をグラフ上に概念的に示した**図-9.2** がインフロー曲線（inflow curve）である。一方，式（9.9）から求めた q と p_{node} の関係をプロットした曲線が**図-9.2** のアウトフロー曲線（outflow curve）である。図にみられるように，両曲線は1点で交わっている。この交点における q_{opt} と p_{node} は上述の2つの必要条件を満足する。しかし，交点以外では1つの流量に対してインフロー曲線とアウトフロー曲線の2つの圧力が存在し，最適流量の必要条件を満足しない。したがって，q_{opt} を生産システムにおける最適流量（optimum flow rate）という。

以上のようにインフロー曲線とアウトフロー曲線を作成し，両者の交点から最適流量を求める方法は生産システムの最適化（Optimization）と呼ばれる。

9.1.3 最適化の計算手順

最適化の計算手順について説明しよう。**図-9.3** はシステム解析法によって生産システムを最適化するための計算手順を示す。

図-9.3 の最適化の計算手順に基づいて生産システムにおけるインフロー曲線およびアウトフロー曲線の作成と最適流量の決定のために，自噴井を対象にもう少し具体的に考えてみよう。

① 自噴井をもつ生産システムの要素として坑底を選択する。

①	最適化するために1つの要素を選択する。
②	ステップ①で選択した要素における変化の影響を最も良く表す節点を選択する。
③	選択した節点におけるインフローとアウトフローのエネルギ式を作る。
④	すべての要素における流量 q に対する圧力損失 Δp を計算するために必要なデータを集める。
⑤	ステップ④のデータを用いてステップ③のインフローおよびアウトフローの式からインフロー曲線とアウトフロー曲線を作成し，両者の交点から最適流量 q_{opt} と選択した節点圧力 p_{node} を読みとる。

図-9.3 最適化の計算手順

② 選択した坑底に影響を与える節点として流動坑底圧力 p_{wf} を選択する。

③ 選択した節点 p_{wf} の上流側のインフローと下流側のアウトフローのエネルギ式は，式（9.8）と（9.9）より，それぞれ次のように表される。

インフロー
$$\bar{p} - \Delta p_{res} = p_{wf} \tag{9.10}$$

アウトフロー
$$p_{sep} + \Delta p_{cas} + \Delta p_{lin} = p_{wf} \tag{9.11}$$

ここで，Δp_{res} は貯留層内の圧力損失，Δp_{cas} はケーシング内の圧力損失，Δp_{lin} はフローライン内の圧力損失である。

④ 各要素における圧力損失の計算に必要なデータ，たとえば**表-9.1**に示すようなデータを収集し利用する。

⑤ インフローにおける式(9.10)の圧力損失 Δp_{res} は第3章の擬定常流の式(3.46a, b)の計算プログラム「PseudoPwf.For」(付録B 計算プログラム参照)を用いて計算する。

⑥ 一方，アウトフローにおける式（9.11）の Δp_{lin} は第7章の水平二相流圧力損失の計算方法に関する計算プログラム「HoriPipe.For」(付録B 計算プログラム参照)を用いて計算する。計算は p_{sep} を固定して坑口へ進める。

⑦ Δp_{cas} は上記のデータを用いて第6章の垂直二相流の計算方法に関する計算

表-9.1 計算に必要なデータ

項 目	量	項 目	量
坑井深度 L_t(m)	1 000	かん水の等温圧縮率 c_w(1/MPa)	式 (2.60)
ケーシング径 D_{cas}(m)	0.2	産出ガス水比 GWR$(-)$	$0 \sim 1500$
チュービング径 D_{tub}(m)	0.1	溶解ガス水比 R_s(m³/kL)	式 (2.41)〜(2.44)
フローライン径 D_{lin}(m)	0.15	ガスの比重 $\gamma_g(-)$	式 (2.28), (2.29)
フローライン長 L_{lin}(m)	10	ガスの粘度 μ_g(mPa·s)	式 (2.31), (2.32)
セパレータ圧 p_{sep}(MPa)	$0.2 \sim 0.5$	ガスの圧縮係数 $z(-)$	式 (2.25b)
生産中の坑口圧力 p_{wh}(MPa)	$0.2 \sim 0.5$	標準状態の純水の密度 ρ_w(kg/m³)	998.9
流動坑底圧力 p_{wf}(MPa)	式 (3.46a,b), 式 (3.52a,b)	かん水の密度 ρ_w	式 (2.53a,b), (2.54)
静止坑底圧力 p_{wb}(MPa)	$9 \sim 14$	かん水の比重 $\gamma_w(-)$	式 (2.55)
平均貯留層圧力 $\bar{p}$ (MPa)	$9 \sim 14$	かん水の容積係数 B_w(m³/sc-m³)	式 (2.48a,b)
貯留層外側境界半径 r_e(m)	不明の場合 $\ln(0.472 r_e/r_w) \fallingdotseq 7$	かん水の粘度 μ_w(Pa·s)	式 (2.61), (2.62) $4 \times 10^{-4} \sim 7 \times 10^{-4}$
貯留層の層厚 h(m)	$30 \sim 60$	純水の表面張力 σ_{gw}(mN/m)	式 (2.63)
貯留層の温度 t(℃)	$25 \sim 50$	貯留層の浸透率 k(m²)	$1 \times 10^{-11} \sim 1 \times 10^{-13}$
生産時の出砂状況	なし	スキン係数 $s(-)$	$0 \sim 5$

プログラム「CWPDL.For」(付録 B 計算プログラム参照) を用いて計算する。計算はステップ⑥で求めた p_{wh} の値を固定して坑底へ向かって進め，p_{wf} を求める。

⑧ ステップ⑦までの計算は，流量を $q_{w,sc} = 0.005 \sim 0.06$ m³/s の範囲で種々変えて行う。

計算に用いた主な入力データは，$k = 2 \times 10^{-12}$ m²，$\bar{p} = 11$ Mpa，$p_{sep} = 0.3$ MPa，$s = 0$ である。他に計算に必要なデータは**表-9.1** から選択した。以上の計算結果を**図-9.4** に示す。

式 (9.10) と (9.11) はそれぞれ $\bar{p}$ と p_{sep} を境界値として固定し両方から p_{wf} へ向かって計算するが，どの要素においても Δp は $q_{w,sc}$ とともに変化する。したがって，$p_{wf}-q_{w,sc}$ のプロットは 2 つの曲線となり，両曲線の交点が前述した必要条件 1 と 2 を満足する。この交点より最適流量は $q_{opt} = 0.041$ m³/s であり，そのときの流動坑底圧力は $p_{wf} = 10.16$ MPa である。両曲線は共に直線となり，特に二相流の影響はみられない。

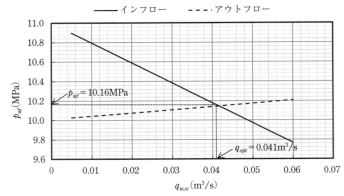

図-9.4 自噴井をもつ生産システムにおける p_{wf} を節点に選択した場合の q_{opt} の決定
（付録B第9章(1)参照）

9.2 応 用

前節におけるシステム解析の原理で述べたように，システム中のどの要素が変化しても，その影響は変化した要素の新しい特徴を用いて節点圧力 p_{node} に対する流量 q を再計算することによって解析できる。例えば，節点の上流側の要素が変化した場合にはインフロー曲線は変わるが，アウトフロー曲線は変わらないままである。または節点の下流側の要素が変化するとアウトフロー曲線は変わるが，インフロー曲線は変わらない。すなわち，インフロー曲線またはアウトフロー曲線のいずれかが変わることによって両者の交点が移動し，新しい流量と節点圧力が存在することになる。したがって，システム解析法は既存システムに変化があった場合の診断（diagnosis）や新規システムの設計（design）に応用できる。

本節では，自噴井，ガスリフト井，ポンプ採収井を用いた生産システムにおける診断や設計に関して具体例をあげて説明しよう。

9.2.1 最適流量に及ぼすパイプサイズの影響

自噴井を用いた生産システムにおいてケーシングパイプやフローラインパイプのサイズがシステムの最適流量と圧力に及ぼす影響についてシステム解析法を用いて考える。

まず，節点に p_{wf} を選択した場合のインフローとアウトフローのエネルギ式は，

9.2 応用

それぞれ前述した式（9.10）と（9.11）が用いられる。

インフローを計算するために貯留層の排水境界 r_e が不明であるものとして水単相流に関する擬定常インフローの式（3.46b）の対数項を $\ln(0.472 r_e/r_w) \fallingdotseq 7$（**表-9.1**）と近似することによって，式（9.10）における Δp_{res} は次のように表される。

$$\Delta p_{res} = \frac{q_{w,sc} B_w \mu_w}{2\pi k h}(7+s) \tag{9.12}$$

よって，式（9.10）は

$$p_{wf} = \bar{p} - \frac{q_{w,sc} B_w \mu_w}{2\pi k h}(7+s) \tag{9.13}$$

インフローの計算は，式（9.12）および式（9.13）に関する計算プログラム「PseudoPwf.For」（付録 B 計算プログラム参照）を用い，貯留層の平均圧力 $\bar{p}$ を計算開始点として固定し，坑底に向かって計算する。計算に用いた主なデータは，$\bar{p} = 11$ MPa，$k = 1.38 \times 10^{-12}$ m²，$\mu_w = 4 \times 10^{-4}$ (Pa·s)，$s = 0$ である。計算に必要な他のデータは**表**-9.1 から採用する。流量に関しては $q_{w,sc} = 0.005 \sim 0.06$ m³/s の範囲で種々変えて，式（9.13）により p_{wf} を計算する。その計算結果から $p_{wf} - q_{w,sc}$ の関係をプロットすると**図**-9.5 のインフロー曲線が得られる。

次に，アウトフローの計算では，式（9.11）における Δp_{lin} と Δp_{cas} はそれぞれ第 7 章の水平二相流圧力損失に関する計算プログラム「HoriPipe.For」（付録 B 計算プログラム参照）と第 6 章の垂直二相流の圧力損失に関する計算プログラム「CWPDL.For」（付録 B 計算プログラム参照）を用いる。計算ではセパレータ圧力を境界値として $p_{sep} = 0.3$ MPa と固定し，$L_t = 1\,000$ m，$L_{lin} = 10$ m，$D_{lin} = 0.15$ m，GWR = 1 とする。フローラインパイプおよびケーシングパイプの径がシステムの最適流量に及ぼす影響について検討するために，$D_{cas} = 0.1$ m と 0.15 m の場合について計算する。その結果から $p_{wf} - q_{w,sc}$ の関係をプロットすると**図**-9.5 のアウトフロー曲線が得られる。

図-9.5 より，インフロー曲線は流量の増大とともに直線的に減少するが，ケーシング径が 0.1 m から 0.15 m へ変わっても変化しないままである。一方，アウトフロー曲線はフローラインパイプおよびケーシングパイプのサイズが 0.1 m から 0.15 m へと増大することによって下方へ移動し，同じ流量 $q_{w,sc}$ に対して節点として選択した p_{wf} が減少する。またインフロー曲線とアウトフロー曲線の交点は右下方へ移動し最適流量は増大するが，流動坑底圧力は減少する。すなわち，パイプの

第9章 システム解析

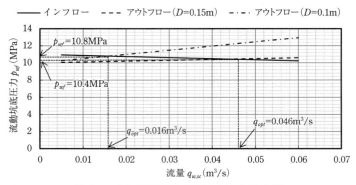

図-9.5 パイプ径の選択（付録B第9章(2)参照）

サイズが小さすぎてもまた大きすぎても経済的な生産とは言えない。したがって、自噴井を用いた生産システムは、費用対効果の観点から貯留層の排出能力を効率よく十分に活かせるようにフローラインパイプや坑井ケーシングの適切なサイズを選択し、設計しなければならない。

9.2.2 スキン係数の影響

スキン係数 s は、第5章の式（5.60）に示すように地層障害、坑井仕上げ、疑似障害等を総和したものとして扱う。このスキン係数 s が生産システムの最適流量と圧力に及ぼす影響について考える。

節点として p_{wf} を選択した場合におけるインフローとアウトフローのエネルギ式は、それぞれ次のように表される。

インフロー

$$\bar{p} - \Delta p_{res} - \Delta p_{skin} = p_{wf} \tag{9.14}$$

アウトフロー

$$p_{sep} + \Delta p_{lin} + \Delta p_{cas} = p_{wf} \tag{9.15}$$

ここで、Δp_{res} は障害のない貯留層の圧力損失、Δp_{skin} はスキン係数による圧力損失である。

式（9.13）より、Δp_{res} と Δp_{skin} はそれぞれ次のように表される。

$$\Delta p_{res} = \frac{7 q_{w,sc} B_w \mu_w}{2 \pi k h} \tag{9.16}$$

$$\Delta p_{skin} = \frac{q_{w,sc} B_w \mu_w}{2\pi k h} s \tag{9.17}$$

インフローの式 (9.14) における Δp_{res} は，式 (9.16) により，平均貯留層圧力 $\bar{p}$ = 11 MPa，浸透率 $k = 1.38 \times 10^{-12}\,\text{m}^2$，かん水の粘度 $\mu_w = 4 \times 10^{-4}\,(\text{Pa·s})$，$h = 30\,(\text{m})$ を用い，その他の必要なデータは**表-9.1**から採用し，計算する。Δp_{skin} はスキンの影響を調べるために $s = 0$ と 2 の場合について式 (9.17) により計算する。Δp_{res} と Δp_{skin} の計算値を式 (9.14) に代入し p_{wf} を求める。以上の計算は流量を $q_{w,sc} = 0.005$ 〜 $0.06\,\text{m}^3/\text{s}$ の範囲で種々変えて計算する。計算結果から $p_{wf} - q_{w,sc}$ の関係をプロットすると**図-9.6**のインフロー曲線が得られる。

一方，アウトフローの計算は，次の手順で進める。

① 式 (9.15) における Δp_{lin} は，計算開始点の境界値としてセパレータ圧力 p_{sep} = 0.3 MPa を固定し，産出ガス水比を GWR = 1，フローラインパイプ径を D_{lin} = 0.15 m，長さを $L_{in} = 10\,\text{m}$ として第 7 章の水平二相流圧力損失に関する計算プログラム「HoriPipe.For」(付録 B 計算プログラム参照) を用いて計算する。

② 次に，①で求めた Δp_{lin} の値から坑口圧力 $p_{wh}(= p_{sep} + \Delta p_{lin})$ を求め，この p_{wh} の値を始点に長さが $L_t = 1\,000\,\text{m}$，径が $D_{cas} = 0.15\,\text{m}$ であるケーシングの圧力損失 Δp_{cas} は第 6 章の垂直二相流圧力損失に関する計算プログラム「CWPDL.For」(付録 B 計算プログラム参照) を用いて計算し，流動坑底圧力 $p_{wf}(= p_{wh} + \Delta p_{cas})$ を求める。

上記の①と②の計算は，流量を $q_{w,sc} = 0.005$ 〜 $0.06\,\text{m}^3/\text{s}$ の範囲で種々変えて計算

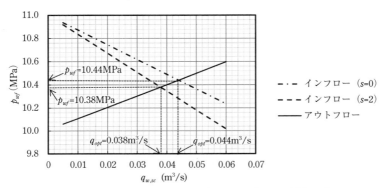

図-9.6 自噴井を用いた生産システムの挙動に及ぼすスキン係数の影響
(付録 B 第 9 章 (3) 参照)

する．得られた計算結果から，$p_{wf}-q_{w,sc}$ の関係をプロットすると**図-9.6**のアウトフロー曲線となる．

図-9.6に示すように，スキン係数が大きくなるとインフロー曲線は下方へ移動し，同じ流量に対して流動坑底圧力 p_{wf} が減少する．インフロー曲線とアウトフロー曲線の交点は，スキン係数 s が 0 から 2 へと増大すると左下方へ移動する．それに対応して最適流量 q_{opt} が 0.044 m³/s から 0.038 m³/s へ減少し，p_{wf} の値も減少する．これはスキン係数 s が大きくなると流体が坑底近傍を通過し坑井へ流入するときの抵抗が増大することを意味する．

もし，生産の過程で産出量が減少するような場合には，システム解析法を用いてシステムを診断し，地層障害であることが予想された場合には，例えば物理検層で障害の有無を確認し，坑井刺激により除去するなどの対策を講じることができる．

9.2.3　ケーシングフロー方式のガスリフト井におけるチュービングサイズの選択

流動坑底圧力 p_{wf} を節点に選択した場合を考える．この場合は，節点の上流は貯留層内の流れであり，下流はケーシングとアニュラス（ケーシングとチュービング間の環状部）内の流れとなる．このときのインフローとアウトフローのエネルギ式はそれぞれ次式で表される．

インフロー
$$\bar{p}-\Delta p_{res} = p_{wf} \tag{9.18}$$

アウトフロー
$$p_{sep}+\Delta p_{lin}+\Delta p_{anu}+\Delta p_{cas} = p_{wf} \tag{9.19}$$

ここで，Δp_{res} は貯留層の圧力損失，Δp_{cas} はケーシング内圧力損失，Δp_{anu} はアニュラス内圧力損失，Δp_{lin} はフローライン内圧力損失である．

インフローの計算は，貯留層に関する主なデータ $k=1\times10^{-12}$ m²，$\mu_w=4\times10^{-4}$ (Pa·s)，$\bar{p}=6.5$ MPa，$h=50$ m，スキン係数 $s=0$ を用いる．排水半径 r_e は不明であるから $\ln(0.472 r_e/r_w) \fallingdotseq 7$ とする．$\bar{p}=6.5$ MPa を計算開始点として固定し式 (9.13) により p_{wf} を計算する．その計算結果から $p_{wf}-q_{w,sc}$ の関係をプロットすると**図-9.7**のインフロー曲線が得られる．以上の計算は流量が $q_{w,sc}=0.002\sim0.04$ m³/s の範囲で種々変えて行う．

一方，アウトフローの計算は次の手順で行う．

① 式 (9.18) における Δp_{lin} を計算するために，フローラインの境界値としてセ

パレータ圧力 p_{sep} = 0.2（MPa）を固定し，溶解ガス水比を GWR1 = 1，産出ガス水比を GWR2 = 4 とする。フローラインのサイズは D_{lin} = 0.15 m，L_{lin} = 10 m，その他の必要なデータは表-9.1 から採用する。それらのデータを用いて第 7 章の水平二相流に関する計算プログラム「HoriPipe.For」（付録 B 計算プログラム参照）により Δp_{lin} を計算し，これを式（9.18）に代入して p_{wh} を求める。この計算は $q_{w,sc}$ = 0.002 ～ 0.04 m³/s の範囲で種々値を変えて行う。

② 次に，①で求めた p_{wh} の値を計算開始点として固定し坑内の圧力損失へ計算を進める。ケーシングフロー方式であるから，アニュラス内の圧力損失 Δp_{anu} を計算するために，まず，第 8 章の式（8.16）によりアニュラス断面積 A_{anu} を求めなければならない。ケーシング径が D_{cas} = 0.2 m で，チュービング径が D_{tub} = 0.05 m と 0.1 m の 2 種類のケースを考える。それらの径を用いて式(8.16)により A_{anu} を計算すると，D_{tub} = 0.05 m のとき A_{anu} = 0.0765 m²，D_{tub} = 0.1 m のとき A_{anu} = 0.00785 m² である。ガス圧入チュービングの深度は L_{inj} = 100 m，坑井深度は L_t = 600 m とする。その他の必要なデータは表-9.1 から採用する。それらのデータを用いて第 6 章の垂直二相流に関する計算プログラム「CWPDL.For」（付録 B 計算プログラム参照）により Δp_{anu} を計算し，節点であるガス圧入深度すなわちチュービング深度 L_{inj} における圧力 $p_{inj} = p_{wh} + \Delta p_{anu}$ を求める。計算は D_{tub} = 0.05 と 0.1 m の場合について行う。

次に，ガス圧入深度以下の圧力損失は，上記の計算で得られた節点 p_{inj} を始

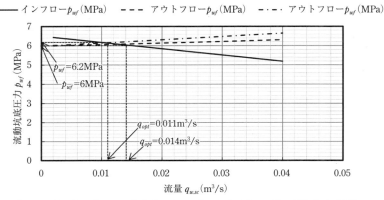

図-9.7 ケーシングフロー方式ガスリフト井におけるチュービングサイズの選択
（付録 B 第 9 章(4)参照）

点として坑底までのケーシング内の圧力損失 Δp_{cas} を第6章の垂直二相流圧力損失に関する計算プログラム「CWPDL.For」(付録B計算プログラム参照) を用いて計算し，流動坑底圧力 $p_{wf} = p_{inj} + \Delta p_{cas}$ を求める。

①と②の計算は，流量が $q_{w,sc} = 0.002 \sim 0.04 \text{ m}^3/\text{s}$ の範囲で種々値を変えて行う。その計算結果から $p_{wf} - q_{w,sc}$ の関係をプロットすると**図-9.7**のアウトフロー曲線が得られる。

図-9.7より，インフロー曲線とアウトフロー曲線の交点から，チュービング径が $D_{tub} = 0.05 \text{ m}$ のときの最適流量が $q_{opt} = 0.014 \text{ m}^3/\text{s}$，流動坑底圧力が $p_{wf} = 6.2 \text{ MPa}$ である。それに対して，$D_{tub} = 0.1 \text{ m}$ のときの最適流量が $q_{opt} = 0.011 \text{ m}^3/\text{s}$ と少なく，流動坑底圧力が $p_{wf} = 6 \text{ MPa}$ と低くなっている。それはチュービング径が大きくなるとアニュラス断面積が小さくなり，流動抵抗が増大するためである。チュービングサイズの選択は強度を考えてできるだけ径の小さいものを選択するとよい。

9.2.4 水中電動ポンプの圧力増加の推定

貯留層に坑井を掘削し，坑内に水中電動ポンプを設置し，生産したいと考えている。そのときの生産量に対するポンプ圧力増加を推定したい。

ポンプ圧力増加 (pressure increase from pump) は，第8章の式 (8.29) よりポンプ吐出圧力と吸込圧力の差であるから，まず吐出圧力と吸込圧力をそれぞれ求めなければならない。そのために吸込圧力を節点に選択したインフローのエネルギ式と吐出圧力を節点に選択したアウトフローのエネルギ式はそれぞれ次のように表される。

インフロー
$$\bar{p} - \Delta p_{res} - \Delta p_{suc} = p_{suc} \tag{9.20}$$

アウトフロー
$$p_{sep} + \Delta p_{lin} + \Delta p_{dis} = p_{dis} \tag{9.21}$$

ここで，Δp_{res} は貯留層の圧力損失，Δp_{suc} は吸込口と坑底間の圧力損失，Δp_{dis} は吐出口と坑口間の圧力損失である。

(1) インフローの計算

インフローの計算は次の手順で行う。

① 式 (9.20) における Δp_{res} は，貯留層に関して**表-9.2**のデータを用いて水単

表-9.2 計算に用いた主なデータ

$\bar{p}$ = 6MPa	L_t = 600m	$k = 1 \times 10^{-12}$m	h = 30m	r_e は不明	L_p = 100m
D_{cas} = 0.2m	D_{tub} = 0.1m	L_{lin} = 10m	p_{sep} = 0.1013MPa	D_{lin} = 0.15m	GWR = 1.0

相擬定常流の式 (5.6) により計算する。この Δp_{res} を用いて流動坑底圧力 p_{wf} = $\bar{p}$ − Δp_{res} を求める。

② 次に，ステップ①で求めた p_{wf} の計算値を計算開始点として固定し，第6章で作成した垂直二相流圧力損失の計算プログラム「CWPDL.For」(付録B 計算プログラム参照) を用いて，坑底とポンプ吸込口間の圧力損失 Δp_{suc} を計算し，吸込口圧力 Δp_{suc} = p_{wf} − Δp_{suc} を求める。

以上の計算は流量を $q_{w,sc}$ = 0.002 ～ 0.03 m^3/s の範囲で種々変えて計算する。それらの結果から p_{suc} − $q_{w,sc}$ の関係をプロットすると図-9.8 のインフロー曲線 (図-9.8 中の実線) が得られる。

(2) アウトフローの計算

アウトフローの計算手順について述べる。

① セパレータと坑口間の圧力損失 Δp_{lin} は，第8章で作成した水平二相流圧力損失の計算プログラム「HoriPipe.For」(付録B 計算プログラム参照) に表-9.2 から p_{sep}，D_{lin}，L_{lin}，GWR に関する値を入力し，計算する。得られた Δp_{lin} の値を用いて，坑口圧力 p_{wh} = p_{sep} + Δp_{lin} を求める。

② ステップ①で求めた坑口圧力 p_{wh} の計算値を計算開始点として固定し，坑口

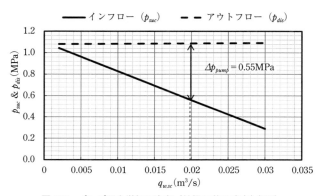

図-9.8 ポンプ圧力増加の決定 (付録B 第9章(5)参照)

とポンプ吐出口間の圧力損失を垂直二相流圧力損失の計算プログラム「CWPDL.For」（付録B 計算プログラム参照）により Δp_{dis} を計算し，吸込口圧力 $p_{dis} = p_{wf} + \Delta p_{dis}$ を求める。

以上のステップ①と②の計算は，流量を $q_{w,sc} = 0.002 \sim 0.03$ m³/s の範囲で種々変えて計算する。それらの結果から $p_{suc} - q_{w,sc}$ の関係をプロットすると**図-9.8**のアウトフロー曲線（**図-9.8**中の点線）が得られる。

ポンプの圧力増加は吐出圧力と吸込圧力の差 $\Delta p_{pump} = p_{dis} - p_{suc}$（式（8.29）参照）であるから，同じ流量に対するアウトフロー曲線とインフロー曲線の差で表される。例えば，$q_{w,sc} = 0.02$ m³/s のときのポンプ増加は**図-9.8**よりおよそ $\Delta p_{pump} = 0.55$ MPa である。

9.2.5　ポンプ設置深度のインフローおよびアウトフローに及ぼす影響

ポンプ設置深度が $L_p = 100$ m と 200 m のときのインフロー曲線とアウトフロー曲線に及ぼす影響について考える。このときのエネルギ式は前述した式（9.20）と（9.21）が用いられる。ポンプ設置深度以外の貯留層とポンプ吸込口間，ポンプ吐出口と坑口間の圧力損失の計算は，ポンプ設置深度を $L_p = 100$ と 200 m の 2 ケースについて前述の **9.2.4** 項の**表-9.2**のデータを用い，**9.2.4** 項におけるインフローおよびアウトフローの計算方法と同様に行う。**図-9.9** はポンプ設置深度 $L_p = 100$ と 200 m それぞれのインフロー曲線とアウトフロー曲線を示す。

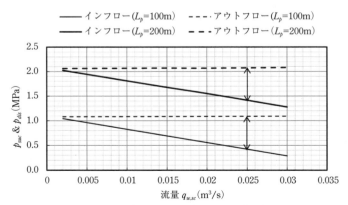

図-9.9　インフロー曲線とアウトフロー曲線に及ぼすポンプ設置深度の影響
（付録B 第9章(6)参照）

図-9.9 より，ポンプの設置深度が浅くなるとポンプの吐出圧力と吸込圧力は低下するが，ポンプ圧力増加はほぼ同じである．

9.2.6 セパレータ圧力のアウトフローに及ぼす影響

セパレータ圧力がアウトフローに及ぼす影響について考える．エネルギ式は前述した式（9.20）と（9.21）が用いられる．計算は，ポンプ設置深度が L_p = 100 m，セパレータ圧力が p_{sep} = 0.1013 MPa と 0.2026 MPa の 2 つのケースについて行う．その他の計算に必要なデータは前述の 9.2.4 項の**表-9.2** を用いる．得られたインフロー曲線とアウトフロー曲線を**図-9.10** に示す．

図-9.10 より，セパレータ圧力が p_{sep} = 0.1013 MPa から 0.2026 MPa へ高くなるとアウトフロー曲線が上方へ移動し，同じ流量に対するポンプ圧力増加が大きくなる．これはセパレータ圧力を高くするとポンプの所要動力を増大しなければならないことを意味する．

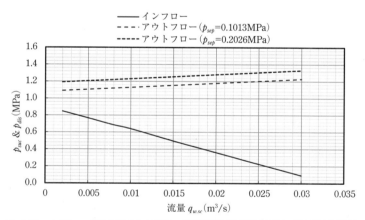

図-9.10　セパレータ圧力のアウトフロー曲線に及ぼす影響（付録 B 第 9 章 (7) 参照）

9.2.7　還元システムにおける最適還元量と流動坑底圧力の決定

第 1 章で述べたようにセパレータで分離されたかん水は，自然流下方式またはポンプ圧入方式により地下へ還元される．自然流下方式の場合は，セパレータからの分離水を貯留した水槽と坑内静湛水面間の落差（位置エネルギ）が還元の駆動力になる．しかし，貯留層の浸透性が悪く，この落差のみで還元できない場合はポンプを使用して圧入する．それらの圧入方式における最適還元量と流動坑底圧力の決定

第9章 システム解析

方法について以下に説明しよう。

(1) 自然流下方式

図-9.11 は自然流下方式還元システム（reinjection system due to elevation difference）の概念を示す。この図に示すように還元システムは水槽，還元パイプライン，坑井，貯留層の基本的要素から構成される。**図-9.11** に示す還元システムにおける圧力損失について考える。

水槽水位と坑内水位の差（落差）によって送水されるかん水は，還元パイプライン，坑井を経由して坑底へ流入し，坑底から貯留層へ流出する。すなわち，坑底圧力 p_{wf} を節点として選択した場合，坑底を境に上流がインフローとなり，下流がアウトフローとなる。これは生産の場合と逆向きの流れである。ただし，還元のチュービングは静湛水面以下に挿入する。インフローとアウトフローのエネルギ式は，それぞれ次のように表される。

［インフロー］

図-9.11 に示すように，水槽からの還元水量によって静湛水面には水頭差 Δz が生じ，それに相当する圧入圧力 p_{inj} が坑内流体を下方へ押し出す。したがって，坑内のエネルギ式は次のように表される。

$$p_{inj} - \Delta p_{cas} = p_{wf} \tag{9.22}$$

ただし，$p_{inj} = \rho_w g(z + \Delta z) \tag{9.23}$

ここで，p_{inj} は動湛水面と坑底間の水頭圧（圧入圧力），Δp_{cas} は坑内圧力損失，z は静湛水面と坑底（貯留層中心）間の高さ，Δz は還元水量によって生じた動湛水

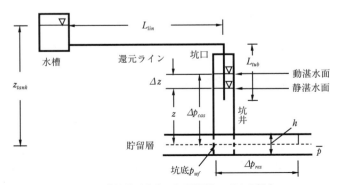

図-9.11 自然流下方式による還元システムの概念

面と静湛水面の水位差である（**図-9.11 参照**）。

［アウトフロー］

圧入水が坑底から貯留層へ侵入するためには，生産時の流れとは逆に流動坑底圧力が貯留層圧力より高くなければならない。したがって，アウトフローの式は次式で表される。

$$\bar{p} + \Delta p_{res} = p_{wf} \tag{9.24}$$

ここで，$\bar{p}$ は貯留層の平均圧力，p_{wf} は流動坑底圧力，Δp_{res} は貯留層内圧力損失である。**図-9.11** における h は層厚である。

a. インフローの計算

還元水は坑内水が貯留層へ流入してもその後単位時間ごとに連続的に圧入されるため坑内では常に単位時間当たり圧入量 q に相当する体積 V_{in} の水が蓄積される。したがって，坑内水位上昇 Δz は次式で表される。

$$\Delta z = V_{in} / A_{cas} \tag{9.25}$$

Δz に相当する水頭圧が坑内水の駆動力となる。そこで，Δp_{cas} は一様な径のケーシング内の加速損失を無視し，摩擦損失（friction loss）と位置損失（potential loss）を考慮すると次式で表される。

$$\Delta p_{cas} = \left(\frac{f \rho_w v^2}{2D} + \rho_w g \right)(z + \Delta z) \tag{9.26}$$

ここで，D はケーシング径である。

b. アウトフローの計算

圧入水は坑底から貯留層へ侵入するから，Δp_{res} は第 3 章の式（3.46b）より次のように表される。

$$\Delta p_{res} = \frac{q_{w,sc} B_w \mu_w}{2\pi kh} \left(\ln \frac{0.472 r_e}{r_w} + s \right) \tag{9.27}$$

自然流下方式還元に関するシステム解析について次の例題 9.1 によって説明しよう。

▶ 例題 9.1

深度 500 m にある貯留層に還元井を掘削し，セパレータで分離したかん水を自然流下方式により還元したいと考えている。**表-9.3** に示すデータを用いて最適な還元量と流動坑底圧力を求めよ。ただし，静湛水面から坑底までの深度 $L_{sb} = 480$ m

表-9.3 計算に必要なデータ

還元井	$L_t = 500$m	$L_{sb} = 480$m	$D_{cas} = 0.25$m	$r_w = 0.125$m
還元層	$\bar{p} = \rho_w g L_{sb}$	$h = 60$m	$k = 1.0 \times 10^{-10}$m^2	$r_e = 1\,000$m
	$\mu_w = 4.0 \times 10^{-4}$Pa·s	$t_{wb} = 25$℃	$t_{wh} = 15$℃	$r_w = 0.125$m

である。

[解答]

インフローに関しては式(9.25)および式(9.26)に関する計算プログラム「ReinjNatFall.For」(付録B計算プログラム参照)を用い,それに表-9.3のデータを入力し,$q_{w,sc} = 0.0005 \sim 0.025$ m^3/sと種々変えてΔp_{cas}を計算する。一方,アウトフローに関しては式(9.27)の計算プログラム「PseudoPwf.For」(付録B計算プログラム参照)を用い,それに表-9.3のデータを入力しインフローと同様に流量を$q_{w,sc} = 0.0005 \sim 0.025$ m^3/sと種々変えてΔp_{res}を計算する。

計算によって得られたp_{wf}-$q_{w,sc}$に関するプロットを図-9.12に示す。この図におけるインフローとアウトフローの曲線の交点から,最適流量は$q_{opt} = 0.0225$ m^3/sであり,そのときの流動坑底圧力は$p_{wf} = 4.7004$ MPaである。

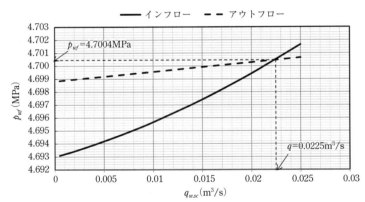

図-9.12 自然流下方式における最適流量と流動坑底圧力の決定(付録B第9章(8)参照)

(2) ポンプ圧入方式

図-9.13はポンプ圧入方式還元システム(pump-assisted reinjection system)の概念を示す。この還元システムにおける圧力損失について考える。ポンプを使用する

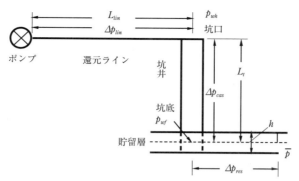

図-9.13 ポンプ圧入方式還元システムの概念

還元ラインは，**図-9.13**に示すようにポンプ，還元パイプライン，坑井，貯留層の基本的要素から構成され，ポンプにより還元水を強制的に圧入するため，配管内および坑内は常に満水状態にある。この点が自然流下方式における落差を利用した場合と異なる。

本方式における計算式について考えてみよう。坑底を節点として選択した場合，還元水はポンプ吐出圧力と坑底圧力の差によって貯留層へ圧入される。自然流下方式の場合と同様坑底を境にポンプと坑底間がインフローとなり，坑底と貯留層間がアウトフローとなる。

インフローとアウトフローのエネルギ式は，それぞれ次のように表される。

［インフロー］

$$p_{pump} - \Delta p_{lin} - \Delta p_{cas} = p_{wf} \tag{9.28}$$

ここで，p_{pump}はポンプ吐出圧力，Δp_{lin}は水平還元パイプライン内の圧力損失，Δp_{cas}は垂直還元井内の圧力損失である。

式（9.28）におけるΔp_{lin}は水平で一様なパイプ径内を水のみが流れるため，位置損失と加速損失が無視でき，摩擦損失項のみで表される。したがって，Δp_{lin}は次のように表される。

$$\Delta p_{lin} = \frac{f \rho_w v^2}{2 D_{tub}} L_{lin} \tag{9.29}$$

ここで，L_{lin}は水平還元パイプラインの長さである。

垂直還元井内の圧損失Δp_{cas}は，一様な径のケーシング内の水単相流であるから，加速損失は無視され，位置損失と摩擦損失によって次のように表される。

$$\Delta p_{cas} = \left(\frac{f\rho_w v^2}{2D_{cas}} + \rho_w g \right) L_t \tag{9.30}$$

ここで，L_t は坑井の長さである。

［アウトフロー］

$$\overline{p} + \Delta p_{res} = p_{wf} \tag{9.31}$$

式（9.31）における Δp_{res} は前述の式（9.27）を用いて計算する。

▶ 例題 9.2

深度 500 m にある貯留層に還元井を掘削し，セパレータで分離したかん水をポンプ圧入方式により還元したいと考えている。**表-9.4** に示すデータを用いて最適な還元量と流動坑底圧力を求めよ。他に必要なデータは**表-9.1** から選択せよ。ただし，**表-9.4** において L_{sb} ＝静湛水面から坑底までの深度，D_{cas} ＝ケーシング直径，P_{pump} ＝ポンプ吐出圧力，t_{wb} ＝坑底温度，t_{wh} ＝坑口温度である。

表-9.4 主な計算データ

還元ライン	L_{lin} = 10m	D_{lin} = 0.12m	P_{pump} = 0.5MPa
還元井	L_t = 500m	L_{sb} = 490m	D_{cas} = 0.2m
還元層	h = 30m	r_e = 不明	k = 1.0×10^{-12}m^2
	t_{wb} = 30℃	t_{wh} = 25℃	μ_w = 4.0×10^{-4}Pa·s

［解答］

インフローは，式（9.28）〜（9.30）に関する計算プログラム「ReinjectP.For」（付録 B 計算プログラム参照）を用い，それに**表-9.4** のデータを入力し，流量を $q_{w,sc}$ ＝ 0.001〜0.03 m^3/s の範囲で種々変えて計算する。ただし，還元前の L_{sb} に対応する坑底圧力は，$p_{wb} = \rho_w g L_{sb}$ = 4.797 MPa である。

次にアウトフローは，擬定常流の流動坑底圧力に関する計算プログラム「Pseudopwf.For」（付録 B 計算プログラム参照）を用い，**表-9.4** のデータを入力し，流量を $q_{w,sc}$ = 0.001〜0.03 m^3/s の範囲で種々変えて計算する。ただし，r_e ＝不明であるから，擬定常流の平均圧力の式（3.46b）において $\ln(0.472 r_e/r_w) ≒ 7$ とする。還元前の貯留層圧力は，$\overline{p} = p_{wb}$ = 4.797 MPa を用いる。

以上の計算結果から $p_{wf} - q_{w,sc}$ の関係をプロットすると**図-9.14** が得られる。この図におけるインフローとアウトフローの両曲線の交点から，最適還元量は $q_{w,sc}$ ＝

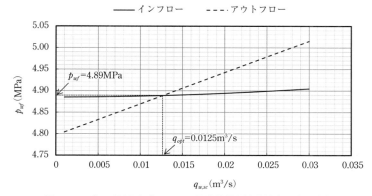

図-9.14 ポンプ圧入方式における最適流量と流動坑底圧力の決定
(付録B第9章(9)参照)

0.0125 m³/s，流動坑底圧力は $p_{wf}=4.895$ MPa である。

9.2.8 生産集積システムにおける流量と圧力損失の推定

水溶性天然ガス田における生産集積システム (gathering production system) は，図-9.15 に示すように2つの種類がある。1つは単一坑井と単一セパレータが対になったシステム（図-9.15(a)）と，複数の坑井からの流量が単一のセパレータに集められたシステム（図-9.15(b)）がある。前者のシステムにおける流れの解析についてはすでに述べたとおりである。後者のシステムでは，各坑井間の流れの干渉があるため各坑井の坑口バルブで流量を限定的に調節しなければならない。

以下では，複数の坑井を1つのセパレータに直接連結したシステムの流れの解析について考える[4]。

図-9.15(b)のようにすべての坑井からのフローラインが1つのセパレータに集積するように連結すると，セパレータでの圧力はすべてのフローラインに対して等し

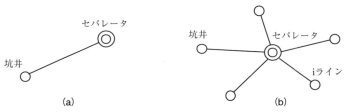

図-9.15 生産集積システムの2つの種類

くなる。各坑井 i 毎の坑口圧力 $p_{wh,i}$ はセパレータ圧力 p_{sep} に関係し，次式で表される。

$$p_{wh,i} = p_{sep} + \Delta p_{lin,i} + \Delta p_{V,i} + \Delta p_{f,i} \tag{9.32}$$

ここで，$p_{wh,i}$ は i フローラインの坑口圧力，$\Delta p_{lin,i}$ は i フローラインの圧力損失，$\Delta p_{V,i}$ は i フローラインにおけるバルブの圧力損失，$\Delta p_{f,i}$ は i フローラインにおける付属品の圧力損失である。

複数の坑井が 1 つのセパレータに直結している場合の流れの解析について次の例題により説明しよう。

▶ 例題 9.3

図-9.16 は坑井 A, B, C がそれぞれセパレータに直接連結している集積システムである。セパレータの圧力は大気圧で $p_{sep} = 0.1013$ MPa である。各坑井の生産量は $q_{w,A} = 0.05$ m^3/s, $q_{w,B} = 0.04$ m^3/s, $q_{w,C} = 0.03$ m^3/s, ガス水比は GWR$_A$ = 2.0, GWR$_B$ = 1.8, GWR$_C$ = 1.5, フローライン長はそれぞれ $L_A = 150$ m, $L_B = 100$ m, $L_C = 50$ m, パイプ直径はいずれも $D = 0.15$ m である。この集積システムにおける坑井 A, B, C の坑口圧力 $p_{wh,A}$, $p_{wh,B}$, $p_{wh,C}$ とセパレータ内のガス水比 GWR$_{sep}$ を求めよ。計算に必要な他のデータは演習問題 9.1 の**表-9.5** を用いよ。

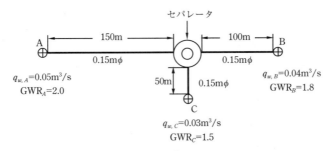

図-9.16 集積システム

[解答]

① 各坑井のフローラインのエネルギ式

A 井　　$p_{sep} + \Delta p_{lin,A} = p_{wh,A}$

B 井　　$p_{sep} + \Delta p_{lin,B} = p_{wh,B}$

C 井　　$p_{sep} + \Delta p_{lin,C} = p_{wh,C}$

上記の式における圧力損失項 $\Delta p_{lin,A}$, $\Delta p_{lin,B}$, $\Delta p_{lin,C}$ は，それぞれ与えられたデー

タを用いて第 7 章の水平二相流圧力損失の計算プログラム「HoriPipe.For」(付録 B 計算プログラム参照)により計算する。その結果は次の通りである。

A 井の坑口圧力:$p_{wh,A}$ = 0.2248 MPa

B 井の坑口圧力:$p_{wh,B}$ = 0.15538 MPa

C 井の坑口圧力:$p_{wh,C}$ = 0.11519 MPa

② セパレータ内のガス水比 GWR_{sep} の計算

単位時間に A 井からセパレータに入ったガス量は
$$q_{g,A} = GWR_A \times q_{w,A} = 2.0 \times 0.05 = 0.1 \mathrm{m}^3/s$$

単位時間に B 井からセパレータに入ったガス量は
$$q_{g,B} = GWR_B \times q_{w,B} = 1.8 \times 0.04 = 0.072 \mathrm{m}^3/s$$

単位時間に C 井からセパレータに入ったガス量は
$$q_{g,C} = GWR_C \times q_{w,C} = 1.5 \times 0.03 = 0.045 \mathrm{m}^3/s$$

セパレータ内のガス水比 GWR_{sep} は,水体積とガス体積の比として次のように表される。

$$GWR_{sep} = \frac{q_{g,A} + q_{g,B} + q_{g,C}}{q_{w,A} + q_{w,B} + q_{w,C}} = \frac{0.1 + 0.072 + 0.045}{0.05 + 0.04 + 0.03} = \frac{0.217}{0.12} \approx 1.81$$

よって,セパレータ内のガス水比は,$GWR_{sep} = 1.81$ である。

坑井による生産メカニズムから考えると,各坑井の流量は坑口圧力に依存するため,各坑井の IPR および生産挙動特性と地表集積システムとを一体として,システム解析法を用いて解析することが必要である。

第 9 章 演習問題

【問題 9.1】 深度 1 000 m の貯留層に坑井を掘削したところ自噴した。しかし,自噴力が弱く,生産量を増やすために坑井を外吹込管方式ガスリフト井に仕上げた。この坑井を用いてリフトガス圧入深度を L_{inj} = 500 m と 800 m にしたときの各圧入深度における最適生産量と流動坑底圧力を求めよ。ただし,貯留層および坑井に関

表-9.5 計算に必要なデータ

$k(\mathrm{m}^2)$	GWR1	GWR2	$h(\mathrm{m})$	$r_e(\mathrm{m})$	$r_w(\mathrm{m})$	
2.0×10^{-12}	5	3 000	30	1 000.0	0.115	
$D_{tin}(\mathrm{m})$	$D_{cas}(\mathrm{m})$	$L_{tin}(\mathrm{m})$	$L_t(\mathrm{m})$	$L_{inj}(\mathrm{m})$	$\bar{p}(\mathrm{MPa})$	$p_{sep}(\mathrm{MPa})$
0.15	0.23	10.0	1 000.0	500,800	11.98	2.026

する基本的なデータは**表-9.5**に示す。他に必要なデータは**表-9.1**から選択せよ。

【問題 9.2】 問題 9.1 において節点に坑口圧力 p_{wh} を選択した場合のインフロー曲線とアウトフロー曲線を作成し，最適流量 q_{opt} と流動坑口圧力 p_{wh} を求めよ。ただし，ガス圧入深度は $L_{inj}=800$ m とする。

◎引用および参考文献

1) Beggs, H.D. (1999)：Production Optimaization–Using NODAL Analysis, OGCI Publications（Oil & Gas Consultans International Inc.）.
2) Brown, K.E. (1977)：The Technology of Artificial Lift Methods, Vol.1, PPC Books（Petroleum Publishing Company）, TULSA.
3) Economides, M.J. Hill, A.D. and Ehlig-Economides,C. (1994)：Petroleum Production Systems, Prentice Hall Petroleum Engineering Series, PTR Prentice Hall.
4) Szilas, A.P. (1975)：Production and Transportation of Oil and Gas,（Developments in Petroleum Science, 3）, Elsevier Scientific Publishing Company.

演習問題解答

第1章の演習問題解答

[1.1]　生産システムの基本的な構成要素は，貯留層，坑井，フローライン，セパレータである。貯留層は自然に形成された地層で不確定な要因が多い。それに対して坑井からセパレータまでの要素は人間が構築した人工構造物であるため確定的なものである。水溶性天然ガス生産システムの特徴は天然の地層と人工構造物の結合した点にある。

[1.2]　通常型鉱床と茂原型鉱床がある。

[1.3]　アンカー仕上げ，スクリーンを巻いたアンカー仕上げ，ガンパー仕上げ，グラベルパック仕上げがある。

[1.4]　自噴井を用いた採収法があるが，比較的少ない。それに対して人工採収法が多く用いられている。それにはガスリフトとポンプ採収がある。ガスリフト採収にはケーシングフロー方式，チュービングフロー方式，外吹込管方式がある。

[1.5]　開放型セパレータと密閉型セパレータがある。

[1.6]　ヨウ素を抽出するためにポンプまたはコンプレッサーにより送水ラインを経由してヨード工場へ送水され，ヨウ素抽出後に還元ラインを経由して地層へ還元されるか，または河川や海に放流される。

[1.7]　生産システムの騒音や振動の問題と排水・排ガスによる汚染の問題がある。他に地盤沈下の問題がある。

[1.8]　$5 \text{kgf}/\text{cm}^2 \times 9.8 \times 10^4 = 4.9 \times 10^5 \text{Pa}$

[1.9]　$5 \text{psi} \times 6.89 = 3.445 \text{kPa}$

[1.10]　$5 \text{bar} \times 0.1 = 0.5 \text{MPa}$

[1.11]　$5 \text{atm} \times 0.1013 = 0.5065 \text{MPa}$

[1.12]　$1\,000 \text{bbl}/\text{d} \times 0.159 \times 24 = 3\,816 \text{m}^3/\text{h}$

[1.13]　本文の式（1.9）より，$t = \dfrac{5}{9}(212 - 32) = 100℃$

[1.14]　本文の式（1.12）より，$212°\text{F} + 460 = 672°\text{R}$

第2章の演習問題解答

[2.1] 本文の理想気体の状態方程式（式（2.2））より，気体の体積 V は

$$V = \frac{nRT}{p}$$

この式を式（2.18a）の右辺の偏微分項 $\partial V/\partial p$ に代入し展開すると

$$c_g = -\frac{1}{\frac{nRT}{p}}\left[\frac{\partial}{\partial p}\left(\frac{nRT}{p}\right)\right]_T = -\frac{p}{nRT}\left(-\frac{nRT}{p^2}\right)_T = \frac{1}{p}$$

[2.2] 与えられた圧力データを用いて，本文の式（2.23a）により p_{pc} を計算する。

$$p_{pc} = \sum_{j=1}^{4} y_j p_{c,j} = 0.9 \times 4.595 + 0.04 \times 4.871 + 0.01 \times 7.380 + 0.03 \times 3.4 + 0.02 \times 5.043$$
$$= 4.607 \text{(MPa)}$$

温度データを用いて，式（2.23b）より T_{pc} を計算する。

$$T_{pc} = \sum_{j=1}^{4} y_j T_{c,j} = 0.9 \times 190.55 + 0.04 \times 305.3 + 0.01 \times 304.2 + 0.03 \times 126.2 + 0.02 \times 154.58$$
$$= 193.627 \text{(K)}$$

上記の p_{pc} の値と与えられた圧力データ 10.13（MPa）を用いて擬対臨界圧力 p_{pr} は，本文の式（2.24a）により

$$p_{pr} = \frac{p}{p_{pc}} = \frac{10.13}{4.607} \approx 2.199$$

上記の T_{pc} の値と与えられた温度データ 50℃を用いて，本文の式（2.24b）により

$$T_{pr} = \frac{T}{T_{pc}} = \frac{273.2 + 50}{193.627} = 1.669$$

[2.3] 天然ガスの成分および組成は，前述の例題2.2と同じであるから

$$p_{pc} = 4.607 \text{(MPa)}$$
$$T_{pc} = 193.627 \text{(K)}$$

$p = 0.1013$（MPa）のときの p_{pr} は，本文の式（2.24a）より

$$p_{pr} = 0.1013 / 4.607 \approx 0.02199$$

$t = 10$（℃）のときの T_{pr} は，式（2.24b）より

$$T_{pr} = (273.15 + 10) / 193.627 \approx 1.4626$$

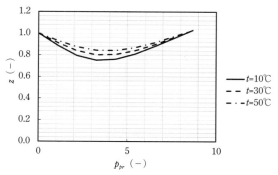

図-2.3.1 温度および圧力の関数としてのガス圧縮係数 z
（付録 B 第 2 章 (7) 参照）

本文の式（2.25b）より

$A = 1.39 \times (1.4626 - 0.92)^{0.5} - 0.36 \times 1.4626 - 0.101 \approx 0.39636$

$B = (0.62 - 0.23 \times 1.4626) \times 0.02199 + (0.066 / (1.4626 - 0.86) - 0.037) \times 0.02199^2$
$\quad + (0.32 / 10^{9.0 \times (1.4626 - 1.0)}) \times (0.02199^6) \approx 0.00627$

$C = (0.132 - 0.32 \log 1.4626) \approx 0.079159$

$D = 10^{(0.3106 - 0.49 \times 1.4626 + 0.1824 \times 1.4626^2)} \approx 0.9641$

故に

$z = 0.39636 + (1 - 0.39636) / \exp(0.00627) + 0.079159 \times 0.02199^{0.9641} \approx 0.99822$

以下同様に，圧力と温度の値を変えて計算した結果から t をパラメータとして z-p_{pr} の関係を図-2.3.1 にプロットした．この図より z の値は，温度が上昇すると増大する．

[2.4] 圧力が $p = 0.1013$（MPa），温度が $t = 10$（℃）では前述したように $z \approx 1$，1 mole の標準状態の体積 $V_M = 22\,414$（cm^3）である．メタン 1 モルの分子量を $M = 16.04$（g）とすると，気体定数は本文の式（2.6）より

$$R = \frac{0.1013(\text{MPa}) \times 22\,414(\text{cm}^3/\text{mole})}{288.2(\text{K})} = 8.31(\text{MPa} \cdot \text{cm}^3 / \text{K})$$

式（2.26a）より

$$\rho_g = \frac{0.1013(\text{MPa}) \times 16.04(\text{g})}{1.0 \times 8.31(\text{MPa} \cdot \text{cm}^3 / \text{mole} \cdot \text{K}) \times 288.2(\text{K})} \approx 0.00069(\text{g}/\text{cm}^3)$$

式（2.31a, b, c, d）より

$$X = 3.5 + \frac{547.8}{288.2} + 0.01 \times 16.04 = 5.5944$$

$$Y = 2.4 - 0.2 \times 5.5944 = 7.7944$$

$$K = \frac{(12.61 + 0.027 \times 16.04) \times 288.2^{1.3}}{116.11 + 10.56 \times 16.04 + 288.2} = 109.31$$

$$\mu_g = 109.31 \times \left[5.5944 \times \left(\frac{0.00069(\mathrm{g}/\mathrm{cm}^3)}{1000}\right)^{7.7944}\right] \times 10^{-4} = 0.010931 \,(\mathrm{mPa \cdot s})$$

[2.5] 本文の式 (2.36b) に $T_{sc} = 288.15$ (K) および $p_{sc} = 0.1013$ (MPa) の値を代入すると

$$B_g = \left(\frac{z(-) \times 0.1013(\mathrm{MPa}) \times \mathrm{T(K)}}{1.0 \times p(\mathrm{MPa}) \times 288.15(\mathrm{K})}\right) \approx 0.000351 \frac{zT}{p}(-)$$

[2.6] 本文の実在気体の状態方程式 (2.19a) より,気体の体積 V は

$$V = \frac{znRT}{p}$$

この式を本文の式 (2.18a) の右辺の偏微分項 $(\partial V/\partial p)_T$ に代入すると

$$c_g = -\frac{1}{\frac{znRT}{p}}\left[\frac{\partial}{\partial p}\left(\frac{znRT}{p}\right)_T\right] = -\frac{p}{znRT}\left(\frac{nRT\partial z}{\partial p} - \frac{znRT}{p^2}\right)$$

$$= -\frac{p\partial z}{z\partial p} + \frac{p}{p^2} = \frac{1}{p} - \frac{1}{z}\left(\frac{\partial z}{\partial p}\right)_T$$

[2.7] 本文の式 (2.24a) より

$$p = p_{pc} p_{pr} \tag{2.7.1}$$

式 (2.7.1) を c_g に関する式 (2.37) の $\partial z/\partial p$ に代入し,鎖則 (chain rule) を適用すると

$$\left(\frac{\partial z}{\partial p}\right) = \left(\frac{\partial p_{pr}}{\partial p}\right)\left(\frac{\partial z}{\partial p_{pr}}\right) \tag{2.7.2}$$

上記の右辺偏微分項 $(\partial p_{pr}/\partial p)$ に式 (2.7.1) を代入し,擬臨界圧力 p_{pc} が一定であることを考慮すると

$$\left(\frac{\partial p_{pr}}{\partial p}\right) = \left(\frac{\partial p_{pr}}{\partial (p_{pc} p_{pr})}\right) = \frac{1}{p_{pc}}\left(\frac{\partial p_{pr}}{\partial p_{pr}}\right) = \frac{1}{p_{pc}} \tag{2.7.3}$$

式 (2.7.3) を式 (2.7.2) に代入すると

$$\left(\frac{\partial p_{pr}}{\partial p}\right) = \frac{1}{p_{pc}}\left(\frac{\partial z}{\partial p_{pr}}\right) \tag{2.7.4}$$

ここで，p に関する式 (2.7.1) を本文の式 (2.37) に代入すると

$$c_g = \frac{1}{p_{pc}p_{pr}} - \frac{1}{z}\left[\frac{\partial z}{\partial(p_{pc}p_{pr})}\right]$$

ここで，p_{pc} は擬臨界圧力で一定値であるから，上記の式は

$$c_g = \frac{1}{p_{pc}}\left[\frac{1}{p_{pr}} - \frac{1}{z}\left(\frac{\partial z}{\partial p_{pr}}\right)\right]$$

一方，等温圧縮率の場合は擬対臨界温度が $T_{pr} =$ 一定であるから，式中の偏微分項を $(\partial z/\partial p)_{T_{pr}}$ と表記すると

$$c_g = \frac{1}{p_{pc}p_{pr}} - \frac{1}{z}\left[\frac{\partial z}{\partial(p_{pc}p_{pr})}\right]_{T_{pr}} \tag{2.7.5}$$

または，c_g は圧力の逆数で $c_g p_{pc}$ は無次元であるから

$$c_{pr} = c_g p_{pc} = \frac{1}{p_{pr}} - \frac{1}{z}\left(\frac{\partial z}{\partial p_{pr}}\right)_{T_{pr}} \tag{2.7.6}$$

[2.8] 本文の 2.1.1 項で述べた c_g の計算手順に基づいて計算を進める。各成分ガスの臨界圧力および臨界温度は本文の**表-2.1** の値を用いる。

① 擬臨界圧力

$$p_{pc} = \sum_j y_j p_{cj} = 0.9 \times 4.595 + 0.04 \times 4.871 + 0.01 \times 7.38 + 0.03 \times 3.4 + 0.02 \times 5.043$$
$$= 4.606 (\text{MPa})$$

擬臨界温度

$$T_{pc} = \sum_{j=1}^{4} y_j T_{c,j} = 0.9 \times 190.55 + 0.04 \times 305.3 + 0.01 \times 304.2 + 0.03 \times 126.2 + 0.02 \times 154.58$$
$$= 193.6 (\text{K})$$

擬対臨界圧力

$$p_{pr} = \frac{p}{p_{pc}} = \frac{10.1325}{4.606} \approx 2.2(-)$$

擬対臨界温度

$$T_{pr} = \frac{T}{T_{pc}} = \frac{273.2 + 50}{193.6} = 1.67(-)$$

② 接線勾配 $(\partial z/\partial p)_{T_{pr}}$ の計算

z–p_{pr} 曲線（付録 A 付図-A.1 参照）から $(p_{pr} = 2.2, T_{pr} = 1.67)$ 点の z の値を読みとると

$z = 0.87$ (−)

この点における接線勾配 $(\partial z/\partial p)_{T_{pr}}$ を本文の**図-2.4** の方法に基づいて付録**付図-A.1** に示す z–p_{pr} 曲線から $dp = \pm 0.1$ に対する z 値を読み取り，次のように計算する。

$$\left(\frac{\partial z}{\partial p}\right)_{T_{pr}} = \frac{0.88 - 0.89}{2.3 - 2.1} = -0.05(-)$$

ステップ②の接線勾配の値および p_{pr} の値を用いて，本文の式（2.39）より

$$c_{pr} = \frac{1}{p_{pr}} - \frac{1}{z}\left(\frac{\partial z}{\partial p}\right)_{T_{pr}} = \frac{1.0}{2.2} - \frac{1.0}{0.87} \times (-0.05) \approx 0.103(-)$$

③ 本文の式（2.39）より

$$c_g = \frac{c_{pr}}{p_{pc}} = \frac{0.103}{4.606} \approx 0.0224(\text{MPa}^{-1}) = 2.24 \times 10^{-8}(\text{Pa}^{-1})$$

よって，水溶性天然ガスの等温圧縮率は $c_g = 2.24 \times 10^{-8}$（$\text{Pa}^{-1}$）である。

[2.9] 水の体積 V_w は，本文の式（2.7a）の気体の質量および密度を水の質量 m と密度 ρ_w に置き換えることにより，次式で表される。

$$\text{貯留層状態の体積}: V_w = \frac{m}{\rho_w} \tag{2.9.1}$$

$$\text{標準状態の体積}: V_{w,sc} = \frac{m}{\rho_{w,sc}} \tag{2.9.2}$$

両式を本文における B_w に関する式（2.46a）に代入すると

$$B_w = \frac{V_w}{V_{sc}} = \frac{m/\rho_w}{m/\rho_{w,sc}} = \frac{\rho_{w,sc}}{\rho_w} \tag{2.9.3}$$

[2.10] かん水の容積変化 ΔV_{wT} と ΔV_{wp} に関する近似式（2.48a, b）（本文）より，それぞれ

$$\Delta V_{wT} = -1.0001 \times 10^{-2} + 1.33391 \times 10^{-4} \times 50 + 5.50654 \times 10^{-7} \times 50 \approx -0.003304$$

$$\begin{aligned}\Delta V_{wp} &= -1.95301 \times 10^{-9} \times 114.7 \times 50 - 1.72834 \times 10^{-13} \times 114.7^2 \times 50 \\ &\quad - 3.58922 \times 10^{-7} \times 114.7 - 2.25341 \times 10^{-10} \times 114.7^2 \\ &\approx -0.99791(-)\end{aligned}$$

かん水の B_w は，上記の ΔV_{wT} と ΔV_{wp} の値を用いて，本文の式（2.47）より

$$B_w = (1.0 - 0.99791) \times (1.0 - 0.003304) \approx 0.00208(-)$$

p の単位（psia）と t の単位（°F）をそれぞれ SI 単位に換算する。

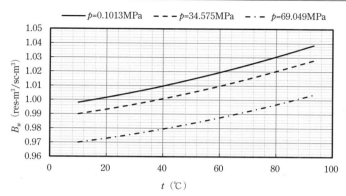

図-2.10.1 温度および圧力の関数としてのかん水容積係数 B_w（付録 B 第 2 章(8)参照）

$$p(\text{MPa}) = 0.006894757 \times p(\text{psia})$$

$$t(°\text{C}) = \frac{5}{9}\left(t(°\text{F}) - 32\right)$$

以下同様に，温度 t および圧力 p の値を変えて計算した結果から，$B_w - t$ の関係を図-2.10.1 にプロットした．この図より，容積係数は温度の上昇とともに増大し，圧力が高くなると減少する．

[2.11] 圧力が $p = 1\,000 \sim 2\,900$（psia）までの R_s の計算には式（2.41）と（2.42a, b）を用いる．1 例として $p = 200$（psia），$t = 80$（°F）のときの純水の溶解度 R_s を本文における式（2.41）により計算する．

$$A = 8.15839 - 6.12265 \times 10^{-2} + 1.91663 \times 10^{-4} \times 80^2 - 2.1654 \times 10^{-7} \times 80^3 = 9.3238$$

$$B = 1.01021 \times 10^{-2} - 7.44241 \times 10^{-5} \times 80 + 3.05553 \times 10^{-7} \times 80^2 - 2.94883 \times 10^{-10} \times 80^3 \approx 0.005953$$

$$C = (-9.02505 + 0.130237 \times 80 - 8.53425 \times 10^{-4} \times 80^2 + 2.34122 \times 10^{-6} \times 80^3 - 2.37049 \times 10^{-9} \times 80^4) \times 10^{-7} \approx -0.00000000981$$

故に

$$R_s = 9.3238 + 0.005953 \times 200 - 0.00000000981 \times 200^2 \approx 10.5 \text{ (scf/bbl)}$$

上記の純水の R_s の値を用いて式（2.42）により $S = 2$（wt%），$p = 200$（psia），$t = 80$（°F）のときのかん水の R_{swb} を計算する．

$$\ln\left(\frac{R_{swb}}{R_s}\right) = -0.0840655 \times 2 \times 80^{-0.285854} = -0.0840655 \times 2 \times 0.286 = -0.04809$$

$$\ln\left(\frac{R_{swb}}{R_s}\right) = \ln e^{-0.04809}$$

$$R_{swb} = R_s e^{-0.04809} = 10.05 \times 0.953 \approx 9.58 \text{ (scf/STB)}$$

SI 単位に換算すると

$$R_{swb} = 0.178 \times 9.58 \approx 1.71 \text{ (m}^3/\text{m}^3)$$

以下同様にして圧力を $p = 1\,000 \sim 2\,900$（psia）の範囲で種々変えて計算した結果から $R_{swb} - p$ の関係を図-2.11.1 にプロットした。

次に，圧力が $14.7 \leq p < 1\,000$（psia）の範囲では本文における式（2.43a ～ i）と（2.44a, b, c）を用いて R_s について計算し，その値を上記の場合と同様に塩分補正する。それらの計算結果から $R_{swb} - p$ の関係を図-2.11.1 にプロットした。

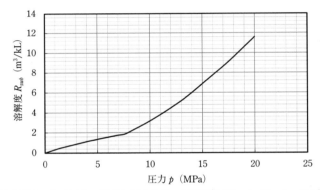

図-2.11.1　式（2.41）～（2.44）による R_{swb} の計算値（$S = $ 2wt%, $t = $ 26.7℃）
（付録 B 第 2 章（9）参照）

[2.12]　問題 2.11 と同様の計算により得られた結果を図-2.12.1 に示す。図より，圧力が $p = 6.9 \sim 11.7$（MPa）の範囲で，温度が 15, 30, 50 ℃と増加するに従って溶解度 R_{swb} が減少する。つまり，温度が高くなるとかん水中へガスが溶解しにくくなる。

[2.13]　大気圧状態における塩分 S の関数であるかん水の密度の近似式（2.53a）より，$S = 25.0$（kg/m^3）のとき

$$\rho_{w,sc} = 998.6 + 0.66 \times 25.0 = 1015.1 (\text{kg}/\text{m}^3)$$

以下同様に S の値を $S = 0 \sim 40$（kg/m^3）の範囲で種々変えて計算した結果から，$\rho_{w,sc} - S$ の関係を図-2.13.1 にプロットした。この図より，かん水の密度は塩分の増加と共に直線的に増大する。

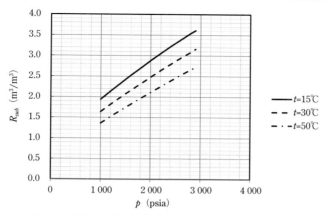

図-2.12.1 温度および圧力の関数としてのメタンガス溶解度 R_{swb}
（付録 B 第 2 章 (10) 参照）

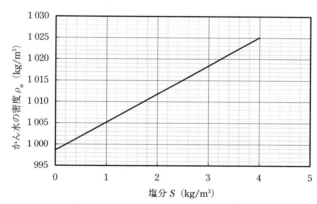

図-2.13.1 標準状態（$p=0.1013\text{MPa}, T=288.15\text{K}$）におけるかん水密度に及ぼす塩分の影響（付録 B 第 2 章 (11) 参照）

[2.14] 圧力が $p=1.0$（MPa），温度が $t=20$（℃）のときの密度は，式（2.53b）より

$$\begin{aligned}\rho_w &= 730.6 + 2.025 \times 293.15 - 3.8 \times 10^{-3} \times 293.15^2 + (2.362 - 1.197 \times 10^{-2} \times 293.15 \\ &\quad + 1.835 \times 10^{-5} \times 293.15^2) \times 1.0 + (2.374 - 1.024 \times 10^{-2} \times 293.15 + 1.49 \times 10^{-5} \times 293.15^2 \\ &\quad - 5.1 \times 10^{-4} \times 1.0) \times 0.025 \approx 998.11 (\text{kg}/\text{m}^3)\end{aligned}$$

以下同様に，$p=1, 5, 10$（MPa），$t=0 \sim 40$（℃）と変えて計算した結果から $\rho_w - T$ の関係を図-2.14.1 にプロットした。この図より，かん水の密度は温度が上昇すると減少するが，圧力が増加すると増大する。

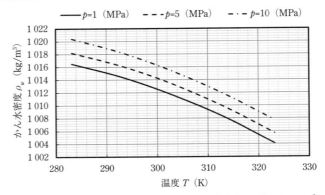

図-2.14.1 温度および圧力の関数としてのかん水密度 ρ_w ($S=25\text{kg/m}^3$)
（付録 B 第 2 章(12)参照）

[2.15] 水の比容積の式 $v=1/\rho_w$ を p で偏微分する。鎖則により

$$\frac{\partial v}{\partial p} = \frac{\partial}{\partial p}\left(\frac{1}{\rho_w}\right)_{T,S} = \frac{\partial(\rho_w^{-1})}{\partial \rho_w}\left(\frac{\partial \rho_w}{\partial p}\right)_{T,S} = -\frac{1}{\rho_w^2}\left(\frac{\partial \rho_w}{\partial p}\right)_{T,S}$$

この式の右辺第3項を式（2.56）に代入すると

$$c_w = -\frac{1}{\partial V_w}\left(\frac{\partial V_w}{\partial p}\right)_{T,S} = -\frac{1}{1/\rho_w}\left[-\frac{1}{\rho_w^2}\left(\frac{\partial \rho_w}{\partial p}\right)_{T,S}\right] = \frac{1}{\rho_w}\left(\frac{\partial \rho_w}{\partial p}\right)_{T,S}$$

[2.16] 式（2.58）を変数分離すると

$$c_w dp = d\rho_w / \rho_w$$

c_w が一定であると仮定すれば，上記の式は次のように積分できる。

$$c_w \int_{p_b}^{p} dp = \int_{\rho_{w,b}}^{\rho_w} \frac{d\rho_w}{\rho_w}$$

よって

$$c_w(p - p_b) = \ln\frac{\rho_w}{\rho_{w,b}}$$

上記の式より，密度 ρ_w は

$$\rho_w = \rho_{w,b} \exp[c_w(p - p_b)]$$

上記の式より，$p > p_b$ の範囲では，かん水の密度 ρ_w は圧力 p が増加すると増大する。

[2.17] まず，塩分が $S=25$（kg/m³），圧力が $p=1$（MPa），温度が $t=20$（℃）のとき，式（2.58）における右辺の偏微分項 $(\partial \rho_w/\partial p)_{T,S}$ を式（2.60）により計算する。

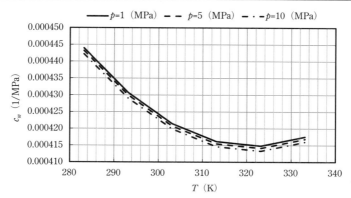

図-2.17.1 塩分一定の下で圧力 p をパラメータとしたときの温度 T に対するかん水の等温圧縮率 c_w の変化（$S=25\text{kg/m}^3$）（付録B第2章(13)参照）

$$(\partial \rho_w / \partial p)_{T,S} = 2.362 - 1.197 \times 10^{-2} \times 293.15 + 1.835 \times 10^{-5} \times 293.15^2$$
$$- 5.1 \times 10^{-4} \times 0.025 \approx 0.42992$$

この値および演習問題解答［2.14］で求めたかん水の密度 $\rho_w = 998.11$（kg/m³）を式（2.58）に代入すると

$$c_w = \frac{0.42992(\text{kg}/(\text{m}^3 \cdot \text{MPa}))}{998.11(\text{kg}/\text{m}^3)} \approx 0.000431(1/\text{MPa})$$

以下同様に，$p = 1$，5，10（MPa），$T = 10 \sim 60$（℃）と変えて計算した結果から，$c_w - T$ の関係を図-2.17.1 にプロットした．この図より，塩分一定の下におけるかん水の c_w は T の上昇と共に減少し，$T = 320$（K）付近から再び増大する．圧力が増加すると c_w は減少する．

［2.18］ 式（2.61）より，標準状態のかん水の粘度 μ_{w1} は，$S = 2.5$（wt%）のとき

$$A = 109.574 + 8.40564 \times 2.5 + 0.313314 \times 2.5^2 + 8.72113 \times 10^{-5} \times 2.5^3 \approx 90.654$$
$$B = -1.12166 + 2.63951 \times 10^{-2} \times 2.5 - 6.79461 \times 10^{-4} \times 2.5^3$$
$$- 5.47119 \times 10^{-5} \times 2.5^4 \approx -1.1784$$

$$\mu_{w1} = 90.654 \times 60^{-1.1784} = 90.654 \times 0.012999 \approx 1.1784 (\text{cp})$$

$\mu_{w1} = 1.1784$（cp）を用いて，式（2.62）より

$$\mu_w = 1.1784 \times (0.9994 + 4.0295 \times 10^{-5} \times 14.7 + 3.1062 \times 10^{-9} \times 14.7^2) \approx 1.1784 (\text{cp})$$

以下同様に，$S = 0, 2.5$（wt%），$t = 60 \sim 160$（°F）と値を変えて計算した結果から，$\mu_w - t$ の関係を図-2.18.1 にプロットした．この図より，水の粘度は温度が高くなる

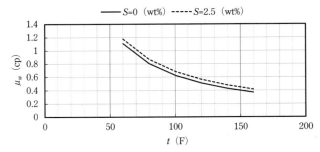

図-2.18.1 大気圧下における水の粘度に及ぼす温度および塩分の影響
($p=14.7$psia)（付録 B 第 2 章(14)参照）

と減少し，また塩分が高くなると増加する。

[2.19] 温度が $t=74$（°F），圧力が $p=14.7$（psia）のときのガスとかん水の表面張力 σ_{gw}（dynes/cm）は，式（2.63）より

$A = 79.1618 - 0.118978 \times 2.0 \approx 62.148$

$B = -5.28473 \times 10^{-3} + 9.87913 \times 10^{-6} \times 2.0 \approx -0.003872$

$C = (2.33814 - 4.57194 \times 10^{-4} \times 2.0 - 7.52678 \times 10^{-6} \times 2.0^2) \times 10^{-7} \approx 0.00000021188$

$\sigma_{gw} = 62.148 - 0.003872 \times 14.7 + 0.00000021188 \times 14.7^2 \approx 62.09 (\text{dynes/cm})$

以下同様に，$p=14.7 \sim 2\,000$（psia），$t=74$，143，212（°F）を変えて計算した結果から，$\sigma_{gw}-p$ の関係を図-2.19.1 にプロットした。この図より，ガス水表面張力は圧力および温度が増大すると減少する。

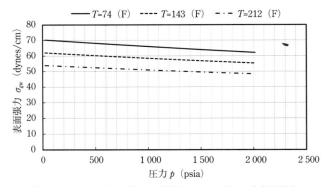

図-2.19.1 温度および圧力の関数としてのガス-水表面張力
（付録 B 第 2 章(15)参照）

[2.20] ダルシーの式 (2.80) より

$$v_v = -\frac{k\rho_w g}{\mu_w}\frac{dh}{dl}$$

$$q = v_v A = -\frac{k\rho_w gA}{\mu_w}\frac{dh}{dl}$$

変数分離すると

$$qdl = -\frac{k\rho_w gA}{\mu_w}dh$$

積分すると

$$q\int_0^L dl = -\frac{k\rho_w gA}{\mu_w}\int_{h_1}^{h_2} dh$$

$$qL = -\frac{k\rho_w gA}{\mu_w}(h_2 - h_1)$$

$$\therefore\quad q = -\frac{k\rho_w gA}{\mu_w}\frac{h_2 - h_1}{L}$$

[2.21]

ケース 1

$$h_1 = \Delta p/\rho_w g + z_1 = \Delta p/\rho_w g + L,\quad h_2 = z_2 = 0$$

h_1 と h_2 を式 (2.84) に代入すると

$$\therefore\quad q = \frac{k_v A}{\mu_w}(\Delta p/L + \rho_w g)$$

ケース 2

$$h_1 = \Delta p/\rho_w g + z_1 = \Delta p/\rho_w g + 0,\quad h_2 = z_2 = L$$

h_1 と h_2 を式 (2.85) に代入すると

$$\therefore\quad q = \frac{k_v A}{\mu_w}(\Delta p/L - \rho_w g)$$

[2.22] 浸透率の異なる貯留層中の流量 q は，式 (2.82) と **図-2.22** の記号を用いて表すと

$$q = \sum_{i=1}^n q_i = \sum_{i=1}^n \left[\frac{k_i h_i W}{\mu_w}\frac{\Delta p}{L}\right] = \frac{W\Delta p}{\mu_w L}\sum_{i=1}^n k_i h_i \tag{2.22.1}$$

ここで，貯留層の平均浸透率 $\overline{k_h}$ を導入すると

$$q = \bar{k}_h \left(\sum_{i=1}^{n} h_i \right) \frac{W \Delta p}{\mu_w L} \tag{2.22.2}$$

故に，平均浸透率 $\bar{k}_h$ は，式 (2.21.1) と (2.21.2) より

$$\bar{k}_h = \frac{\sum_{i=1}^{n} k_i h_i}{\sum_{i=1}^{n} h_i} \tag{2.22.3}$$

[2.23] 実在気体の状態方程式 (2.19a) において V を q に置き換えて表すと

$$pq = znRT$$

標準状態では

$$p_{sc} q_{sc} = z_{sc} n R T_{sc}$$

Boyle–Charles の法則（式 (2.1)）より

$$\frac{pq}{zT} = \frac{p_{sc} q_{sc}}{z_{sc} T_{sc}}$$

故に

$$q = \frac{q_{sc} p_{sc} zT}{p z_{sc} T_{sc}}$$

ここで，標準状態では $z_{sc} \fallingdotseq 1$ であるから，上記の式は

$$q = \frac{q_{sc} p_{sc} zT}{p T_{sc}}$$

となる。この式を式 (2.80) に代入すると

$$\frac{q_{sc} p_{sc} zT}{p T_{sc}} = -\frac{k \rho_w g A}{\mu_w} \frac{dh}{dl} = -\frac{kA}{\mu_w} \frac{dp}{dl}$$

上記の式より，q_{sc} は

$$q_{sc} = -\frac{k A T_{sc}}{\mu_w p_{sc} zT} \frac{dp}{dl}$$

変数分離し積分すると

$$q_{sc} \int_0^L dl = -\frac{k A T_{sc}}{\mu_w p_{sc} zT} \int_{p_1}^{p_2} p \, dp$$

$$q_{sc} L = -\frac{k A T_{sc} (p_2^2 - p_1^2)}{\mu_w p_{sc} zT}$$

故に
$$q_{sc} = -\frac{kAT_{sc}(p_2^2 - p_1^2)}{\mu_w p_{sc} zTL}$$

第3章の演習問題解答

[3.1] 本文の線形偏微分方程式(本文の式(3.11b)参照)

$$\frac{1}{r}\frac{\partial}{\partial r}\left(r\frac{\partial p}{\partial r}\right) = \frac{\phi\mu c_t}{k}\frac{\partial p}{\partial t} \tag{3.11b}$$

式(3.11b)を解くための初期および境界条件は次のように与える。

初期および境界条件

① $t = 0, 0 \leq r \leq \infty$ では, $p = p_i$

② $t > 0, r = r_w$ では, $\left(r\frac{\partial p}{\partial r}\right)_{r_w} = \frac{q\mu}{2\pi kh}$

③ $t > 0, r \to \infty$ では, $p \to p_i$

境界条件②は次のように展開できる。

$t > 0$ に対して $\displaystyle\lim_{r \to 0} r\frac{\partial p}{\partial r} = \frac{q\mu}{2\pi kh}$

式(3.11b)を解くために,式中の独立変数 t と r を式(3.1.1)のように1つの変数 x として定義する。

$$x = \frac{\phi\mu c_t r^2}{4kt} \tag{3.1.1}$$

これを Boltzmann 変換(Boltzmann transform)という。

式(3.1.1)を r で微分すると

$$\frac{dx}{dr} = \frac{\phi\mu c_t r}{2kt} \tag{3.1.2}$$

次に,式(3.1.1)を t で微分すると

$$\frac{dx}{dt} = -\frac{\phi\mu c_t r^2}{4kt^2} \tag{3.1.3}$$

式(3.11b)は変数 x を用いて鎖則により展開すると

$$\frac{1}{r}\frac{\partial}{\partial x}\left(r\frac{\partial p}{\partial x}\frac{dx}{dr}\right)\frac{dx}{dr} = -\frac{\phi\mu c_t}{k}\frac{\partial p}{\partial x}\frac{dx}{dt} \tag{3.1.4}$$

式（3.1.4）の左辺（dx/dr）項に式（3.1.2）を代入し整理すると

$$\frac{1}{r}\frac{\partial}{\partial x}\left(r\frac{\partial p}{\partial x}\frac{\phi\mu c_t r}{2kt}\right)\frac{\phi\mu c_t r}{2kt} = \left(\frac{\phi\mu c_t}{kt}\right)\frac{\partial}{\partial x}\left(\frac{\phi\mu c_t r^2}{4kt}\frac{\partial p}{\partial x}\right) \tag{3.1.5}$$

式（3.1.4）の右辺（dx/dt）項に式（3.1.3）を代入し整理すると

$$\frac{\phi\mu c_t}{k}\frac{\partial p}{\partial x}\left(-\frac{\phi\mu c_t r^2}{4kt^2}\right) = -\left(\frac{\phi\mu c_t}{k}\right)\left(\frac{\phi\mu c_t r^2}{4kt^2}\right)\frac{\partial p}{\partial x} \tag{3.1.6}$$

式（3.1.4）より，式（3.1.5）と式（3.1.6）は等しいから

$$\left(\frac{\phi\mu c_t}{kt}\right)\frac{\partial}{\partial x}\left(\frac{\phi\mu c_t r^2}{4kt}\frac{\partial p}{\partial x}\right) = -\left(\frac{\phi\mu c_t}{k}\right)\left(\frac{\phi\mu c_t r^2}{4kt^2}\right)\frac{\partial p}{\partial x}$$

上記の式を整理すると

$$\frac{\partial}{\partial x}\left(\frac{\phi\mu c_t r^2}{4kt}\frac{\partial p}{\partial x}\right) = -\left(\frac{\phi\mu c_t r^2}{4kt^2}\right)\frac{\partial p}{\partial x}$$

ここで，上記の式に式（3.1.1）を代入すると

$$\frac{\partial}{\partial x}\left(x\frac{\partial p}{\partial x}\right) = -x\frac{\partial p}{\partial x}$$

この式は，次のように表される。

$$x\frac{\partial^2 p}{\partial x^2} + \frac{\partial p}{\partial x} = -x\frac{\partial p}{\partial x}$$

よって

$$x\frac{\partial^2 p}{\partial x^2} + (1+x)\frac{\partial p}{\partial x} = 0 \tag{3.1.7}$$

式（3.1.7）は x の2階偏微分方程式であるから，次の2つの境界条件により解かれる。

① $x \to \infty$ では，$p \to p_i$

② $\displaystyle\lim_{x \to 0} 2x\frac{dp}{dx} = \frac{q\mu}{2\pi kh}$

ここで，境界条件②の式の誘導について説明する。

前述の式（3.11b）の左辺カッコ内の $r\partial p/\partial r$ は変数 x（式（3.1.1））を用いて表すと

$$r\frac{\partial p}{\partial r} = r\frac{\partial p}{\partial x}\frac{dx}{dr} \tag{3.1.8a}$$

$$= r\frac{\partial p}{\partial x}\frac{d}{dr}\left(\frac{\phi\mu c_t r^2}{4kt}\right) \tag{3.1.8b}$$

$$= \frac{\phi\mu c r^2}{2kt}\frac{\partial p}{\partial x} \tag{3.1.8c}$$

式（3.1.1）を

$$\frac{\phi\mu c r^2}{2kt} = 2x$$

と書き換えて式（3.1.8c）に代入すると

$$r\frac{\partial p}{\partial r} = 2x\frac{\partial p}{\partial x}$$

x の極限をとると境界条件②の式は

$$\lim_{x\to 0} 2x\frac{dp}{dx} = \frac{q\mu}{2\pi kh} \tag{3.1.9}$$

ここで，

$$p' = \frac{dp}{dx}$$

とおくと，式（3.1.7）は

$$x\frac{dp'}{dx} + (1+x)p' = 0 \tag{3.1.10}$$

式（3.1.10）を変数分離すると

$$\frac{dp'}{p'} = -(1+x)\frac{dx}{x}$$

上記の式を積分すると

$$\int \frac{dp'}{p'} = -\int \frac{dx}{x} - \int dx + C$$

$$\ln p' = -\ln x - x + C$$

ここで，$C = \ln C_1$，$-x = \ln e^{-x}$ とおくと

$$\ln p' = -\ln x + \ln e^{-x} + \ln C_1 \tag{3.1.11a}$$

$$\frac{dp}{dx} = \frac{C_1}{x}e^{-x} \tag{3.1.11b}$$

境界条件②の式と式（3.1.11b）から

$$2x\frac{dp}{dx} = 2x\frac{C_1}{x}e^{-x} = 2C_1 e^{-x}$$

x の極限をとると

$$\lim_{x \to 0} 2x\frac{dp}{dx} = \frac{q\mu}{2\pi kh} = \lim_{x \to 0} 2C_1 e^{-x}$$

上記の式において $x=0$ ならば $e^{-x}=1$ であるから

$$C_1 = \frac{q\mu}{4\pi kh} \tag{3.1.12}$$

式 (3.1.12) を式 (3.1.11b) に代入すると

$$\frac{dp}{dx} = \frac{q\mu}{4\pi kh}\frac{e^{-x}}{x}$$

上記の式を変数分離すると

$$dp = \frac{q\mu}{4\pi kh}\frac{e^{-x}}{x}dx \tag{3.1.13}$$

左辺を p から p_i まで積分すると

$$\text{左辺} = \int_p^{p_i} dp = p_i - p \tag{3.1.14}$$

右辺を x から ∞ まで積分すると

$$\text{右辺} = \frac{q\mu}{4\pi kh}\int_x^{\infty} \frac{e^{-x}}{x}dx = \frac{q\mu}{4\pi kh}E_i(x) \tag{3.1.15}$$

式 (3.1.15) の $E_i(x)$ は積分指数関数で，次のように表される（森口・宇田川・一松 (1999)，数学公式 I, 岩波書店）。

$$E_i(x) = -0.5772 - \ln x - \sum_{n=1}^{\infty}\frac{(-1)^n x^n}{n \cdot n!} \quad x < 0.01 \tag{3.1.16}$$

ここで，右辺の総和項は小さく無視すると

$$E_i(-x) \approx -0.57721 - \ln x = -\ln e^{0.5772} - \ln x$$

ここで，0.57721 は Euler 定数 (Euler's constant) であり，$e^{0.5772} = 1.781 = \gamma$ とおくと

$$E_i(x) \approx -\ln\gamma - \ln x = -\ln(\gamma x) \quad x < 0.01 \tag{3.1.17}$$

ここで，式 (3.1.1) より，$x = \dfrac{\phi\mu c_i r^2}{4kt}$ を代入すると

$$E_i(x) = -\ln\frac{\gamma\phi\mu c_t r^2}{4kt} = \ln\frac{4kt}{\gamma\phi\mu c_t r^2}$$

上記の右辺第二式を次のように展開する。

$$\ln\frac{4kt}{\gamma\phi\mu c_t r^2} = \ln\frac{kt}{\phi\mu c_t r^2} + \ln\frac{4}{\gamma}$$

$$= \ln\frac{kt}{\phi\mu c_t r^2} + \ln\frac{4}{1.781}$$

$$= \ln\frac{kt}{\phi\mu c_t r^2} + 0.809 \tag{3.1.18}$$

式（3.1.18）を式（3.1.15）の右辺第二式の $E_i(x)$ に代入すると

$$\text{右辺} = \frac{q\mu}{4\pi kh}\left(\ln\frac{kt}{\phi\mu c_t r^2} + 0.809\right) \tag{3.1.19}$$

左辺の式（3.1.14）と右辺の式（3.1.19）は等しいから

$$p_i - p = \frac{q\mu}{4\pi kh}\left(\ln\frac{kt}{\phi\mu c_t r^2} + 0.809\right)$$

故に

$$p = p_i - \frac{q\mu}{4\pi kh}\left(\ln\frac{kt}{\phi\mu c_t r^2} + 0.809\right) \tag{3.1.20}$$

p は r と t の関数であるから

$$p(r,t) = p_i - \frac{q\mu}{4\pi kh}\left(\ln\frac{kt}{\phi\mu c_t r^2} + 0.809\right) \tag{3.1.21}$$

[3.2] 式（3.19b）に与えられたデータを代入すると

$$p = 6.37\times 10^6\,(\text{Pa}) - \frac{0.05(\text{m}^3/\text{s})\times 1.0(\text{sc}\cdot\text{m}^3/\text{m}^3)\times 7\times 10^{-4}(\text{Pa}\cdot\text{s})}{4\times 3.14\times 1.02\times 10^{-11}\,(\text{m}^2)\times 50\,(\text{m})}$$

$$\left(\ln\frac{1.02\times 10^{-11}\,(\text{m}^2)\times\exp(0.809)\times t\,(\text{s})}{0.2\times 7\times 10^{-4}\,(\text{Pa}\cdot\text{s})\times 3.4\times 10^{-10}\,(1/\text{Pa})\times r^2\,(\text{m}^2)} + 2\times 0\right)$$

$$= 6.37\times 10^6\,(\text{Pa}) - 5.47\times 10^5 \times 6.26\frac{t}{r^2}$$

$$= 6.37\times 10^6\,(\text{Pa}) - 3.42\times 10^6\frac{t}{r^2}$$

この式により，半径を $r = 0.1 \sim 100.0$（m），時間を $t = 1, 10, 100$（days）と変えて計算した結果から，時間 t をパラメータとして p–r の関係を**図-3.2.1**にプロットした。

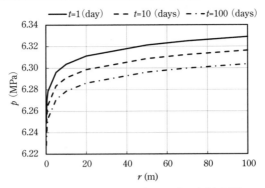

図-3.2.1　非定常圧力断面（付録B第3章(1)参照）

[3.3]　坑井から r 離れた点の圧力 p は，式（3.50b）より

$$p = 6.37 \times 10^6 (\text{Pa}) - \frac{0.05(\text{m}^3/\text{s}) \times 1.0 \times 7 \times 10^{-4}(\text{Pa} \cdot \text{s})}{2 \times 3.14 \times 1.02 \times 10^{-11}(\text{m}^2) \times 50(\text{m})} \ln \frac{500(\text{m})}{r}$$

$$= 6.37 \times 10^6 - 1.093 \times 10^4 \ln \frac{500}{r}$$

上記の式により r = 0.1, 1.0, 10.0, 50.0, 100.0, 250.0, 500（m）の点の圧力を計算した結果から p–r の関係を図-3.3.1 にプロットした。

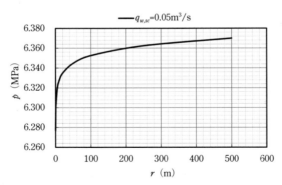

図-3.3.1　定常圧力断面（付録B第3章(2)参照）

[3.4]　式（3.51）より

$$q_{sc} = \frac{2 \times 3.14 \times 1.02 \times 10^{-11}(\text{m}^2) \times 50(\text{m}) \times (6.37 - 6.25) \times 10^6(\text{Pa})}{1.0(\text{sc} \cdot \text{m}^3/\text{m}^3) \times 7 \times 10^{-4}(\text{Pa} \cdot \text{s}) \times \ln[500(\text{m})/0.1(\text{m})]} = 0.02965(\text{m}^3/\text{s})$$

[3.5]　本文の擬定常流の貯留層平均圧力 $\bar{p}$ に関する式（3.46b）より，与えられ

$$\bar{p} = 6.2 \times 10^6 (\text{Pa}) + \frac{0.05(\text{m}^3/\text{s}) \times 1.0(\text{sc}\cdot\text{m}^3/\text{m}^3) \times 7 \times 10^{-4}(\text{Pa}\cdot\text{s})}{2 \times 3.14 \times 1.02 \times 10^{-11}(\text{m}^2) \times 50(\text{m})} \left(\ln \frac{0.472 \times 500(\text{m})}{0.2(\text{m})} + 0 \right)$$

$= 6.285$（MPa）

[3.6] 水平放射状流の流量は，本文の式（3.50）より

$$q = \frac{2\pi r k h(p_e - p_w)}{\mu \ln r/r_w}$$

上記の式より，図-3.6.1に示すように浸透率の異なる地層が放射流の方向に並列に複数重なっている場合の層状貯留層の流量は，次のように与えられる．

$$q = \sum_{i=1}^{n} q_i = 2\pi \sum_{i=1}^{n} \left[\frac{k_i h_i}{\mu} \frac{\Delta p}{\ln(r_e/r_w)} \right] = \frac{2\pi \Delta p}{\mu \ln(r_e/r_w)} \sum_{i=1}^{n} k_i h_i \tag{3.6.1}$$

ここで，地層の平均浸透率 $\bar{k}_h$ を導入すると

$$q = 2\pi \bar{k}_h \left(\sum_{i=1}^{n} h_i \right) \frac{\Delta p}{\mu \ln(r_e/r_w)} \tag{3.6.2}$$

式（3.6.1）と式（3.6.2）は等しいから，平均浸透率 $\bar{k}_h$ は

$$\bar{k}_h = \frac{\sum_{i=1}^{n} k_i h_i}{\sum_{i=1}^{n} h_i} \tag{3.6.3}$$

ここで，$q_i = i$ 地層の流量，$k_i = i$ 地層の浸透率，$h_i = i$ 地層の層厚

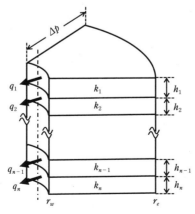

図-3.6.1 層状貯留層の放射流

[3.7] 本文の**図-3.8**から A 井の座標 (r_A, θ_A) は直交座標の (X_A, Y_A)，B 井の座標 (r_B, θ_B) は直交座標の (X_B, Y_B) にそれぞれ対応するから

① A 井と B 井の坑井間隔（well spacing）L は

$$L = \sqrt{(X_B - X_A)^2 + (Y_B - Y_A)^2} = \sqrt{(900-300)^2 + (900-300)^2} \approx 848.5 (\mathrm{m})$$

② r_A および r_B は，それぞれ

$$r_A = \sqrt{(X - X_A)^2 + (Y - Y_A)^2} = \sqrt{(600-300)^2 + (600-300)^2} \approx 424.3(\mathrm{m})$$

$$r_B = \sqrt{(X - X_B)^2 + (Y - Y_B)^2} = \sqrt{(600-300)^2 + (600-300)^2} \approx 424.3(\mathrm{m})$$

③ 上記の r_A と r_B の値を本文の式（3.62）に代入すると

$$p = 5.0(\mathrm{MPa}) - \frac{4\,000/86\,400(\mathrm{m}^3/\mathrm{s}) \times 1 \times 8.0 \times 10^{-4}(\mathrm{Pa\cdot s})}{4 \times 3.14 \times 10^{-11}(\mathrm{m}^2) \times 50(\mathrm{m})}$$

$$\times \left(\ln \frac{1 \times 10^{-11}(\mathrm{m}^2) \times 100 \times 86\,400(\mathrm{s})}{0.3 \times 8.0 \times 10^{-4}(\mathrm{Pa\cdot s}) \times 4.31 \times 10^{-10}(1/\mathrm{Pa}) \times (424.3(\mathrm{m}))^2} + 0.809 + 2 \times 1.0 \right)$$

$$- \frac{-2\,500/86\,400(\mathrm{m}^3/\mathrm{s}) \times 1 \times 8.0 \times 10^{-4}(\mathrm{Pa\cdot s})}{4 \times 3.14 \times 1.0 \times 10^{-11}(\mathrm{m}^2) \times 50(\mathrm{m})}$$

$$\times \left(\ln \frac{1.0 \times 10^{-11}(\mathrm{m}^2) \times 100 \times 86\,400(\mathrm{s})}{0.3 \times 8.0 \times 10^{-4}(\mathrm{Pa\cdot s}) \times 4.31 \times 10^{-10}(1/\mathrm{Pa}) \times 424.3^2(\mathrm{m}^2)} + 0.809 + 2 \times 1.0 \right)$$

$$\approx 5\,000\,000.0 - 49\,726.1 + 41\,417.7 = 4\,991\,691.6(\mathrm{Pa})$$

第 4 章の演習問題解答

[4.1]

① 坑内が単相流体で完全に満たされている場合の C の計算は本文の式（4.12）を用いる。

$$V_w = \pi r_w^2 L = 3.14 \times (0.1)^2(\mathrm{m}^2) \times 600(\mathrm{m}) = 18.84(\mathrm{m}^3)$$

$$C = V_w c_w = 18.84(\mathrm{m}^3) \times 3.34 \times 10^{-4}(1/\mathrm{MPa})$$

$$\approx 6.3 \times 10^{-3}(\mathrm{m}^3/\mathrm{MPa})$$

$$= 6.3 \times 10^{-9}(\mathrm{m}^3/\mathrm{Pa})$$

② 坑内の水面が変動する場合の C の値は，本文の式（4.7）より

$$C = \frac{A_b}{\rho_w g} = \frac{3.14 \times (0.1\mathrm{m})^2 \times 1.0(\mathrm{m})}{999.8(\mathrm{kg/m^3}) \times 9.8(\mathrm{m/s^2})}$$

$$\approx 3.2 \times 10^{-6} \frac{\mathrm{m}^3}{(\mathrm{kg} \cdot \mathrm{m}/\mathrm{s}^2)/\mathrm{m}^2}$$

$$= 3.2 \times 10^{-6} \left(\frac{10^4 \times \mathrm{m}^3}{\mathrm{kgf}/\mathrm{cm}^2} \right)$$

$$= 3.2 \times 10^{-2} \left(\frac{\mathrm{m}^3}{\mathrm{Pa}} \right)$$

ここで，第1章の単位換算表（**表**-1.2）より，1.0（kgf/cm^2）= 9.8×10^4（Pa）である。

[4.2] 本文の第4章の式（4.28a）の右辺第一式を展開すると

$$p_{ws} = p_i - \frac{q\mu}{4\pi kh}\left(\ln\frac{k(t_p+\Delta t)}{\phi\mu c_t r_w^2} + 0.809 + 2s\right) + \frac{q\mu}{4\pi kh}\left(\ln\frac{k\Delta t}{\phi\mu c_t r_w^2} + 0.809 + 2s\right)$$

$$= p_i - \frac{q\mu}{4\pi kh}\left(\ln\frac{k(t_p+\Delta t)}{\phi\mu c_t r_w^2} - \ln\frac{k\Delta t}{\phi\mu c_t r_w^2}\right)$$

$$= p_i - \frac{q\mu}{4\pi kh}\left(\ln\frac{k(t_p+\Delta t)}{\phi\mu c_t r_w^2}\frac{\phi\mu c_t r_w^2}{k\Delta t}\right)$$

$$= p_i - \frac{q\mu}{4\pi kh}\ln\frac{(t_p+\Delta t)}{\Delta t}$$

[4.3] 本文の圧力ドローダウンに関する式（3.22a）（本文参照）より

$$p_{wf} = p_i - m\left(\ln\frac{kt_p}{\phi\mu_w c_t r_w^2} + 0.809 + 2s\right)$$

ここで，$m = q\mu_w/4\pi kh$

この式を次のように書き換える。

$$p_{wf} = p_i + m\left(\ln\frac{\phi\mu_w c_t r_w^2}{kt_p} - 0.809 - 2s\right) \tag{4.3.1}$$

ビルドアップの式（4.28b）より

$$p_{ws} = p_i - m\ln\frac{t_p+\Delta t}{\Delta t} \tag{4.3.2}$$

式（4.3.2）から式（4.3.1）を引くと

$$p_{ws} - p_{wf} = -m\ln\frac{t_p+\Delta t}{\Delta t} - m\left(\ln\frac{\phi\mu_w c_t r_w^2}{kt_p} - 0.809\right) + 2ms$$

上記の式を s について解くと

$$s = \frac{p_{ws} - p_{wf}}{2m} + \frac{1}{2}\left(\ln \frac{t_p + \Delta t}{\Delta t} + \ln \frac{\phi \mu_w c_t r_w^2}{k t_p} - 0.809 \right)$$

$$= \frac{p_{ws} - p_{wf}}{2m} + \frac{1}{2}\left(\ln(t_p + \Delta t) - \ln(\Delta t) + \ln(\phi \mu_w c_t r_w^2) - \ln k - \ln t_p - 0.809 \right)$$

$$= \frac{p_{ws} - p_{wf}}{2m} + \frac{1}{2}\left(\ln \frac{t_p + \Delta t}{t_p} + \ln \frac{\phi \mu_w c_t r_w^2}{k \Delta t} - 0.809 \right)$$

上記の式において t_p が大きければ，$\ln(t_p + \Delta t)/t_p$ は小さく無視できる。よって

$$s = \frac{p_{ws} - p_{wf}}{2m} - \frac{1}{2}\left(\ln \frac{k \Delta t}{\phi \mu_w c_t r_w^2} + 0.809 \right) \tag{4.3.3}$$

実際の計算では，直線から $\Delta t = 1$ hr における p_{1hr} を読みとり，$\Delta t = 1$ hr，$p_{ws} = p_{1hr}$，$p_{wf} = p_{wf}(\Delta t = 0)$ を式（4.3.3）に代入すると

$$s = \frac{p_{1hr} - p_{wf}(\Delta t = 0)}{2m} - \frac{1}{2}\left(\ln \frac{k(1hr)}{\phi \mu_w c_t r_w^2} + 0.809 \right) \tag{4.3.4}$$

第 5 章の演習問題解答

[5.1] Boyle–Charles の法則（式（2.1））と実在気体の状態方程式（2.19a）から次の関係が成り立つ。

$$\frac{q_{g,sc} p_{sc}}{T_{sc} z_{sc}} = \frac{qp}{Tz}$$

ここで，$z_{sc} \fallingdotseq 1$ とおくと

$$q = \frac{q_{g,sc} p_{sc} Tz}{p T_{sc}}$$

この式を本文第 3 章のダルシーの式（3.3）に代入すると

$$q = \frac{2\pi rh k_g}{\mu_w}\frac{dp}{dr}$$

$$q_{g,sc} = \frac{p T_{sc}}{p_{sc} Tz}\frac{2\pi rh k_g}{\mu_w}\frac{dp}{dr}$$

上記の式を変数分離し積分すると

$$\int_{r_w}^{r_e} \frac{dr}{r} = \frac{2\pi h k_g T_{sc}}{q_{g,sc} p_{sc} T z \mu_w} \int_{p_{wf}}^{p_e} p\,dp$$

$$\ln r_e/r_w = \frac{2\pi h k_g T_{sc}}{q_{g,sc} p_{sc} T z \mu_w} \frac{(p_e^2 - p_{wf}^2)}{2} = \frac{\pi h k_g T_{sc}(p_e^2 - p_{wf}^2)}{q_{g,sc} p_{sc} T z \mu_w}$$

$q_{g,sc}$ について整理すると

$$q_{g,sc} = \frac{\pi h k_g T_{sc}(p_e^2 - p_{wf}^2)}{p_{sc} T z \mu_w (\ln r_e/r_w)}$$

スキン係数 s を導入すると

$$q_{g,sc} = \frac{\pi h k_g T_{sc}(p_e^2 - p_{wf}^2)}{p_{sc} T z \mu_w [\ln(r_e/r_w) + s]}$$

[5.2] 擬定常の式（5.13）より

$$J = \frac{180}{1.5} = 178.5 (\mathrm{m^3/(MPa \cdot hr)})$$

[5.3] 本文の式（5.20）より

$$p_{wf} = 7 - \frac{180}{90} = 5 (\mathrm{MPa})$$

[5.4]

$$q_{w,sc} = J(\bar{p} - p_{wf}) = 90 \times (8-6) = 180 (\mathrm{m^3/hr})$$

[5.5] 流れは定常状態にあるから，$s=0$ のときの J は式（5.11）より

$$J = \frac{2 \times 3.14 \times 1.0 \times 10^{-12} (\mathrm{m^2}) \times 50(\mathrm{m})}{1.0(\mathrm{m^3/sc \cdot m^3}) \times 0.7 \times 10^{-9} (\mathrm{MPa \cdot s}) \times [\ln(1000/0.1) + 0]} \approx 4.87 \times 10^{-2} (\mathrm{m^3/MPa \cdot s})$$

p_{wf} は，式（5.18）より

$$p_{wf} = 1.0(\mathrm{MPa}) - \frac{108.0/3600.0(\mathrm{m^3/s})}{4.87 \times 10^{-2} (\mathrm{m^3/MPa \cdot s})} \approx 0.384(\mathrm{MPa})$$

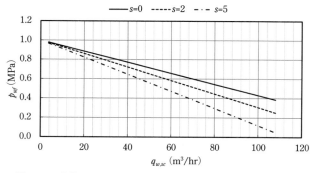

図-5.5.1 定常 IPR に及ぼすスキンの影響（付録 B 第 5 章 (8) 参照）

スキン係数を $s=0, 2, 5$ と変え，流量を $q_{w,sc}=0 \sim 108.0$ （m³/hr）と変えて，上記と同様に式 (5.11) と (5.18) により計算した．この計算結果から s をパラメータとして $p_{wf}-q$ の関係を図-5.5.1 にプロットした．この図より，スキン係数が増大すると IPR の直線の負の勾配が大きくなる．

[5.6]　第3章の式 (3.22a) より

$$p_{wf} = p_i - \frac{q_{sc}B_w\mu_w}{4\pi kh}\left(\ln\frac{kt}{\phi\mu_w c_t r_w^2} + 0.809 + 2s\right)$$

$$= 6\,000\,000.0 - \frac{34\,600.0/86\,400.0 \times 1.0 \times 0.7 \times 10^{-3}}{4 \times 3.14 \times 1.0 \times 10^{-12} \times 30.0}$$

$$\times \left(\ln\frac{1.0 \times 10^{-12} \times 86\,400.0}{0.3 \times 0.7 \times 10^{-3} \times 3.4 \times 10^{-10} \times (0.1)^2} + 0.809\right)$$

$$\approx 4.3 \times 10^6 = 4.3(\text{MPa})$$

上記の計算を，生産量 $q_{w,sc}=0 \sim 4\,320$（m³/d）の範囲で種々変えて，時間 $t=1$ ヶ月，12ヶ月，720ヶ月のときの IPR 曲線について計算した結果を図-5.6.1 に示す．図より，時間が経過すると IPR 曲線の勾配が大きくなる．これは非定常産出指数の値が時間の経過とともに減少することを意味する．

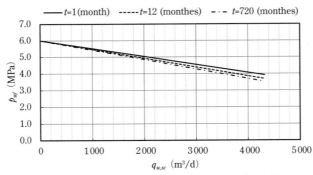

図-5.6.1　1ヶ月，12ヶ月，720ヶ月の IPR 曲線の比較
（付録 B 第5章(9)参照）

[5.7]
① 式 (5.24) において

$$\frac{p_{wf}}{\bar{p}} = \frac{6.2(\text{MPa})}{6.5(\text{MPa})} = 0.954$$

であるから，最大流量 $q_{w,\max}$ は

$$q_{w,\max} = \cfrac{q_w}{1 - 0.2\cfrac{p_{wf}}{\bar{p}} - 0.8\left(\cfrac{p_{wf}}{\bar{p}}\right)^2} = \cfrac{180.0(\text{m}^3/\text{hr})}{1 - 0.2(0.954) - 0.8(0.954)^2}$$

$$= \cfrac{180.0(\text{m}^3/\text{s})}{0.0811} \approx 2\,220.0(\text{m}^3/\text{hr})$$

故に，$q_{w,\max} = \text{AOF} = 2\,220.0$ (m^3/hr) である。

② 式 (5.24) において

$$\frac{p_{wf}}{\bar{p}} = \frac{6.2(\text{MPa})}{6.5(\text{MPa})} = 0.938$$

であるから

$$q_w = q_{w,\max}\left[1 - 0.2\frac{p_{wf}}{\bar{p}} - 0.8\left(\frac{p_{wf}}{\bar{p}}\right)^2\right] = 2\,220\left[1.0 - 0.2(0.938) - 0.8(0.938)^2\right]$$

$$\approx 0.109(\text{m}^3/\text{hr})$$

③ 式 (5.24) は次のように変形される。

$$\left(\frac{p_{wf}}{\bar{p}}\right)^2 + 0.25\frac{p_{wf}}{\bar{p}} - 0.125\left(1 - \frac{q_w}{q_{w,\max}}\right) = 0$$

上記の 2 次方程式を $(p_{wf}/\bar{p})$ について解くと

$$\frac{p_{wf}}{\bar{p}} = \frac{-0.25 + \sqrt{0.0625 + 4(0.25)(1.0 - 0.06/0.617)}}{2} = 0.0131$$

これより

$$p_{wf} = 0.0131\bar{p} = 0.0131(6.5) = 0.085(\text{MPa})$$

流動坑底圧力は $p_{wf} = 0.085$（MPa）まで低下する。

[5.8]　AOF は流動坑底圧力が $p_{wf} = 0$ のときの流量であるから，式 (5.20) より

$$q_{\max} = J(\bar{p} - p_{wf}) = 144(\text{m}^3/\text{MPa}\cdot\text{hr}) \times [6.5(\text{MPa}) - 0] = 936(\text{m}^3/\text{hr})$$

[5.9]　式 (5.66a, b, c, d) により，$\delta = 0.5$ のときの自変数 x_1, x_2, x_3, x_4 を計算する。

$x_1 = 0.875 \times 0.5 = 0.4375$,　$x_2 = 0.125 \times 0.5 = 0.0625$,

$x_3 = 1 - 0.875 \times 0.5 = 0.5625$,　$x_4 = 1 - 0.125 \times 0.5 = 0.9375$

上記の自変数 x_1, x_2, x_3, x_4 の値を，それぞれ式 (5.67a)，(5.67b)，(5.67c)，(5.67d) に代入し，$\Gamma(x)$ を計算する。ただし，$n = 16$ とする。

$$\Gamma(0.4375) \approx \frac{1}{0.4375} \frac{1 \times 2 \times 3 \times \cdots \times 16 \times 16^{0.4375}}{(1+0.4375)(2+0.4375)(3+0.4375)\cdots(16+0.4375)}$$
$$= 1.9537 \times 10^{-4}$$

$$\Gamma(0.0625) \approx \frac{1}{0.0625} \frac{1 \times 2 \times 3 \times \cdots \times 16 \times 16^{0.0625}}{(1+0.0625)(2+0.0625)(3+0.0625)\cdots(16+0.0625)}$$
$$= 1.4855 \times 10^{-3}$$

$$\Gamma(0.5625) \approx \frac{1}{0.5625} \frac{1 \times 2 \times 3 \times \cdots \times 16 \times 16^{0.5625}}{(1+0.5625)(2+0.5625)(3+0.5625)\cdots(16+0.5625)}$$
$$= 1.5263 \times 10^{-4}$$

$$\Gamma(0.9375) \approx \frac{1}{0.9375} \frac{1 \times 2 \times 3 \times \cdots \times 16 \times 16^{0.9375}}{(1+0.9375)(2+0.9375)(3+0.9375)\cdots(16+0.9375)}$$
$$= 7.0085 \times 10^{-6}$$

次に $h = 50$ (m) の場合の流量 q について，上記の $\Gamma(x)$ の値および与えられたデータを用いて，式 (5.65) により

$$q = \frac{2 \times 3.14 \times 5.0 \times 10^{-12} \times 50 / (0.0007 \times 1.0)}{\frac{1}{2 \times 0.5} \left[2\ln\frac{4 \times 50}{0.1} - \ln\frac{1.9537 \times 10^{-4} \times 1.4855 \times 10^{-3}}{1.5263 \times 10^{-4} \times 7.0085 \times 10^{-6}} \right] - \ln\frac{4 \times 50}{232}} \approx 0.0084 (\mathrm{m}^3/\mathrm{s})$$

以下同様に δ を $0.1 \sim 1.0$ と変えて計算する。

さらに，$h = 40$ (m) および 60 (m) の場合についても同様に計算する。以上の計算結果を，$h = 40, 50, 60$ (m) をパラメータとして，q-δ の関係をそれぞれ図-5.9.1

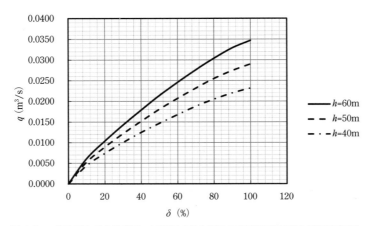

図-5.9.1　部分貫入井の生産量 q に及ぼす貫入率 δ の影響 (付録 B 第 5 章 (10) 参照)

にプロットした．この図より，生産量 q は貫入率 δ が大きくなると増加する．基本的に層厚 h が大きいと増加する．

[5.10] 式（5.65）より，$\delta = 0.5$，$h = 60$（m）のときの流量 q は

$$q = \frac{2 \times 3.14 \times 0.000000000005 \times 60 \times 0.5 \times 100\,000.0}{0.0007 \times 1.0 \times \ln(232/0.1)} \left(1 + 7\sqrt{\frac{0.1}{2 \times 60 \times 0.5}} \cos\frac{3.14 \times 0.5}{2}\right)$$

$$\approx 0.0214 (\mathrm{m}^3/\mathrm{s})$$

$h = 60$（m）を固定して，$\delta = 0.1 \sim 1.0$ と変えて計算する．以上の q の計算値と $h = 60$（m）のときの問題 5.9 における Muskat の q の値を図-5.10.1 にプロットした．
この図より，Kozeny の近似式による q の計算値が Muskat の式による値よりも若干小さいもののほぼ同じ結果が得られた．

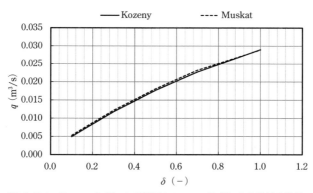

図-5.10.1　Kozeny の式による結果と Muskat の式による結果の比較
（付録 B 第 5 章 (11) 参照）

[5.11] 部分貫入井の流量に関する Muskat の流量の式（5.65）と理想坑井の流量の式（5.64b）を式（5.63）に代入すると

$$FE = \frac{q}{q_0} = \frac{\dfrac{2\pi kh(p_e - p_w)}{\mu_w B_w}}{\dfrac{1}{2}\delta\left[2\ln\dfrac{4h}{r_w} - \ln\dfrac{\Gamma(0.875\delta)\Gamma(0.125\delta)}{\Gamma(1-0.875\delta)\Gamma(1-0.125\delta)}\right] - \ln\dfrac{4h}{r_e}} \bigg/ \dfrac{\dfrac{2\pi kh(p_e - p_{wf})}{\mu_w B_w}}{\ln r_e/r_w}$$

$$= \frac{\ln r_e/r_w}{\dfrac{1}{2}\delta\left[2\ln\dfrac{4h}{r_w} - \ln\dfrac{\Gamma(0.875\delta)\Gamma(0.125\delta)}{\Gamma(1-0.875\delta)\Gamma(1-0.125\delta)}\right] - \ln\dfrac{4h}{r_e}}$$

[5.12] 部分貫入井の流量に関する Kozeny の近似式（5.69b）と理想坑井の流量の式（5.64b）を式（5.63）に代入すると

$$FE = \frac{q}{q_0} = \frac{2\pi kh\delta(p_e - p_{wf})}{\mu_w B_w \ln r_e / r_w}\left(1 + 7\sqrt{\frac{r_w}{2h\delta}}\cos\frac{\pi\delta}{2}\right) \bigg/ \frac{2\pi kh(p_e - p_{wf})}{\mu_w B_w \ln r_e / r_w}$$

$$= \delta\left(1 + 7\sqrt{\frac{r_w}{2h\delta}}\cos\frac{\pi\delta}{2}\right)$$

[5.13] Kozeny の流量の近似式（5.69b）を用いる。層厚 $h = 60$（m），$\delta = 0.5$ を固定する。

① $r_w = 5$（cm）のとき

$$FE = \delta\left(1 + 7\sqrt{\frac{r_w}{2h\delta}}\cos\frac{\pi\delta}{2}\right)$$

$$= 0.5 \times \left(1 + 7 \times \sqrt{\frac{0.05}{2\times 60\times 0.5}}\cos\frac{3.14\times 0.5}{2}\right) \approx 0.101$$

② $r_w = 10$（cm）のとき

$$FE = 0.5 \times \left(1 + 7 \times \sqrt{\frac{0.10}{2\times 60\times 0.5}}\cos\frac{3.14\times 0.5}{2}\right) \approx 0.643$$

③ $r_w = 15$（cm）のとき

$$FE = 0.5 \times \left(1 + 7 \times \sqrt{\frac{0.15}{2\times 60\times 0.5}}\cos\frac{3.14\times 0.5}{2}\right) \approx 0.675$$

部分貫入井の産出効率 FE は，坑井半径 r_w が大きいほど増大する。

[5.14] 穿孔間隔 a の値は，$r_p = 1/4$ in に対して表-5.1 に示す a/r_p に対する $\Sigma\sqrt{J_0^2(u_n) + Y_0^2(u_n)}$ の数値結果を用いて産出効率 FE に関する計算手順（本文の図-5.22）により計算した。その計算結果から FE–a の関係を図-5.14.1 にプロットした。

図-5.14.1 より，産出効率 FE は穿孔間隔 a の増大と共に減少し，穿孔列数 m が増加すると増大する。

[5.15] 式（5.88）より，$m = 6$，$r_e/r_w = 5$，$\Omega = 20$ ％のとき

$$FE = \frac{\ln(5)}{\ln(5) + \frac{2}{6}\ln\left(\frac{2}{3.14\times 0.2}\right)} \approx 0.8$$

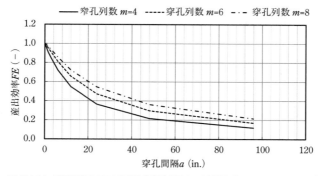

図-5.14.1　産出効率 FE に及ぼす穿孔間隔 a の影響（$r_w=6$in, $r_p=1/4$in）（付録 B 第 5 章(12)参照）

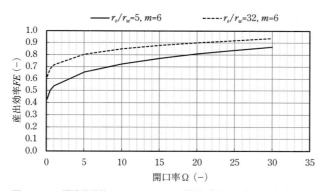

図-5.15.1　縦溝孔明管における FE-Ω の関係（付録 B 第 5 章(13)参照）

　$m=6$ と $r_e/r_w=5$ を固定し，$\Omega=0 \sim 30\%$ の範囲で種々変えて計算する。計算には計算プログラム「SLOTdodson.For」（付録 B 計算プログラム参照）を用いる。その計算結果から FE-Ω の関係を図-5.15.1 にプロットした（図中の実線）。

　次に，$m=6$，$r_e/r_w=32$ の場合についても $\Omega=0 \sim 30\%$ の範囲で種々変えて計算する。それらの結果から FE-Ω の関係を図-5.15.1 にプロットした（図中の点線）。

　この図より，縦溝孔明管における産出効率 FE は，r_e/r_w 比が大きくなると増大し，丸穴孔明管のときと同様に開口率 Ω の増加と共に増大する。

[5.16]

① 丸穴孔明管の開口率

　式（5.70）より

$$\Omega = 100 \times \frac{A_p}{A_c} = 100 \times \frac{m\pi r_p^2}{2\pi r_w a} = 100 \times \frac{4 \times 3.14 \times (0.25\,\text{in})^2}{2 \times 3.14 \times 6\,\text{in} \times 6\,\text{in}} \fallingdotseq 0.35\%$$

② $r_w = 6$ in, $r_p = 0.25$ in, $r_e/r_w = 5$, $a = 6$ in, $m = 2 \sim 24$ のときの丸穴孔明管の *FE* を図-5.22 の計算手順に従って計算する．計算結果から *FE*–Ω の関係を図-5.16.1 にプロットした．

③ 丸穴孔明管と同じ開口率Ωに対する縦溝孔明管の *FE* は式(5.88)より計算した．その結果を図-5.16.1 にプロットした．

この図より，いずれの開口率Ωにおいても縦溝孔明管仕上げ井の産出効率 *FE* が丸穴孔明管よりも若干大きくなる．したがって，縦溝孔明管の方が丸穴孔明管よりも効率的である．

前述の 1.2.2 項で述べたように細孔を多数穿孔する時間と費用を節約するためには縦溝孔明管を利用した方が有利である．

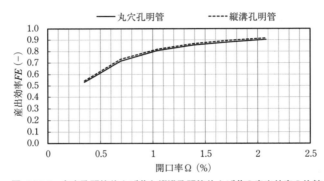

図-5.16.1　丸穴孔明管仕上げ井と縦溝孔明管仕上げ井の産出効率の比較
(付録 B 第 5 章(14)参照)

[5.17]　$r_w = 6$ in，$r_p = 1/4$ in，$r_e = 3\,000$ in，$m = 6$ と固定し，丸穴孔明管仕上げ井の *FE* に関する計算プログラム「Floefficy.For」(付録 B 計算プログラム参照) を用いて，非等方性パラメータ $\alpha = 1.0$，4.0，16.0 のときの *FE* を計算すると

　　$\alpha = 1.0$ のとき，*FE* = 0.811

　　$\alpha = 4.0$ のとき，*FE* = 0.488

　　$\alpha = 16.0$ のとき，*FE* = 0.184

となる．したがって，α の値が大きくなると，*FE* の値は減少する．

[5.18]　式 (5.64b) の右辺分母を下記のように展開すると

$$C + \ln\frac{r_e}{r_w} = C + \ln r_e - \ln r_w$$

$$= -\ln e^{-C} + \ln r_e - \ln r_w$$

$$= \ln r_e - (\ln e^{-C} + \ln r_w)$$

$$= \ln r_e - \ln r_w e^{-C}$$

$$= \ln \frac{r_e}{r_w e^C}$$

故に,坑井の有効半径は,$r_w e^C$ である。

[5.19]

式 (5.62a) より $s = \dfrac{3 \times 60 - 2 \times 100}{60 - 100} = 0.5(-)$

式 (5.62b) より $D = \dfrac{2 - 3}{60 - 100} = 0.025(-)$

第6章の演習問題解答

[6.1] ここで,本文における摩擦損失の式 (6.56) の誘導について気体の法則から説明しよう。

まず,気体の密度は,

$$\rho_g = m/V = nM/V$$

ここで,m は気体の質量,V は気体の体積,n は気体のモル数,M は気体の分子量である。

気体の体積は

$$V = \frac{nM}{\rho_g}$$

実在気体の状態方程式(第2章の式 (2.19a))に上記の式を代入すると

$$\frac{p}{\rho_g} = \frac{zRT}{M} = C \tag{6.1.1}$$

ここで,z は圧縮係数(-),R は気体定数(-),T は絶対温度($=273.2+t$ ℃),t は摂氏温度(℃),C は定数である。

したがって,気体の密度 ρ_g は

$$\rho_g = \frac{p}{(zR/M)T} = \frac{p}{CT} \tag{6.1.2}$$

気体の体積速度 v_g は

$$v_g = \frac{w_g}{\rho_g A} = \frac{CTw_g}{pA} \tag{6.1.3}$$

ここで，式（6.1.3）の左辺項と右辺項第二式を p で微分すると

$$\frac{dv_g}{dp} = \frac{d}{dp}\left(\frac{CTw_g}{pA}\right) = -\frac{CTw_g}{A}\frac{1}{p^2} = -\frac{CTw_g}{Ap^2} \tag{6.1.4}$$

式（6.1.3）右辺項第二式を式（6.1.4）の右辺第三式に代入し整理すると

$$\frac{dv_g}{dp} = -\frac{pw_g}{\rho_g Ap^2} = -\frac{w_g}{\rho_g Ap} = -\frac{q_g}{Ap} \tag{6.1.5}$$

故に

$$dv_g = -\frac{q_g}{Ap}dp \tag{6.1.6}$$

ここで，p を平均圧力 $\bar{p}$ で置き換えると，加速損失項は

$$dv_g = -\frac{q_g}{A\bar{p}}dp \tag{6.1.7}$$

式（6.1.7）を用いて本文の式（6.56）の加速損失項を表すと

$$\frac{w_g}{A}dv_g = \frac{w_g}{A}\left(-\frac{q_g}{A\bar{p}}dp\right) = -\frac{w_g q_g}{A^2 \bar{p}}dp \tag{6.1.8}$$

ミスト流では液相が非常に少ないと仮定して $w_g = w_t$ と近似すると，加速損失項 $(w_t dv/A)$ は

$$\frac{w_t dv_g}{A} = \frac{w_t}{A}\left(-\frac{q_g}{A\bar{p}}dp\right) = -\frac{w_t q_g}{A^2 \bar{p}}dp \tag{6.1.9}$$

[6.2] 本文演習問題の図-6.7 の坑井を $dL = 50$ m で 20 等分に分割し，初期圧力増分の推定値を $dp = 10\,000$（Pa）とする．本文の問題 6.2 で与えられたデータを用いて垂直二相流圧力損失の計算プログラム「CWPDL.For」（付録 B 計算プログラム参照）により坑内圧力勾配を計算した．その結果から L–p の関係を図-6.2.1 にプロットした．

これらの図より，産出ガス水比が GWR＝0 では圧力勾配は直線になるが，GWR＝500 より大きくなると二相流の影響によって圧力勾配が曲線となり，流動坑底圧

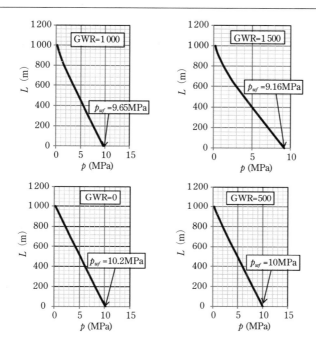

図-6.2.1 二相流における坑内圧力勾配(付録B第6章(1)参照)

力が減少する。

[6.3] 還元は水単相流であるからガス水比GWR=0である。したがって，還元井内の圧力勾配の計算は垂直二相流圧力損失の計算プログラム「CWPDL.For」(付録B計算プログラム参照)を用いてガス水比GWR=0，還元水流量q_w=4 320(m³/d)

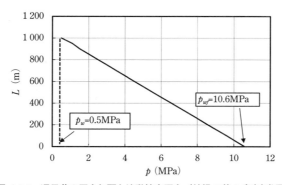

図-6.3.1 還元井の圧力勾配と流動坑底圧力(付録B第6章(2)参照)

= 0.05（m³/s），坑口圧力 p_{wh} = 0.5（MPa）という条件の下で行った。坑内の圧力勾配を計算した結果から L–p の関係を図-6.3.1 にプロットした。この図より，圧力は深度に対して直線的に増大し，流動坑底圧力は p_{wf} = 10.6（MPa）である。

この値は，一様な径 D = 0.2（m）の坑内の流れの加速損失を無視し，摩擦損失と位置損失のみを考えた式から計算した流動坑底圧力 p_{wf} = 10.44（MPa）にほぼ同じ値である。

第 7 章の演習問題解答

[7.1]　本文の第 7 章における水平二相流圧力損失の計算プログラム「HoriPipe.For」（付録 B 計算プログラム参照）を用いて，① GWR = 3，p_{sep} = 0.2026（MPa）の場合と② GWR = 3 000，p_{sep} = 2.026（MPa）の場合について計算した結果から p–L の関係をそれぞれ図-7.1.1 にプロットした。ただし，計算はセパレータから坑口へ向かって進めた。この図より，ガス水比 GWR が小さいと圧力勾配は直線になるが，ガス水比が GWR = 3 000 と大きくなると圧力勾配は曲線となり，二相流の影響が現れる。

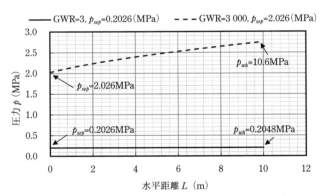

図-7.1.1　水平二相流の圧力勾配（付録 B 第 7 章 (1) 参照）

[7.2]　与えられたデータを用いて，式（7.58）と摩擦係数 f_f の式（7.55）より

$$p_1^2 = 0.5^2 + \frac{16 \times 0.0333 \times 300 \times 1}{8.31 \times 10^{-3} \times 2 \times 0.1^2}\left(\frac{1.0 \times 0.1013}{288/4}\right)^2 \times 1\,000 \approx 2.17$$

故に

$$p_1 = \sqrt{2.17} = 1.47 \text{MPa}$$

[7.3] ガスパイプラインの平均圧力の式（式（7.64））より

$$\bar{p} = \int_0^1 [p_1^2 - (p_1^2 - p_2^2)]^{1/2} dx$$

ここで

$$t = [p_1^2 - (p_1^2 - p_2^2)x]^{1/2} \tag{7.3.1}$$

とおく。式（7.3.1）の両辺を平方すると

$$t^2 = p_1^2 - (p_1^2 - p_2^2)x \tag{7.3.2}$$

ここで，

$x = 0$ のとき，$t = p_1$

$x = 1$ のとき，$t = p_2$

式（7.3.2）を t で微分し，dx/dt について整理すると

$$\frac{dx}{dt} = -\frac{2t}{p_1^2 - p_2^2} \tag{7.3.3}$$

となる。

式（7.64）は式（7.3.1）と式（7.3.3）を用いて置換積分すると

$$\text{与式} = \int_0^1 t \frac{dx}{dt} dt = \int_{p_1}^{p_2} t \left(-\frac{2t}{p_1^2 - p_2^2} \right) dt = -\frac{2}{p_1^2 - p_2^2} \int_{p_1}^{p_2} t^2 dt = \frac{2}{3} \frac{p_1^3 - p_2^3}{p_1^2 - p_2^2}$$

$$= \frac{2}{3} \frac{p_1^3 - p_1^2 p_2 + p_1^2 p_2 - p_1 p_2^2 + p_1 p_2^2 - p_2^3}{(p_1 - p_2)(p_1 + p_2)}$$

$$= \frac{2}{3} \frac{(p_1 - p_2)(p_1^2 + p_1 p_2 + p_2^2)}{(p_1 - p_2)(p_1 + p_2)}$$

$$= \frac{2}{3} \left(p_1 + \frac{p_2^2}{p_1 + p_2} \right) \tag{7.3.4}$$

[7.4] 与えられたデータを用いて，式（7.62）より

$$p_x = [0.5^2 - (0.5^2 - 2.0^2) \times 500/1000]^{1/2} \approx 1.46 \text{MPa}$$

[7.5] 与えられたデータを用いて，式（7.64）により

$$\bar{p} = \frac{2}{3} \left(2.0 + \frac{0.5^2}{2.0 + 0.5} \right) = 1.95 \text{MPa}$$

[7.6] 化学工学便覧から，90°エルボの相当長に $L_0/d = 32$ を選択し，計算する。

$$L_0 = 32 \times 0.2 + 32 \times 0.2 = 12.8 \text{m}$$

圧力損失の計算に用いるパイプラインの長さは，パイプラインの全長に L_0 を加えた値である。すなわち

$$L_t = 20.0 + 10.0 + 20.0 + 12.8 = 62.8\text{m}$$

第8章の演習問題解答

[8.1] 計算プログラム「Pumplift.For」を用いる。

① 坑底からポンプ設置深度の区間のケーシング内の圧力損失は，p_{wf} = 5.6（MPa）を境界値として，D_{cas} = 0.23（m），GWR = 1 を入力し，坑底からポンプ設置深度 L_p = 100（m）まで計算する。この深度における圧力が吸込圧力 p_{suc} になる。計算の結果，p_{suc} ≒ 0.66（MPa）である。

② 坑口からポンプ設置深度間のチュービング内の圧力損失は，坑口圧力 p_{wh} = 0.4（MPa）を境界値として，D_{tub} = 0.15（m），GWR = 1 を入力し，坑口から L_p = 100（m）まで計算する。この深度における圧力が吐出圧力 p_{dis} になる。計算の結果，p_{dis} ≒ 1.42（MPa）である。

③ ポンプ圧力増加は式（8.30）より

$$\Delta p_{pump} = 1.42 - 0.66 = 0.76 \text{ MPa}$$

上記の①と②で計算した $L-p$ の関係を図-8.1.1 にプロットした。ただし，図にはコンピュータによる作図の関係でポンプ吸込口より 10（m）深い位置と坑底間の圧力勾配を示す。

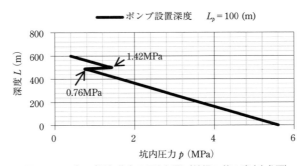

図-8.1.1　ポンプ採収井内の圧力勾配（付録B第8章(4)参照）

第9章の演習問題解答

[9.1] 坑底圧力 p_{wf} を節点に選択したときのエネルギ式は，次のように表される。

インフロー

$$\bar{p}_R - \Delta p_{res} = p_{wf} \qquad (9.1.1)$$

アウトフロー

$$p_{sep} + \Delta p_{lin} + \Delta p_{cas} = p_{wf} \tag{9.1.2}$$

計算は次の手順で行う．

① インフローの式 (9.1.1) における Δp_{res} は第3章の式 (3.46b) に関する計算プログラム「PseudoPipe.For」(付録B計算プログラム参照) を用いて計算する．この値を式 (9.1.1) に代入し，坑口圧力 p_{wh} を求める．

② 次に，アウトフローの式 (9.1.2) における水平フローラインの圧力損失 Δp_{lin} は，セパレータ圧力 p_{sep} を境界値に第7章の水平二相流圧力損失の計算プログラム「Horipipe.For」(付録B計算プログラム参照) に表-9.5のデータを入力して計算する．得られた Δp_{lin} とセパレータ圧力 p_{sep} から坑口圧力は $p_{wh} = p_{sep} + \Delta p_{lin}$ と求められる．次に，式 (9.1.2) における Δp_{cas} は p_{wh} を境界値として第6章の垂直二相流圧力損失の計算プログラム「Gasliftcas.For」(付録B計算プログラム参照) により表-9.5のデータを用いて計算する．得られた Δp_{cas} を式 (9.1.2) に代入すると流動坑底圧力 p_{wf} が求められる．

以上のインフローおよびアウトフローの計算はいずれもリフトガス圧入深度が $L_{inj} = 500$ (m) と $L_{inj} = 800$ (m) の2通りの場合について流量を $q_{w,sc} = 0.002 \sim 0.024$ (m³/s) の範囲で種々変えて計算する．それぞれの計算結果から p_{wf}–$q_{w,sc}$ の関係を図-9.1.1にプロットした．

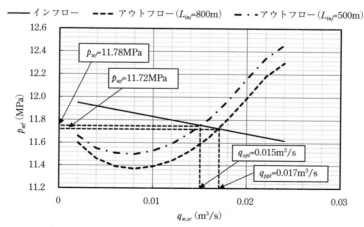

図-9.1.1 外吹込管方式ガスリフト井におけるリフトガス圧入深度の最適流量に及ぼす影響
(付録B第9章(10)参照)

この図におけるインフロー曲線とアウトフロー曲線の交点から，$L_{inj}=600$（m）のときの最適流量が $q_{opt}=0.15$（m^3/s），$p_{wf}=11.78$（MPa）である。一方，$L_{inj}=800$（m）のときの最適流量 $q_{opt}=0.017$（m^3/s），流動坑底圧力 $p_{wf}=11.72$（MPa）である。これらの結果から，リフトガス圧入深度が深くなると最適流量が増加し，逆に流動坑底圧力が低下する。つまり，同じガス圧入量に対して圧入深度が深い方が生産量を効率よく増やすことができる。

[9.2] 節点に坑口圧力 p_{wh} を選択した場合のエネルギ式は次のように表される。

インフロー

$$\bar{p}_R - \Delta p_{res} - \Delta p_{cas} = p_{wh} \tag{9.2.1}$$

アウトフロー

$$p_{sep} + \Delta p_{lin} = p_{wh} \tag{9.2.2}$$

まず，インフローの式（9.2.1）における Δp_{res} は，前述の解答［9.1］で求めた p_{wf} の値を用いる。この値を境界値として垂直二相流圧力損失の計算プログラム「Gasliftcas.For」(付録B計算プログラム参照）を用いて坑底に向かって計算を進め，Δp_{cas} を求める。ただし，ガス圧入深度は $L_{inj}=800$（m）とする。得られた Δp_{res} および Δp_{cas} の値を式（9.2.1）に代入してそれぞれの坑口圧力 p_{wh} を求める。

次に，アウトフローの式（9.2.2）における Δp_{lin} は水平二相流圧力損失の計算プログラム「Horipipe.For」(付録B計算プログラム参照）を用いてセパレータ圧力 $p_{sep}=2.026$（MPa）を境界値として坑口へ向かって計算を進め求める。得られた Δp_{lin} の値を式（9.2.2）に代入し p_{wh} を求める。

以上の計算は，流量 $q_{w,sc}=0.002 \sim 0.024$（m^3/s）の範囲で種々変えて行う。得られた q-p_{wh} の関係を**図-9.2.1** にプロットした。

この図におけるインフロー曲線とアウトフロー曲線の交点から最適流量は $q_{opt}=0.017$（m^3/s），坑口圧力が $p_{wh}=2.5$（MPa）である。坑底を節点に選択した前述の例題9.1と比較すると，最適流量 q_{opt} は同じ圧入深度 $L_{inj}=800$（m）の場合と同じ値 0.017（m^3/s）である。

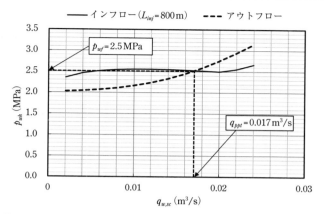

図-9.2.1 外吹込管方式ガスリフト井の生産システムにおいて坑口圧力 p_{wh} を節点に選択した場合のインフロー曲線とアウトフロー曲線（付録 B 第 9 章(11) 参照）

付　録　A

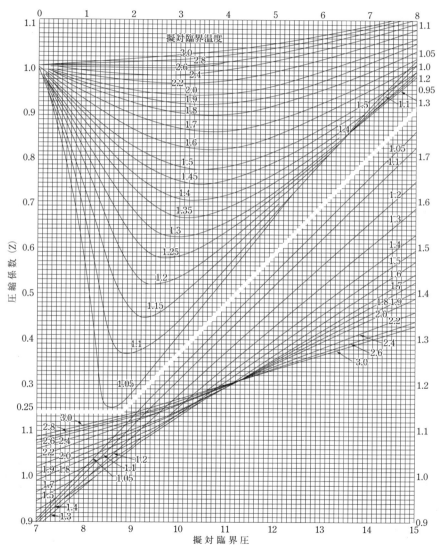

付図-A.1　擬対臨界圧力と温度の関数としての天然ガスの圧縮係数　(after Standing and Katz, courtesy AIME) (石油技術協会, 石油鉱業便覧：1983)

付録 A

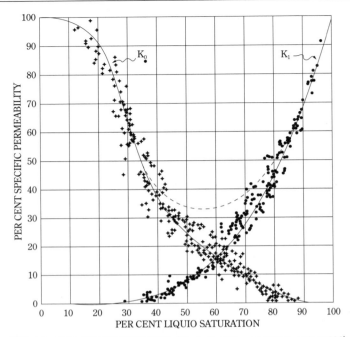

付図-A.2　未固結砂の相対浸透率曲線（Wyckoff, R.D., and Botset, H.G.：1936）

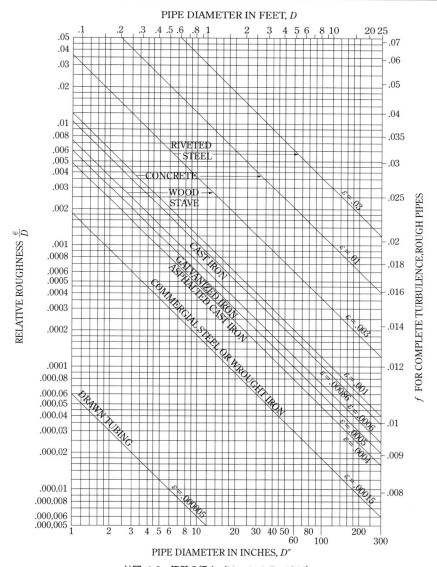

付図-A.3　管壁の粗さ　(Moody, L.F. : 1944)

付録A

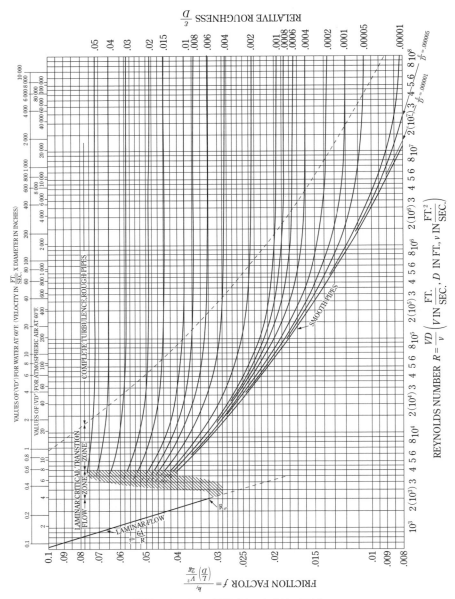

付図-A.4 Moody 線図（Moody, L.F. :1944）

付　録　B

計算プログラム

　本書における例題や演習問題で使用した計算プログラムをインターネットからダウンロードできるようにした。それらの計算プログラムの入力データと計算結果の出力との関係を以下に示す。プログラムの言語はFortran77を用いた。

　ダウンロード用のアドレスは下記の通り。プログラムは，zip形式にて圧縮してあるので，解凍して使用されたい。

　ダウンロード用のアドレス

　　　　http://gihodobooks.jp/data/prg/suiyousei_prg.zip

［第2章］

(1)　図-2.1　理想気体の等温圧縮率 c_g の計算値

計算プログラム「File name : Cg.For」

主な入力データ：

$p(1)=0.1$, $p(2)=0.2$, $p(3)=0.5$, $p(4)=0.5$, $p(5)=0.8$, $p(6)=1.0$, $p(7)=2.0$,
$p(8)=4.0$, $p(9)=6.0$, $p(10)=8.0$, $p(11)=10.0$ (MPa)

　　　　［計算結果の出力］

p(MPa)	cg(1/MPa)
.10000E+00	.10000E+02
.20000E+00	.50000E+01
.30000E+00	.33333E+01
.50000E+00	.20000E+01
.80000E+00	.12500E+01
.10000E+01	.10000E+01
.20000E+01	.50000E+00
.40000E+01	.25000E+00
.60000E+01	.16667E+00
.80000E+01	.12500E+00
.10000E+02	.10000E+00

(2) 図-2.8 溶解度の読取値と計算値の比較

計算プログラム「File Name : Culberson.For」

主な入力データ：

$p(1) = 200.0, \quad 600.0 (\text{psia})$

$t(1) = 60.0, \quad t(2) = 70.0, \quad t(3) = 80.0, \quad t(4) = 90.0, \quad t(5) = 100.0, \quad t(6) = 110.0, \quad t(7) = 120.0, \quad t(8) = 130.0, \quad t(9) = 140.0, \quad t(10) = 150.0, \quad t(11) = 160.0 (°\text{F})$

［計算結果の出力］

T(F)	p(psia) .200E+03 Rs(ft3/bbl)	pk(MPa) .138E+01 Rsb(ft3/bbl)	Rsbs(m³/kL)
.600E+02	.327E+01	.311E+01	.553E+00
.700E+02	.300E+01	.285E+01	.508E+00
.800E+02	.273E+01	.260E+01	.463E+00
.900E+02	.245E+01	.234E+01	.417E+00
.100E+03	.218E+01	.209E+01	.371E+00
.110E+03	.200E+01	.191E+01	.341E+00
.120E+03	.182E+01	.174E+01	.310E+00
.130E+03	.164E+01	.157E+01	.279E+00
.140E+03	.145E+01	.140E+01	.249E+00
.150E+03	.141E+01	.135E+01	.241E+00
.160E+03	.136E+01	.131E+01	.233E+00

T(F)	p (psia) .600E+03 Rs(ft3/bbl)	pk (MPa) .414E+01 Rsb(ft3/bbl)	Rsbs(m³/kL)
.600E+02	.782E+01	.742E+01	.132E+01
.700E+02	.736E+01	.701E+01	.125E+01
.800E+02	.691E+01	.659E+01	.117E+01
.900E+02	.645E+01	.616E+01	.110E+01
.100E+03	.600E+01	.574E+01	.102E+01
.110E+03	.571E+01	.546E+01	.973E+00
.120E+03	.542E+01	.519E+01	.924E+00
.130E+03	.513E+01	.492E+01	.875E+00
.140E+03	.484E+01	.464E+01	.826E+00
.150E+03	.475E+01	.456E+01	.811E+00
.160E+03	.465E+01	.447E+01	.796E+00

［Rs の読取値］

t(F)	読取値 200(psia) Rs(m³/kL)	読取値 600(psia) Rs(m³/kL)
60	3.27	7.82
80	2.73	6.86
100	2.18	6.0
120	1.81	5.3
140	1.49	4.84
160	1.35	4.52

(3) 図-2.9 内挿法による R_s の計算値

計算プログラム「File Name : Culberson.For」

主な入力データ：

p(1)=14.7, p(2)=100.0, p(3)=150.0, p(4)=200.0, p(5)=300.0, p(6)=400.0, p(7)=500.0, p(8)=600.0, p(9)=700.0, p(10)=800.0, p(11)=900.0, p(12)=990.0 (psia)

t(1)=60.0, t(2)=70.0, t(3)=80.0, t(4)=90.0, t(5)=100.0, t(6)=110.0, t(7)=120.0, t(8)=130.0, t(9)=140.0, t(10)=150.0, t(11)=160.0, t(12)=170.0 (°F)

［計算結果の出力］

T(F)	p(psia) .147E+02 Rs(ft3/bbl)	pk(MPa) .101E+00 Rsb(ft3/bbl)	Rsbs (m³/kL)
.600E+02	.241E+00	.228E+00	.406E-01
.700E+02	.221E+00	.210E+00	.373E-01
.800E+02	.200E+00	.191E+00	.340E-01
.900E+02	.180E+00	.172E+00	.307E-01
.100E+03	.160E+00	.153E+00	.273E-01
.110E+03	.147E+00	.141E+00	.250E-01
.120E+03	.134E+00	.128E+00	.228E-01
.130E+03	.120E+00	.115E+00	.205E-01
.140E+03	.107E+00	.103E+00	.183E-01
.150E+03	.104E+00	.995E-01	.177E-01
.160E+03	.100E+00	.964E-01	.172E-01
.170E+03	.969E-01	.932E-01	.166E-01

付録 B

T(F)	p(psia) .100E+03 Rs(ft3/bbl)	pk(MPa) .690E+00 Rsb(ft3/bbl)	Rsbs(m³/kL)
.600E+02	.164E+01	.155E+01	.276E+00
.700E+02	.150E+01	.143E+01	.254E+00
.800E+02	.136E+01	.130E+01	.231E+00
.900E+02	.123E+01	.117E+01	.209E+00
.100E+03	.109E+01	.104E+01	.186E+00
.110E+03	.100E+01	.957E+00	.170E+00
.120E+03	.909E+00	.871E+00	.155E+00
.130E+03	.818E+00	.785E+00	.140E+00
.140E+03	.727E+00	.698E+00	.124E+00
.150E+03	.705E+00	.677E+00	.120E+00
.160E+03	.682E+00	.655E+00	.117E+00
.170E+03	.659E+00	.634E+00	.113E+00

T(F)	p(psia) .150E+03 Rs(ft3/bbl)	pk(MPa) .103E+01 Rsb(ft3/bbl)	Rsbs(m³/kL)
.600E+02	.245E+01	.233E+01	.415E+00
.700E+02	.225E+01	.214E+01	.381E+00
.800E+02	.205E+01	.195E+01	.347E+00
.900E+02	.184E+01	.176E+01	.313E+00
.100E+03	.164E+01	.156E+01	.278E+00
.110E+03	.150E+01	.144E+01	.256E+00
.120E+03	.136E+01	.131E+01	.233E+00
.130E+03	.123E+01	.118E+01	.210E+00
.140E+03	.109E+01	.105E+01	.186E+00
.150E+03	.106E+01	.102E+01	.181E+00
.160E+03	.102E+01	.983E+00	.175E+00
.170E+03	.989E+00	.951E+00	.169E+00

T(F)	p(psia) .200E+03 Rs(ft3/bbl)	pk(MPa) .138E+01 Rsb(ft3/bbl)	Rsbs(m³/kL)
.600E+02	.327E+01	.311E+01	.553E+00
.700E+02	.300E+01	.285E+01	.508E+00
.800E+02	.273E+01	.260E+01	.463E+00
.900E+02	.245E+01	.234E+01	.417E+00
.100E+03	.218E+01	.209E+01	.371E+00
.110E+03	.200E+01	.191E+01	.341E+00

.120E+03	.182E+01	.174E+01	.310E+00
.130E+03	.164E+01	.157E+01	.279E+00
.140E+03	.145E+01	.140E+01	.249E+00
.150E+03	.141E+01	.135E+01	.241E+00
.160E+03	.136E+01	.131E+01	.233E+00
.170E+03	.132E+01	.127E+01	.226E+00

	p (psia)	pk (MPa)	
	.300E+03	.207E+01	
T (F)	Rs (ft3/bbl)	Rsb (ft3/bbl)	Rsbs (m^3/kL)
.600E+02	.441E+01	.419E+01	.745E+00
.700E+02	.409E+01	.389E+01	.693E+00
.800E+02	.377E+01	.360E+01	.640E+00
.900E+02	.345E+01	.330E+01	.587E+00
.100E+03	.314E+01	.300E+01	.534E+00
.110E+03	.293E+01	.280E+01	.499E+00
.120E+03	.272E+01	.260E+01	.464E+00
.130E+03	.251E+01	.241E+01	.428E+00
.140E+03	.230E+01	.221E+01	.393E+00
.150E+03	.224E+01	.215E+01	.384E+00
.160E+03	.219E+01	.210E+01	.374E+00
.170E+03	.213E+01	.205E+01	.365E+00

	p (psia)	pk (MPa)	
	.400E+03	.276E+01	
T (F)	Rs (ft3/bbl)	Rsb (ft3/bbl)	Rsbs (m^3/kL)
.600E+02	.555E+01	.526E+01	.937E+00
.700E+02	.518E+01	.493E+01	.878E+00
.800E+02	.482E+01	.459E+01	.817E+00
.900E+02	.445E+01	.425E+01	.757E+00
.100E+03	.409E+01	.391E+01	.696E+00
.110E+03	.385E+01	.369E+01	.657E+00
.120E+03	.362E+01	.347E+01	.617E+00
.130E+03	.338E+01	.324E+01	.577E+00
.140E+03	.315E+01	.302E+01	.537E+00
.150E+03	.308E+01	.296E+01	.526E+00
.160E+03	.301E+01	.289E+01	.515E+00
.170E+03	.294E+01	.283E+01	.504E+00

付録 B

	p(psia)	pk(MPa)	
	.500E+03	.345E+01	
T(F)	Rs(ft3/bbl)	Rsb(ft3/bbl)	Rsbs(m³/kL)
.600E+02	.668E+01	.634E+01	.113E+01
.700E+02	.627E+01	.597E+01	.106E+01
.800E+02	.586E+01	.559E+01	.995E+00
.900E+02	.545E+01	.521E+01	.927E+00
.100E+03	.505E+01	.482E+01	.859E+00
.110E+03	.478E+01	.458E+01	.815E+00
.120E+03	.452E+01	.433E+01	.771E+00
.130E+03	.425E+01	.408E+01	.726E+00
.140E+03	.399E+01	.383E+01	.682E+00
.150E+03	.391E+01	.376E+01	.669E+00
.160E+03	.383E+01	.368E+01	.656E+00
.170E+03	.375E+01	.361E+01	.643E+00

	p(psia)	pk(MPa)	
	.600E+03	.414E+01	
T(F)	Rs(ft3/bbl)	Rsb(ft3/bbl)	Rsbs(m³/kL)
.600E+02	.782E+01	.742E+01	.132E+01
.700E+02	.736E+01	.701E+01	.125E+01
.800E+02	.691E+01	.659E+01	.117E+01
.900E+02	.645E+01	.616E+01	.110E+01
.100E+03	.600E+01	.574E+01	.102E+01
.110E+03	.571E+01	.546E+01	.973E+00
.120E+03	.542E+01	.519E+01	.924E+00
.130E+03	.513E+01	.492E+01	.875E+00
.140E+03	.484E+01	.464E+01	.826E+00
.150E+03	.475E+01	.456E+01	.811E+00
.160E+03	.465E+01	.447E+01	.796E+00
.170E+03	.456E+01	.439E+01	.781E+00

	p(psia)	pk(MPa)	
	.700E+03	.483E+01	
T(F)	Rs(ft3/bbl)	Rsb(ft3/bbl)	Rsbs(m³/kL)
.600E+02	.873E+01	.828E+01	.147E+01
.700E+02	.824E+01	.784E+01	.140E+01
.800E+02	.775E+01	.739E+01	.131E+01
.900E+02	.726E+01	.693E+01	.123E+01
.100E+03	.677E+01	.647E+01	.115E+01
.110E+03	.646E+01	.619E+01	.110E+01

.120E+03	.615E+01	.590E+01	.105E+01
.130E+03	.585E+01	.561E+01	.998E+00
.140E+03	.554E+01	.531E+01	.946E+00
.150E+03	.543E+01	.522E+01	.928E+00
.160E+03	.532E+01	.512E+01	.911E+00
.170E+03	.522E+01	.502E+01	.893E+00

	p(psia)	pk(MPa)	
	.800E+03	.552E+01	
T(F)	Rs(ft3/bbl)	Rsb(ft3/bbl)	Rsbs(m^3/kL)
.600E+02	.964E+01	.915E+01	.163E+01
.700E+02	.911E+01	.867E+01	.154E+01
.800E+02	.859E+01	.819E+01	.146E+01
.900E+02	.807E+01	.770E+01	.137E+01
.100E+03	.755E+01	.721E+01	.128E+01
.110E+03	.722E+01	.691E+01	.123E+01
.120E+03	.689E+01	.660E+01	.118E+01
.130E+03	.656E+01	.630E+01	.112E+01
.140E+03	.624E+01	.599E+01	.107E+01
.150E+03	.611E+01	.587E+01	.105E+01
.160E+03	.599E+01	.576E+01	.103E+01
.170E+03	.587E+01	.565E+01	.100E+01

	p(psia)	pk(MPa)	
	.900E+03	.621E+01	
T(F)	Rs(ft3/bbl)	Rsb(ft3/bbl)	Rsbs(m^3/kL)
.600E+02	.105E+02	.100E+02	.178E+01
.700E+02	.999E+01	.950E+01	.169E+01
.800E+02	.943E+01	.899E+01	.160E+01
.900E+02	.888E+01	.847E+01	.151E+01
.100E+03	.832E+01	.795E+01	.142E+01
.110E+03	.797E+01	.763E+01	.136E+01
.120E+03	.763E+01	.731E+01	.130E+01
.130E+03	.728E+01	.698E+01	.124E+01
.140E+03	.694E+01	.666E+01	.119E+01
.150E+03	.680E+01	.653E+01	.116E+01
.160E+03	.666E+01	.640E+01	.114E+01
.170E+03	.652E+01	.627E+01	.112E+01

T(F)	p(psia) .990E+03 Rs(ft3/bbl)	pk(MPa) .683E+01 Rsb(ft3/bbl)	Rsbs(m³/kL)
.600E+02	.114E+02	.108E+02	.192E+01
.700E+02	.108E+02	.103E+02	.182E+01
.800E+02	.102E+02	.971E+01	.173E+01
.900E+02	.960E+01	.917E+01	.163E+01
.100E+03	.901E+01	.862E+01	.153E+01
.110E+03	.865E+01	.828E+01	.147E+01
.120E+03	.829E+01	.794E+01	.141E+01
.130E+03	.793E+01	.760E+01	.135E+01
.140E+03	.757E+01	.726E+01	.129E+01
.150E+03	.741E+01	.712E+01	.127E+01
.160E+03	.726E+01	.698E+01	.124E+01
.170E+03	.711E+01	.684E+01	.122E+01

(4) 図-2.13 温度および圧力の関数としてのかん水粘度

計算プログラム「File Name : Myuw.For」

主な入力データ：

p = 14.7, 1, 500(psia)

t = 60.0, 80.0, 100.0, 120.0, 140.0, 160.0(°F)

[計算結果の出力]

S= .25000E+01 (wt-percent)

Temp(F)	zMyuw1(cp)	ratio(-)	zMyuw(cp)
.60000E+02	.11784E+01	.10428E+01	.12288E+01
.80000E+02	.86847E+00	.10428E+01	.90565E+00
.10000E+03	.68543E+00	.10428E+01	.71477E+00
.12000E+03	.56490E+00	.10428E+01	.58908E+00
.14000E+03	.47969E+00	.10428E+01	.50022E+00
.16000E+03	.41634E+00	.10428E+01	.43416E+00

(5) 図-2.14 温度および圧力の関数としてのガス水表面張力

計算プログラム「File Name : Sigw.For」

主な入力データ：

t = 143(°F)

p(1) = 14.7, p(2) = 114.7, p(3) = 514.7, p(4) = 1014.7, p(5) 1514.7, p(6) = 2014.7(psia)

[計算結果の出力]

Temp= .740E+02 (F)

Press.(psia)	sigw(dynes/cm)
.24700E+02	.70245E+02
.11470E+03	.69838E+02
.51470E+03	.68074E+02
.10147E+04	.65970E+02
.15147E+04	.63979E+02
.20147E+04	.62102E+02

(6) 図-2.23 相対浸透率の実験曲線と計算値の比較

計算プログラム「File Name : Wyckoff.For」

主なデータ：

$S_w(1)=0.0$, $S_w(2)=0.1$, $S_w(3)=0.2$, $S_w(4)=0.3$, $S_w(5)=0.4$, $S_w(6)=0.5$, $S_w(7)=0.6$, $S_w(8)=0.7$, $S_w(9)=0.8$, $S_w(10)=0.9$, $S_w(11)=0.92$, $S_w(12)=1.0$

$S_R=0.92$

[計算結果の出力]

Sw(-)	krw(-)	krg(-)
.000E+00	.000E+00	.100E+01
.100E+00	.000E+00	.990E+00
.200E+00	.204E-03	.910E+00
.300E+00	.550E-02	.610E+00
.400E+00	.254E-01	.390E+00
.500E+00	.698E-01	.260E+00
.600E+00	.148E+00	.160E+00
.700E+00	.271E+00	.100E+00
.800E+00	.447E+00	.500E-01
.900E+00	.687E+00	.100E-01
.920E+00	.743E+00	.000E+00
.100E+01	.100E+01	.000E+00

Wyckoff浸透率曲線からの読取値

Sw	Krw	Krg
0	0	1
0.1	0.005	0.99
0.2	0.01	0.91
0.3	0.02	0.61
0.4	0.045	0.39

0.5	0.09	0.26
0.6	0.16	0.16
0.7	0.28	0.1
0.8	0.46	0.05
0.9	0.72	0.01
1	1	0

(7) 演習問題解答図-2.3.1 温度および圧力の関数としての圧縮係数 z

計算プログラム「File Name: z-Factor.For」

主なデータ：

$t_t(1) = 10.0$, $t_t(2) = 30.0$, $t_t(3) = 50.0$ (℃)

$p(1) = 0.1013$, $p(2) = 0.5$, $p(3) = 1.0$, $p(4) = 5.0$, $p(5) = 10.0$, $p(6) = 15.0$, $p(7) = 20.0$, $p(8) = 25.0$, $p(9) = 30.0$, $p(10) = 40.0$ (MPa)

［計算結果の出力］

```
Tpr=.146E+01    Temp=.100E+02(℃)
ppr=.220E-01    z=.998E+00
ppr=.109E+00    z=.991E+00
ppr=.217E+00    z=.980E+00
ppr=.109E+01    z=.889E+00
ppr=.217E+01    z=.795E+00
ppr=.326E+01    z=.752E+00
ppr=.434E+01    z=.761E+00
ppr=.543E+01    z=.809E+00
ppr=.651E+01    z=.879E+00
ppr=.868E+01    z=.103E+01

Tpr=.157E+01    Temp=.300E+02(℃)
ppr=.220E-01    z=.999E+00
ppr=.109E+00    z=.992E+00
ppr=.217E+00    z=.984E+00
ppr=.109E+01    z=.914E+00
ppr=.217E+01    z=.840E+00
ppr=.326E+01    z=.802E+00
ppr=.434E+01    z=.806E+00
ppr=.543E+01    z=.841E+00
ppr=.651E+01    z=.896E+00
ppr=.868E+01    z=.103E+01
```

Tpr=.167E+01	Temp=.500E+02(℃)
ppr=.220E-01	z=.999E+00
ppr=.109E+00	z=.994E+00
ppr=.217E+00	z=.987E+00
ppr=.109E+01	z=.934E+00
ppr=.217E+01	z=.876E+00
ppr=.326E+01	z=.844E+00
ppr=.434E+01	z=.843E+00
ppr=.543E+01	z=.869E+00
ppr=.651E+01	z=.914E+00
ppr=.868E+01	z=.103E+01

(8)　演習問題解答図-2.10.1　温度および圧力の関数としてのかん水容積係数 B_w 計算プログラム「File Name：Bw.For」

主な入力データ：

p＝114.7（psia）

t(1)＝50.0, t(2)＝75.0, t(3)＝100.0, t(4)＝125.0, t(5)＝150.0, t(6)＝175.0, t(7)＝200.0(°F)

［計算結果の出力］

p=.115E+03(psia)

T(F)	DVwT	DVwp	Bw(-)
.500E+02	-.195E-02	-.554E-04	.998E+00
.750E+02	.310E-02	-.611E-04	.100E+01
.100E+03	.884E-02	-.668E-04	.101E+01
.125E+03	.153E-01	-.724E-04	.102E+01
.150E+03	.224E-01	-.781E-04	.102E+01
.175E+03	.302E-01	-.837E-04	.103E+01
.200E+03	.387E-01	-.894E-04	.104E+01

ps=.791E+00(MPa)

T(K)	Bw(-)
.100E+02	.998E+00
.239E+02	.100E+01
.378E+02	.101E+01
.517E+02	.102E+01
.656E+02	.102E+01
.794E+02	.103E+01
.933E+02	.104E+01

(9) 演習問題解答図-2.11.1　McCainの式と近似式による計算値を結合した R_{s-p} 曲線

計算プログラム「File Name : Culberson.For」と「File Name : McCain.For」
Culberson.For の主な入力データ：

t = 80 (°F) = 26.7 (℃)，

p(1) = 200.0, p(2) = 300.0, p(3) = 400.0, p(4) = 500.0, p(5) = 600.0, p(6) = 700.0, p(7) = 800.0, p(8) = 900.0, p(9) = 950.0, p(10) = 990.0 (psia)

[計算結果の出力 (1)]

	p(psia)	pk(MPa)	
	.147E+02	.101E+00	
T(F)	Rs(ft3/bbl)	Rsb(ft3/bbl)	Rsbs(m³/kL)
.800E+02	.200E+00	.191E+00	.340E-01
	p(psia)	pk(MPa)	
	.500E+02	.345E+00	
T(F)	Rs(ft3/bbl)	Rsb(ft3/bbl)	Rsbs(m³/kL)
.800E+02	.682E+00	.650E+00	.116E+00
	p(psia)	pk(MPa)	
	.100E+03	.690E+00	
T(F)	Rs(ft3/bbl)	Rsb(ft3/bbl)	Rsbs(m³/kL)
.800E+02	.136E+01	.130E+01	.231E+00
	p(psia)	pk(MPa)	
	.150E+03	.103E+01	
T(F)	Rs(ft3/bbl)	Rsb(ft3/bbl)	Rsbs(m³/kL)
.800E+02	.205E+01	.195E+01	.347E+00
	p(psia)	pk(MPa)	
	.200E+03	.138E+01	
T(F)	Rs(ft3/bbl)	Rsb(ft3/bbl)	Rsbs(m³/kL)
.800E+02	.273E+01	.260E+01	.463E+00
	p(psia)	pk(MPa)	
	.250E+03	.172E+01	
T(F)	Rs(ft3/bbl)	Rsb(ft3/bbl)	Rsbs(m³/kL)
.800E+02	.325E+01	.310E+01	.551E+00

T(F)	p(psia)	pk(MPa)	
	.300E+03	.207E+01	
T(F)	Rs(ft3/bbl)	Rsb(ft3/bbl)	Rsbs(m^3/kL)
.800E+02	.377E+01	.360E+01	.640E+00

	p(psia)	pk(MPa)	
	.350E+03	.241E+01	
T(F)	Rs(ft3/bbl)	Rsb(ft3/bbl)	Rsbs(m^3/kL)
.800E+02	.430E+01	.409E+01	.729E+00

	p(psia)	pk(MPa)	
	.400E+03	.276E+01	
T(F)	Rs(ft3/bbl)	Rsb(ft3/bbl)	Rsbs(m^3/kL)
.800E+02	.482E+01	.459E+01	.817E+00

	p(psia)	pk(MPa)	
	.450E+03	.310E+01	
T(F)	Rs(ft3/bbl)	Rsb(ft3/bbl)	Rsbs(m^3/kL)
.800E+02	.534E+01	.509E+01	.906E+00

	p(psia)	pk(MPa)	
	.500E+03	.345E+01	
T(F)	Rs(ft3/bbl)	Rsb(ft3/bbl)	Rsbs(m^3/kL)
.800E+02	.586E+01	.559E+01	.995E+00

	p(psia)	pk(MPa)	
	.550E+03	.379E+01	
T(F)	Rs(ft3/bbl)	Rsb(ft3/bbl)	Rsbs(m^3/kL)
.800E+02	.639E+01	.609E+01	.108E+01

	p(psia)	pk(MPa)	
	.600E+03	.414E+01	
T(F)	Rs(ft3/bbl)	Rsb(ft3/bbl)	Rsbs(m^3/kL)
.800E+02	.691E+01	.659E+01	.117E+01

	p(psia)	pk(MPa)	
	.000E+00	.000E+00	
T(F)	Rs(ft3/bbl)	Rsb(ft3/bbl)	Rsbs(m^3/kL)
.800E+02	.000E+00	.000E+00	.000E+00

T(F)	p(psia)	pk(MPa)	
	.650E+03	.448E+01	
	Rs(ft3/bbl)	Rsb(ft3/bbl)	Rsbs(m³/kL)
.800E+02	.733E+01	.699E+01	.124E+01
	p(psia)	pk(MPa)	
	.700E+03	.483E+01	
	Rs(ft3/bbl)	Rsb(ft3/bbl)	Rsbs(m³/kL)
.800E+02	.775E+01	.739E+01	.131E+01
	p(psia)	pk(MPa)	
	.750E+03	.517E+01	
	Rs(ft3/bbl)	Rsb(ft3/bbl)	Rsbs(m³/kL)
.800E+02	.817E+01	.779E+01	.139E+01
	p(psia)	pk(MPa)	
	.800E+03	.552E+01	
	Rs(ft3/bbl)	Rsb(ft3/bbl)	Rsbs(m³/kL)
.800E+02	.859E+01	.819E+01	.146E+01
	p(psia)	pk(MPa)	
	.900E+03	.621E+01	
	Rs(ft3/bbl)	Rsb(ft3/bbl)	Rsbs(m³/kL)
.800E+02	.943E+01	.899E+01	.160E+01
	p(psia)	pk(MPa)	
	.999E+03	.689E+01	
	Rs(ft3/bbl)	Rsb(ft3/bbl)	Rsbs(m³/kL)
.800E+02	.103E+02	.978E+01	.174E+01

McCain のデータ:

t = 80 (°F) = 26.7 (℃),

p(1) = 1100.0, p(2) = 1200.0, p(3) = 1400.0, p(4) = 1600.0, p(5) = 1800.0, p(6) = 2000.0, p(7) = 2200.0, p(8) = 2400.0, p(9) = 2600.0, p(10) = 2800.0, p(11) = 2900.0 (psia)

[計算結果の出力 (2)]

[Pure Water]	S=0(wt%)	T=80.0(°F)	Tc=26.7(℃)
p(psia)	ps(MPa)	Rsw(scf/bbl)	Rsws(m³/m³)
.110E+04	.758E+01	.109E+02	.194E+01
.120E+04	.827E+01	.129E+02	.230E+01
.140E+04	.965E+01	.174E+02	.309E+01
.160E+04	.110E+02	.224E+02	.399E+01
.180E+04	.124E+02	.281E+02	.500E+01
.200E+04	.138E+02	.343E+02	.611E+01
.220E+04	.152E+02	.410E+02	.731E+01
.240E+04	.165E+02	.483E+02	.860E+01
.260E+04	.179E+02	.560E+02	.998E+01
.280E+04	.193E+02	.643E+02	.114E+02
.290E+04	.200E+02	.685E+02	.122E+02

[Brine]	S=2.0(wt%)	T=80.0(°F)	Tc=26.7(℃)	
p(psia)	ps(MPa)	Rsb(scf/bbl)	Rsbs(m³/m³)	ratio(-)
.110E+04	.758E+01	.104E+02	.185E+01	.953E+00
.120E+04	.827E+01	.123E+02	.219E+01	.953E+00
.140E+04	.965E+01	.166E+02	.295E+01	.953E+00
.160E+04	.110E+02	.214E+02	.381E+01	.953E+00
.180E+04	.124E+02	.268E+02	.477E+01	.953E+00
.200E+04	.138E+02	.327E+02	.582E+01	.953E+00
.220E+04	.152E+02	.391E+02	.696E+01	.953E+00
.240E+04	.165E+02	.460E+02	.819E+01	.953E+00
.260E+04	.179E+02	.534E+02	.951E+01	.953E+00
.280E+04	.193E+02	.612E+02	.109E+02	.953E+00
.290E+04	.200E+02	.653E+02	.116E+02	.953E+00

(10) 演習問題解答図-2.12.1 温度および圧力の関数としてのガス溶解度 Rs 計算プログラム「File Name：McCain.For」

主なデータ：

t = 59.0, 86.0, 122.0(°F)

p(1) = 1000.0 〜 2900.0(psia)

[計算結果の出力]

	[Brine]	S=2.0(wt%)	T=59.0(°F)	Tc=15.0(℃)
p(psia)	ps(MPa)	Rsb(scf/bbl)	Rsbs(m³/m³)	ratio(-)
.100E+04	.690E+01	.109E+02	.194E+01	.949E+00

p(psia)	ps(MPa)	Rsb(scf/bbl)	Rsbs(m³/m³)	ratio(-)
.120E+04	.827E+01	.120E+02	.214E+01	.949E+00
.140E+04	.965E+01	.131E+02	.233E+01	.949E+00
.160E+04	.110E+02	.142E+02	.252E+01	.949E+00
.180E+04	.124E+02	.152E+02	.270E+01	.949E+00
.200E+04	.138E+02	.162E+02	.288E+01	.949E+00
.220E+04	.152E+02	.171E+02	.305E+01	.949E+00
.240E+04	.165E+02	.181E+02	.322E+01	.949E+00
.260E+04	.179E+02	.190E+02	.338E+01	.949E+00
.280E+04	.193E+02	.199E+02	.354E+01	.949E+00
.290E+04	.200E+02	.203E+02	.361E+01	.949E+00
	[Brine]	S=2.0(wt%)	T=86.0(°F)	Tc=30.0(℃)
p(psia)	ps(MPa)	Rsb(scf/bbl)	Rsbs(m³/m³)	ratio(-)
.100E+04	.690E+01	.922E+01	.164E+01	.954E+00
.120E+04	.827E+01	.102E+02	.182E+01	.954E+00
.140E+04	.965E+01	.112E+02	.199E+01	.954E+00
.160E+04	.110E+02	.121E+02	.216E+01	.954E+00
.180E+04	.124E+02	.130E+02	.232E+01	.954E+00
.200E+04	.138E+02	.139E+02	.248E+01	.954E+00
.220E+04	.152E+02	.148E+02	.264E+01	.954E+00
.240E+04	.165E+02	.157E+02	.279E+01	.954E+00
.260E+04	.179E+02	.165E+02	.294E+01	.954E+00
.280E+04	.193E+02	.173E+02	.308E+01	.954E+00
.290E+04	.200E+02	.177E+02	.316E+01	.954E+00
	[Brine]	S=2.0(wt%)	T=122.0(°F)	Tc=50.0(℃)
p(psia)	ps(MPa)	Rsb(scf/bbl)	Rsbs(m³/m³)	ratio(-)
.100E+04	.690E+01	.764E+01	.136E+01	.958E+00
.120E+04	.827E+01	.852E+01	.152E+01	.958E+00
.140E+04	.965E+01	.938E+01	.167E+01	.958E+00
.160E+04	.110E+02	.102E+02	.182E+01	.958E+00
.180E+04	.124E+02	.110E+02	.197E+01	.958E+00
.200E+04	.138E+02	.119E+02	.211E+01	.958E+00
.220E+04	.152E+02	.127E+02	.225E+01	.958E+00
.240E+04	.165E+02	.134E+02	.239E+01	.958E+00
.260E+04	.179E+02	.142E+02	.253E+01	.958E+00
.280E+04	.193E+02	.149E+02	.266E+01	.958E+00
.290E+04	.200E+02	.153E+02	.272E+01	.958E+00

(11) 演習問題解答図-2.13.1 標準状態におけるかん水密度に及ぼす塩分の影響計算プログラム「File Name：Density.For」

主なデータ：
  T = 288.15 (K), p = 0.1013 (MPa), S = 0.0 ～ 40.0 (kg/m³)

　　　［計算結果の出力］

p=.101E+00	T=.288E+03
S(kg/m³)	Row (kg/m³)
.00000E+00	.99863E+03
.10000E+02	.10052E+04
.20000E+02	.10118E+04
.30000E+02	.10184E+04
.40000E+02	.10251E+04

(12) 演習問題解答図-2.14.1　温度および圧力の関数としてのかん水密度計算プログラム「File Name : DensityPT.For」

主なデータ：
  S = 25.0 (kg/m³), p(1) = 1.0, p(2) = 5.0, p(3) = 10.0 (MPa)
  t(1) = 10.0, t(2) = 20.0, t(3) = 30.0, t(4) = 40.0, t(5) = 50.0

　　　［計算結果の出力］

　　　S=.250E+02 (kg/m³)
　　　　p=.100E+01 (MPa)

T(K)	Row(kg/m³)
.28315E+03	.10165E+04
.29315E+03	.10144E+04
.30315E+03	.10116E+04
.31315E+03	.10082E+04
.32315E+03	.10041E+04

　　　　p=.500E+01 (MPa)

T(K)	Row(kg/m³)
.28315E+03	.10182E+04
.29315E+03	.10161E+04
.30315E+03	.10133E+04
.31315E+03	.10098E+04
.32315E+03	.10057E+04

　　　　p=.100E+02 (MPa)

T(K)	Row(kg/m³)
.28315E+03	.10204E+04
.29315E+03	.10182E+04
.30315E+03	.10153E+04

.31315E+03	.10118E+04
.32315E+03	.10077E+04

(13) 演習問題解答図-2.17.1 塩分一定の下で圧力 p をパラメータしたときの温度 T に対するかん水の等温圧縮率 c_w の変化

計算プログラム「File Name : Cw.For」

主な入力データ：

$p = 1.0$, $p = 5.0$, $p = 10.0$ (MPa)

$t(1) = 10.0$, $t(2) = 20.0$ (℃), $p(3) = 30.0$, $p(4) = 40.0$, $p(5) = 50.0$, $p(6) = 60.0$ (MPa)

［計算結果の出力］

S=.25000E-01 (kg/m³)　　p=.10000E+01 (MPa)

T(K)	Row(kg/m³)	Cw(1/MPa)
.28315E+03	.99978E+03	.44397E-03
.29315E+03	.99811E+03	.43074E-03
.30315E+03	.99569E+03	.42146E-03
.31315E+03	.99252E+03	.41615E-03
.32315E+03	.98859E+03	.41483E-03
.33315E+03	.98390E+03	.41755E-03

S=.25000E-01 (kg/m³)　　p=.50000E+01 (MPa)

T(K)	Row(kg/m³)	Cw(1/MPa)
.28315E+03	.10016E+04	.44318E-03
.29315E+03	.99983E+03	.43000E-03
.30315E+03	.99737E+03	.42075E-03
.31315E+03	.99417E+03	.41546E-03
.32315E+03	.99023E+03	.41415E-03
.33315E+03	.98554E+03	.41686E-03

S=.25000E-01 (kg/m³)　　p=.10000E+02 (MPa)

T(K)	Row(kg/m³)	Cw(1/MPa)
.28315E+03	.10038E+04	.44220E-03
.29315E+03	.10020E+04	.42907E-03
.30315E+03	.99947E+03	.41987E-03
.31315E+03	.99624E+03	.41460E-03
.32315E+03	.99228E+03	.41329E-03
.33315E+03	.98759E+03	.41599E-03

(14) 第2章演習問題解答図-2.18.1 大気圧下における水の粘度に及ぼす温度および塩分の影響

計算プログラム「File Name : Cw.For」

主な入力データ：

S = 0.0, 2.5(kg/m^3), p = 14.7(psia)

T(1) = 60.0, T(2) = 80.0, T(3) = 100.0, T(4) = 120.0, T(5) = 140.0, T(6) = 160.0(°F)

［計算結果の出力］

S=.00000E+00(wt-percent)

Temp(F)	zMyuw1(cp)	ratio(-)	zMyuw(cp)
.60000E+02	.11098E+01	.10428E+01	.11573E+01
.80000E+02	.80369E+00	.10428E+01	.83809E+00
.10000E+03	.62573E+00	.10428E+01	.65251E+00
.12000E+03	.51000E+00	.10428E+01	.53183E+00
.14000E+03	.42902E+00	.10428E+01	.44739E+00
.16000E+03	.36935E+00	.10428E+01	.38516E+00

S=.25000E+01(wt-percent)

Temp(F)	zMyuw1(cp)	ratio(-)	zMyuw(cp)
.60000E+02	.11784E+01	.10428E+01	.12288E+01
.80000E+02	.86847E+00	.10428E+01	.90565E+00
.10000E+03	.68543E+00	.10428E+01	.71477E+00
.12000E+03	.56490E+00	.10428E+01	.58908E+00
.14000E+03	.47969E+00	.10428E+01	.50022E+00
.16000E+03	.41634E+00	.10428E+01	.43416E+00

(15) 第2章演習問題解答図-2.19.1　温度および圧力の関数としてのガス水表面張力

計算プログラム「File Name: Sigw.For」

主なデータ：

T = 74, 143, 212(°F)

p(1) = 10.0, p(2) = 100.0, p(3) = 500.0, p(4) = 1500.0, p(5) = 2000.0(psia)

［計算結果の出力］

Temp=.74000E+02(°F)

Press.(psia)	sigw(dynes/cm)
.24500E+02	.70246E+02
.11450E+03	.69839E+02
.51450E+03	.68074E+02
.10145E+04	.65971E+02

| .15145E+04 | .63980E+02 |
| .20145E+04 | .62102E+02 |

Temp=.14300E+03(°F)

Press.(psia)	sigw(dynes/cm)
.24500E+02	.62053E+02
.11450E+03	.61707E+02
.51450E+03	.60212E+02
.10145E+04	.58438E+02
.15145E+04	.56770E+02
.20145E+04	.55208E+02

Temp=.21200E+03(°F)

Press.(psia)	sigw(dynes/cm)
.24500E+02	.53860E+02
.11450E+03	.53576E+02
.51450E+03	.52347E+02
.10145E+04	.50898E+02
.15145E+04	.49543E+02
.20145E+04	.48284E+02

[第3章]

(1) 図-3.2.1 非定常流圧力断面

計算プログラム「File Name : r-p-t.For」

主な入力データ：

$p_i = 6370000 (Pa)$, $q_{sc} = 0.05 (m^3/s)$, $z_h = h = 50 (m)$, $F_{ai} = \phi = 0.2$, $z_K = k = 1.02 \times 10^{-11} (m^2)$, $z_{Myuw} = \mu_w = 7 \times 10^{-4} (Pa \cdot s)$, $c_t = 3.4 \times 10^{-10} (1/Pa)$, $B_w = 1.0$

$t(1) = 86400$, $t(2) = 864000$, $t(3) = 8640000 (sec)$

$r(1) = 0.1$, $r(2) = 1.0$, $r(3) = 10.0$, $r(4) = 50.0$, $r(5) = 100.0 (m)$

[計算結果の出力]

t=.100E+01(days)

r(m)	p(MPa)
.10000E+00	.62534E+01
.50000E+00	.62710E+01
.10000E+01	.62786E+01
.50000E+01	.62962E+01
.10000E+02	.63037E+01
.20000E+02	.63113E+01
.50000E+02	.63213E+01

r(m)	p(MPa)
.70000E+02	.63250E+01
.10000E+03	.63289E+01

t=.100E+02(days)

r(m)	p(MPa)
.10000E+00	.62408E+01
.50000E+00	.62584E+01
.10000E+01	.62660E+01
.50000E+01	.62836E+01
.10000E+02	.62911E+01
.20000E+02	.62987E+01
.50000E+02	.63087E+01
.70000E+02	.63124E+01
.10000E+03	.63163E+01

t=.100E+03(days)

r(m)	p(MPa)
.10000E+00	.62282E+01
.50000E+00	.62458E+01
.10000E+01	.62534E+01
.50000E+01	.62710E+01
.10000E+02	.62786E+01
.20000E+02	.62861E+01
.50000E+02	.62962E+01
.70000E+02	.62998E+01
.10000E+03	.63037E+01

(2) 図-3.3.1 定常流圧力断面

計算プログラム「File Name : P-rsteady.For」

主な入力データ：

$p_e = 6370000$(Pa), $r_w = 0.1$(m), $r_e = 500$(m), $z_h = 50$(m), $z_k = 1.02 \times 10^{-11}$(m^2),
$z_{Myuw} = 7 \times 10^{-4}$(Pa·s), $B_w = 1.0$(-), $s = 0$(-)
$r(1) = 0.1$, $r(2) = 1$, $r(3) = 10$, $r(4) = 50$, $r(5) = 100$, $r(6) = 250$, $r(7) = 500$(m)

［計算結果の出力］

q=.500E-01(m^3/s)

r(m)	p(MPa)
.10000E+00	.62769E+01

.50000E+00	.62945E+01
.10000E+01	.63021E+01
.50000E+01	.63197E+01
.10000E+02	.63272E+01
.20000E+02	.63348E+01
.50000E+02	.63448E+01
.10000E+03	.63524E+01
.25000E+03	.63624E+01
.50000E+03	.63700E+01

[第5章]

(1) 図-5.9 Vogel の無次元 IPR

計算プログラム「File Name：Vogel.For」

主な入力データ：

$x(1) = 0.0$, $x(2) = .01$, $x(3) = 0.2$, $x(4) = 0.3$, $x(5) = 0.4$, $x(6) = 0.5$, $x(7) = 0.6$, $x(8) = 0.7$, $x(9) = 0.8$, $x(10) = 0.9$, $x(11) = 1.0$

[計算結果の出力]

$pwf/\bar{p}$	$qw/qwmax$
.00000E+00	.10000E+01
.10000E+00	.97200E+00
.20000E+00	.92800E+00
.30000E+00	.86800E+00
.40000E+00	.79200E+00
.50000E+00	.70000E+00
.60000E+00	.59200E+00
.70000E+00	.46800E+00
.80000E+00	.32800E+00
.90000E+00	.17200E+00
.10000E+01	.00000E+00

(2) 図-5.10 J = 一定の場合の Vogel の無次元 IPR

計算プログラム「File Name：VogelJconst.For」

主な入力データ：

$q_{w, max} = 160 (m^3/hr)$, $\bar{p} = 7.0 (MPa)$, $p_{wf}(1) = 0.0$, $p_{wf}(2) = 1.0$, $p_{wf}(3) = 2.0$, $p_{wf}(4) = 3.0$, $p_{wf}(5) = 4.0$, $p_{wf}(6) = 5.0$, $p_{wf}(7) = 6.0$, $p_{wf}(8) = 7.0$

[計算結果の出力]

q(m³/hr)	pwf(MPa)
.100E+01	.000E+00
.857E+00	.100E+01
.714E+00	.200E+01
.571E+00	.300E+01
.429E+00	.400E+01
.286E+00	.500E+01
.143E+00	.600E+01
.000E+00	.700E+01

(3)　図-5.12　不飽和貯留層の IPR（計算値）

計算プログラム「File Name：VogelIPR12.For」

主な入力データ：

$p_{wf}(1) = 0.0$, $p_{wf}(2) = 1.0$, $p_{wf}(3) = 2.0$, $p_{wf}(4) = 3.0$, $p_{wf}(5) = 4.0$, $p_{wf}(6) = 5.0$, $p_{wf}(7) = 6.0$, $p_{wf}(8) = 7.0$ (MPa)

　　　[計算結果の出力]

zJ=.180E+03(m³/MPa-hr)　　qb=.360E+03(m³/hr)

q(m³/hr)	pwf(MPa)
.860E+03	.000E+00
.824E+03	.100E+01
.756E+03	.200E+01
.656E+03	.300E+01
.524E+03	.400E+01
.360E+03	.500E+01
.180E+03	.600E+01
.000E+00	.700E+01

(4)　図-5.13　不飽和貯留層の IPR

計算プログラム「File Name：VogelIPR13.For」

主な入力データ：

$p_{wf}(1) = 7.0$, $p_{wf}(2) = 6.0$, $p_{wf}(3) = 5.0$, $p_{wf}(4) = 4.0$, $p_{wf}(5) = 3.0$, $p_{wf}(6) = 2.0$, $p_{wf}(7) = 1.0$, $p_{wf}(8) = 0.0$ (MPa)

付録 B

[計算結果の出力]

zJ=.690E+02 (m³/MPa-hr)　　qb=.138E+03 (m³/hr)

q(m³/hr)	pwf(MPa)
.000E+00	.700E+01
.690E+02	.600E+01
.138E+03	.500E+01
.201E+03	.400E+01
.251E+03	.300E+01
.290E+03	.200E+01
.316E+03	.100E+01
.330E+03	.000E+00

(5) 図-5.14　FE = 0.7 と 1.1 の IPR

計算プログラム「File Name：VogelStanding.For」

主な入力データ：

[計算結果の出力]

FE=.700E+00 (-)

q(m³/hr)	pwf(MPa)
.000E+00	.700E+01
.153E+03	.600E+01
.291E+03	.500E+01
.415E+03	.400E+01
.525E+03	.300E+01
.621E+03	.200E+01
.703E+03	.100E+01
.770E+03	.000E+00

FE=.110E+01 (-)

q(m³/hr)	pwf(MPa)
.000E+00	.700E+01
.233E+03	.600E+01
.432E+03	.500E+01
.595E+03	.400E+01
.723E+03	.300E+01
.816E+03	.200E+01
.875E+03	.100E+01
.898E+03	.000E+00

(6) 図-5.15 現在と将来の IPR 曲線

計算プログラム「File Name : qP-qF.For」

主な入力データ：

　$M = 6$(入力データ数), $p_{wf}(1) = 0.0$, $p_{wf}(2) = 1.0$, $p_{wf}(3) = 2.0$, $p_{wf}(4) = 3.0$, $p_{wf}(5) = 4.0$, $p_{wf}(6) = 5.0$

［計算結果］

Pwf(MPa)	qP(m³/day)	qF(m³/day)
0	222	143
10	212.3	135.06
20	194.82	120.76
30	170.35	100.1
40	138.64	73.09
50	99.67	39.72

(7) 図-5.23 FE と mrp/a の関係

計算プログラム「File Name：Floefficy.For」

主な入力データ：

　$r_w = 4$(in.), $r_p = 0.25$(in.), $r_e = 3000$(in.), $d = 2000$(in.), $k_h = 1 \times 10^{-12}$(m²), $k_v = 1 \times 10^{-12}$(m²), $m = 1, 2, 4, 6, 8, 12$

［計算結果の出力］

a(in.)	FE(-)	C(-)	Ap(sq-in.)	P(percent)	rop(-)
.300E+01	.981E+00	.317E-01	.419E+04	.111E+02	.267E+01
.600E+01	.905E+00	.169E+00	.209E+04	.556E+01	.133E+01
.120E+02	.766E+00	.491E+00	.105E+04	.278E+01	.667E+00
.240E+02	.576E+00	.118E+01	.524E+03	.139E+01	.333E+00
.480E+02	.381E+00	.262E+01	.262E+03	.694E+00	.167E+00
.960E+02	.225E+00	.555E+01	.131E+03	.347E+00	.833E-01
.192E+03	.123E+00	.115E+02	.654E+02	.174E+00	.417E-01
rw=.600E+01	re=.300E+02	alf=.100E+01	ratio=.500E+01	m=16	

(Ratio = re/rw = 750)

a(in.)	FE(-)	C(-)	Ap(sq-in.)	P(-)	rop(-)
.150E+01	.604E+00	.385E+01	.262E+03	.521E+00	.167E+00
rw=.400E+01	re=.300E+04	alf=.100E+01	ratio=.750E+03	m=1	

a(in.)	FE(-)	C(-)	Ap(sq-in.)	P(-)	rop(-)
.150E+01	.805E+00	.143E+01	.524E+03	.104E+01	.333E+00
rw=.400E+01	re=.300E+04	alf=.100E+01	ratio=.750E+03	m=2	

a(in.)	FE(-)	C(-)	Ap(sq-in.)	P(-)	rop(-)
.150E+01	.967E+00	.202E+00	.157E+04	.313E+01	.100E+01
rw=.400E+01	re=.300E+04	alf=.100E+01		ratio=.750E+03	m=6

a(in.)	FE(-)	C(-)	Ap(sq-in.)	P(-)	dens(-)
.150E+01	.975E+00	.183E+00	.209E+04	.278E+01	.133E+01
rw=.600E+01	re=.300E+04	alf=.100E+01		ratio=.500E+03	m=8

a(in.)	FE(-)	C(-)	Ap(sq-in.)	P(-)	rop(-)
.150E+01	.990E+00	.597E-01	.314E+04	.625E+01	.200E+01
rw=.400E+01	re=.300E+04	alf=.100E+01		ratio=.750E+03	m=12

(ratio = re/rw = 7.5)

a(in.)	FE(-)	C(-)	Ap(sq-in.)	P(-)	rop(-)
.150E+01	.247E+00	.385E+01	.262E+03	.521E+00	.167E+00
rw=.400E+01	re=.300E+02	alf=.100E+01		ratio=.750E+01	m=1

a(in.)	FE(-)	C(-)	Ap(sq-in.)	P(-)	rop(-)
.150E+01	.470E+00	.143E+01	.524E+03	.104E+01	.333E+00
rw=.400E+01	re=.300E+02	alf=.100E+01		ratio=.750E+01	m=2

a(in.)	FE(-)	C(-)	Ap(sq-in.)	P(-)	rop(-)
.150E+01	.723E+00	.485E+00	.105E+04	.208E+01	.667E+00
rw=.400E+01	re=.300E+02	alf=.100E+01		ratio=.750E+01	m=4

a(in.)	FE(-)	C(-)	Ap(sq-in.)	P(-)	rop(-)
.150E+01	.862E+00	.202E+00	.157E+04	.313E+01	.100E+01
rw=.400E+01	re=.300E+02	alf=.100E+01		ratio=.750E+01	m=6

a(in.)	FE(-)	C(-)	Ap(sq-in.)	P(-)	rop(-)
.150E+01	.918E+00	.112E+00	.209E+04	.417E+01	.133E+01
rw=.400E+01	re=.300E+02	alf=.100E+01		ratio=.750E+01	m=8

a(in.)	FE(-)	C(-)	Ap(sq-in.)	P(-)	rop(-)
.150E+01	.955E+00	.597E-01	.314E+04	.625E+01	.200E+01
rw=.400E+01	re=.300E+02	alf=.100E+01		ratio=.750E+01	m=12

(8)　演習問題解答図-5.5.1　定常 IPR に及ぼすスキンの影響

計算プログラム「File Name：SteadyIPR.For」

主な入力データ：

$p_e = 1$(MPa), $r_w = 0.1$(m), $r_e = 1000$(m), $z_h = 50$(m), $z_k = 1 \times 10^{-12}$(m^2), $z_{Myuw} = \mu_w = 0.7$(mPa・s), $B_w = 1$(m^3/sc-m^3), $s = 2$(-)

$q(1) = 3.6$, $q(2) = 10.8$, $q(3) = 25.2$, $q(4) = 36$, $q(5) = 72$, $q(6) = 108$(m^3/hr)

［計算結果の出力］

qwsc(m^3/hr)	pwf(MPa)	s(-)
.360E+01	.975E+00	.200E+01

.108E+02	.925E+00	.200E+01
.252E+02	.825E+00	.200E+01
.360E+02	.750E+00	.200E+01
.720E+02	.500E+00	.200E+01
.108E+03	.250E+00	.200E+01

s＝0 と 5 の場合についても同様に計算する。

(9) 演習問題解答図-5.6.1 1ヶ月，12ヶ月，720ヶ月の IPR 曲線の比較

計算プログラム「File Name：UnsteadyPwf.For」

主な入力データ：

$p_i = 6 \times 10^6$ (Pa)，$r_w = 0.1$ (m)，$h = 30$ (m)，$\phi = 0.3$，$k = 1 \times 10^{-12}$ (m^2)，$\mu_w = 7 \times 10^{-4}$ (Pa·s)，$c_t = 3.4 \times 10^{-10}$ (1/Pa)，$B_w = 1.0$ (-)，$s = 0$ (-)

［計算結果の出力］

t=.100E+01 (days)

qsc (m^3/days)	pwf (MPa)
.864E+02	.596E+01
.432E+03	.580E+01
.864E+03	.559E+01
.173E+04	.518E+01
.259E+04	.477E+01
.346E+04	.436E+01
.432E+04	.396E+01

t=.120E+02 (days)

qsc (m^3/days)	pwf (MPa)
.864E+02	.595E+01
.432E+03	.577E+01
.864E+03	.554E+01
.173E+04	.509E+01
.259E+04	.463E+01
.346E+04	.418E+01
.432E+04	.372E+01

t=.720E+03 (days)

qsc (m^3/days)	pwf (MPa)
.864E+02	.595E+01
.432E+03	.573E+01
.864E+03	.547E+01

.173E+04	.494E+01
.259E+04	.441E+01
.346E+04	.388E+01
.432E+04	.334E+01

(10)　演習問題解答図-5.9.1　部分貫入井の生産量 q に及ぼす貫入率 δ の影響

計算プログラム「File Name : PartialQ.For」

主な計算データ：

$k = 1 \times 10^{-12}(m^2)$, $\mu_w = 0.0007(Pa \cdot s)$, $B_w = 1.0(m^3/sc\text{-}m^3)$, $h = 40, 50, 60(m)$,
del(1) = 0.1, del(2) = 0.3, del(3) = 0.5, del(4) = 0.7, del(5) = 1.0

［計算結果の出力］

(h=40m)

h(m)	del(-),	Q(m³/s)	FE(-)
.400E+02	.100E+00	.442E-02	.191E+00
.400E+02	.300E+00	.100E-01	.434E+00
.400E+02	.500E+00	.147E-01	.636E+00
.400E+02	.700E+00	.188E-01	.810E+00
.400E+02	.100E+01	.232E-01	.100E+01

(50m)

h(m)	del(-),	Q(m³/s)	FE(-)
.500E+02	.100E+00	.526E-02	.182E+00
.500E+02	.300E+00	.122E-01	.421E+00
.500E+02	.500E+00	.181E-01	.625E+00
.500E+02	.700E+00	.232E-01	.802E+00
.500E+02	.100E+01	.289E-01	.100E+01

(h=60m)

h(m)	del(-),	Q(m³/s)	FE(-)
.600E+02	.100E+00	.608E-02	.175E+00
.600E+02	.300E+00	.143E-01	.412E+00
.600E+02	.500E+00	.214E-01	.616E+00
.600E+02	.700E+00	.276E-01	.796E+00
.600E+02	.100E+01	.347E-01	.100E+01

(11)　演習問題解答図-5.10.1　Kozeny の式による結果と Muskat の式による結果の比較

計算プログラム「File Name : PartialQ.For」と「File Name : Kozeny.For」
ここで，Partial.For は Muskat の式のプログラムである。

主な入力データ：

$k = 1 \times 10^{-12} (\text{m}^2)$, $\mu_w = 0.0007 (\text{Pa} \cdot \text{s})$, $B_w = 1.0 (\text{m}^3/\text{sc-m}^3)$, $h = 50 (\text{m})$, del(1) = 0.1,
del(2) = 0.3, del(3) = 0.5, del(4) = 0.7, del(5) = 1.0

［計算結果の出力］

(Kozeny.For)

h(m)	del(-)	Q(m³/s)	FE(-)
.500E+02	.100E+00	.490E-02	.169E+00
.500E+02	.300E+00	.118E-01	.408E+00
.500E+02	.500E+00	.177E-01	.611E+00
.500E+02	.700E+00	.227E-01	.784E+00
.500E+02	.100E+01	.290E-01	.100E+00

(PartialQ.For)

h(m)	del(-)	Q(m³/s)	FE(-)
.500E+02	.100E+00	.526E-02	.182E+00
.500E+02	.300E+00	.122E-01	.421E+00
.500E+02	.500E+00	.181E-01	.625E+00
.500E+02	.700E+00	.232E-01	.802E+00
.500E+02	.100E+01	.289E-01	.100E+01

(12) 演習問題解答**図-5.14.1** 産出効率 FE に及ぼす穿孔間隔 a の影響

計算プログラム「File Name：Floefficy.For」

主な入力データ：

$k_h = k_z = 1 \times 10^{-12} (\text{m}^2)$, $d = 2000 (\text{in.})$, $r_e/r_w = 500$
$r_w = 6 (\text{in.})$, $r_p = 1/4 (\text{in.})$, $r_e = 3000 (\text{in.})$, $a = 1.5, 3, 6, 12, 24, 45, 96 (\text{in.})$, $m = 4, 6, 8$

［計算結果の出力］

(m=4)

a(in.)	FE(-)	C(-)	Ap(sq-in.)	P(-)	dens(-)
.150E+01	.911E+00	.610E+00	.399E+04	.139E+01	.320E+02
.300E+01	.844E+00	.115E+01	.199E+04	.694E+00	.160E+02
.600E+01	.721E+00	.241E+01	.997E+03	.347E+00	.800E+01
.120E+02	.547E+00	.515E+01	.499E+03	.174E+00	.400E+01
.240E+02	.364E+00	.108E+02	.249E+03	.868E-01	.200E+01
.480E+02	.216E+00	.225E+02	.125E+03	.434E-01	.100E+01
.960E+02	.119E+00	.461E+02	.623E+02	.217E-01	.500E+00

rw=.600E+01   re=.300E+04   alf=.100E+01   rerw=.500E+03   m=4

付録 B

(m=6)

a(in.)	FE(-)	C(-)	Ap(sq-in.)	P(-)	dens(-)
.150E+01	.955E+00	.295E+00	.598E+04	.208E+01	.480E+02
.300E+01	.907E+00	.634E+00	.299E+04	.104E+01	.240E+02
.600E+01	.811E+00	.145E+01	.150E+04	.521E+00	.120E+02
.120E+02	.657E+00	.324E+01	.748E+03	.260E+00	.600E+01
.240E+02	.471E+00	.699E+01	.374E+03	.130E+00	.300E+01
.480E+02	.297E+00	.147E+02	.187E+03	.651E-01	.150E+01
.960E+02	.170E+00	.303E+02	.935E+02	.326E-01	.750E+00

rw=.600E+01　　re=.300E+04　　alf=.100E+01　　rerw=.500E+03　　m=6

(m=8)

a(in.)	FE(-)	C(-)	Ap(sq-in.)	P(-)	dens(-)
.150E+01	.971E+00	.183E+00	.798E+04	.278E+01	.640E+02
.300E+01	.934E+00	.436E+00	.399E+04	.139E+01	.320E+02
.600E+01	.856E+00	.105E+01	.199E+04	.694E+00	.160E+02
.120E+02	.722E+00	.239E+01	.997E+03	.347E+00	.800E+01
.240E+02	.545E+00	.520E+01	.499E+03	.174E+00	.400E+01
.480E+02	.362E+00	.110E+02	.249E+03	.868E-01	.200E+01
.960E+02	.215E+00	.227E+02	.125E+03	.434E-01	.100E+01

rw=.600E+01　　re=.300E+04　　alf=.100E+01　　rerw=.500E+03　　m=8

(13)　演習問題解答図-5.15.1　縦溝型孔明管における FE-Ω の関係

計算プログラム「File Name：SLOTDodson.For」

主な入力データ：

　　m = 6,　r_e/r_w = 5, 32,　Ω = 0.001, 0.005, 0.01, 0.05, 0.1, 0.15, 0.2, 0.25, 0.3

［計算結果の出力］

(re/rw=5)

　　　　　ratio=.500E+01　　　　Q0=.621E+00
　　Omega=.100E+00 (percent)　　FE=.428E+00 (-)
　　Omega=.500E+00 (percent)　　FE=.499E+00 (-)
　　Omega=.100E+01 (percent)　　FE=.538E+00 (-)
　　Omega=.500E+01 (percent)　　FE=.655E+00 (-)
　　Omega=.100E+02 (percent)　　FE=.723E+00 (-)
　　Omega=.150E+02 (percent)　　FE=.770E+00 (-)
　　Omega=.200E+02 (percent)　　FE=.807E+00 (-)
　　Omega=.250E+02 (percent)　　FE=.838E+00 (-)
　　Omega=.300E+02 (percent)　　FE=.865E+00 (-)

（re/rw = 32）

```
                              Q0=.289E+00
         ratio=.320E+02
Omega=.100E+00 （percent）    FE=.617E+00 (-)
Omega=.500E+00 （percent）    FE=.682E+00 (-)
Omega=.100E+01 （percent）    FE=.715E+00 (-)
Omega=.500E+01 （percent）    FE=.803E+00 (-)
Omega=.100E+02 （percent）    FE=.849E+00 (-)
Omega=.150E+02 （percent）    FE=.878E+00 (-)
Omega=.200E+02 （percent）    FE=.900E+00 (-)
Omega=.250E+02 （percent）    FE=.918E+00 (-)
Omega=.300E+02 （percent）    FE=.933E+00 (-)
```

（14） 演習問題解答図-5.16.1　丸穴孔明管仕上げ井と縦溝孔明管仕上げ井の産出効率の比較（$r_e/r_w = 5$）

計算プログラム「File Name：Floefficy.For」

主な入力データ：

$r_w = 6$(in.)，$r_p = 0.25$(in.)，$r_e/r_w = 5$，$a = 1.5$，3，6，12，24，48，96(in.)

［計算結果の出力（丸穴孔明管仕上げ井）］

a(in.)	FE(-)	C(-)	Ap(sq-in.)	P(-)	dens(-)
.150E+01	.920E+00	.610E+00	.105E+04	.139E+01	.667E+00
.300E+01	.859E+00	.115E+01	.524E+03	.694E+00	.333E+00
.600E+01	.744E+00	.241E+01	.262E+03	.347E+00	.167E+00
.120E+02	.576E+00	.515E+01	.131E+03	.174E+00	.833E-01
.240E+02	.392E+00	.108E+02	.654E+02	.868E-01	.417E-01
.480E+02	.237E+00	.225E+02	.327E+02	.434E-01	.208E-01
.960E+02	.132E+00	.461E+02	.164E+02	.217E-01	.104E-01

rw = .600E+01　　re = .300E+02　　alf = .100E+01　　ratio = .500E+01　　m = 4

計算プログラム「File Name：SLOTDodson.For」

主な計算データ：

上記の丸穴孔明管仕上げ井と同じ開口率 P の値を用いる。

$P = 0.0217$，0.0434，0.0868，0.174，0.347，0.694，1.39（％）

[計算結果の出力（縦溝孔明管仕上げ井）]

re/rw＝5

P	丸穴 CF	縦溝 CF
0	0	0
0.347	0.239	0.236
0.69	0.404	0.416
1.04	0.52	0.54
1.39	0.596	0.627
1.74	0.646	0.691
2.08	0.691	0.738
2.43	0.718	0.775
2.78	0.744	0.804
3.47	0.778	0.847
4.51	0.84	0.888

[第6章]

(1) 演習問題解答図-6.2.1 二相流における坑内圧力勾配

計算プログラム「File Name：CWPDL.For」

主な入力データ：

$p_{wh} = 20260\,(\mathrm{Pa})$, $L_t = 1000\,(\mathrm{m})$, $D = 0.2\,(\mathrm{m})$, $q_w = 0.05\,(\mathrm{m}^3/\mathrm{s})$, $\mathrm{GWR} = 0,\ 500,\ 1000,\ 1500$, $\varepsilon = 0.00005\,(\mathrm{m})$, $\mu_w = 0.7 \times 10^{-3}\,(\mathrm{Pa\cdot s})$

[計算結果の出力]

ここでは，GWR＝1500のときの計算結果の出力のみを示す。

[Pressure Traverse]

1:Water　　2:Bubble　　3:Slug

GWR＝ .150E+04

Flow Patern (-)	Depth (m)	Pressure (Pa)	Pressure (psi)
3	.000E+00	.203E+06	.140E+10
3	.500E+02	.376E+06	.259E+10
3	.100E+03	.636E+06	.438E+10
3	.150E+03	.950E+06	.655E+10
3	.200E+03	.130E+07	.896E+10
3	.250E+03	.167E+07	.115E+11
3	.300E+03	.207E+07	.143E+11
3	.350E+03	.248E+07	.171E+11

2	.400E+03	.297E+07	.204E+11
2	.450E+03	.346E+07	.239E+11
2	.500E+03	.396E+07	.273E+11
2	.550E+03	.447E+07	.308E+11
2	.600E+03	.498E+07	.344E+11
2	.650E+03	.550E+07	.379E+11
2	.700E+03	.602E+07	.415E+11
2	.750E+03	.654E+07	.451E+11
2	.800E+03	.706E+07	.487E+11
2	.850E+03	.758E+07	.523E+11
2	.900E+03	.811E+07	.559E+11
2	.950E+03	.863E+07	.595E+11
2	.100E+04	.916E+07	.632E+11

(2) 演習問題解答図-6.3.1 還元井の圧力勾配と流動坑底圧力

計算プログラム「File Name：CWPDL.For」

主な入力データ：

$p_{wh} = 500000 \,(\text{Pa})$, $L_t = 1000 \,(\text{m})$, $D = 0.2 \,(\text{m})$, $q_w = 0.05 \,(\text{m}^3/\text{s})$, $GWR = 0,\ 5\,(-)$,
$\varepsilon = 0.00005\,(\text{m})$, $\mu_w = 0.7 \times 10^{-3}\,(\text{Pa}\cdot\text{s})$

［計算結果の出力］

［Pressure Traverse］

1:Water　　2:Bubble　　3:Slug

GWR=.000E+00

Flow Patern	Depth	Pressure	Pressure
(-)	(m)	(Pa)	(psi)
1	.000E+00	.500E+06	.345E+10
1	.500E+02	.101E+07	.693E+10
1	.100E+03	.151E+07	.104E+11
1	.150E+03	.202E+07	.139E+11
1	.200E+03	.252E+07	.174E+11
1	.250E+03	.303E+07	.209E+11
1	.300E+03	.353E+07	.244E+11
1	.350E+03	.404E+07	.278E+11
1	.400E+03	.454E+07	.313E+11
1	.450E+03	.505E+07	.348E+11
1	.500E+03	.555E+07	.383E+11
1	.550E+03	.606E+07	.418E+11
1	.600E+03	.657E+07	.453E+11

1	.650E+03	.707E+07	.488E+11
1	.700E+03	.758E+07	.523E+11
1	.750E+03	.809E+07	.558E+11
1	.800E+03	.859E+07	.592E+11
1	.850E+03	.910E+07	.627E+11
1	.900E+03	.961E+07	.662E+11
1	.950E+03	.101E+08	.697E+11
1	.100E+04	.106E+08	.732E+11

[第7章]

(1) 演習問題解答図-7.1.1 水平二相流の圧力勾配

計算プログラム「File Name：HoriPipe.For」

主な入力データ：

(1) $GWR = 3$, $p_{sep} = 0.2026 (MPa)$, (2) $GWR = 3000$, $p_{sep} = 2.026 (MPa)$, $z_L(1) = 0.0$, $z_L(2) = 1.0$, $z_L(3) = 2.0$, $z_L(4) = 3.0$, $z_L(5) = 4.0$, $z_L(6) = 5.0$, $z_L(7) = 6.0$, $z_L(8) = 7.0$, $z_L(9) = 8.0$, $z_L(10) = 9.0$, $z_L(11) = 10.0 (m)$

[計算結果の出力]

=== Separator-Wellhead ===

L(m)	P(Pa)
.00000E+00	.20260E+06
.10000E+01	.20282E+06
.20000E+01	.20304E+06
.30000E+01	.20326E+06
.40000E+01	.20348E+06
.50000E+01	.20370E+06
.60000E+01	.20391E+06
.70000E+01	.20413E+06
.80000E+01	.20435E+06
.90000E+01	.20457E+06
.10000E+02	.20479E+06

[第8章]

(1) 図-8.4 ケーシングフロー方式ガスリフト井の圧力勾配

計算プログラム「File Name：GasliftCas.For」

主な入力データ：

$L_t = 600m$, $L_{inj} = 200m$, $D_{cas} = 0.2m$, $D_{tub} = 0.1m$, $q_{w,sc} = 1728 (m^3/d)$, $GWR_i = 3$,

$GWR_2 = 4000$, $\rho_w = 998.9 (kg/m^3)$, $\rho_{air} = 28.97$, $M = 16.0$, $z = 1.0$, $p_{wf} = 6.8 (MPa)$, $t_{wh} = 15.0 (℃)$, $t_{wb} = 25.0 (℃)$

[計算結果]

[Pressure Traverse]

1:Water   2:Bubble   3:Slug

GWR1=.300E+01   GWR2=.400E+04

Flow Patern	Depth	Pressure	Pressure
(-)	(m)	(Pa)	(psi)
3	.000E+00	.600E+06	.414E+10
3	.200E+02	.678E+06	.468E+10
3	.400E+02	.761E+06	.525E+10
3	.600E+02	.847E+06	.584E+10
3	.800E+02	.937E+06	.646E+10
3	.100E+03	.103E+07	.711E+10
3	.120E+03	.113E+07	.778E+10
3	.140E+03	.123E+07	.847E+10
3	.160E+03	.133E+07	.919E+10
3	.180E+03	.144E+07	.992E+10
3	.200E+03	.155E+07	.107E+11
1	.220E+03	.175E+07	.120E+11
1	.240E+03	.195E+07	.134E+11
1	.260E+03	.214E+07	.148E+11
1	.280E+03	.234E+07	.162E+11
1	.300E+03	.254E+07	.175E+11
1	.320E+03	.274E+07	.189E+11
1	.340E+03	.294E+07	.203E+11
1	.360E+03	.314E+07	.216E+11
1	.380E+03	.334E+07	.230E+11
1	.400E+03	.353E+07	.244E+11
1	.420E+03	.373E+07	.257E+11
1	.440E+03	.393E+07	.271E+11
1	.460E+03	.413E+07	.285E+11
1	.480E+03	.433E+07	.298E+11
1	.500E+03	.453E+07	.312E+11
1	.520E+03	.473E+07	.326E+11
1	.540E+03	.492E+07	.340E+11
1	.560E+03	.512E+07	.353E+11
1	.580E+03	.532E+07	.367E+11
1	.600E+03	.552E+07	.381E+11

(2) 図-8.5 チュービングフロー方式ガスリフト井の圧力勾配計算プログラム「File Name : GaslifTub.For」

主な入力データ：

$L_t = 600\,(\text{m})$, $L_{inj} = 200\,(\text{m})$, $D_{cas} = 0.2\,(\text{m})$, $D_{tub} = 0.1\,(\text{m})$, $q_{w,sc} = 1,728\,(\text{m}^3/\text{d})$, $GWR_1 = 3$, $GWR_2 = 4000$, $\rho_w = 998.9\,(\text{kg/m}^3)$, $\rho_{air} = 28.97$, $M = 16.0$, $z = 1.0$, $p_{wf} = 6.8\,(\text{MPa})$, $t_{wh} = 15.0\,(\text{℃})$, $t_{wb} = 25.0\,(\text{℃})$

[計算結果の出力]

[Pressure Traverse]
1:Water 2:Bubble 3:Slug
GWR1=.300E+01 GWR2=.400E+04

Flow Patern (-)	Depth (m)	Pressure (Pa)	Pressure (psi)
3	.000E+00	.600E+06	.414E+10
3	.200E+02	.668E+06	.461E+10
3	.400E+02	.740E+06	.510E+10
3	.600E+02	.815E+06	.562E+10
3	.800E+02	.893E+06	.616E+10
3	.100E+03	.975E+06	.672E+10
3	.120E+03	.106E+07	.731E+10
3	.140E+03	.115E+07	.791E+10
3	.160E+03	.124E+07	.854E+10
3	.180E+03	.133E+07	.919E+10
3	.200E+03	.143E+07	.985E+10
1	.220E+03	.163E+07	.112E+11
1	.240E+03	.183E+07	.126E+11
1	.260E+03	.202E+07	.140E+11
1	.280E+03	.222E+07	.153E+11
1	.300E+03	.242E+07	.167E+11
1	.320E+03	.262E+07	.181E+11
1	.340E+03	.282E+07	.194E+11
1	.360E+03	.302E+07	.208E+11
1	.380E+03	.321E+07	.222E+11
1	.400E+03	.341E+07	.235E+11
1	.420E+03	.361E+07	.249E+11
1	.440E+03	.381E+07	.263E+11
1	.460E+03	.401E+07	.276E+11
1	.480E+03	.421E+07	.290E+11
1	.500E+03	.441E+07	.304E+11
1	.520E+03	.461E+07	.318E+11

1	.540E+03	.480E+07	.331E+11
1	.560E+03	.500E+07	.345E+11
1	.580E+03	.520E+07	.359E+11
1	.600E+03	.540E+07	.372E+11

(3) 図-8.6 外吹込管方式ガスリフト井の圧力勾配

計算プログラム「File Name : GasliftOut.For」

主な入力データ:

$L_t = 600$ (m), $L_{inj} = 200$ (m), $D_{cas} = 0.2$ (m), $q_{w,sc} = 1728$ (m^3/d), $GWR_1 = 3$, $GWR_2 = 4000$, $\rho_w = 998.9$ (kg/m^3), $\rho_{air} = 28.97$, $M = 16.0$, $z = 1.0$, $\mu_w = 0.7 \times 10^{-3}$ (Pa·s), $p_{wf} = 6.8$ (MPa), $t_{wh} = 15.0$ (℃), $t_{wb} = 25.0$ (℃)

[計算結果の出力]

[Pressure Traverse]

1:Water 2:Bubble 3:Slug

GWR1=.300E+01 GWR2=.400E+04

Flow Patern	Depth	Pressure	Pressure
(-)	(m)	(Pa)	(psi)
3	.000E+00	.600E+06	.414E+10
3	.200E+02	.647E+06	.446E+10
3	.400E+02	.699E+06	.482E+10
3	.600E+02	.755E+06	.520E+10
3	.800E+02	.816E+06	.562E+10
3	.100E+03	.881E+06	.608E+10
3	.120E+03	.951E+06	.656E+10
3	.140E+03	.103E+07	.707E+10
3	.160E+03	.110E+07	.762E+10
3	.180E+03	.119E+07	.819E+10
3	.200E+03	.128E+07	.880E+10
3	.220E+03	.137E+07	.943E+10
3	.240E+03	.146E+07	.101E+11
2	.260E+03	.166E+07	.115E+11
2	.280E+03	.186E+07	.128E+11
2	.300E+03	.206E+07	.142E+11
2	.320E+03	.226E+07	.156E+11
2	.340E+03	.245E+07	.169E+11
2	.360E+03	.265E+07	.183E+11
2	.380E+03	.285E+07	.197E+11
2	.400E+03	.305E+07	.210E+11

2	.420E+03	.325E+07	.224E+11
2	.440E+03	.345E+07	.238E+11
2	.460E+03	.365E+07	.251E+11
2	.480E+03	.384E+07	.265E+11
2	.500E+03	.404E+07	.279E+11
2	.520E+03	.424E+07	.292E+11
2	.540E+03	.444E+07	.306E+11
2	.560E+03	.464E+07	.320E+11
2	.580E+03	.484E+07	.333E+11
2	.600E+03	.504E+07	.347E+11

(4) 演習問題解答 図-8.1.1 ポンプ採収井内の圧力勾配
計算プログラム「File Name：Pumplift.For」
主な入力データ：

$p_{wh} = 0.2026$ (MPa), GWR = 2, $L_t = 600$ (m), $L_{pump} = 100$ (m), $D_{cas} = 0.23$ (m), $D_{tub} = 0.15$ (m)

[計算結果の出力]

（坑口からポンプ吐出間）

[Pressure Traverse]

1:Water　　2:Bubble　　3:Slug

GWR= .100E+01

Flow Patern	Depth	Pressure	Pressure
(-)	(m)	(MPa)	(psi)
2	.00000E+00	.40000E+00	.27580E+10
2	.10000E+02	.50174E+00	.34595E+10
2	.20000E+02	.60350E+00	.41611E+10
2	.30000E+02	.70526E+00	.48628E+10
2	.40000E+02	.80703E+00	.55645E+10
2	.50000E+02	.90881E+00	.62662E+10
2	.60000E+02	.10106E+01	.69680E+10
2	.70000E+02	.11124E+01	.76699E+10
2	.80000E+02	.12142E+01	.83718E+10
2	.90000E+02	.13160E+01	.90737E+10
2	.10000E+03	.14178E+01	.97756E+10

(坑底からポンプ吸込口間)
[Pressure Traverse]
1:Water　　2:Bubble　　3:Slug
GWR= .100E+01

Flow Patern	Depth	Pressure	Pressure
(-)	(m)	(MPa)	(psi)
1	.60000E+03	.56000E+01	.38612E+11
1	.59000E+03	.55012E+01	.37931E+11
1	.58000E+03	.54023E+01	.37249E+11
1	.57000E+03	.53035E+01	.36568E+11
1	.56000E+03	.52047E+01	.35886E+11
1	.55000E+03	.51059E+01	.35205E+11
1	.54000E+03	.50071E+01	.34524E+11
1	.53000E+03	.49083E+01	.33843E+11
1	.52000E+03	.48095E+01	.33161E+11
1	.51000E+03	.47107E+01	.32480E+11
1	.50000E+03	.46119E+01	.31799E+11
1	.49000E+03	.45131E+01	.31118E+11
1	.48000E+03	.44143E+01	.30437E+11
1	.47000E+03	.43155E+01	.29756E+11
1	.46000E+03	.42168E+01	.29075E+11
1	.45000E+03	.41180E+01	.28394E+11
1	.44000E+03	.40192E+01	.27713E+11
1	.43000E+03	.39205E+01	.27032E+11
1	.42000E+03	.38217E+01	.26351E+11
2	.41000E+03	.37230E+01	.25670E+11
2	.40000E+03	.36242E+01	.24989E+11
2	.39000E+03	.35255E+01	.24308E+11
2	.38000E+03	.34267E+01	.23627E+11
2	.37000E+03	.33280E+01	.22946E+11
2	.36000E+03	.32293E+01	.22266E+11
2	.35000E+03	.31305E+01	.21585E+11
2	.34000E+03	.30318E+01	.20904E+11
2	.33000E+03	.29331E+01	.20224E+11
2	.32000E+03	.28344E+01	.19543E+11
2	.31000E+03	.27357E+01	.18862E+11
2	.30000E+03	.26370E+01	.18182E+11
2	.29000E+03	.25383E+01	.17501E+11
2	.28000E+03	.24396E+01	.16821E+11
2	.27000E+03	.23409E+01	.16140E+11
2	.26000E+03	.22422E+01	.15460E+11

2	.25000E+03	.21435E+01	.14779E+11
2	.24000E+03	.20448E+01	.14099E+11
2	.23000E+03	.19462E+01	.13419E+11
2	.22000E+03	.18475E+01	.12738E+11
2	.21000E+03	.17488E+01	.12058E+11
2	.20000E+03	.16502E+01	.11378E+11
2	.19000E+03	.15515E+01	.10698E+11
2	.18000E+03	.14529E+01	.10017E+11
2	.17000E+03	.13542E+01	.93373E+10
2	.16000E+03	.12556E+01	.86572E+10
2	.15000E+03	.11569E+01	.79771E+10
2	.14000E+03	.10583E+01	.72971E+10
2	.13000E+03	.95969E+00	.66171E+10
2	.12000E+03	.86108E+00	.59371E+10
2	.11000E+03	.76247E+00	.52572E+10
2	.10000E+03	.66387E+00	.45774E+10

[第9章]

(1) 図-9.4 自噴井をもつ生産システムにおける pwf を節点に選択した場合の qopt の決定

インフローの計算プログラム「File Name : PseudoPwf.For」

主な入力データ：

$\bar{p} = 11$(MPa), $h = 30$(m), $r_e = 1000$(m), $k = 1.5 \times 10^{-12}$(m^2), $\mu_w = 7.0 \times 10^{-4}$(Pa·s)

アウトフローの計算プログラム「File Name：HoriPipe.For」と「File Name：CWPDL.For」

主な入力データ：

(HoriPipe) $p_{sep} = 0.2$, GWR $= 2$, $L_{lin} = 10$(m), $D_{lin} = 0.15$(m)

(CWPDL) $L_t = 1000$(m), $D_{cas} = 0.2$(m)

流量のデータ：

$q_{wsc}(1) = 0.005$, $q_{wsc}(2) = 0.01$, $q_{wsc}(3) = 0.02$, $q_{wsc}(4) = 0.03$, $q_{wsc}(5) = 0.04$, $q_{wsc}(6) = 0.05$, $q_{wsc}(7) = 0.06$(m^3/s)

付録 B

[計算結果の出力]

インフロー（PseudoPwf による結果）

s = .0(-)

Qwsc(M3/s)	pwf(MPa)
.50000E-02	.10897E+02
.10000E-01	.10795E+02
.20000E-01	.10589E+02
.30000E-01	.10384E+02
.00000E+00	.11000E+02
.40000E-01	.10179E+02
.50000E-01	.99732E+01
.60000E-01	.97679E+01

（PseudoPwf，HoriPipe，CWPDL による結果の整理）

（インフロー）		（アウトフロー）	
qwsc(m³/s)	pwf(MPa)	pwh(MPa)	pwf (MPa)
0.005	10.897	0.2001	10.027
0.01	10.795	0.20041	10.043
0.02	10.589	0.20167	10.074
0.03	10.384	0.20375	10.107
0.04	10.179	0.20663	10.14
0.05	9.9732	0.21024	10.174
0.06	9.7679	0.21475	10.209

(2) 図-9.5 パイプ径の選択

インフローの計算プログラム「File Name：PseudoPwf.For」

主な入力データ：

$\bar{p}$ = 11(MPa)，k = 1.38×10^{-12}(m²)，μ_w = 4×10^{-4}(Pa·s)，s = 0，h = 30(m)

アウトフローの計算プログラム「File Name：HoriPipe.For」と「File Name：CWPDL.For」

主な入力データ：

p_{sep} = 0.3(MPa)，L_t = 1000(m)，L_{lin} = 10(m)，D_{lin} = 0.15(m)，GWR = 1，D_{cas} = 0.1 と 0.15(m)

流量のデータ：

$q_{wsc}(1)$ = 0.005，$q_{wsc}(2)$ = 0.01，$q_{wsc}(3)$ = 0.02，$q_{wsc}(4)$ = 0.03，$q_{wsc}(5)$ = 0.04，$q_{wsc}(6)$ = 0.05，$q_{wsc}(7)$ = 0.06(m³/s)

[計算結果の出力]

Q(m³/s)	(インフロー) Pwf(MPa)	(アウトフロー) D=0.15m Pwf(MPa)	(アウトフロー) D=0.1m Pwf(MPa)
0.005	10.936	10.06	10.263
0.01	10.873	10.108	10.507
0.02	10.745	10.205	10.995
0.03	10.618	10.302	11.482
0.04	10.49	10.4	11.97
0.05	10.363	10.499	12.475
0.06	10.235	10.598	12.945

(3) 図-9.6 自噴井を持つ生産システムの挙動に及ぼすスキン係数の影響

インフローの計算プログラム「File Name：PseudoPwf.For」

主な入力データ：

$\bar{p}=11$(MPa), k=1.38×10^{-12}(m^2), $\mu_w=4\times10^{-4}$(Pa·s), h=30(m), s=0, 2.0

アウトフローの計算プログラム「File Name：HoriPipe.For」と「File Name：CWPDL.For」

主な入力データ：

p_{sep}=0.3(MPa), D=0.15(m)

流量のデータ：

$q_{wsc}(1)$=0.005, $q_{wsc}(2)$=0.01, $q_{wsc}(3)$=0.02, $q_{wsc}(4)$=0.03, $q_{wsc}(5)$=0.04, $q_{wsc}(6)$=0.05, $q_{wsc}(7)$=0.06(m^3/s)

[計算結果の出力]

qwsc(m³/s)	(インフロー) Pwf(MPa)	(インフロー) s=0.0 Pwf(MPa)	(アウトフロー) s=2.0 Pwf(MPa)
0.005	10.936	10.918	10.06
0.01	10.873	10.836	10.108
0.02	10.745	10.672	10.205
0.03	10.618	10.508	10.302
0.04	10.49	10.345	10.4
0.05	10.363	10.181	10.499
0.06	10.235	10.017	10.598

(4) 図-9.7 ケーシングフロー方式ガスリフト井におけるチュービングサイズの影響

インフローの計算プログラム「File Name：PseudoPwf.For」

主な入力データ：

$k = 1 \times 10^{-12} (m^2)$, $\bar{p} = 6.5 (MPa)$, $\mu_w = 4 \times 10^{-4} (Pa \cdot s)$, $h = 30 (m)$, $s = 0$

アウトフローの計算プログラム「File Name：HoriPipe.For」と「File Name：CWPDL.For」

主な入力データ：

(HoriPipe) $p_{sep} = 0.2$, $GWR1 = 1$, $GWR2 = 4$, $D_{lin} = 0.15 (m)$, $L_{lin} = 10 (m)$

(CWPDL) $L_t = 600 (m)$, $D_{cas} = 0.2 (m)$, $L_{inj} = 100 (m)$, $D_{tub} = 0.1 (m)$

流量の入力データ：

$q_{wsc}(1) = 0.002$, $q_{wsc}(2) = 0.005$, $q_{wsc}(3) = 0.007$, $q_{wsc}(4) = 0.01$, $q_{wsc}(5) = 0.02$, $q_{wsc}(6) = 0.03$, $q_{wsc}(7) = 0.04 (m^3/s)$

［計算結果の出力］

$q(m^3/s)$	インフロー	アウトフロー (Dtub=0.05m)	アウトフロー (Dtub=0.1m)
$q(m^3/s)$	Pwf(MPa)	Pwf(MPa)	Pwf(MPa)
0.002	6.4345	6	6.02
0.005	6.3361	6.02	6.06
0.007	6.2706	6.04	6.1
0.01	6.1723	6.06	6.14
0.02	5.8446	6.14	6.31
0.03	5.5169	6.22	6.48
0.04	5.1892	6.31	6.65

(5) 図-9.8 ポンプ圧力増加の決定

インフローの計算プログラム「File Name：PseudPwf.For」と「File Name：Pumplift.For」

主な入力データ（PseudoPwf.For）：

$\bar{p} = 600 (m)$, $k = 1 \times 10^{-12} (m^2)$, $\mu_w = 4 \times 10^{-4} (Pa \cdot s)$, $h = 30 (m)$, $s = 0$

主な入力データ（Pumplift.For）：

$D_{cas} = 0.2 (m)$, $L_p = 100 (m)$, $GWR = 1$

アウトフローの計算プログラム「File Name：Pumplift.For」と「File Name：HoriPipe.For」

主な入力データ（Pumplift.For）：

$D_{tub} = 0.1$(m), $L_p = 100$(m)

主な入力データ（HoriPipe.For）：

$D_{tub} = 0.1$(m), $L_{lin} = 10$(m), $p_{sep} = 0.1013$(MPa), $D_{lin} = 0.15$(m), GWR=1

p_{wf} に関しては r_e が不明であるから式（5.6）の分母 $\ln 0.472 r_e/r_w + s \fallingdotseq 7 + s$ とした式を用いている。

[計算結果の出力]

Q(m³/s)	Psuc(MPa)	Pdis(MPa)
0.002	1.0435	1.081
0.005	0.96273	1.0819
0.008	0.88185	1.0829
0.01	0.82792	1.0836
0.015	0.69325	1.0853
0.02	0.55843	1.0873
0.03	0.28915	1.0914

(6) 図-9.9 インフロー曲線とアウトフロー曲線に及ぼすポンプ設置深度の影響
インフローの計算プログラム「File Name：PseudoPwf.For」と「File Name：Pumplift.For」
ただし，「Pumplift.For」では坑底からポンプ吸い込み口まで計算し P_{suc} を求める。

主な入力データ（PseudoPwf）：

本文の**表-9.2** のデータ

主な入力データ（Pumplift）：

$L_p = 100$, 200(m), 本文**表-9.2** のデータ

アウトフローの計算プログラム「File Name：HoriPipe.For」と「File Name：Pumplift.For」
ただし，Pumplift.For による計算は坑口からポンプ吐出口まで計算し Pdis を求める。

主な入力データ（HoriPipe）：

本文の**表-9.2** のデータ

主な入力データ（Pumplift）：

本文の**表-9.2** のデータ

[計算結果の出力]

	インフロー Lp=100m	アウトフロー	インフロー Lp=200m	アウトフロー
Q(m³/s)	Psuc(MPa)	Pdis(MPa)	Psuc(MPa)	Pdis(MPa)
0.002	1.0435	1.081	2.0237	2.0613
0.005	0.96273	1.0819	1.9438	2.0631
0.008	0.88185	1.0829	1.8638	2.0649
0.01	0.82792	1.0836	1.8105	2.0662
0.015	0.69325	1.0853	1.6772	2.0695
0.02	0.55843	1.0873	1.5511	2.0673
0.03	0.28915	1.0914	1.2774	2.0801

(7) 図-9.10　セパレータ圧力のアウトフロー曲線に及ぼす影響

インフローの計算プログラム「File Name：PseudoPwf.For」と「File Name：Pumplift.For」

入力データ（PseudoPwf）：

$\bar{p} = 600$(MPa)，$k = 1 \times 10^{-12}$(m²)，$h = 30$(m)，$B_w = 0.98$，$r_e = $ 不明
$\mu_w = 4 \times 10^{-4}$(Pa·s)，$s = 0$

入力データ（Pumplift）：

GWR = 1，$D_{cas} = 0.2$(m)，$D_{tub} = 0.1$(m)，$L_t = 600$(m)，$L_p = 100$(m)

アウトフローの計算プログラム「HoriPipe.For」と「Pumplift.For」

入力データ（HoriPipe）：

$p_{sep} = 0.1013$，0.2026(MPa)，その他本文**表-9.2**のデータ

入力データ（Pumplift）：

$L_p = 100$(m)，本文**表-9.2**のデータ

流量のデータ：

q(1) = 0.002，q(2) = 0.005，q(3) = 0.008，q(4) = 0.01，q(5) = 0.015，q(6) = 0.02，
q(7) = 0.03(m³/s)

[計算結果の出力]

(各節点の圧力)

Q(m³/s)	インフロー Pwf(MPa)	インフロー Psuc(MPa)	アウトフロー Pwh(MPa) Psep=0.1013 (MPa)	アウトフロー Pdis(MPa) Psep=0.1013 (MPa)	アウトフロー Pwh(MPa) Psep=0.2026 (MPa)	アウトフロー Pdis(MPa) Psep=0.2026 (MPa)
0.002	5.7573	0.8494	0.10132	1.0999	0.20262	1.2013
0.005	5.9267	0.84031	0.10145	1.1292	0.20269	1.2306
0.008	5.8827	0.83121	0.10162	1.1587	0.20285	1.26
0.01	5.8533	0.82514	0.10173	1.1783	0.20297	1.2796
0.015	5.78	0.80996	0.10234	1.1277	0.20327	1.3287
0.02	5.7066	0.79473	0.10332	1.2775	0.20401	1.3782
0.03	5.56	0.76438	0.1058	1.3776	0.20597	1.4778

(上記の計算結果から Psuc と Pdis の値を整理)

Q(m³/s)	インフロー Psuc(MPa)	アウトフロー Pdis(MPa) Psep=0.1013 (MPa)	アウトフロー Pdis(MPa) Psep=0.2026 (MPa)
0.002	0.8494	1.0999	1.2013
0.005	0.84031	1.1292	1.2306
0.008	0.83121	1.1587	1.26
0.01	0.82514	1.1783	1.2796
0.015	0.80996	1.2277	1.3287
0.02	0.79473	1.2775	1.3782
0.03	0.76438	1.3776	1.4778

(8) 図-9.12 自然流下方式における最適流量と流動坑底圧力の決定

インフローの計算プログラム「File Name：ReinjNatFall.For」

主な入力データ：

$L_t = 500$(m), $L_{in} = 480$(m), $D_{cas} = 0.25$(m)

アウトフローの計算プログラム「File Name：PseudoPwf.For」

主な入力データ：

$k = 1.0 \times 10^{-10}$(m²), $\mu_w = 4.0 \times 10^{-4}$(Pa·s), $h = 60$(m), $D_{cas} = 0.25$(m), $r_w = 0.125$(m), $r_e = 1000$(m), $L_{in} = 480$(m), $s = 0$, $p = \rho_w g L_{in}$(プログラム上で計算)

流量のデータ：

$q_{wsc}(1) = 0.0005$, $q_{wsc}(2) = 0.001$, $q_{wsc}(3) = 0.002$, $q_{wsc}(4) = 0.004$, $q_{wsc}(5) = 0.006$, $q_{wsc}(6) = 0.008$, $q_{wsc}(7) = 0.01$, $q_{wsc}(8) = 0.015$, $q_{wsc}(9) = 0.02$, $q_{wsc}(10) = 0.025$(m³/s)

[計算結果の出力]

pR=.46988E+07(Pa)　　s=.0(-)

		Qwsc(M3/s)	pwf(MPa)
Qw=.500000E-03(m³/s)	Pwf=.469309E+07(Pa)	.500000E-03	.469886E+01
Qw=.100000E-02(m³/s)	Pwf=.469320E+07(Pa)	.100000E-02	.469890E+01
Qw=.200000E-02(m³/s)	Pwf=.469342E+07(Pa)	.200000E-02	.469897E+01
Qw=.400000E-02(m³/s)	Pwf=.469392E+07(Pa)	.400000E-02	.469912E+01
Qw=.600000E-02(m³/s)	Pwf=.469446E+07(Pa)	.600000E-02	.469926E+01
Qw=.800000E-02(m³/s)	Pwf=.469504E+07(Pa)	.800000E-02	.469941E+01
Qw=.100000E-01(m³/s)	Pwf=.469567E+07(Pa)	.100000E-01	.469955E+01
Qw=.150000E-01(m³/s)	Pwf=.469742E+07(Pa)	.150000E-01	.469992E+01
Qw=.200000E-01(m³/s)	Pwf=.469942E+07(Pa)	.200000E-01	.470028E+01
Qw=.250000E-01(m³/s)	Pwf=.470166E+07(Pa)	.250000E-01	.470065E+01

（上記のデータから q_{wsc} に対するインフローおよびアウトフローの p_{wf} を整理）

	インフロー	アウトフロー
qwsc (m3/s)	pwf (MPa)	pwf (MPa)
0.0005	4.69309	4.69886
0.001	4.6932	4.6989
0.002	4.69342	4.69897
0.004	4.69392	4.69912
0.006	5	4.69926
0.008	4.69504	4.69941
0.01	4.69567	4.69955
0.015	4.69742	4.69992
0.02	4.69942	4.70028
0.025	4.70166	4.70065

(9)　図-9.14　ポンプ圧入方式における最適流量と流動坑底圧力の決定

インフローの計算プログラム「File Name：Pumplift.For」

主な入力データ：

　本文の**表-9.4**の主な使用データ

アウトフローの計算プログラム「File Name：PseudoPwf.For」

主な入力データ：

　本文の**表-9.4**の主な使用データ

流量のデータ：

　$q_{ws}(1)=0.01$，$q_{ws}(2)=0.02$，$q_{ws}(3)=0.03$，$q_{ws}(4)=0.04$，$q_{ws}(5)=0.05$，$q_{ws}(6)$ $=0.06 (m^3/s)$

［計算結果の出力］

$Q_{ws}(m^3/s)$	インフロー Pwf(MPa)	アウトフロー Pwf(MPa)
0.01	4.883	4.8365
0.02	4.8905	4.8763
0.03	4.9021	4.9162
0.04	4.9174	4.956
0.05	4.9365	4.9958
0.06	4.9592	5.0356

（10）　演習問題解答図-9.1.1　外吹込管方式ガスリフト井におけるリフトガス圧入深度の最適流量に及ぼす影響

（インフロー）

計算プログラム「File Name：PseudoPwf.For」

主な入力データ：

　本文の表-9.5 のデータ

（アウトフロー）

計算プログラム「File Name：HoriPipe.For」と「File Name：GasliftOut.For」

主な入力データ：

　本文の表-9.5 のデータ

流量のデータ：

$q_{wsc}(1)=0.002$, $q_{wsc}(2)=0.004$, $q_{wsc}(3)=0.002$, $q_{wsc}(4)=0.004$, $q_{wsc}(5)=0.006$, $q_{wsc}(6)=0.008$, $q_{wsc}(7)=0.01$, $q_{wsc}(8)=0.012$, $q_{wsc}(9)=0.014$, $q_{wsc}(10)=0.016$, $q_{wsc}(11)=0.018$, $q_{wsc}(12)=0.02$, $q_{wsc}(13)=0.022$, $q_{wsc}(14)=0.024$

［計算結果の出力］

（インフロー）

s=.0(-)

Qwsc(M3/s)	pwf(MPa)
.20000E-02	.11951E+02
.40000E-02	.11921E+02
.60000E-02	.11892E+02
.80000E-02	.11863E+02
.10000E-01	.11833E+02
.12000E-01	.11804E+02
.14000E-01	.11775E+02

.16000E-01	.11745E+02	
.18000E-01	.11716E+02	
.20000E-01	.11687E+02	
.22000E-01	.11657E+02	
.24000E-01	.11628E+02	

（アウトフロー）

=== Separator-Wellhed ===

$Qws(m^3/s)$	L(m)	P(Pa)
.200E-02	.00000E+00	.20260E+07
.200E-02	.10000E+01	.20265E+07
.	.	.
.	.	.
.200E-02	.90000E+01	.20302E+07
.200E-02	.10000E+02	.20307E+07

==== Well Head － Well Bottom ====

［Pressure Traverse］

1:Water　2:Bubble　3:Slug

GWR=.300E+04　Qws=.200E-02

Flow Patern	Depth	Pressure	Pressure
(-)	(m)	(Pa)	(psi)
2	.0000E+00	.2031E+07	.1400E+11
2	.2500E+02	.2257E+07	.1556E+11
.	.	.	
.	.	.	
2	.9750E+03	.1141E+08	.7868E+11
2	.1000E+04	.1166E+08	.8038E+11

［結果の整理］

	Linj = 800m	Linj = 500m	
	インフロー	アウトフロー	アウトフロー
$Qws(m^3/)$	Pwf(MPa)	Pwf(MPa)	Pwf(MPa)
0.002	11.95	11.6	11.66
0.004	11.92	11.46	11.55
0.006	11.89	11.39	11.51
0.008	11.86	11.37	11.5
0.01	11.83	11.39	11.53
0.012	11.8	11.44	11.59
0.014	11.77	11.53	11.69
0.016	11.74	11.65	11.81
0.018	11.71	11.81	11.97
0.02	11.68	11.99	12.16
0.022	11.65	12.18	12.34
0.024	11.62	12.3	12.46

(11) 演習問題解答**図-9.2.1** 坑口圧力 p_{wh} を節点に選択した場合のインフロー曲線とアウトフロー曲線

計算プログラム（インフロー）「PseudoPwf.For」
　　　　　　　（アウトフロー）「HoriPipe.For」「GasliftOut.For」

主な入力データ：

(10) と同じデータを用いる。

[計算結果の出力]

	インフロー	アウトフロー
$Q_{ws}(m^3/s)$	Pwh (MPa)	Pwh (MPa)
0.002	2.356	2.0307
0.004	2.46	2.0454
0.006	2.515	2.0716
0.008	2.543	2.111
0.01	2.555	2.1658
0.012	2.555	2.2386
0.014	2.548	2.3322
0.016	2.535	2.4488
0.018	2.518	2.5896
0.02	2.498	2.7545
0.022	2.555	2.9417
0.024	2.662	3.1487

索　　引

【あ】
アウトフロー　266
アウトフロー曲線　267, 270, 271, 274
アウトフローのエネルギ式　266
圧縮係数　32, 35, 40, 42
圧縮係数の評価式　35
圧縮性流体　67
圧縮率　21, 77, 102
圧入試験　99, 117
圧入性試験　99, 117, 118
圧入による障害　19
圧密ゾーンの浸透率　177
圧力干渉　93
圧力降下試験　99, 117, 121
圧力水頭　62
圧力遷移試験　99
圧力ドローダウン　90, 131
圧力ドローダウン試験　99
圧力ビルドアップ　99
圧力ビルドアップ試験　99
アニュラス　12
アニュラス断面積　247
アフター・フロー　100
アンカー仕上げ　9
アンカー投込仕上げ　9
アンカーパイプ　9
アンダーバランス　10, 19, 175

【い】
異常高圧　8
一次元圧密理論　21
位置水頭　61, 253
位置損失　187, 255, 281, 283
位置損失勾配　212, 215
一般気体定数　26
インフロー　266
インフロー曲線　267, 270, 271, 274
インフロー挙動　127
インフロー挙動関係　127
インフロー挙動の式　128, 139, 141

インフローのエネルギ式　266

【う】
渦巻ポンプ　250
運動の第二法則　186

【え】
液相速度数　221
液相ホールドアップ　195, 220
液相流入率　218, 221, 226
液相レイノルズ数　196
液体分布係数　196
円形排水面積　82
遠心ポンプ　250
円筒形貯留層モデル　75
塩分　1, 4, 5

【お】
汚染問題　20
オーバーバランス　18

【か】
回帰公式　163
開口率　9, 166, 174
開放型セパレータ　14
確率曲線の公式　70
下限レイノルズ数　65
重ね合わせの原理　91, 112, 125
過少圧　8
ガス圧入点圧力　241
ガス圧入量　245
ガスが流動できない水の最小飽和率　71
ガスキャップ押し排水機構　136
ガス単相流　231
ガスの水平浸透率　68
ガスの相対浸透率　70
ガスの飽和率　58, 68, 137
ガスの臨界飽和率　137
ガスパイプライン平均圧力　235
ガス水二相流　134, 140

385

索　引

ガス水比　68
ガス溶解度　43
ガス容積係数　39
ガスリフト　11
ガスリフト井　11
ガスリフト井内の圧力勾配　244
ガスリフトバルブ　11
加速損失　187
加速損失勾配　213，214
片対数グラフ　121
カットオフ　58
過渡状態　82
過渡状態の放射状流　80
過渡流　83，106
可燃性天然ガス　1
環境問題　20
間欠ガスリフト　241
間欠流　217，218
還元システム　279
還元井　2，8
還元ライン　2，4
環状流　217
かん水　4
かん水粘度　53
かん水粘度の評価式　53，54
かん水の全容積係数　50
かん水の等温圧縮率の評価式　53
かん水の比重　51
かん水の密度　51
かん水の密度の評価式　51
かん水のメタン溶解度　45，48
かん水の容積係数　48
かん水容積係数の評価式　49
含水率　143
乾性ガス　1
完全貫入井　161
完全流体　61
観測井　93
ガンパー　10
ガンパー仕上げ　10，161，175
ガンパー仕上げの圧密ゾーン半径　177
管壁の粗さ　333
ガンマ関数　163
ガンマ関数の自変数　163

【き】

気液混合流体の平均速度　194，195，196

気液二相流　185
気液二相流の全圧力損失　191
擬似障害スキン係数　160
気相質量速度　213
気相速度　194，199
気相ホールドアップ　193
気体定数　26，27
気体の質量　26
気体の体積　28
気体の比重　30，38
気体の比容積　28
気体の分子量　26
気体のみかけの分子量　30
気体のモル数　26
気体のモル分率　29
擬対臨界圧縮率　42
擬対臨界圧力　35，42
擬対臨界温度　35
擬定常インフロー挙動の式　130
擬定常期間　109
擬定常状態　82
擬定常二相流　133
擬定常流　83，145
擬定常流の産出指数　132，136
気泡上昇速度　197
気泡流　191，218
逆勾配　144
極座標　95，165
許容誤差　205，227
擬臨界圧力　35
擬臨界温度　35
亀裂　81
僅少圧縮性流体　79

【く】

空気の分子量　33
掘削障害　18
掘削流体　18
グラベル　10，162
グラベル浸透率　179
グラベルパック仕上げ　10，162，178
グラベルパック砂　10

【け】

傾斜液相ホールドアップ　221
傾斜修正係数　220
傾斜パイプライン　231

索　引

傾斜流　211
ゲージ圧　8
ケージ占有率　206
ケーシング内の圧力損失　265, 274
ケーシングフロー　12
ケーシングフロー方式ガスリフト　12, 246
ケーシングフロー方式の特徴　12
減圧法　206
限界流速　19
検査体積　186, 211

【こ】

孔隙水　77
孔隙の圧縮率　77
坑口圧力　263
坑井　2
坑井係数　167, 264, 265
坑井仕上げ　9
坑井刺激　19
坑井貯留　100
坑井貯留係数　101
坑井貯留現象　99, 100
坑井の有効半径　159
孔明管　162
孔明管仕上げ　165
孔明管仕上げの圧力損失　264
枯渇押し排水機構　136
固有の浸透率　65
混合押し排水機構　136
混合気体　29
混合気体の全圧力　29
混合気体の比重　38
混合気体の密度　37
混合粘度　223, 226
コンプレッサー　2, 17
コンプレッサー入口圧力　245
コンプレッサーの馬力　245

【さ】

最大流量　139, 149, 150
鎖則　77, 78
サブマージェンス　240
砂面圧力　263
砂面流量　102
産出ガス水比　5, 69, 137, 206
産出効率　10, 13, 148, 155, 162, 174
産出効率の式　148, 164, 167

産出指数　131, 132, 139, 144, 145, 148
産出能力　127, 265
酸処理　18

【し】

仕上げ効率　162
仕上げ流体　18
次元解析　188
システム解析　263, 266
システム解析の原理　263
システム解析法　266
自然流下方式　17, 281, 282
自然流下方式還元システム　280, 281
実坑井　81, 157
実坑井の圧力の式　85
実坑井の流動坑底圧力　148, 158
実坑井の流動坑底圧力の式　85
実在気体　32
実在気体の擬臨界圧力　35
実在気体の状態方程式　32, 67
実在気体の体積　34
実在気体の体積流量　67
実在気体の粘度　39
実在気体の比容積　38
実在気体の密度　37
実在混合気体　39
実在混合気体の擬対臨界圧縮率　42
実在混合気体の擬対臨界圧力　35, 42
実在混合気体の擬対臨界温度　35
実在混合気体の擬臨界圧力　35
実在混合気体の擬臨界温度　35
実在混合気体の比重　38
実在混合気体のみかけの分子量　38
実在混合気体の密度　37
実在混合気体のモル分率　32
実速度　194
実揚程　253
実流速　64
質量　28
質量速度　213
質量保存　76
質量保存則　76, 83, 100, 187
質量流量　187
始動動水勾配　65
修正インフロー挙動の式　150
出砂障害　19
純水の密度　51

387

索　引

純水のメタン溶解度の式　　45
上限レイノルズ数　　65
上載圧　　6
初期ガス水比　　137
初期状態　　42, 48
初期貯留槽圧力　　115, 123, 263
真空圧　　8
人工構造物　　2
人工採収　　239
人工採収井　　10
新第三紀　　5
浸透率　　62, 65, 107, 122, 128, 129
浸透率・層厚積　　107, 114, 119, 122

【す】

吸込圧力　　251, 255, 256
水中電動ポンプ　　3, 13, 250
垂直浸透率　　63, 66, 168
垂直二相流の流れの型の判別　　192
垂直二相流の流れの型の分類　　191
垂直流　　63
水封圧　　14, 17
水平液相ホールドアップ　　221
水平流　　62
水平浸透率　　63, 66, 168, 177
水平流れの型の制約条件　　219
水平流れの型のマップ　　218
水平二相流の流れの型の分類　　216
水平パイプライン内ガス単相流の圧力　　234
水平パイプライン内ガス単相流の平均圧力　　235
水平流の流量　　63
水溶性天然ガス　　1
水溶性天然ガス鉱床　　4, 6
水溶性天然ガス鉱床の圧力勾配　　7
水溶性天然ガス鉱床の挙動　　4
水溶性天然ガス鉱床の典型的な地質構造　　4, 5
水溶性天然ガス成分の比重　　33
水溶性天然ガス成分の分子量　　33
水溶性天然ガス成分の臨界圧力　　33
水溶性天然ガス成分の臨界温度　　33
水溶性天然ガス成分の臨界体積　　33
水溶性天然ガス成分の臨界密度　　33
水溶性天然ガス貯留層　　4, 6, 57
水理伝導率　　21, 62, 66
水力直径　　197, 247
水力半径　　247
スキン効果　　18, 80, 157, 158

スキン係数　　80, 81, 107, 109, 120, 123, 128, 158, 160, 167
スクリーンを巻いたアンカーパイプ　　9
ストークスの式　　15
滑り速度　　194, 199
滑りなし液相ホールドアップ　　226
滑りなし二相密度　　213, 222
滑りなし摩擦係数　　223, 227
滑りなしレイノルズ数　　227
スラグ流　　192, 218

【せ】

静サブマージェンス　　240
生産工学の役割　　263
生産試験　　99
生産システム　　1
生産システム全体の圧力損失　　265
生産システムの基本的構成要素　　2, 263
生産システムの最適化　　267
生産システムの最適化の計算手順　　267
生産システムの最適設計　　266
生産システムの最適流量　　267, 275
生産システムの最適流量の必要条件　　266
生産システムの設計　　270
生産システムの節点　　266
生産システムの診断　　270
生産集積システム　　285
生産井　　8
生産ライン　　2, 4
静水圧　　5, 7, 8, 61
静水圧勾配　　8
静水頭　　61
静湛水面　　240, 281
成分気体の分圧　　29
絶対圧　　8
絶対孔隙率　　56
絶対真空圧　　8
絶対浸透率　　65, 129
絶対粗度　　189, 195
$z-p_{pr}$ 曲線　　41
セパレータ　　2, 13
セパレータ圧力　　264
セパレータ供給流体　　15
ゼロ次の第1種ベッセル関数　　170
ゼロ次の第2種ベッセル関数　　170
ゼロ次のハンケル関数　　168
全圧縮率　　78

索引

全圧力損失　　187, 189, 215, 252, 265
全圧力損失勾配　　212
全圧力損失勾配の式　　230
全圧力損失の式　　188, 196, 198, 199, 216, 231
全応力　　57
線形放射状流方程式　　79
線形補間　　198
線源解　　80
線源解の適用範囲　　80
穿孔間隔　　165
穿孔効率　　175
穿孔数　　166, 177, 179
穿孔層流成分　　176
穿孔トンネル　　179
穿孔トンネル内の層流成分　　179
穿孔トンネル内の乱流成分　　179
穿孔によるスキン係数　　160
穿孔パラメータの指針　　177
穿孔半径　　169
穿孔半径×穿孔密度の積　　169
穿孔平面配列　　165
穿孔密度　　166, 169
穿孔螺旋配列　　165, 167
穿孔乱流成分　　176
穿孔列の角度　　165
全上載圧　　6
全水頭　　61, 62, 253
剪断応力　　19, 186
全容積係数　　50
全揚程　　253

【そ】

層厚　　58, 109
騒音および振動の問題　　20
総括スキン係数　　161
送ガスライン　　2, 4
相関パラメータ　　226
相挙動　　42
層状流　　217
送水ライン　　2, 4
相対浸透率　　70, 134
相対浸透率曲線　　71
相対速度　　194
相対粗度　　189, 195
相当長　　236
相変化　　25
相変化による地層障害　　20

層流　　64, 190
速度係数　　176, 179
外吹込管方式ガスリフト　　11, 249
外吹込管方式の特徴　　11

【た】

対応状態の原理　　35
大気圧　　8
帯水層　　6
堆積層　　21
第四紀　　5
滞留時間　　16
対臨界圧力　　34
対臨界温度　　34
対臨界変数　　34
ダウンホールポンプ　　12
多孔質媒体　　56
多段ポンプ　　257
多段流量試験　　99, 124
縦溝孔明管　　9, 172
ダルシーの法則　　56, 62, 67
ダルシーの法則の適用範囲　　64
ダルシー流速　　64
単一成分実在気体の比重　　38
単一成分実在気体の密度　　37
単位と換算　　22
淡水　　1
湛水面　　2
単段ポンプ　　253, 256

【ち】

地温　　1
地下水面　　7
置換積分　　233
地層障害　　19
地層障害によるスキン係数　　161
地層障害領域の圧力損失　　264
地層水　　1
地盤沈下　　20
地表送気圧力　　241, 243, 245
地表配管　　1
中間流　　192
チュービングサイズの選択　　274, 275
チュービングフロー　　12
チュービングフロー方式ガスリフト　　12, 248
チュービングフロー方式の特徴　　12
直線流　　62

389

索　引

直交座標　　95
貯留岩　　4
貯留岩の圧縮率　　57
貯留岩の絶対孔隙率　　56
貯留岩の全体積　　56, 57
貯留岩の膨張　　137
貯留岩の有効応力　　57
貯留岩の有効孔隙体積　　58
貯留岩の有効孔隙率　　56
貯留層　　2, 4, 135
貯留層圧力　　4
貯留層温度　　5
貯留層状態　　39, 43
貯留層の圧力損失　　264
貯留層のネットグロス比　　58
貯留層の排出能力　　272
貯留層の物理的性質　　264
貯留層流体　　4
沈降速度　　16
沈砂槽　　15

【つ】

通常型ガス鉱床　　5
通常型貯留層　　20
詰込度　　66

【て】

泥岩層の発生ガス　　6
定常インフロー挙動の式　　128, 130
定常放射状流　　89
定常放射状流の圧力の一般式　　90
定常流　　89, 132
定常流の産出指数　　132
定流量試験　　99
天然ガスの粘度の式　　38
天然の地層　　2

【と】

等圧線　　82
等温圧縮率　　31
動サブマージェンス　　240
動水拡散係数　　79
透水係数　　21, 62
動水勾配　　62
動湛水面　　240, 280
等方均質　　80
等方性貯留層　　168

トランジェント状態　　82
ドローダウン期間　　115

【な】

内挿法　　46
流れの型　　191, 216
流れの状態　　81
難透水層　　6

【に】

新潟地域の水溶性天然ガス鉱床　　4
二相状態　　43
二相セパレータ　　15
二相摩擦係数　　213, 216, 219, 222, 227
二相密度　　212, 215, 222, 226
二相流　　68
ニュートン流体　　65

【ぬ，ね】

濡れ縁長さ　　197
濡れ性　　61

ネットグロス比　　58

【は】

背圧　　252
配管系統　　2
排水機構　　136
排水半径　　82
排水面積　　82, 88, 109
排水面積の平均圧力　　88
吐出圧力　　255, 256
波状流　　217
バッキンガムのπ（パイ）定理　　188
半固結堆積層　　21
半透水層　　6

【ひ】

被圧帯水層　　6
比重　　33
微小環状体積　　75
非線形偏微分方程式　　78
非線形放射状流方程式　　78
非線形放射状流方程式の線形化　　78
非ダルシー流　　65, 179
非定常インフロー挙動の式　　131
非定常二相流　　134

非定常放射状流　80
非定常流　82
非定常流動坑底圧力の式　131
非定常流の産出指数　133
非等方性貯留層　168
非等方性パラメータ　168
非濡れ性　60
標準圧力　36
標準温度　36
標準状態　36, 39, 43, 48
比容積　26, 38
表面張力　55
表面張力の評価式　55

【ふ】
付随水　1, 25
沸点圧力　44, 52, 137, 138, 143
沸点圧力以下の等温圧縮率　53
沸点圧力以上の等温圧縮率　52
沸点圧力におけるかん水の体積　50
沸点圧力における流量　145
不等水境界　81
不透水層　5
不動水飽和率　61, 70
部分貫入井　161
部分貫入仕上げ　161
部分積分法　87
部分体積　30
不飽和状態　45
不飽和貯留層　42, 141, 143
プラグ流　218
フラッシュガス分離　15
フルード数　218, 221
フローライン　2, 3
フローライン内の圧力損失　265
分圧　29
分級度　66
分子モル数　26
分子量　26, 27, 33
分布流　218
分離ガス　2
分離水　2
分離流　217

【へ】
平均孔隙径　65
平均浸透率　67

平均層厚　109
平均貯留層圧力　130, 137, 251, 263
平均貯留層圧力の概念　86
平均貯留層圧力の式　86, 91
平均密度　193, 196, 198, 199
平均流速　64
変数分離　62, 68, 85

【ほ】
ボイド率　193, 194, 197, 199
放棄状態　137
放射状流　128
飽和状態　44
飽和貯留層　42, 141, 145, 149
飽和率　58, 68
ポンプ　2
ポンプ圧入方式還元　282
ポンプ圧入方式還元システム　282
ポンプアップ方式　17
ポンプ圧力増加　255, 276, 278
ポンプの下降特性　254
ポンプ効率　13, 253
ポンプ採収　250
ポンプ採収井　12
ポンプ採収の特徴　13
ポンプ採収法　251
ポンプ性能曲線　254
ポンプ設置深度　256
ポンプ全所要動力　257

【ま】
摩擦係数　188, 189, 190, 195, 200, 233
摩擦係数比　223, 226, 255
摩擦水頭　253
摩擦損失　281, 283
摩擦損失勾配　189, 195, 197, 199, 213
摩擦損失勾配の式　197
摩擦損失の式　199
丸穴孔明管　9, 165, 172

【み】
みかけの液相速度　213
みかけの気相速度　213
みかけの坑井貯留係数　103
みかけの混合速度　194, 195, 213, 225
みかけの速度　194, 213, 225
未固結堆積層　21

391

索　引

水押し排水機構　137
水単相流　230
ミスト流　192, 218
水の相対浸透率　70
水の飽和率　58, 68, 135
密閉型セパレータ　14
密閉坑底圧力　117, 121, 203
密閉時間　111, 122
南関東地域の水溶性天然ガス鉱床　5

【む】
無限に広がる貯留層　75, 80
無次元IPR　142
無次元時間　89, 103, 109

【め】
メタン　1, 5
メタンガス　1
メタンハイドレート　206
メタンハイドレート産出試験システム　207
メタンハイドレート層　206
メタンハイドレート層の絶対浸透率の式　207
メタンハイドレートのケージ　206
メタンハイドレートの分解　206

【も】
毛管圧力　59
毛管圧力曲線　60
毛管内の水柱高さ　59
茂原型ガス鉱床　6
茂原型ガス貯留層　6
モル分率　29

【ゆ】
有効応力　57
有効孔隙体積　58, 108
有効孔隙率　56
有効上載圧　6
有効浸透率　69, 130
有効層厚　58
有効粒径　9
遊離ガス　137
遊離ガス水比　69

【よ】
溶解ガス押し排水機構　137
溶解ガス水比　69

溶解度　4
溶解度曲線　44, 49
容積係数　52
ヨウ素　1
ヨウ素イオン　1
揚程　252
揚程曲線　254
ヨード工場　2

【ら】
落差　17
裸坑　9
乱流　64, 190
乱流係数　161
乱流による障害　161
ランキン度　23

【り】
理想気体　25
理想気体1モルの体積　26
理想気体の状態方程式　26, 32
理想気体の体積　34
理想気体の等温圧縮率　31
理想気体の比重　31
理想気体の比容積　28
理想気体の密度　28
理想坑井　85, 157
理想坑井の圧力の式　85
理想坑井の流動坑底圧力　148
理想混合気体の全圧力　29
理想混合気体のみかけの分子量　31
リフトガス　2, 11
リフト管　2
流体圧　8
流体力学的パラメータ　68
流動坑口圧力　201
流動坑口温度　201
流動坑底圧力　80, 83, 138, 139, 140, 141, 148, 255, 263
流動坑底圧力の式　85
流動坑底温度　203
流入流量　141, 142
理論溶解度　5
臨界圧力　34
臨界温度　34
臨界体積　34
臨界点　34

臨界密度　33

【れ】
レイノルズ数　64, 189, 197, 223
レートトランジェント状態　82
レートトランジェント流　83
連続ガスリフト　240
連続の式　77, 187

【A】
Amagat の部分体積の法則　29
AOF　139, 142

【B, C】
Beggs and Brill の方法　211
Bernoulli の式　61
Boltzmann 変換　303
Boyle-Charles の法則　26

Corey の式　70

【D】
Dalton の分圧の法則　29
Darcy-Weisbach の式　190
Dietz の形状係数　88
Dodson and Cardwell の式　174
Duhamel の定理　91
Duns and Ros の方法　198

【E, H】
ESP　250, 251

Hargen-Poiseulli の式　190
Hawkins の式　157, 159
Horner 法　113
Horner 時間　113, 115, 121
Horner プロット　113, 115

【I】
IPR　138, 140
IPR 曲線　138
IPR 法　141

【K, M】
Kozeny の流量の近似式　164

Moody 線図　189, 231, 334
Muskat の式　172
Muskat の数値結果　171
Muskat の流量の式　164

【N】
NODAL 解析　266
Node　266

【O, P】
Orkiszewski 法　192, 205, 208

pH 値　1
PVT　34
PVT 試験　34
PVT 線図　34

【S】
Serghides の式　190
SI 単位　22
Standing の方法　152

【V, W】
Vogel の式　142, 144
Vogel の方法　141
Vogel-Standing の方法　148

Weymouth の式　233

著者略歴

秋 林　智（あきばやしさとし）

1965 年	秋田大学鉱山学部採鉱学科卒業
1968 年	秋田大学助手
1979 年	秋田大学講師
1982 年	工学博士
	秋田大学助教授
1990 年	秋田大学教授
現　在	秋田大学名誉教授

**水溶性天然ガス
生産システムの挙動解析**

定価はカバーに表示してあります。

2015 年 2 月 10 日　1 版 1 刷発行　　　　ISBN 978-4-7655-1819-2 C3051

著　者　秋　　林　　　　智

発行者　長　　　滋　　彦

発行所　技報堂出版株式会社

〒101-0051　東京都千代田区神田神保町 1-2-5
電　話　営　業　(03) (5217) 0885
　　　　編　集　(03) (5217) 0881
　　　　Ｆ Ａ Ｘ　(03) (5217) 0886
振替口座　00140-4-10
Ｕ Ｒ Ｌ　http://gihodobooks.jp/

日本書籍出版協会会員
自然科学書協会会員
土木・建築書協会会員
Printed in Japan

装丁　ジンキッズ　　印刷・製本　愛甲社

© Satoshi Akibayashi, 2015
落丁・乱丁はお取り替えいたします。

JCOPY ＜(社)出版者著作権管理機構 委託出版物＞

本書の無断複写は著作権法上での例外を除き禁じられています。複写される場合は，そのつど事前に，(社)出版者
著作権管理機構（電話：03-3513-6969，FAX：03-3513-6979，E-mail：info@jcopy.or.jp）の許諾を得てください。